CERTIFICAT D'ÉTUDES

Physiques, Chimiques et Naturelles

COURS COMPLET PUBLIÉ SOUS LA DIRECTION DE G. MANŒUVRIER

~~~~~~

L. MAQUENNE

COURS

DE

CHIMIE

~~~~~~

PARIS

OCTAVE DOIN, ÉDITEUR

1897

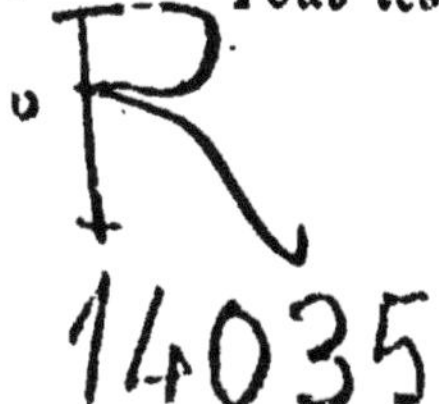

AVERTISSEMENT DE L'ÉDITEUR

On sait que le *Certificat d'études physiques, chimiques et naturelles* est actuellement conféré aux étudiants en médecine par les Facultés des sciences, comme sanction d'un enseignement approprié, qui est professé dans les dites Facultés (1). Les origines, la nature et la portée de ce nouvel enseignement ont été nettement définies par les remarquables Rapports de MM. les doyens de la Faculté de médecine (2) et de la Faculté des sciences (3) de l'Université de Paris.

Les Facultés de médecine — dit M. Darboux — se réservent de la manière la plus complète, l'étude des applications des sciences physiques et naturelles aux diverses branches de l'art de guérir; mais elles réclament des étudiants déjà initiés aux principes de ces sciences. L'enseignement nouveau doit donc être avant tout, un enseignement général et non pas un enseignement d'application. Mais comme le médecin n'est pas un théoricien, mais un homme pratique, le nouvel enseignement doit être, en même temps que théorique, pratique et expérimental.

Fidèle aux traditions déjà anciennes de notre maison, nous ne pouvions rester indifférent ni étranger à cette importante évolution des études médicales : aussi avons-nous pris nos mesures pour y aider, nous l'espérons, avec efficacité. C'est dans cet esprit que nous publions un *Cours d'études physiques, chimiques et naturelles*, dont nous avons confié la direction et la rédaction à des professeurs expérimentés doublés d'hommes de sciences distingués, que nous avons été chercher à la Sorbonne même et au Muséum. Ce Cours complet comprend huit volumes, dont quatre volumes de Science pure et quatre de Science appliquée ou Travaux pratiques, qui sont, les uns et les autres, strictement conformes, dans la lettre comme dans l'esprit, aux nouveaux programmes de 1893. Nous les offrons avec confiance aux étudiants, convaincus que nous sommes de contribuer par là à diriger leurs études, à alléger leur besogne et à faciliter leur succès aux examens. Et si nous parvenons à y réussir, dans une certaine mesure, ce sera pour nous, comme pour nos collaborateurs, la plus précieuse des récompenses.

O. DOIN.

N. B. — Notre publication étant absolument conforme à l'esprit même des nouveaux programmes, s'adresse non seulement aux étudiants en médecine, mais encore aux bacheliers de tous ordres et même aux sujets d'élite qui se destinent à l'École centrale, à l'École de physique et chimie de la Ville de Paris, à l'Institut agronomique, aux Écoles vétérinaires et, en général, aux carrières industrielles et agricoles.

---

(1) Décret relatif à l'institution dans les Facultés des sciences d'un certificat d'études physiques, chimiques et naturelles (du 31 juillet 1893).

(2) Décret relatif à la réorganisation des études médicales (du 31 juillet 1893).

(3) Réorganisation des études médicales (Rapport de M. Brouardel). — Certificat d'études physiques, chimiques et naturelles (Rapport de M. Darboux).

COURS

DE

CHIMIE

PAR

L. MAQUENNE

Docteur ès-Sciences Physiques,
Assistant au Muséum d'Histoire Naturelle de Paris.

Avec 73 figures dans le texte.

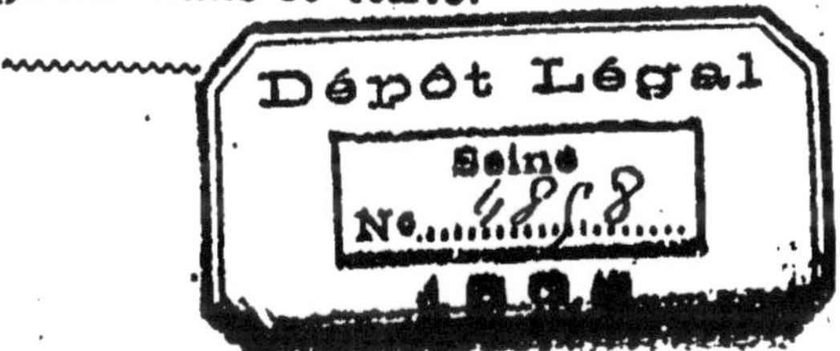</br>

PARIS

OCTAVE DOIN, ÉDITEUR

8, PLACE DE L'ODÉON, 8

1897

AVANT-PROPOS

L'ouvrage que nous publions aujourd'hui n'a pas et ne saurait avoir la prétention d'être un véritable traité de chimie ; en le rédigeant, conformément aux programmes des examens pour le certificat d'études, nous n'avons eu d'autre but que d'offrir aux étudiants un guide qui leur permette, d'abord, de suivre avec fruit les cours spéciaux et, ensuite, d'embrasser d'un seul coup d'œil la chimie tout entière, en se bornant à ses grandes lignes et en la dégageant de toutes les difficultés que présente toujours une étude trop approfondie.

Nous nous sommes efforcé surtout de donner à ce cours une forme systématique et de relier entre elles, aussi étroitement que possible, les différentes parties de la chimie élémentaire, qu'on a quelquefois si grand tort de vouloir séparer. Les lois et les généralités sont exposées d'une manière concise qui permettra aux étudiants de les revoir aussi souvent qu'il sera nécessaire ; l'étude des métalloïdes et celle des métaux sont présentées par ordre de familles, celle enfin de la chimie organique est basée dès le début sur le principe de la quadrivalence du carbone, ce qui permet de faire immédiatement comprendre l'usage des formules de constitution, ainsi que le classement des corps organiques en séries homologues et enfin les phénomènes d'isomérie, à la fois si nombreux et si faciles à prévoir dans cette branche de la chimie élémentaire.

C'est principalement en chimie organique qu'apparaît l'utilité des hypothèses relatives aux atomes et aux molécules, ainsi que l'importance des lois fondamentales de la combinaison ; aussi ne saurions-nous trop recommander à nos jeunes lecteurs de bien se pénétrer à l'avance de celles-ci, s'ils veulent se faire une idée nette de la chimie moderne et surtout s'ils désirent poursuivre plus tard son étude, dans une direction quelconque.

Nous n'avons compris dans ce volume que la partie théorique et descriptive du programme officiel ; on trouvera les applications dans notre *Manuel*, où nous avons rassemblé tout ce qui touche aux éléments d'analyse et aux travaux pratiques.

COURS

DE

CHIMIE

PREMIÈRE PARTIE
GÉNÉRALITÉS ET LOIS

CHAPITRE PREMIER

DÉFINITIONS

1. Phénomènes chimiques. — La chimie est l'une des sciences expérimentales qui s'occupent des métamorphoses de la matière; elle s'intéresse particulièrement à celles de ces métamorphoses qui sont permanentes, c'est-à-dire qui persistent après que la cause qui les détermine a cessé d'agir.

Ces transformations, que l'on appelle d'ordinaire *phénomènes chimiques*, sont nécessairement en rapport avec la structure intime de la matière, aussi commencerons-nous par rappeler en quelques mots les différentes hypothèses qui touchent à celle-ci.

2. Molécules. — On admet que tout corps homogène est formé de particules extrêmement petites, qui possèdent encore toutes les propriétés, physiques ou chimiques, de la masse dont elles font partie, mais qui ne peuvent plus être divisées, sans destruction totale, par aucun moyen.

Ces particules, qui représentent donc la limite extrême de la divisibilité de la matière, portent le nom de *molécules ;* dans un même corps, défini chimiquement, les molécules sont toutes identiques entre elles et, par conséquent, possèdent le même poids, le même volume, la même densité, etc.

En un mot :

La molécule est la plus petite partie d'un corps qui puisse exister à l'état libre.

3. Atomes. — La seule notion de molécules permet d'expliquer la plupart des phénomènes physiques ; il est facile de voir qu'elle est insuffisante pour les études de chimie.

Considérons, en effet, un bloc de *carbonate de calcium* (marbre ou craie) : l'analyse nous apprend que ce corps est formé par l'union de trois éléments distincts, le carbone, l'oxygène et le calcium, quel que soit d'ailleurs son volume ou son poids. A la limite, la molécule de carbonate de calcium doit donc encore renfermer les trois mêmes éléments ; ce n'est, par conséquent, pas, comme on aurait pu le croire, quelque chose de simple, mais bien un complexe, résultant de la juxtaposition de particules plus petites encore. Ces éléments de la molécule qui, cette fois, sont rigoureusement indécomposables et, par conséquent, indivisibles, dans la plus large acception du mot, ont reçu le nom caractéristique d'*atomes.* En résumé :

L'atome est la plus petite partie d'un corps qui puisse exister dans une molécule.

Sauf quelques rares exceptions, les atomes ne se rencontrent jamais à l'état libre dans la nature ; sous l'action de forces particulières, dont la mise en jeu est l'origine de toutes les réactions chimiques, ils se réunissent d'eux-mêmes en groupes qui forment autant de molécules.

Quand ils sont tous identiques, en d'autres termes quand la molécule est homogène, le corps est dit *simple;* quand ils sont dissemblables, la molécule est hétérogène et le corps est dit *composé.*

Les atomes d'un même corps ont partout et toujours les mêmes caractères, en particulier le même poids et le même volume.

4. Changements d'état. — La matière affecte trois états distincts qui sont sous la dépendance de l'attraction moléculaire *(cohésion);* ce sont l'état *solide*, l'état *liquide* et l'état *gazeux.*

Les changements de température et de pression, ayant pour effet de modifier la distance qui sépare les molécules les unes des autres, modifient en même temps la cohésion et permettent, à quelques exceptions près, de changer à volonté l'état qu'un corps affecte dans les conditions ordinaires.

5. Fusion. — La fusion est le passage de l'état solide à l'état liquide; elle a lieu sous l'action de la chaleur et, sous une même pression, se manifeste toujours à la même température. Certains corps, particulièrement difficiles à fondre, sont appelés *réfractaires ;* nous citerons comme exemples de corps réfractaires la chaux, qui ne fond qu'à 3500°, dans l'arc voltaïque (Moissan), la magnésie et le charbon, qui n'ont pas encore été liquéfiés.

Le point de fusion d'un corps solide est l'une de ses constantes physiques les plus nettes, aussi y a-t-il un intérêt de premier ordre à le déterminer aussi exactement que possible.

Surfusion. — Presque tous les liquides peuvent être solidifiés par le froid et la température de solidification coïncide nécessairement avec le point de fusion du même corps, pris à l'état solide. Cependant, il arrive parfois qu'un liquide conserve cet état jusqu'à une température inférieure à celle de son point de congélation normal ; on dit alors qu'il est en *surfusion*.

La surfusion est un état d'équilibre instable, qui est détruit dès qu'on projette dans le liquide une parcelle solide de la même substance ou d'un corps isomorphe. Au moment où la solidification s'effectue, il se produit un dégagement de chaleur qui tend à faire remonter la température du corps jusqu'à son point de fusion normal.

Certains liquides ont une tendance manifeste à rester en surfusion : la glycérine et l'acide hypophosphoreux, qui se solidifient régulièrement à 15° et 17°, et que nous avons pourtant l'habitude de voir toujours liquides, même en hiver, en sont des exemples bien connus.

6. Dissolution des solides. — La dissolution est un changement d'état comparable à la fusion, en ce sens qu'elle détermine comme elle, la liquéfaction d'un corps solide ; elle en diffère parce qu'elle ne nécessite pas l'intervention de la chaleur et qu'elle ne se produit qu'au contact d'un liquide inerte appelé *dissolvant*.

Une dissolution est dite *saturée* quand elle contient le maximum possible de matière dissoute ; le poids de celle-ci, rapporté au poids total de la dissolution, est ce qu'on appelle sa *solubilité*.

En général, la solubilité des corps solides est une fonction linéaire de la température (Etard) ; le plus souvent elle augmente à mesure que la température s'élève, mais elle peut aussi décroître (sulfate, citrate, butyrate de calcium) ou rester à peu près stationnaire (sel marin).

Sursaturation. — Lorsqu'on laisse refroidir une dissolution saturée à chaud, elle dépose ordinairement une quantité de matière solide égale à la différence des solubilités correspondantes aux températures initiale et finale ; mais, comme dans le cas des liquides que l'on refroidit au-dessous de leurs points de congélation, il peut arriver qu'il ne se dépose rien : la dissolution renferme alors un excès de matière dissoute, on dit qu'elle est *sursaturée.*

La sursaturation cesse, comme la surfusion, au contact d'une parcelle solide du corps dissous ou d'un corps isomorphe ; le changement d'état est encore ici accompagné d'un dégagement de chaleur.

7. Volatilisation, ébullition. — On appelle *volatilisation* le passage de l'état liquide (ou solide) à l'état gazeux ; la tension maxima de la vapeur émise croit avec la température ; il y a *ébullition* quand cette tension devient égale à la pression extérieure.

Le point d'ébullition sous la pression normale (760 millim.) est fixe pour tout corps défini ; c'est, comme le point de fusion, l'une de ses propriétés caractéristiques.

Point critique. — Pour tous les liquides volatils, il existe une pression limite au-dessus de laquelle l'ébullition cesse de se produire : le changement d'état se manifeste alors seulement par la disparition du ménisque qui, dans les conditions ordinaires, sépare le liquide de sa vapeur. La température et la pression sous lesquelles ce phénomène se produit sont appelées *température* et *pression critiques ;* au-dessus de sa température critique, un corps volatil quelconque ne peut plus subsister qu'à l'état de vapeur (Andrews).

8. Liquéfaction des gaz. — Tous les gaz peuvent être liquéfiés par compression et refroidissement, sous la seule condition, nécessaire et suffisante, que la température soit inférieure à celle de leur point critique.

Jusqu'en 1877, l'hydrogène, l'oxygène, l'azote, le bioxyde d'azote, l'oxyde de carbone et le méthane (anciens gaz *permanents* de Faraday) n'ont pu être liquéfiés parce qu'on ne savait encore pas produire de températures assez basses ; MM. Cailletet, Pictet, Wroblewski et Olszewski sont parvenus à les condenser en s'aidant du froid produit par la détente brusque du gaz, préalablement comprimé à 300 atmosphères (environ — 200°).

L'hélium, l'un des composants de l'atmosphère solaire, qui existe et a été rencontré récemment dans quelques minéraux terrestres, est jusqu'à présent le seul gaz qui ait absolument résisté à toutes les tentatives de liquéfaction ; sa température critique paraît voisine de — 260 degrés, par conséquent très proche du zéro absolu (— 273°).

9. Dissolution des gaz. — Tous les gaz diminuent de volume quand on les agite avec certains liquides, tels que l'eau ou l'alcool ; ils sont donc absorbés par ceux-ci et subissent à leur contact une véritable liquéfaction ; c'est ce phénomène qui a reçu le nom de *dissolution des gaz*.

On appelle *coefficient de solubilité* d'un gaz le volume maximum de ce gaz, mesuré à 0 degré et 760 millimètres, qui peut entrer en dissolution dans l'unité de volume du dissolvant.

Le coefficient de solubilité diminue rapidement

quand la température s'élève, il est nul au point d'ébullition du dissolvant, toutes les fois que ce dernier est sans action chimique sur le gaz.

10. Loi de Henry. — *Le coefficient de solubilité d'un gaz est, pour une température donnée, sensiblement proportionnel à sa pression.*

Cette règle, commode en pratique pour évaluer rapidement la richesse d'une dissolution gazeuse, faite sous une pression différente de la pression atmosphérique, n'est qu'approximative; elle devient même tout à fait inexacte quand le gaz entre en combinaison avec son dissolvant, c'est le cas des hydracides de la famille du chlore.

11. Cristallisation. — Il arrive souvent, chez les corps solides, que les molécules élémentaires s'agrègent symétriquement, par rapport à un axe ou un plan, et prennent ainsi une forme géométrique régulière: on a alors ce qu'on appelle des *molécules cristallines*, dont la réunion, en nombre quelconque, donne naissance aux *cristaux*.

La cristallisation est une des propriétés les plus générales de la matière solide; les corps sur lesquels on n'a pu l'observer jusqu'ici sont appelés *amorphes*.

L'étude des cristaux ou *cristallographie* est du domaine de la géométrie pure, nous ne nous en occuperons donc pas ici; nous rappellerons seulement que, d'après Haüy, on peut les classer tous en sept familles ou *systèmes cristallins*, qui sont : le système *cubique*, le système *quadratique*, le système *orthorhombique*, le système *rhomboédrique*, le système *hexagonal*, le système *clinorhombique* et le système *triclinique*.

Chacun d'eux est caractérisé par une symétrie géométrique spéciale, le polyèdre le plus simple qu'on y rencontre on est la *forme primitive* ou le *type*. Les types correspondants aux sept systèmes cristallins énoncés plus haut sont : le *cube*, le *prisme droit à base carrée*, le *prisme droit à base rhombe*, le *rhomboèdre*, le *prisme hexagonal régulier*, le *prisme oblique à base rhombe* et le *prisme oblique à base parallélogramme* (fig. 1 à 7).

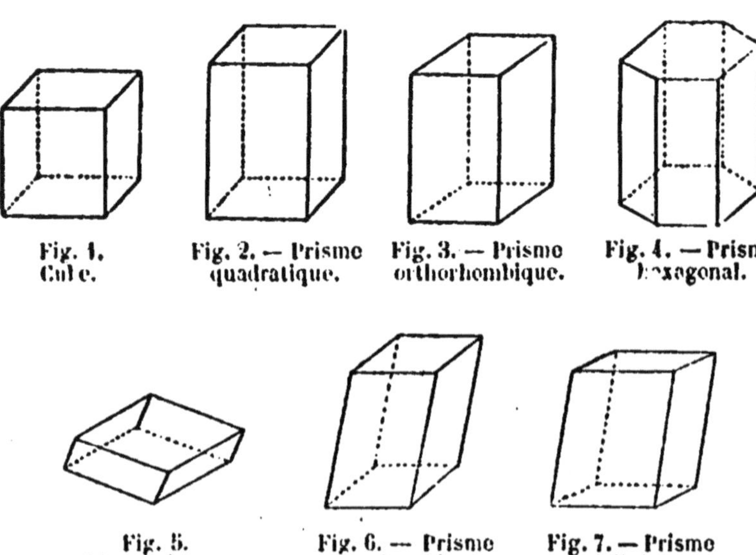

Tous ces types peuvent fournir, par quelques transformations simples, une foule d'autres formes qui appartiennent au même système parce qu'elles ont les mêmes plans ou axes de symétrie; la règle à suivre pour obtenir ces formes *dérivées* est de *modifier de la même manière tous les éléments semblables de la forme primitive, ou au moins la moitié*. Dans ce dernier cas on a une forme dite *hémiédrique* parce qu'elle possède moitié moins de faces que la forme régulière correspondante.

Il est facile de voir que le cube peut ainsi donner

un certain nombre de formes dérivées simples, dont les plus communes sont *l'octaèdre régulier*, le *tétraèdre régulier* (forme hémièdre de la précédente), le *dodécaèdre rhomboïdal*, le *dodécaèdre pentagonal*, etc.

12. Polymorphisme. — En général le même corps cristallise toujours dans le même système : les cristaux de pyrite ou bisulfure de fer, par exemple, peuvent tous être rapportés au système cubique.

Cependant, certaines substances peuvent, par exception, prendre des formes appartenant à deux ou trois systèmes cristallins distincts : on dit alors qu'elles sont *dimorphes* ou *trimorphes*.

Le carbonate de calcium, qui cristallise en rhomboèdres (*calcite*) ou en prismes orthorhombiques (*aragonite*) est dimorphe; le soufre, qui cristallise en octaèdres orthorhombiques, en prismes clinorhombiques ou en rhomboèdres, est un corps trimorphe.

13. Isomorphisme. — On dit que deux ou plusieurs corps sont *isomorphes* quand ils peuvent cristalliser sous la même forme, *séparément* et *ensemble* : c'est le cas des *aluns*, qui cristallisent tous en octaèdres réguliers et dont le mélange fournit des cristaux homogènes présentant encore la même forme.

Les composés haloïdes (chlorures, bromures et iodures) des métaux alcalins cristallisent en cubes et sont aussi isomorphes; il en est de même enfin de certains corps minéraux naturels, comme les carbonates de calcium, de magnésium et de fer, qui appartiennent au système rhomboédrique.

D'après Mitscherlich, l'isomorphisme de deux corps implique ordinairement une analogie profonde de leur composition chimique; cette remarque peut servir à déterminer la structure moléculaire d'un corps mal défini, qui se trouve être isomorphe à un autre bien connu; c'est ainsi que la formule de l'alumine Al^2O^3 peut se déduire de celle du peroxyde de fer Fe^2O^3 qui lui est isomorphe.

14. Procédés de cristallisation. — Un corps cristallise toutes les fois qu'il passe *lentement* de l'état fluide (liquide ou gazeux) à l'état solide. Les principales méthodes qui permettent d'obtenir ce résultat sont la *fusion*, la *dissolution*, la *sublimation*, la *décomposition chimique ou électrolytique*, etc.; on en verra plus tard la mise en pratique au chapitre des manipulations.

15. Combinaison. — On appelle *combinaison* l'union intime de plusieurs corps (*composants*) donnant naissance à un autre corps, doué de propriétés nouvelles (*composé*).

Pratiquement, la combinaison se distingue du *mélange* en ce qu'elle s'effectue toujours conformément à certaines lois immuables, qui forment la base de toute la chimie théorique, et parce qu'elle donne lieu à une production d'énergie qui se manifeste au dehors sous forme de chaleur, de lumière ou d'électricité.

Le dégagement de chaleur est constant, il suffit, dans les cas douteux, à caractériser la combinaison, et sa mesure donne la valeur de ce qu'on appelait autrefois l'*affinité*, c'est-à-dire la tendance qu'ont deux corps à s'unir l'un à l'autre.

La comparaison des dégagements de chaleur qui accompagnent les réactions chimiques a permis d'énoncer un certain nombre de règles dont l'ensemble et les applications constituent la *Thermochimie*.

Théoriquement, la combinaison se distingue du mélange en ce que les molécules de ses composants y sont transformées en molécules nouvelles, possédant une autre constitution atomique. Il y a donc déplacement des atomes dans l'acte de la combinaison, et la production d'énergie dont nous venons de parler n'est autre chose que la manifestation extérieure du travail produit par ce déplacement.

La combinaison s'effectue quelquefois spontanément, par simple contact (fluor et hydrogène, iode et phosphore, brome et potassium, etc.); le plus souvent elle nécessite l'intervention d'une énergie étrangère telle que la chaleur (oxygène et carbone), la lumière (hydrogène et chlore) ou l'électricité (hydrogène et azote). Dans la plupart des cas cette énergie étrangère n'a pour effet que d'*amorcer* la réaction qui, ensuite, s'achève d'elle-même; c'est ainsi qu'une seule étincelle électrique, si petite qu'elle soit, suffit à déterminer l'explosion d'une masse quelconque de gaz tonnant.

16. Décomposition. — La *décomposition* est la séparation des éléments qui se trouvent réunis dans un corps composé quelconque; elle donne lieu toujours à une production de travail, qui est rigoureusement égal, en valeur absolue, mais de signe contraire à celui qu'avait fournie la combinaison correspondante.

Les agents qui déterminent la décomposition sont les mêmes qui favorisent la combinaison, c'est-à-dire encore la chaleur, la lumière ou l'électricité.

17. Analyse, synthèse. — On appelle *analyse* l'opération qui permet de résoudre un corps composé en ses composants; elle a pour limites les corps simples, que l'on reconnaît précisément à ce qu'ils résistent à nos méthodes analytiques.

L'opération inverse porte le nom de *synthèse;* elle est illimitée.

CHAPITRE II

LOIS NUMÉRIQUES DE LA COMBINAISON

18. Principe de Lavoisier. — *Le poids d'un composé est égal à la somme des poids de ses composants.*

Ce principe, ou plutôt cet axiome, établit l'indestructibilité de la matière; c'est sur lui que sont fondées les équations dont on fait un si fréquent usage en chimie.

19. Principe de l'équivalence (WENZEL ET RICHTER). — *Il existe un rapport constant entre les poids de deux corps déterminés qui peuvent s'unir au même poids d'un troisième. Ces deux poids sont dits équivalents l'un à l'autre.*

Exemples : Lorsqu'on combine une même quantité d'hydrogène, de potassium, de zinc, etc., au chlore et à l'oxygène, on trouve constamment que les poids de ceux-ci sont entre eux dans le rapport de 35,5 à 8; 35 gr. 5 de chlore équivalent donc à 8 grammes d'oxygène.

Lorsqu'on décompose un sel quelconque de cuivre par le fer, on trouve de même un rapport constant, égal à $\dfrac{63,3}{56}$, entre le poids du cuivre qui se sépare et celui du fer qui se dissout. 63^{gr},3 de cuivre équivalent donc à 56^{gr} de fer.

20. Loi de Proust ou des proportions définies (1800). — *Pour former la même combinaison, deux corps s'unissent toujours dans les mêmes rapports de poids.*

Exemples : Pour former l'eau, l'oxygène et l'hydrogène se combinent toujours dans le rapport de 8 à 1 ; dans l'anhydride sulfureux, le soufre et l'oxygène sont toujours unis à poids égaux, etc.

Cette loi, qui comprend le principe de l'équivalence comme cas particulier, est l'une des plus rigoureuses de toutes les lois naturelles connues.

21. Loi de Dalton ou des proportions multiples (1808). — *Quand deux corps peuvent s'unir en plusieurs proportions différentes, pour former autant de combinaisons distinctes, ces proportions sont entre elles dans des rapports simples.*

Exemples : L'azote et l'oxygène forment six combinaisons qui, pour 7 parties en poids d'azote, renferment respectivement 4, 8, 12, 16, 20 et 24 parties d'oxygène ; ces nombres sont en rapport simple, puisqu'ils représentent tous des multiples exacts de 4.

Le manganèse et l'oxygène donnent également six composés qui, pour le même poids 55 de métal, contiennent 16, 21 $\frac{1}{3}$, 24, 32, 48 et 56 d'oxygène ; ces quantités sont entre elles comme les nombres 1, $\frac{4}{3}$, $\frac{3}{2}$, 2, 3 et $\frac{7}{2}$, par conséquent encore en rapport simple.

22. Lois de Gay-Lussac (1808). — *1° A la même température et sous la même pression, deux gaz s'unissent* *toujours suivant des rapports simples en volume; le volume du composé, à l'état gazeux, est en rapport simple avec le volume des composants.*

2° *Il y a contraction, c'est-à-dire que le volume du composé est moindre que le volume des composants, toutes les fois que la molécule contient plus de deux atomes* (1).

Exemples : 1 volume H et 1 vol. Cl donnent 2 vol. HCl (acide chlorhydrique).

2 volumes C, à l'état de vapeur, et 2 vol. H donnent 2 vol. C^2H^2 (acétylène).

1 volume O et 2 vol. H donnent 2 vol. H^2O (eau).

1 volume Az et 3 vol. H donnent 2 vol. AzH^3 (ammoniaque), etc.

23. Interprétation théorique des lois précédentes. — Nous avons dit plus haut (§ 15) que la combinaison est l'acte par lequel plusieurs atomes se réunissent pour former une molécule. Or, dans un corps défini, toutes les molécules sont identiques et, par conséquent, renferment le même nombre d'atomes. Considérons alors deux corps simples quelconques, A et A', dont les atomes pèsent respectivement a et a', et supposons qu'ils s'unissent l'un à l'autre dans la proportion de m atomes du premier à m' atomes du second ;

---

(1) Gay-Lussac énonçait la seconde partie de sa loi en disant : *Il y a contraction quand les gaz s'unissent en volumes inégaux, il n'y a pas contraction quand les volumes composants sont égaux.* Cette dernière proposition n'étant que rarement vérifiée, nous avons cru devoir renoncer ici au texte primitif de Gay-Lussac et donner à la loi qui porte son nom une forme plus moderne et plus précise, sous laquelle elle ne souffre plus d'exceptions.

le rapport de leurs poids sera égal à $\dfrac{ma}{m'a'}$, nombre nécessairement fixe, puisque chacun des termes de ce rapport a une valeur déterminée.

La loi de Proust découle ainsi naturellement de l'hypothèse des atomes; il en est de même de la loi de Dalton, car il suffit d'admettre que dans les six combinaisons oxygénées de l'azote ce dernier est uni à 1, 2, 3, 4, 5 ou 6 atomes d'oxygène pour comprendre pourquoi les poids de cet oxygène sont tous exactement multiples les uns des autres.

On en tire enfin une autre conséquence non moins importante : c'est la possibilité de connaître, par l'analyse des corps binaires, la valeur numérique des rapports $\dfrac{ma}{m'a'}$. Ces rapports ont été déterminés expérimentalement par Berzélius, Dumas, Stas et de Marignac pour les différents corps simples ; ils représentent ce qu'on appelle, depuis Davy, les *nombres proportionnels* des combinaisons chimiques.

Remarquons en passant que, d'après la forme de l'expression $\dfrac{ma}{m'a'}$ qui en est le symbole théorique, ces nombres proportionnels doivent être une fonction simple des poids des atomes supposés libres.

24. Poids atomiques. — A cause de l'extrême petitesse des atomes, on ne saurait prétendre à évaluer leurs poids absolus en unités ordinaires, mais, d'après ce qui précède, on comprendra sans peine qu'il soit possible de déterminer leurs rapports ou, ce qui revient au même, leurs valeurs relatives, en fonction d'une unité arbitraire, du même ordre que les grandeurs à mesurer. Si nous supposons que, dans l'expression précédente, a' représente une pareille unité, le rapport $\dfrac{a}{a'}$ devient ce qu'on appelle le *poids atomique* du corps A par rapport à A'.

L'hydrogène étant le plus léger de tous les corps simples connus, c'est lui qui a été choisi comme terme unique de comparaison dans la mesure des poids atomiques, d'où il résulte que :

Le poids atomique d'un corps simple est le rapport qui existe entre le poids d'un atome de ce corps et le poids d'un atome d'hydrogène.

Le poids atomique de l'hydrogène est alors nécessairement égal à 1 ; celui des autres corps simples se trouve représenté par un nombre entier ou fractionnaire, plus grand que l'unité.

25. Poids moléculaires. — Pour les mêmes raisons que nous avons indiquées plus haut, il est impossible de connaître, en valeur absolue, le poids d'une molécule isolée, mais on peut encore et toujours déterminer, nous verrons bientôt comment, son poids relatif, en fonction d'une unité arbitraire. Si nous prenons comme précédemment l'atome d'hydrogène comme terme de comparaison, nous dirons que :

Le poids moléculaire d'un corps, simple ou composé, est le rapport du poids d'une molécule de ce corps à celui d'un atome d'hydrogène.

Ou bien, en vertu du principe de Lavoisier, que :

Le poids moléculaire d'un corps est la somme des poids atomiques de ses constituants.

L'analyse, qui nous a fait connaître les nombres proportionnels, ne suffit pas à donner la valeur des poids atomiques ou moléculaires ; l'expression $\dfrac{ma}{m'a'}$ de ces nombres proportionnels contient en effet deux indéterminées, les nombres m et m', dont il est indispensable de connaitre le rapport pour pouvoir en déduire la valeur du poids atomique relatif $\frac{a}{a'}$.

L'expérience étant ici impuissante, nous allons pour y suppléer recourir à de nouvelles hypothèses.

26. Hypothèse d'Avogadro (1811). — *Tous les gaz ou vapeurs, dans les mêmes conditions de température et de pression, renferment sous le même volume le même nombre de molécules.*

Cette hypothèse, que rien ne peut vérifier directement, mais dont toutes les conséquences sont conformes aux résultats de l'observation, est rendue *a priori* assez vraisemblable par ce fait bien connu que tous les gaz se dilatent ou se contractent d'une même quantité quand on les échauffe ou qu'on les comprime également; c'est, en un mot, une conséquence théorique des lois expérimentales de la compressibilité et de la dilatation des gaz, découvertes par Mariotte et par Gay-Lussac. Nous allons voir qu'elle nous donne un moyen simple de déterminer la valeur des poids atomiques et moléculaires pour tous les corps volatils.

Soit N le nombre des molécules existant dans un litre de gaz quelconque, à 0° et sous la pression normale de 760^{mm}; soit d'autre part M le poids absolu d'une de ces molécules. Le poids du litre de ce gaz sera évidemment $P = M \times N$.

Mais on sait d'ailleurs que $P = D \times 1,293$, en appelant D la densité du gaz en question, par rapport à l'air. On aura donc, pour un gaz donné :

$$M \times N = D \times 1,293$$

et pour un autre

$$M' \times N = D' \times 1,293$$

On déduit de là immédiatement

$$\frac{M}{M'}=\frac{D}{D'} \quad \text{ou} \quad \frac{M}{D}=\frac{M'}{D'}=C^{te},$$

ce que nous exprimons, en langage ordinaire, de la manière suivante :

Le poids moléculaire d'un gaz est proportionnel à sa densité.

Supposons maintenant que l'un des deux gaz dont nous venons de parler soit l'hydrogène, notre unité de poids atomiques, et l'autre un corps composé simple, l'acide chlorhydrique, je suppose. On sait que l'acide chlorhydrique a pour densité 1,26 et qu'il est formé, en poids, de 1 partie d'hydrogène pour 35ᵖ,5 de chlore, ce qui exige que son poids moléculaire soit au moins égal à 36,5 ; on a donc

$$D=0,0695; \; D'=1,26 \text{ et } M' \geqslant 36,5$$

d'où, en remplaçant,

$$M \geqslant 36,5 \; \frac{0,0695}{1,26}, \text{ c'est-à-dire } M \geqslant 2.$$

Comme il n'y a aucune raison de prendre $M > 2$, nous le supposerons égal à ce nombre, et comme d'autre part on aurait eu le même résultat pour un gaz simple quelconque, pris comme unité aux lieu et place de l'hydrogène, nous pouvons conclure de là que, en général :

Le poids moléculaire d'un gaz simple est double de son poids atomique ; sa molécule est donc formée de deux atomes.

Exception doit être faite pour la vapeur de mercure, dont la molécule parait ne contenir qu'un atome, ainsi que pour celles de phosphore et d'arsenic, qui en renferment quatre.

Si maintenant nous substituons à M la valeur 2 trouvée ci-dessus, il vient, pour la valeur de la constante $\frac{M}{D}$,

$$\frac{2}{0,0695} = 28,88 \quad (1).$$

Ampère (1814) en a déduit la règle suivante, qui porte son nom :

Le poids moléculaire d'un corps est égal à sa densité de vapeur multipliée par le nombre constant 28,88.

Si l'on remarque que dans l'égalité $M = 2\,\dfrac{D}{0,0695}$ le quotient $\dfrac{D}{0,0695}$ exprime la densité du gaz par rapport à l'hydrogène, la règle d'Ampère peut encore s'énoncer de la manière suivante :

Le poids moléculaire d'un corps est égal au double de sa densité de vapeur, par rapport à l'hydrogène.

Les densités de vapeur étant en général faciles à déterminer expérimentalement, on voit que l'hypothèse d'Avogadro nous permettra de calculer le poids moléculaire d'un corps volatil quelconque, ainsi que le poids atomique des corps simples susceptibles d'être amenés à l'état gazeux ; celui-ci sera nécessairement la moitié du poids moléculaire correspondant, puisque la molécule des corps simples gazeux est formée de deux atomes.

L'hypothèse d'Avogadro nous permet enfin de connaître le nombre d'atomes qui existent dans la molé-

---

(1) Ce nombre est une moyenne, déduite de calculs analogues, effectués sur tous les gaz difficilement liquéfiables.

cule d'un corps composé ; soit en effet l'eau, dont la densité de vapeur est 0,622 et pour laquelle le rapport des composants $\dfrac{ma}{m'a'} = 8$; son poids moléculaire est $0,622 \times 28,88 = 18$; le poids atomique de l'oxygène est $\dfrac{1,105 \times 28,88}{2} = 16$, enfin, par définition, $a' = 1$; on a donc :

$$\frac{m}{m'} = \frac{8}{16} = \frac{1}{2},$$

d'où il résulte qu'une molécule de vapeur d'eau, pesant 18, renferme un atome d'oxygène, pesant 16, et deux atomes d'hydrogène, pesant 2. C'est ce que l'on exprime en représentant l'eau par la formule H^2O.

27. Loi de Dulong et Petit (1819). — *Le produit de la chaleur spécifique d'un corps simple quelconque par son poids atomique est un nombre constant, égal en moyenne à 6,4.*

Cette loi, vérifiée ultérieurement par Regnault, n'est qu'approchée et on ne saurait l'appliquer correctement qu'aux corps dont la structure moléculaire est indépendante de la température ; néanmoins elle permet, par une seule mesure de chaleur spécifique, d'avoir une valeur approximative des poids atomiques qui, toutes les fois que la comparaison est possible, concorde avec celle qu'on peut déduire de la règle d'Ampère. C'est une vérification importante de l'hypothèse qui lui sert de base.

28. Volume moléculaire. — On appelle *volume moléculaire* d'un gaz le volume occupé par une *molécule-gramme* de ce gaz, c'est-à-dire par un poids de ce gaz égal à son poids moléculaire, exprimé en grammes.

Dans les conditions normales, ce volume est nécessairement constant, puisqu'il renferme un même nombre de molécules, et sa valeur pourra se déduire d'un cas particulier quelconque. Si nous partons de l'hydrogène, nous aurons :

$$V = \frac{2}{0,0695 \times 1,293} = 22^{l},3.$$

Donc :

Le volume moléculaire d'un gaz quelconque, à 0° et 760 millimètres, est constant et égal à 22^{l},3.

Le volume atomique des gaz simples normaux est naturellement la moitié de leur volume moléculaire, soit 11^{l},15.

Pour les corps simples dont la molécule contient 4 atomes, comme le phosphore et l'arsenic, le volume atomique est seulement de 5^{l},57; il est enfin égal au volume moléculaire pour la vapeur de mercure, qui est monoatomique.

Il est avantageux, en pratique, de prendre comme unité de volume, le volume atomique lui-même; le volume moléculaire devient alors égal à 2 et la composition en volume des corps composés se trouve immédiatement exprimée par les coefficients de leur formule.

C'est ainsi qu'on peut dire, à première vue, que la vapeur de nitrobenzène $C^6H^5AzO^2$ est formée par la combinaison de 6 volumes de vapeur de carbone avec 5 volumes d'hydrogène, 1 volume d'azote et 2 volumes d'oxygène, le tout condensé en 2 volumes seulement.

De même l'oxychlorure de phosphore PCl^3O contient $\frac{1}{2}$ volume de vapeur de phosphore, 3 volumes de chlore et 1 volume d'oxygène, condensés en 2, etc.

Ces considérations de volumes, atomique et moléculaire, expliquent sans peine les lois de Gay-Lussac sur la combinaison des gaz : deux gaz s'unissent en rapport simple parce que leurs atomes sont indivisibles et qu'ils occupent tous le même volume ; il y a enfin contraction toutes les fois que la molécule contient plus de deux atomes, parce que le volume de cette molécule est également constant et égal à celui de deux atomes juxtaposés.

29. Loi de Raoult. — *La température de congélation d'une dissolution étendue quelconque est toujours inférieure à celle du dissolvant pur. L'abaissement du point de congélation, dû à la présence d'un corps dissous, est proportionnel au poids absolu de ce corps et en raison inverse de son poids moléculaire.*

Si l'on représente par a l'abaissement du point de congélation, par p le poids de matière dissoute dans 100 grammes de dissolvant et par M son poids moléculaire, la loi de Raoult peut se traduire par la formule

$$a = \frac{p}{M} \times K.$$

K est une constante, dont la valeur ne dépend que de la nature du dissolvant employé ; pour l'eau $K = 18,5$.

Les nombres a et p pouvant toujours être déterminés expérimentalement, la loi de Raoult donne par suite un moyen précieux de calculer le poids moléculaire des corps qui ne sont pas volatils et pour lesquels la règle d'Ampère ne saurait être d'aucun secours.

On en fait un fréquent usage en chimie organique et son application porte le nom de *cryoscopie*.

30. Valence. — On appelle *valence* d'un corps simple le nombre d'atomes d'hydrogène (ou de tout autre corps monovalent) qui peuvent s'unir à un seul atome du corps considéré ; celui-ci est dit *monovalent*, *divalent, trivalent*, etc., quand sa valence est égale à 1, 2, 3, etc.

L'hydrogène, le fluor, le chlore, le brome, l'iode, les métaux alcalins et l'argent sont monovalents.

L'oxygène, le soufre et la plupart des métaux sont divalents.

Le bore, l'azote, le phosphore, l'arsenic, l'or, sont trivalents.

Le carbone, le silicium, l'étain sont tétravalents, etc.

La valence des corps simples s'exprime souvent par un indice que l'on place au-dessus de leurs symboles.

xemples : $\overset{\text{II}}{O}$, $\overset{\text{III}}{P}$, $\overset{\text{IV}}{C}$, $\overset{\text{VI}}{Fe}{}^2$.

Remarque. — La valence, pour un grand nombre de corps simples, n'est pas fixe, mais pour chacun d'eux ses différentes valeurs conservent ordinairement la même parité; c'est ainsi que l'iode, qui est monovalent dans l'acide iodhydrique HI, devient trivalent dans le trichlorure d'iode ICl^3; le soufre, divalent dans l'acide sulfhydrique H^2S, est tétravalent dans l'anhydride sulfureux SO^2; l'azote, trivalent dans l'ammoniaque, est pentavalent dans le chlorure d'ammonium AzH^4Cl, etc.

31. Principe de la substitution. — Lorsque plusieurs corps simples s'unissent, ils échangent entre eux leurs valences, et cela, le plus souvent, de manière à ce que ces valences soient toutes saturées; il en résulte que deux corps de même valence doivent être équivalents l'un à l'autre et, par conséquent, pouvoir être remplacés l'un par l'autre dans une même molécule. C'est là un phénomène que l'on observe à chaque instant, et l'expérience prouve qu'une semblable substitution ne modifie généralement pas le *type* de la molécule où elle s'accomplit, c'est-à-dire qu'elle lui conserve la plupart de ses propriétés essentielles.

C'est ainsi que dans l'eau H^2O on peut remplacer l'oxygène par le soufre ; on obtient de cette façon l'acide sulfhydrique H^2S, qui présente avec l'eau de nombreux points de rapprochement. Le phosphore peut de même être substitué à l'azote dans l'ammoniaque AzH^3, le silicium au carbone dans le méthane CH^4, et ainsi de suite.

L'union de deux corps simples peut même être considérée comme un phénomène de substitution ; en effet, lorsqu'on combine le chlore avec l'hydrogène, je suppose, pour former l'acide chlorhydrique HCl, on met en présence, non point les atomes de ces deux éléments, qui n'existent pas à l'état libre, mais bien leurs molécules qui, comme nous le savons, renferment chacune deux atomes. L'acide chlorhydrique produit ne contient également que deux atomes par molécule ; il a donc bien fallu que, pendant la combinaison des deux gaz, le chlore se soit substitué à un atome d'hydrogène dans la molécule de ce dernier, et inversement.

CHAPITRE III

THERMOCHIMIE — DISSOCIATION

32. Chaleur de formation. — Nous avons vu précédemment (§ 15) que la combinaison de deux corps donne toujours lieu à une production de travail; le dégagement de chaleur qui en est la conséquence mesure ce qu'on appelle la *chaleur de formation* de ce corps.

La chaleur de formation est toujours rapportée à une molécule-gramme; on l'évalue au moyen du calorimètre et on l'exprime ordinairement en grandes calories.

Suivant que sa chaleur de formation est positive ou négative, un corps est dit *exothermique* ou *endothermique*; les corps exothermiques sont donc formés avec dégagement de chaleur et les corps endothermiques avec absorption de chaleur.

La chaleur de décomposition étant nécessairement égale et de signe contraire à la chaleur de formation, les corps exothermiques doivent absorber de la chaleur en se décomposant; c'est pour cette raison qu'ils sont stables et ne se détruisent que lentement sous l'action d'une énergie extérieure.

Les corps endothermiques, au contraire, dégagent de la chaleur en se décomposant, et cette chaleur, on même temps qu'elle élève leur température, accélère leur décomposition jusqu'à lui imprimer une vitesse excessive ; la réaction prend alors, dans la plupart des cas, un caractère explosif. C'est ainsi que l'anhydride hypochloreux, le chlorure d'azote, le fulminate de mercure, etc., qui sont tous endothermiques, détonent avec violence dès qu'on provoque en un point de leur masse un commencement de décomposition.

Leur synthèse, donnant lieu à une absorption de chaleur, ne peut s'effectuer qu'à l'aide d'une énergie étrangère, telle que la chaleur (sulfure de carbone), l'électricité (acétylène) ou même l'énergie chimique développée par une réaction exothermique concomitante (anhydride hypochloreux, chlorure d'azote).

La synthèse des corps exothermiques est, au contraire, facile et n'exige ordinairement qu'une mise en train préalable pour s'effectuer ensuite d'elle-même (synthèses de l'eau, de l'acide chlorhydrique, etc.).

Les nombreuses déterminations calorimétriques effectuées surtout, en France, par M. Berthelot, ont conduit ce savant à énoncer plusieurs principes fondamentaux qui forment la base de la Thermochimie.

33. Principe de l'état initial et de l'état final. — *La chaleur dégagée dans une transformation chimique quelconque ne dépend que de l'état initial et de l'état final des corps réagissants ; elle est indépendante du cycle parcouru.*

Exemple : Lorsqu'on unit directement 16 grammes d'oxygène à 2 grammes d'hydrogène, ce qui donne naissance à une molécule-gramme d'eau, on voit se dégager 69 calories, de même que si l'on combine d'abord les 16 grammes d'oxygène à du cuivre, ce qui dégage $40^{cal},4$, pour réduire ensuite l'oxyde de cuivre formé par l'hydrogène, ce qui donne une molécule d'eau et du cuivre régénéré, avec un dégagement de chaleur égal à $28^{cal},6$.

La quantité totale de chaleur recueillie dans les deux cas est la même parce que l'état initial $(2H + O)$ et l'état final (H^2O) sont identiques : elle exprime purement et simplement la chaleur de formation d'une molécule d'eau.

34. Principe du travail maximum. — *Toute réaction chimique accomplie sans l'intervention d'une énergie étrangère tend à produire le corps ou le système de corps qui dégage le plus de chaleur.*

Exemple : Le chlore attaque l'oxyde de mercure de deux manières différentes, soit en dégageant de l'oxygène, soit en donnant de l'anhydride hypochloreux; la première réaction dégage plus de chaleur que la seconde, aussi la voit-on se produire de préférence à celle-ci quand on opère sans précautions.

Ce principe n'exclut aucunement la possibilité des réactions qui ne dégagent pas le maximum de chaleur; la formation d'anhydride hypochloreux, dans l'action citée plus haut du chlore sur l'oxyde mercurique, à basse température, en donne la preuve évidente.

35. Dissociation. — On appelle *dissociation*, d'après M. Sainte-Claire Deville, toute décomposition limitée par l'action inverse, c'est-à dire par la recombinaison des éléments dissociés.

La dissociation s'effectue en *système homogène* quand le corps qui se dédouble et ses produits de dédoublement ont tous le même état physique : c'est le cas de la vapeur d'eau et du gaz iodhydrique. Quand, au contraire, l'état des produits de la dissociation est différent de celui du corps dissociable, on a un *système hétérogène*.

En étudiant la dissociation du carbonate de calcium, qui se dédouble au rouge en chaux et anhydride carbonique, M. Debray a reconnu que la pression du gaz qui se dégage, quand on chauffe ce sel en vase clos, est fixe pour une température donnée, et indépendante de l'état d'avancement de la décomposition; cette pression caractéristique a reçu le nom de *tension de dissociation.*

On peut donc dire, d'une manière générale, que :

En système hétérogène, la tension de dissociation ne dépend que de la température; ordinairement elle augmente avec cette dernière.

Quand la tension de dissociation dépasse la pression extérieure, la décomposition devient rapidement complète; c'est ce qui explique pourquoi le carbonate de calcium se transforme entièrement en chaux vive quand on le calcine au rouge vif ou qu'en le chauffe dans un courant d'air, de façon à chasser au dehors le gaz carbonique, dès qu'il s'est dégagé.

C'est pour la même raison que l'hydrate de chlore ne peut être conservé qu'en vase clos, au-dessus de 8°, et que le chlorure de phosphonium n'est stable que sous une pression de 20 atmosphères, à la température de 15°.

CHAPITRE IV

NOMENCLATURE ET CLASSIFICATION

36. Définition, corps simples. — La nomenclature a pour but de donner à tous les corps de constitution connue des noms systématiques, indiquant à la fois la famille à laquelle ils appartiennent et leur composition (1).

Les corps simples sont actuellement au nombre de 70 environ; on a coutume de les partager en deux groupes que l'on appelle *métaux* et *métalloïdes* (2).

Les métaux sont les corps qui jouent le rôle d'éléments *électro-positifs*, c'est-à-dire qui se rendent à l'électrode négative du voltamètre quand on électrolyse leurs composés salins; on les reconnaît surtout à ce qu'ils sont brillants, malléables, ductiles et bons

----

(1) La nomenclature a été créée, à la fin du xviii° siècle, par Lavoisier, Fourcroy, Berthollet et Guyton de Morveau; elle n'a subi depuis cette époque que quelques modifications de détail, nécessitées par les progrès de la science et surtout par l'adoption de théories nouvelles.

(2) Cette classification des corps simples est commode dans le langage courant, mais elle n'a aucune valeur réellement scientifique, en sorte qu'on ne devra jamais lui attribuer qu'une importance très relative.

conducteurs pour la chaleur et l'électricité. Leurs oxydes sont généralement basiques.

Les métalloïdes sont presque toujours *électro-négatifs*, c'est-à-dire qu'ils se portent de préférence à l'électrode positive du voltamètre; ils sont, en outre, cassants et mauvais conducteurs; leurs oxydes enfin sont neutres ou acides.

Les corps simples ne sont soumis à aucune nomenclature proprement dite, et la plupart d'entre eux portent encore aujourd'hui les noms qui servaient à les désigner autrefois.

37. Classification des métalloïdes. — D'après M. Dumas on classe les métalloïdes, par ordre de valence, en cinq familles naturelles, dont les principaux représentants sont :

1re Famille Monovalents.	2e Famille Divalents.	3e Famille Trivalents.	4e Famille Tri et pentavalents.	5e Famille Quadrivalents.
Fluor (1). Chlore. Brome. Iode.	Oxygène. Soufre. Sélénium. Tellure.	Bore.	Azote. Phosphore. Arsenic. Antimoine.	Carbone. Silicium.

(1) Les métalloïdes de la première famille sont souvent appelés corps *halogènes*.

Remarque. — L'antimoine, qui a l'éclat des métaux, est rangé par certains auteurs parmi ces derniers.

38. Classification des métaux. — On adopte généralement pour les métaux la classification de Thénard, qui consiste à les ranger par ordre d'oxydabilité dé-

Iʳᵉ Famille		2ᵉ Famille	3ᵉ Famille	4ᵉ Famille	5ᵉ Famille	6ᵉ Famille
Oxydables à froid. Décomposent l'eau à froid. Oxydes irréductibles par la chaleur seule.		Oxydables à chaud. Décomposent l'eau vers 100°. Oxydes irréductibles.	Oxydables au rouge. Décomposent l'eau au rouge ou avec les acides forts. Oxydes irréductibles.	Oxydables au rouge. Décomposent l'eau au rouge ou avec les bases fortes. Oxydes irréductibles.	Oxydables au rouge. Ne décomposent pas l'eau. Oxydes irréductibles.	Inoxydables. Ne décomposent pas l'eau. Oxydes réductibles. Métaux nobles.
Métaux alcalins.	Métaux alcalino terreux.					
Lithium. Sodium. Potassium. Rubidium. Césium.	Calcium. Strontium. Baryum.	Magnésium. Manganèse. Glucinium.	Zinc. Nickel. Cobalt. Aluminium. Fer. Chrome.	Étain. Antimoine. Titane. Tungstène. Molybdène.	Plomb. Cuivre. Bismuth.	Mercure. Argent. Or. Platine. Iridium.

croissante; c'est une classification pratique plutôt que théorique, qui présente l'avantage de donner de suite une idée de la résistance des différents métaux vulgaires dans leurs applications courantes. Elle comprend six familles distinctes, que l'on pourrait ramener à quatre seulement, si l'on remarque que les caractères des métaux compris dans la seconde famille se rapprochent singulièrement de ceux des métaux de la troisième, et que les corps rangés dans la quatrième famille sont bien plus près des métalloïdes que des véritables métaux par l'ensemble de leurs propriétés.

Les métaux alcalins sont tous monovalents; leurs hydrates, leurs carbonates et leurs sulfates sont solubles dans l'eau; les métaux alcalino-terreux sont, au contraire, divalents et forment des carbonates et des sulfates insolubles.

Tous les autres métaux sont polyvalents, à l'exception de l'argent, qui est monovalent comme les métaux alcalins.

39. Corps composés. — La nomenclature actuelle ne s'étend que jusqu'aux corps *ternaires*, c'est-à-dire qui renferment seulement trois corps simples distincts; encore faut-il en excepter le nombre immense des combinaisons organiques, formées de carbone, d'hydrogène et d'oxygène, qui sont l'objet d'une classification et d'une nomenclature spéciales.

Les corps binaires se subdivisent en *corps binaires oxygénés*, comprenant les *oxydes* et les *anhydrides*, et en *corps binaires non oxygénés*. Les composés ternaires comprennent les *acides* et les *sels*.

40. Oxydes. — On appelle *oxydes* les corps binaires oxygénés qui ne donnent jamais d'acides au contact de l'eau, ni de sels au contact des bases.

Les *oxydes basiques*, *bases* ou encore *oxydes sali-fiables* sont ceux qui peuvent donner des sels en s'unissant aux acides; on dit qu'une base est *mono-acide* ou *biacide* suivant qu'elle peut se combiner à une ou deux molécules d'un acide monobasique quel-conque; enfin on reconnait les bases, lorsqu'elles sont solubles dans l'eau, à ce qu'elles bleuissent la tein-ture rouge de tournesol.

Lorsqu'un corps ne donne qu'un seul oxyde avec l'oxygène, on forme le nom de celui-ci en ajoutant simplement son nom propre au mot *oxyde*.

Exemples : Oxyde de carbone, oxyde de zinc.

Quand le même corps peut fournir plusieurs oxydes différents, on les distingue par les préfixes *proto, sesqui, bi, tri, tétra* ou *quadri*, etc.

Le préfixe *proto* sert à désigner le premier, celui qui contient le moins d'oxygène, ou mieux encore ce-lui qui ne renferme qu'un atome d'oxygène pour un atome de métal; les autres s'appliquent aux oxydes qui renferment une fois et demie, deux fois, trois fois ou quatre fois plus d'oxygène que le premier.

On appelle communément *peroxyde* l'oxyde le plus oxygéné de toute la série.

Les oxydes qui contiennent deux atomes de métal pour un seul d'oxygène sont souvent appelés *sous-oxydes*, ceux qui renferment 4 atomes d'oxygène pour 3 de métal portent le nom d'*oxydes salins*, enfin on se sert quelquefois des suffixes *eux* et *ique* pour dis-tinguer un oxyde basique peu oxygéné d'un autre qui l'est davantage.

Exemples :

Cu^2O ....   *Sous-oxyde de cuivre ou oxyde cui-vreux.*

CuO ....   *Oxyde de cuivre ou oxyde cuivrique.*

MnO . . . . *Protoxyde de manganèse ou oxyde manganeux.*

Mn^3O^4 . . . . . *Oxyde salin de manganèse.*

Mn^2O^3 . . . . . . *Sesquioxyde de manganèse ou oxyde manganique.*

MnO^2 . . . . . . *Bioxyde ou peroxyde de manganèse.*

Remarque. — Les oxydes alcalino-terreux, qui ont conservé leurs anciens noms, font exception aux règles précédentes.

Exemples :

CaO . . . . *Chaux (protoxyde de calcium).*

SrO . . . . *Strontiane (protoxyde de strontium).*

BaO . . . . *Baryte (protoxyde de baryum).*

MgO . . . . . . *Magnésie (protoxyde de magnésium).*

Al^2O^3 . . . . . *Alumine (sesquioxyde d'aluminium).*

41. Anhydrides. — On appelle *anhydride* tout corps binaire oxygéné qui peut donner un acide en s'unissant aux éléments de l'eau ; on reconnaît les anhydrides à ce qu'ils peuvent s'unir aux bases pour former des sels et, lorsqu'ils sont solubles, à ce qu'ils rougissent la teinture bleue de tournesol.

On emploie pour les nommer les terminaisons *eux* ou *ique* et les préfixes *hypo* ou *per*, que l'on ajoute au nom de leur élément électro-positif.

La terminaison *eux* est réservée aux anhydrides qui renferment le moins d'oxygène, la terminaison *ique* à ceux qui en renferment une plus grande quantité ; enfin les préfixes *hypo* et *per* indiquent que l'anhydride dont on parle contient *moins* ou *plus* d'oxygène que celui qui a la même terminaison, sans préfixe.

Lorsqu'il n'existe qu'un seul anhydride parmi les différentes combinaisons oxygénées d'un même corps on lui donne naturellement la terminaison *ique*.

Exemples :

CO^2............	*Anhydride carbonique.*
As^2O^3..	— *arsenieux.*
As^2O^5........	— *arsenique.*
Cl^2O.	— *hypochloreux.*
Cl^2O^3	— *chloreux.*
Cl^2O^5........	— *chlorique*[1].
Cl^2O^7........	— *perchlorique*[1].

Exception. — *L'anhydride silicique* SiO^2 est souvent appelé *silice.*

42. Corps binaires non oxygénés. — Le nom de tous ces corps est caractérisé par le suffixe *ure*, que l'on applique à l'élément *électro-négatif* de la combinaison.

Quand les mêmes corps simples peuvent former plusieurs composés de ce genre, on les distingue par les préfixes *proto, sesqui, bi,* etc., ou par les suffixes *eux* et *ique* que nous avons déjà employés dans la nomenclature des oxydes.

Quelques-uns de ces corps se rapprochent des anhydrides par l'ensemble de leurs propriétés ; on peut alors, par extension de langage, les désigner sous ce nom, mais il est nécessaire dans ce cas, pour éviter toute méprise, d'énoncer l'élément électro-négatif qui remplace l'oxygène dans leur molécule ; ordinairement on le met en préfixe.

Enfin on rencontre dans ce groupe un certain nombre de combinaisons hydrogénées qui possèdent tous les caractères des acides véritables ; on les réunit sous

---

(1) Les anhydrides chlorique et perchlorique n'existent pas à l'état libre, on ne les connaît qu'en combinaison.

la désignation commune d'*hydracides* et on forme leur nom en ajoutant au mot *acide* le nom du métalloïde qu'ils renferment, terminé par *hydrique*.

Exemples :

AgCl. ....   *Chlorure d'argent.*
Cu²Cl².....   *Protochlorure de cuivre ou chlorure cuivreux.*
CuCl² .....   *Bichlorure de cuivre ou chlorure cuivrique.*
CS²........   *Sulfure de carbone ou anhydride sulfocarbonique.*
HCl.......   *Acide chlorhydrique.*
HBr.... ..   —   *bromhydrique.*
H²S ....   —   *sulfhydrique.*

Remarque. — Les combinaisons hydrogénées du carbone, ou *carbures d'hydrogène*, sont souvent appelées, par contraction, *hydrocarbures*. Leur nomenclature est du domaine de la chimie organique.

43. Acides. — On appelle *acide* tout composé ternaire (quelquefois même quaternaire) *hydrogéné*, dont un atome d'hydrogène, au moins, est remplaçable par une quantité équivalente de métal.

On reconnait les acides à ce qu'ils s'unissent aux bases, avec perte d'eau, pour former des sels ; un acide est *monobasique*, *bibasique* ou *tribasique* suivant qu'il contient un, deux ou trois atomes d'hydrogène substituables.

Tous les acides solubles rougissent la teinture bleue de tournesol.

Leur nomenclature est la même que celle des anhydrides.

Exemples :

$S^2O^3H^2$ .... *Acide hyposulfureux.*
SO^3H^2 .... — *sulfureux.*
$S^2O^6H^2$ .... — *hyposulfurique.*
SO^4H^2 .... — *sulfurique.*
$S^2O^8H^2$ .... — *persulfurique.*
CS^3H^2 .... — *sulfocarbonique.*
$SiF^{16}H^2$ .... — *fluosilicique.*

44. Sels. — Les *sels* sont les produits de la substitution d'un métal à l'hydrogène d'un acide : on les obtient ordinairement par la combinaison d'une base avec un anhydride ou un acide.

Pour nommer un sel, on change la terminaison *eux* ou *ique* de l'acide en *ite* ou *ate* et on ajoute le nom du métal (quelquefois, mais improprement, le nom de la base). Quand le même métal donne deux oxydes salifiables différents, on distingue leurs sels par les terminaisons *eux* ou *ique*, que l'on ajoute au nom du métal.

Lorsque tout l'hydrogène de l'acide a été éliminé, lors de sa transformation en sel, celui-ci est appelé *sel neutre ;* s'il en reste encore une partie, le sel est dit *acide :* dans ce cas il est naturellement quaternaire.

Exemples :

SO^4Hg^2 .... *Sulfate mercureux.*
SO^4Hg ..... *Sulfate mercurique.*
$S^2O^3Na^2$ ... *Hyposulfite de sodium ou de soude.*
SO^4Na^2 .... *Sulfate neutre de sodium ou de soude.*
SO^4HNa ... *Sulfate acide (bisulfate) de sodium.*
$S^2O^8K^2$ .... *Persulfate de potassium ou de potasse.*
$SiF^{16}Ba$ .... *Fluosilicate de baryum.*

Remarques. — 1° Vis-à-vis des métaux, l'eau joue souvent le rôle d'acide ; les combinaisons qu'elle donne avec eux sont alors comparées aux sels et désignées sous le nom d'*hydrates*.

Exemples :

KOH...... *Hydrate de potassium (potasse).*
NaOH..... *Hydrate de sodium (soude).*
Fe(OH)^2... *Hydrate ferreux.*
Fe^2(OH)^6.. *Hydrate ferrique.*

2° Les sels proprement dits ressemblent par toutes leurs propriétés physiques ou chimiques aux combinaisons binaires non oxygénées des métaux ; celles-ci résultent d'ailleurs, comme les sels ternaires, de la substitution d'un métal à l'hydrogène d'acides particuliers (hydracides). C'est pour ces différentes raisons qu'on appelle souvent ces corps *sels haloïdes*.

Le chlorure de sodium, le sulfure de calcium, le fluorure d'argent, etc., sont des sels haloïdes.

45. Radicaux. — Il arrive souvent qu'un composé binaire ou ternaire se combine avec les corps simples ou s'y substitue avec une valence propre, à la manière d'un véritable élément ; on l'appelle alors *radical*, et, suivant qu'on le rencontre de préférence chez les acides ou les bases, on dit qu'il est *acide* ou *basique*.

L'anhydride sulfureux, l'oxyde de carbone, qui s'unissent directement au chlore et existent dans la molécule des acides sulfurique et carbonique, sont des *radicaux acides* ; l'ammonium, qui fait partie intégrante de tous les sels ammoniacaux et y joue le rôle d'un métal, est un *radical basique*.

Pour simplifier le langage, on donne souvent aux

radicaux des noms particuliers, que l'on forme à l'aide de la terminaison *yle*.

Exemples :

SO^2Cl^2..... *Chlorure de sulfuryle* ou *oxychlorure de soufre.*
$COCl^2$..... *Chlorure de carbonyle* ou *oxychlorure de carbone.*
$AzOCl$..... *Chlorure de nitrosyle.*
AzO^2Cl..... *Chlorure d'azotyle.*

Par extension, on range dans la classe des radicaux un grand nombre de groupements qui n'existent qu'en combinaison et qu'il est impossible d'isoler sans les détruire ; c'est le cas de l'ammonium déjà cité et de l'*oxhydryle* ou *hydroxyle* OH qui, entrant à la fois dans la molécule des acides et dans celle des bases hydratées, se trouve être en même temps acide et basique.

La combinaison de l'oxhydryle avec un métal donne un *hydrate métallique*, sa combinaison avec un radical acide donne un acide vrai.

L'acide sulfurique $SO^2(OH)^2$ et l'acide azotique $AzO^2(OH)$ pourraient donc aussi s'appeler *hydrate de sulfuryle* et *hydrate d'azotyle*, au même titre et pour les mêmes raisons que la chaux éteinte $Ca(OH)^2$ s'appelle *hydrate de calcium.*

46. Fonctions chimiques. — On appelle fonction d'un corps la *tendance* qu'a ce corps à réagir dans un sens déterminé, quand on le met en conflit avec un autre.

C'est ainsi que les acides et les bases, par la facilité avec laquelle ils s'unissent, pour donner naissance aux sels, possèdent ce qu'on appelle la *fonction acide* et la *fonction basique.*

Un même corps peut posséder à la fois plusieurs fonctions différentes : les sels acides, par exemple, qui renferment encore de l'hydrogène remplaçable par un métal, ont en même temps la fonction de *sel* et la fonction d'*acide*.

On connaît même certains oxydes qui ont simultanément les deux fonctions de base et d'acide : c'est le cas de l'oxyde de zinc ZnO, qui s'unit aux acides, pour donner les sels de zinc ordinaires, et aux bases, pour former les *zincates*. Ces corps s'appellent parfois *oxydes indifférents*.

La fonction dominante d'un composé chimique bien défini figure toujours parmi ses propriétés caractéristiques ; nous verrons plus tard qu'elle acquiert une importance capitale en chimie organique.

47. Écriture chimique. — Le symbole d'un corps simple représente toujours une quantité de ce corps égale à son poids atomique ; dans les calculs on l'exprime en unités arbitraires, grammes ou kilogrammes, suivant les cas.

Si ce corps est gazeux et de constitution moléculaire normale, le même symbole équivaut à un volume constant, égal à $11^l,15$ ou $11^{mc},15$, suivant qu'on prend pour unité de poids le gramme ou le kilogramme.

La formule d'un corps composé représente toujours une molécule de ce corps, occupant, à l'état gazeux, dans les conditions normales, un volume double du précédent ; le poids de cette molécule est égal à la somme des poids atomiques exprimés dans sa formule représentative.

48. Formules de constitution. — Lorsqu'on veut indiquer la manière dont les éléments sont unis dans une molécule complexe, on exprime la valence de ceux-ci par autant de traits figuratifs, disposés de manière à ce que toutes ces valences soient réciproquement saturées ; on a alors une sorte de schéma, plus explicite que la formule brute, que l'on appelle *formule de constitution* ou *de structure*.

Exemples :

$$H - \overset{''}{O} - H \dots\dots \quad \textit{Eau.}$$

$$H - \overset{'''}{Az} \Big\langle {}^{H}_{H} \dots\dots \quad \textit{Ammoniaque.}$$

$$\overset{H}{\underset{H}{\Big\rangle}} \overset{IV}{C} \overset{H}{\underset{H}{\Big\langle}} \dots\dots \quad \textit{Méthane.}$$

$$O = \overset{V}{P} {\Big\langle}^{Cl}_{Cl} {}_{Cl} \dots\dots \quad \textit{Chlorure de phosphoryle.}$$

Les formules de constitution sont indispensables à l'étude de la chimie organique.

49. Isomérie, allotropie. — Deux corps ayant même poids moléculaire et même composition centésimale peuvent n'avoir pas les mêmes propriétés : on dit alors qu'ils sont *isomères.*

L'isomérie est toujours due à quelque différence dans le mode d'assemblage des atomes à l'intérieur de la molécule ; il est ordinairement facile d'en rendre compte par les formules de constitution.

Exemple : Il existe deux *dichloréthanes* isomères, de même formule brute $C^2H^4Cl^2$; on les distingue par leurs formules de structure, qui sont respectivement

$$\overset{H}{\underset{Cl}{\Big\rangle}} \overset{IV}{C} - \overset{IV}{C} \overset{H}{\underset{Cl}{\Big\langle}} \qquad et \qquad \overset{H}{\underset{H}{\Big\rangle}} \overset{IV}{C} - \overset{IV}{C} \overset{H}{\underset{Cl}{\Big\langle}} {}^{Cl}$$

Poids atomiques des corps simples.

CORPS SIMPLES.	SYMBOLES.	POIDS ATOMIQUES.	CORPS SIMPLES.	SYMBOLES.	POIDS ATOMIQUES.
Aluminium	Al	27	Manganèse	Mn	55
Antimoine	Sb	120	Mercure	Hg	200
Argent	Ag	108	Molybdène	Mo	96
Argon	Ar	40	Nickel	Ni	59
Arsenic	As	75	Niobium	Nb	94
Azote	Az	14	Or	Au	196
Baryum	Ba	137	Osmium	Os	190
Bismuth	Bi	208	Oxygène	O	16
Bore	Bo	11	Palladium	Pd	106
Brome	Br	80	Phosphore	Ph	31
Cadmium	Cd	112	Platine	Pt	195
Calcium	Ca	40	Plomb	Pb	207
Carbone	C	12	Potassium	K	39
Cérium	Ce	141	Rhodium	Rh	104
Césium	Cs	133	Rubidium	Rb	85
Chlore	Cl	35,5	Ruthérium	Ru	104
Chrome	Cr	52	Samarium	Sa	150
Cobalt	Co	59	Scandium	Sc	44
Cuivre	Cu	63,3	Sélénium	Se	79
Décipium	Do	171	Silicium	Si	28
Didyme (1)	Di	145	Sodium	Na	23
Erbium	Er	165	Soufre	S	32
Etain	Sn	118	Strontium	Sr	87,5
Fer	Fe	56	Tantale	Ta	182
Fluor	Fl	19	Tellure	Te	127
Gallium	Ga	70	Thallium	Tl	204
Germanium	Ge	72	Thorium	Th	233
Glucinium	Gl	9	Thulium	Thu	171
Hélium	He	2	Titane	Ti	50
Hydrogène	H	1	Tungstène	Tu	184
Indium	In	113	Uranium	Ur	239
Iode	I	127	Vanadium	Va	51
Iridium	Ir	193	Ytterbium	Yb	173
Lanthane	La	138	Yttrium	Yt	89
Lithium	Li	7	Zinc	Zn	63
Magnésium	Mg	24	Zirconium	Zr	90

(1) Le didyme n'est pas un véritable corps simple : il a été dédoublé en deux autres substances, que l'on appelle *néodyme* et *praséodyme*.

L'allotropie est une sorte d'isomérie qui est spéciale aux corps simples; elle tient à ce que la molécule ne contient pas toujours le même nombre d'atomes et ne se rencontre que chez les corps simples polyvalents.

C'est ainsi que l'ozone, qui renferme trois atomes dans sa molécule, est une forme allotropique de l'oxygène ordinaire O^2.

50. Chimie minérale et chimie organique. — Bien que la chimie soit une dans son ensemble et que les mêmes principes soient applicables à toutes ses branches, on est convenu d'appeler *chimie minérale* l'étude des corps simples et de leurs composés, à l'exception de ceux du carbone, et *chimie organique* l'ensemble de toutes les combinaisons carbonées, quelle que soit d'ailleurs leur composition qualitative ou quantitative.

DEUXIÈME PARTIE

HYDROGÈNE ET MÉTALLOIDES

CHAPITRE PREMIER

HYDROGÈNE

51. Propriétés physiques. — L'hydrogène est un gaz incolore, inodore et sans saveur, que l'on reconnaît à ce qu'il brûle avec une flamme jaunâtre, très peu éclairante, et forme avec l'air un mélange détonant. Il se distingue de l'oxyde de carbone et du méthane, qui se comportent presque de la même manière, en ce qu'il ne donne en brûlant que de la vapeur d'eau, sans trace d'anhydride carbonique.

L'hydrogène est le plus léger de tous les corps connus; sa densité est égale à 0,0695; aussi l'emploie-t-on au gonflement des aérostats qui doivent avoir, sous un faible volume, une grande force ascensionnelle.

On peut faire voir expérimentalement la grande légèreté de l'hydrogène en gonflant avec ce gaz des bulles de savon, qui s'élèvent rapidement à de grandes hauteurs, ou bien encore en renversant une éprouvette pleine d'hydrogène sous une autre pleine d'air; en quelques instants les deux gaz ont échangé leurs positions respectives, ce dont on s'assure au moyen d'une allumette enflammée.

L'hydrogène est fort peu soluble; son coefficient de solubilité, égal seulement à 0,019 pour la température de 0°, est négligeable en pratique.

L'hydrogène est, après l'hélium, le plus difficile à liquéfier de tous les gaz connus. En 1877 et 1878, MM. Cailletet et Pictet ont montré qu'il donne quelques indices de changement d'état, notamment un léger brouillard, quand on le soumet à la détente après l'avoir fortement comprimé (350 atmosphères); MM. Wroblewski et Olszewski, en le refroidissant à 214 degrés au-dessous de 0° avec de l'azote liquide, en même temps qu'ils le comprimaient et le laissaient se détendre dans un appareil de Cailletet, ont pu le voir à l'état d'une sorte de mousse légère et très fugitive. Son point critique est voisin de — 220 degrés.

L'hydrogène est, de tous les gaz, celui qui conduit le mieux la chaleur et l'électricité.

52. Diffusion des gaz. — Th. Graham a appelé *diffusion* des gaz la propriété qu'ont ces corps de traverser plus ou moins facilement un orifice fin, percé dans une lame mince, ou une plaque poreuse. La vitesse de ce passage, qui est comparable à l'endosmose des liquides, est, d'après Graham, inversement proportionnelle à la racine carrée de la densité du gaz : il en résulte que l'hydrogène, plus léger que tous les autres gaz, doit être celui qui passe le plus vite à travers une cloison poreuse : c'est ce que l'on vérifie par une foule d'expériences.

On peut, par exemple, mettre une feuille de papier au-dessus d'un tube dégageant de l'hydrogène ; le gaz passe assez vite pour qu'il soit possible de l'enflammer sur la feuille même, aussi facilement que si elle n'existait pas.

On peut aussi, à l'exemple de M. Debray, faire passer un rapide courant d'hydrogène dans un vase poreux, en porcelaine dégourdie, auquel on a adapté, par l'intermédiaire d'un bouchon, un tube manométrique plongeant dans l'eau (fig. 8). Dès qu'on ferme le robinet d'arrivée de l'hydrogène, le gaz qui remplit l'appareil s'échappe, et la diminution de pression qui en résulte force l'eau à monter dans le manomètre.

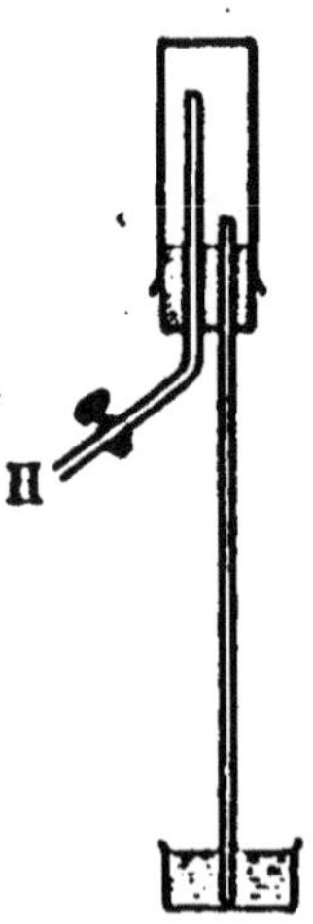

Fig. 8.
Appareil Debray.

Enfin, on peut se servir d'un tube en terre de pipe, placé dans l'axe d'un autre tube à parois imperméables, en verre ou en porcelaine vernissée ; si l'on fait arriver lentement de l'hydrogène dans le tube poreux, on le voit se répandre presque entièrement dans l'espace annulaire qui entoure ce dernier.

M. H. Sainte-Claire-Deville a reconnu que certains métaux, tels que le platine et le fer, deviennent perméables à l'hydrogène quand on les chauffe au rouge ; ce phénomène est dû, non à une véritable porosité du métal, mais à la formation d'un *hydrure* métallique dissociable, qui se produit sur la face qui est en contact avec l'hydrogène et se décompose sur l'autre.

L'hydrogène peut même traverser les matières *colloïdales*, c'est-à-dire dénuées de pores apparents, comme le caoutchouc ou la gutta-percha : c'est ce qui explique pourquoi un ballon de caoutchouc gonflé d'hydrogène diminue rapidement de volume dans l'air. Cette propriété donne lieu à des difficultés sérieuses dans la construction des aérostats.

L'hydrogène pur est inerte sur l'organisme vivant ; un animal peut respirer et vivre aussi bien dans un mélange d'hydrogène et d'oxygène que dans l'air normal (Regnault).

À l'état impur il peut être toxique, par l'hydrogène arsenié qui l'accompagne fréquemment.

53. Propriétés chimiques. — L'hydrogène est doué d'affinités puissantes, mais celles-ci ne se manifestent ordinairement qu'à chaud.

Le fluor seul peut s'y combiner à froid et dans l'obscurité : il se produit alors, avec explosion, de l'acide fluorhydrique HFl.

Le chlore s'y combine à chaud, ou à froid sous l'action de la lumière, pour donner l'acide chlorhydrique HCl ; il y a explosion quand on enflamme un mélange à volumes égaux d'hydrogène et de chlore, ou qu'on l'expose au rayonnement direct du soleil.

Avec le brome et l'iode, la combinaison n'a lieu qu'à chaud ; dans le cas de l'iode elle reste même toujours incomplète, à cause de la facile dissociation de l'acide iodhydrique produit.

Un mélange renfermant deux volumes d'hydrogène pour un d'oxygène (*gaz tonnant* ou *gaz de la pile*) détone avec violence quand on en approche un corps enflammé ou qu'on y fait passer une étincelle électrique ; la pression développée par la dilatation brusque des gaz peut atteindre 12 atmosphères, elle est suffisante pour déterminer la rupture des vases dans lesquels on fait brûler le mélange, s'ils ne sont pas très résistants. Le produit de la combustion est de la vapeur d'eau H^2O.

La flamme qui se produit dans ces circonstances est très chaude ; pour profiter sans danger de sa haute température, M. Sainte-Claire-Deville a imaginé un petit appareil, connu sous le nom de chalumeau oxhydrique, dans lequel les deux gaz, hydrogène et oxygène, arrivent séparément et ne se rencontrent qu'au point même où ils doivent réagir (fig. 9). La flamme du chalumeau oxhydrique possède une température de 2500° environ, elle fond instantanément le platine et communique aux corps réfractaires, tels que la chaux, la magnésie ou la zircone, un éclat éblouissant, que l'œil a peine à soutenir (lampe *oxhydrique* ou de Drummond).

Dans l'air, l'hydrogène brûle encore avec une flamme très chaude, malgré la présence de l'azote inerte qui tend à la refroidir, et on peut l'utiliser dans des chalumeaux semblables à celui de Sainte-Claire-Deville pour faire la soudure *autogène* du plomb (construction des chambres de plomb).

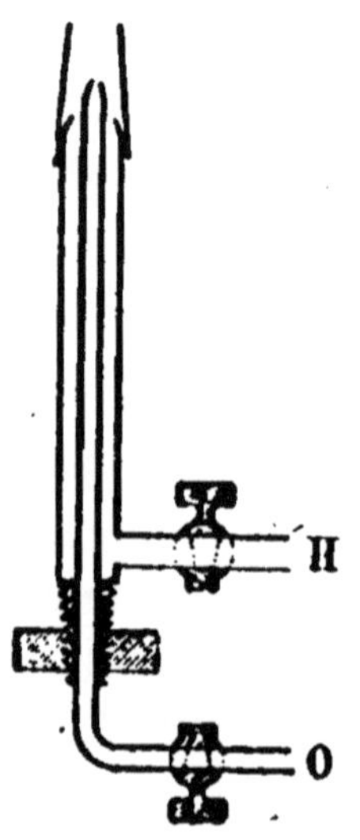

Fig. 9. — Chalumeau oxhydrique.

La flamme de l'hydrogène, brûlant dans l'air à l'extrémité d'un tube effilé (*lampe philosophique* des anciens), a la propriété curieuse de produire un son quand on l'entoure d'un cylindre, formant cheminée, en verre ou en métal (fig. 10). C'est le phénomène de *l'harmonica chimique*, qui n'a pas encore reçu d'explication satisfaisante.

En pratique, on peut presque toujours remplacer la flamme de l'hydrogène par celle du gaz d'éclairage ordinaire qui est presque aussi chaude. La lampe de Drummond fonctionne aussi bien dans les deux cas; le bec Auer est un simple brûleur à gaz dont la flamme porte à l'incandescence un treillis d'oxyde de thorium, mélangé de cérium.

L'hydrogène s'unit directement à chaud, mais d'une manière incomplète, au soufre; il se forme ainsi de l'acide sulfhydrique H^2S.

Avec l'azote, en présence d'étincelles ou d'effluves électriques, il donne des traces d'ammoniaque AzH^3.

Avec le carbone, à la température de l'arc voltaïque, il donne de l'acétylène C^2H^2 (Berthelot) : jamais il ne se combine directement au phosphore, ni à l'arsenic, ni au bore, ni au silicium.

Avec certains métaux, il donne des hydrures définis : le palladium, en particulier, l'absorbe énergiquement (Graham) pour former une combi-

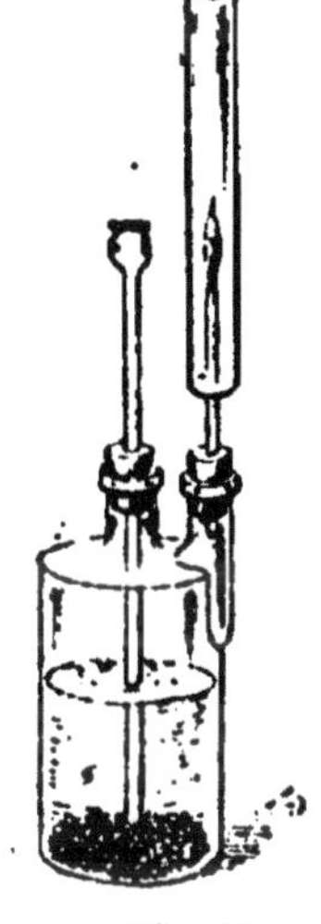

Fig. 10.
Harmonica chimique

naison à laquelle MM. Troost et Hautefeuille assignent la formule Pd^2H.

La mousse de platine réagit aussi sur ce gaz, quoique moins vivement que le palladium, et s'échauffe à son contact au point d'enflammer un jet d'hydrogène s'échappant dans l'air ou de faire détoner spontanément un mélange d'oxygène et d'hydrogène. C'est sur ce principe qu'a été fondé le *briquet à hydrogène*.

L'hydrogène s'unit également aux métaux alcalins, potassium et sodium (Troost et Hautefeuille).

L'hydrogène décompose, à chaud, un grand nombre de combinaisons oxygénées et de sels haloïdes.

C'est ainsi qu'il *réduit*, c'est-à-dire ramène à l'état métallique, tous les oxydes des métaux lourds. Dans le cas du peroxyde de fer, on obtient d'abord de l'oxyde ferreux FeO, puis du fer pulvérulent, qui sont tous deux *pyrophoriques* (fig. 11).

$$CuO + 2H = Cu + H^2O.$$
$$Fe^2O^3 + 2H = 2(FeO) + H^2O.$$
$$Fe^2O^3 + 6H = 2Fe + 3H^2O.$$

Le peroxyde de manganèse et les bioxydes alcalino-terreux sont seulement changés en protoxydes.

$$MnO^2 + 2H = MnO + H^2O.$$
$$BaO^2 + 2H = BaO + H^2O.$$

La dernière réaction s'effectue avec une vive incandescence et production d'une belle flamme verte.

Quant aux protoxydes alcalins et alcalino-terreux, ils sont rigoureusement irréductibles.

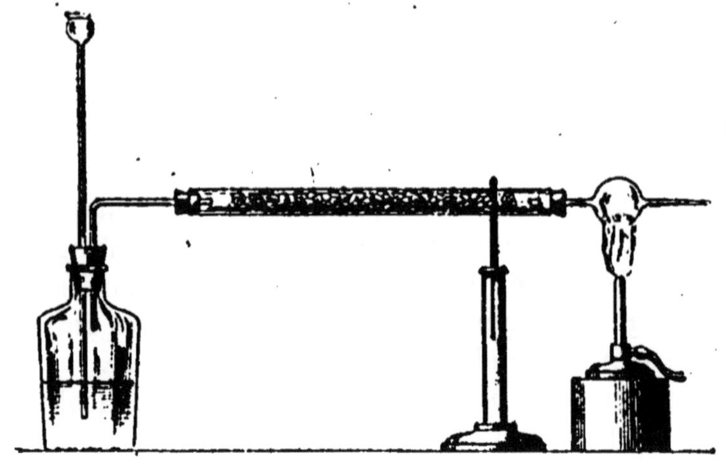

Fig. 11. — Réduction des oxydes ou des chlorures par l'hydrogène.

Les fluorures et chlorures de métaux lourds sont réduits par l'hydrogène, de même que les oxydes correspondants ; il se produit, dans ce cas, de l'acide fluorhydrique ou de l'acide chlorhydrique.

$$AgFl + H = Ag + HFl.$$
$$FeCl^2 + 2H = Fe + 2HCl.$$

Le fer que l'on obtient ainsi, en réduisant le chlorure ferreux par l'hydrogène, au rouge, est remarquablement bien cristallisé.

Hydrogène naissant. — On a remarqué depuis longtemps que certains corps réagissent mieux au moment même où ils prennent naissance que lorsqu'ils sont déjà libres ; cette plus grande efficacité de l'*état naissant* tient à ce que le corps qui le possède n'a pas eu le temps de constituer sa molécule et qu'il se trouve encore, au moment où il réagit, sous la forme d'atomes isolés, sans doute aussi à ce que la chaleur produite par la réaction qui le met en liberté rend l'effet total plus fortement exothermique.

Parmi les actions spéciales à l'hydrogène naissant, on peut citer la réduction de l'acide azotique, celle de l'anhydride arsénieux, que l'on utilise dans l'appareil de Marsh, la transformation de l'indigo bleu en indigo blanc ou du nitrobenzène en aniline, qui servent à l'industrie des matières colorantes, etc.

$$As^2O^3 + 12H = 2AsH^3 + 3H^2O.$$

Anhydride   Hydrogène
arsénieux.   arsénié.

$$C^6H^5AzO^2 + 6H = 2H^2O + C^6H^5AzH^2.$$

Nitrobenzène.   Aniline.

Pour soumettre une matière à l'action de l'hydrogène naissant, il suffit de la mettre au sein d'un milieu dégageant de l'hydrogène, par exemple, dans de l'eau où l'on a placé de l'amalgame de sodium ou du zinc, en présence d'acide sulfurique.

54. Préparations. — L'hydrogène s'extrait pratiquement de l'eau ou des acides :

1° *Par électrolyse de l'eau acidulée.* — L'hydrogène se dégage sur l'électrode négative du voltamètre (fig. 12). Avec des voltamètres de grandes dimensions et un courant intense, on peut ainsi obtenir aisément de grandes quantités d'hydrogène.

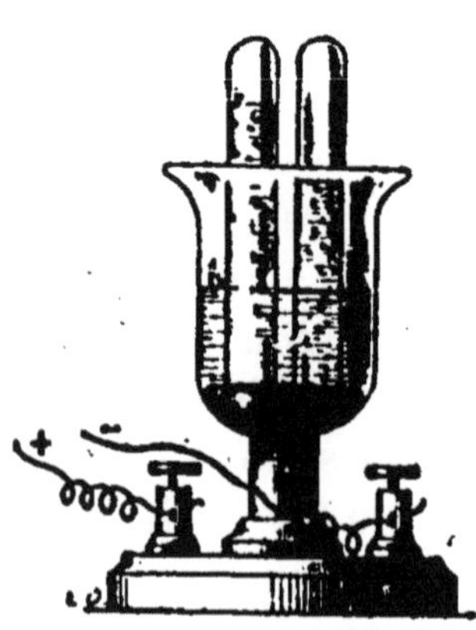

Fig. 12. — Voltamètre.

2° *En décomposant l'eau par un métal alcalin, à froid.* — Il suffit de plonger sous l'eau un fragment de potassium ou de sodium pour voir se dégager de l'hydrogène en abondance, mais la méthode est coûteuse et ne peut être appliquée qu'en petit, à cause des explosions qui se

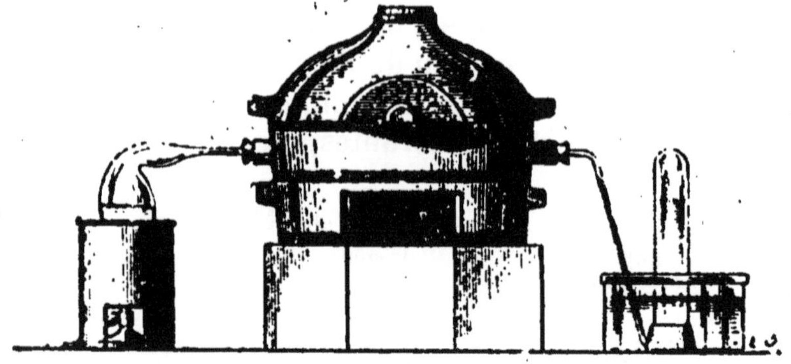

Fig. 13. — Décomposition de l'eau par le fer.

produisent fatalement dès qu'on opère sur une masse un peu considérable de métal.

$$Na + H^2O = NaOH + H.$$
Sodium.   Soude.

3° *En décomposant l'eau par le fer, au rouge.* —

On dirige un courant de vapeur d'eau dans un tube en porcelaine ou en fer, chauffé au rouge dans un fourneau à réverbère, et rempli de fils de fer ou de simples clous (fig. 13). L'hydrogène se dégage à l'extrémité du tube, mélangé avec un excès de vapeur d'eau ; le résidu est de *l'oxyde salin* ou *oxyde magnétique de fer.*

$$3Fe + 4H^2O = Fe^3O^4 + 8H.$$
$$\text{Oxyde salin.}$$

4° *En décomposant l'eau acidulée par le fer ou le zinc, à froid.* — On emploie le plus souvent, pour aciduler l'eau, l'acide sulfurique ou l'acide chlorhydrique ; le dégagement d'hydrogène est plus rapide

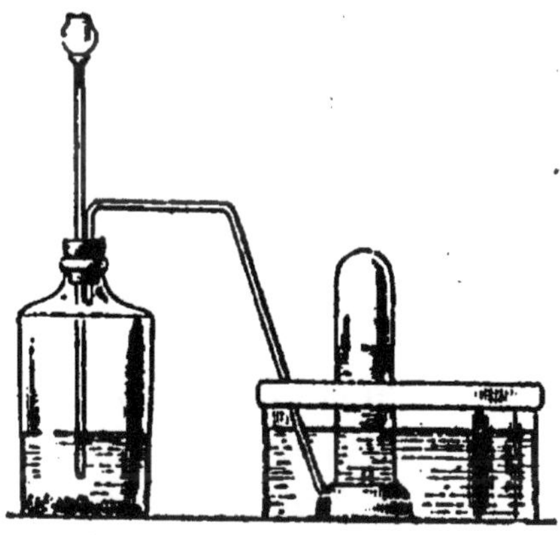

Fig. 14. — Préparation de l'hydrogène.

avec le zinc qu'avec le fer. L'opération s'effectue, au laboratoire, dans un simple flacon à col droit ou à deux tubulures (fig. 14) ou dans des appareils continus, comme ceux de Deville ou de Kipp (fig. 15 et 16).

Le résidu est un sulfate ou un chlorure métallique, suivant l'acide employé.

$$SO^4H^2 + Fe = SO^4Fe + 2H.$$
$$\text{Acide sulfurique.} \qquad \text{Sulfate ferreux.}$$
$$2HCl + Zn = ZnCl^2 + 2H.$$
$$\text{Chlorure de zinc.}$$

Lorsqu'on se sert de zinc pur, pour cette préparation, le dégagement d'hydrogène est fort lent, parce que

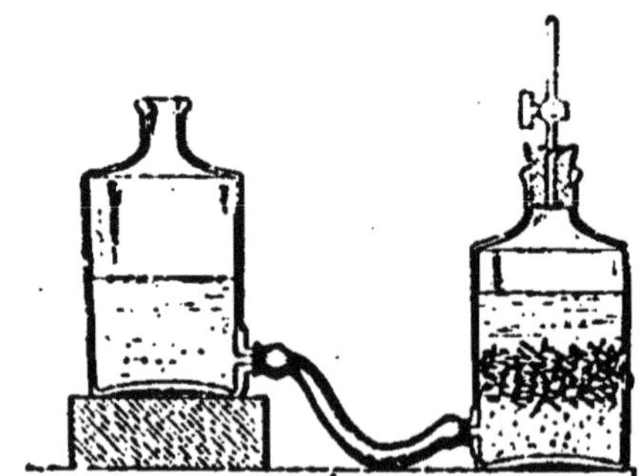

Fig. 1 . — Appareil de Deville.

les bulles de gaz restent adhérentes au métal et le préservent du contact de l'acide : il convient alors de verser dans l'appareil quelques gouttes de sulfate de cuivre ou de chlorure de platine. Ces sels, en se décomposant, donnent un dépôt de cuivre ou de platine métalliques, qui forment avec le zinc un couple de pile et, en conséquence, facilitent le dégagement du gaz.

Le zinc du commerce donne immédiatement un dégagement rapide parce qu'il n'est pas pur, mais alors l'hydrogène produit est souillé de quelques autres gaz, tels que l'hydrogène sulfuré H^2S, l'hydrogène

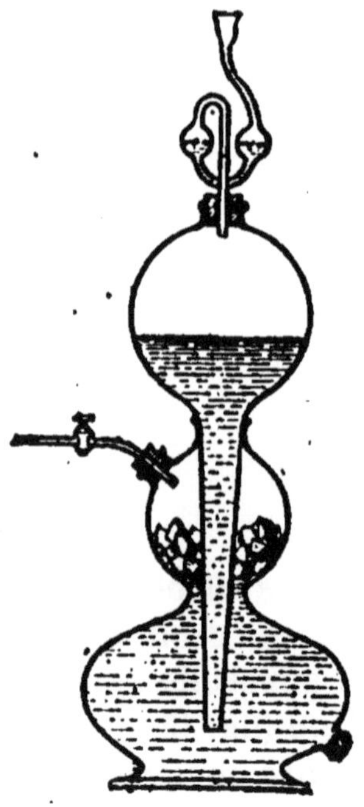

Fig. 16. — Appareil de Kipp.

phosphoré PH^3, l'hydrogène arsénié AsH^3, l'hydrogène silicé SiH^4 et le méthane CH^4, qui le rendent odorant

et même vénéneux. On le purifie en le faisant passer
sur de la tournure de cuivre chauffée au rouge ou en
lui faisant traverser un flacon laveur à permanganate
de potassium : le cuivre décompose les impuretés en
s'emparant de leur élément électro-négatif ; le permanganate, corps très oxydant, les brûle et les retient
à l'état d'acides sulfurique, phosphorique, arsénique et
silicique. Le méthane seul résiste à ces deux réactifs ;
on ne connaît aucun moyen simple de le séparer de
l'hydrogène.

Remarque. — Il est impossible de se servir d'acide
azotique dans la préparation de l'hydrogène : en effet,
ce gaz, à l'état naissant, réduit immédiatement l'acide
azotique et le change en tous les autres composés
oxygénés ou hydrogénés de l'azote.

État naturel. — L'hydrogène ne se trouve pas à
l'état libre dans notre atmosphère, mais il existe dans
tous les astres incandescents, et notamment dans les
protubérances solaires, ainsi qu'on peut s'en assurer
par l'analyse spectrale.

Usages. — L'hydrogène sert à gonfler les aérostats
et à faire la soudure autogène du plomb.

En Amérique et en Angleterre, on emploie beaucoup, pour actionner les moteurs à gaz, un mélange
d'hydrogène et d'oxyde de carbone, que l'on obtient
en faisant passer un courant de vapeur d'eau sur du
charbon incandescent, et qu'à cause de cela on appelle
gaz de l'eau.

$$H^2O + C = CO + 2H.$$

La découverte de l'hydrogène est attribuée à Caven-
dish.

CHAPITRE II

MÉTALLOIDES MONOVALENTS

Fluor.

55. Propriétés physiques. — Le fluor est un gaz jaune clair, dont la couleur n'est sensible que lorsqu'on l'examine sous une grande épaisseur, et fortement odorant. Son odeur irritante rappelle un peu celle de l'ozone : il en produit toujours un peu, en effet, en réagissant sur la vapeur d'eau que contient l'air normal.

Sa densité, 1,265 (Moissan), est d'accord avec la valeur de son poids moléculaire, qui a été trouvé égal à 38.

A cause des difficultés que présente son maniement, à cause surtout de son action sur le verre et le mercure, il n'a pu être encore liquéfié ; sa densité, beaucoup plus faible que celle du chlore, permet de supposer que sa température critique est très basse.

56. Propriétés chimiques. — Le fluor est le plus fortement électro-négatif et, par conséquent, le plus énergique de tous les corps connus ; il attaque directement tous les autres corps simples, sauf l'oxygène, le chlore, l'azote et l'argon ; il y a incandescence avec le soufre, le phosphore, l'arsenic, l'anti-moine, l'iode, le charbon pulvérulent et la plupart des métaux. L'hydrogène s'y combine avec explosion pour donner l'acide fluorhydrique HFl.

Son action sur le bore et le silicium cristallisé est particulièrement remarquable ; ces deux substances prennent un éclat éblouissant dès qu'on les place dans un courant de fluor.

L'or, le platine et l'iridium résistent assez bien, à froid ; à chaud, ils sont transformés en fluorures dissociables.

Le fluor attaque presque tous les corps composés : il décompose l'eau à froid en donnant de l'acide fluor-hydrique et de l'oxygène fortement ozonisé.

$$2Fl + H^2O = 2HFl + O.$$

Il déplace le chlore, le brome, l'iode de leurs hydracides et de leurs combinaisons métalliques.

$$HCl + Fl = HFl + Cl.$$
$$KI + Fl = KFl + I.$$

Il décompose tous les silicates et en particulier le verre, pour donner du fluorure de silicium et un mélange de fluorures métalliques, qui s'unissent en partie pour former des fluosilicates.

$$SiO^3Ca + 6Fl = SiFl^6Ca + 3O.$$

Enfin il détruit la plupart des matières organiques qui, le plus souvent, prennent feu à son contact : il y a alors production d'acide fluorhydrique et de fluorure de carbone.

$$CH^4 + 8Fl = 4HFl + CFl^4.$$

La *fluorine* ou fluorure de calcium CaFl^2 est la seule

substance qui résiste absolument à l'action du fluor,
par la raison bien simple qu'elle en est déjà saturée.

Par voie indirecte, on a pu obtenir quelques combinaisons organiques fluorées bien définies ; on connait
notamment le fluorure d'éthyle C^2H^5Fl et le fluoforme
$CHFl^3$, correspondant au chloroforme $CHCl^3$.

57. Préparation. — La préparation du fluor offre des
difficultés toutes particulières, qui tiennent à l'énergie
de ses actions chimiques : la plus grave est l'attaque
par ce gaz des parois de l'appareil où on cherche à
l'isoler.

Davy ayant essayé de l'obtenir, au commencement
de ce siècle, en décomposant le fluorure d'argent par
le chlore, dans des vases en platine ou en verre, a vu
ses appareils se percer.

Knox et Louyet voulurent plus tard répéter l'expérience de Davy dans des vases en fluorine, mais, n'ayant
pas pris suffisamment de précautions pour se préserver
de l'influence pernicieuse de l'acide fluorhydrique dont
ils avaient besoin pour préparer le fluorure d'argent,
ils durent bientôt interrompre leur travail pour raison
de santé : on assure même que Louyet est mort des
suites d'une maladie contractée au cours de ses recherches.

M. Frémy fut à peine plus heureux : il réussit seulement à voir se dégager quelques bulles d'un gaz odorant, décomposant à froid l'eau et les iodures métalliques, en électrolysant du fluorure de potassium,
fondu dans un creuset de platine.

C'est M. Moissan qui, en 1886, réussit le premier à
isoler le fluor pur ; sa méthode consiste à décomposer
par un courant électrique intense l'acide fluorhydrique
anhydre, rendu conducteur par addition de quelques
centièmes de fluorhydrate de potassium KFl,HFl.

L'appareil est un simple tube en **U**, en platine, muni d'ajutages latéraux, également en platine, et refroidi vers — 50° par un bain de chlorure de méthyle, dans lequel on fait passer un courant d'air sec ; les électrodes sont de gros fils en platine iridié, sertis dans des plaques de fluorine qui servent de bouchons aux deux branches du tube.

Dès que le courant passe, on voit se dégager de l'hydrogène au pôle négatif, et au pôle positif un gaz qui n'est autre que du fluor, saturé de vapeurs d'acide fluorhydrique ; pour enlever celles-ci, il suffit de faire passer le gaz dans un petit tube en platine, rempli de fluorure de potassium sec, qui les absorbe, sans toucher au fluor.

État naturel. — Le fluor se rencontre abondamment dans la nature, surtout sous la forme de fluorure de calcium (*fluorine* des minéralogistes) ; cette matière, admirablement cristallisée en cubes, se trouve dans un grand nombre de filons métalliques.

Le fluor existe également dans *l'apatite* (*fluophosphate de calcium*), la *topaze* (*fluosilicate d'alumine*), la *cryolithe* (*fluoaluminate de sodium*), très abondante au Groënland, le *mica* (fluosilicate complexe) et même, en petite quantité, dans les os, où il accompagne le phosphate tricalcique, à l'état de fluorure de calcium.

MM. Becquerel et Moissan ont signalé la présence de traces de fluor libre dans certains échantillons de fluorine naturelle.

Acide fluorhydrique, HFl.

68. Propriétés physiques. — L'acide fluorhydrique est, à la température ordinaire, un liquide incolore, très mobile, qui répand à l'air d'épaisses fumées blanches et possède une odeur suffocante ; on le reconnaît à ce qu'il attaque le verre et même le cristal de roche, à froid.

Sa densité est égale à 1,06 ; il bout à 19°,5 et se congèle à — 102° (Olszewski).

L'acide fluorhydrique est le plus corrosif de tous les acides ; il produit sur la peau des ulcérations extrêmement douloureuses et ne doit par suite être manié qu'avec de très grandes précautions.

59. Propriétés chimiques. — L'acide fluorhydrique est très stable ; sa chaleur de formation ($37^{cal},6$ à l'état gazeux) est en effet supérieure à celle de tous les autres hydracides ; il en résulte qu'il réagit moins aisément que ces derniers.

Parmi les métalloïdes il n'y a guère que le bore et le silicium qui le décomposent ; il y a alors dégagement d'hydrogène.

$$3HFl + B = BFl^3 + 3H.$$
$$4HFl + Si = SiFl^4 + 4H.$$

Avec les métaux vulgaires, il donne de l'hydrogène et un fluorure.

$$2HFl + Zn = ZnFl^2 + 2H.$$

Il n'attaque pas le mercure, ni les métaux nobles.

L'acide fluorhydrique se combine à l'eau avec une grande énergie : il donne ainsi un hydrate $HFl,2H^2O$, qui est liquide et bout à 120 degrés.

Sa propriété la plus curieuse est d'attaquer à froid la silice et, d'une manière générale, tous les composés du silicium, en donnant du tétrafluorure de silicium $SiFl^4$ et de l'acide fluosilicique $SiFl^6H^2$.

$$SiO^2 + 4HFl = SiFl^4 + 2H^2O.$$
$$SiO^2 + 6HFl = SiFl^6H^2 + 2H^2O.$$

C'est pour cette raison qu'on l'emploie pour graver le verre, à peu près de la même façon qu'on grave le cuivre à l'eau forte.

La gravure est opaque quand on se sert de l'acide fluorhydrique gazeux, elle reste transparente quand on se sert de l'acide fluorhydrique liquide.

Ce corps doit être considéré comme un acide énergique ; il donne avec toutes les bases des sels, qui ne sont autres que les fluorures ou fluorhydrates métalliques ; ces derniers résultent de l'union des fluorures proprement dits avec un excès d'acide fluorhydrique.

$$2HFl + CaO = CaFl^2 + H^2O.$$
$$2HFl + KOH = KFl,HFl + H^2O.$$

60. Préparation. — L'acide fluorhydrique commercial se prépare en distillant un mélange de fluorine

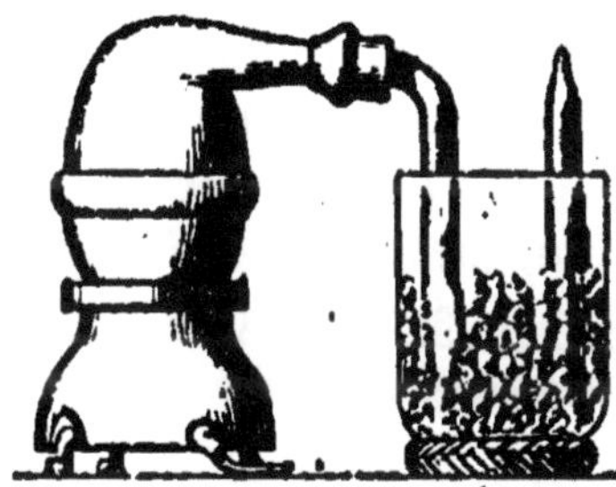

Fig. 17. — Préparation de l'acide fluorhydrique.

pulvérisée et d'acide sulfurique ; l'opération s'effectue dans une cornue en plomb ou en fonte, dont le col est en relation avec un réfrigérant de même substance (fig. 17).

$$CaFl^2 + SO^4H^2 = SO^4Ca + 2HFl.$$

Le produit que l'on obtient de cette manière est assez impur : il renferme toujours une certaine quantité d'eau et d'acide sulfurique, mécaniquement entraînés pendant la distillation, enfin un peu d'acide fluosilicique, qui a pour origine le sable préexistant dans la fluorine.

Pour le purifier, on le sature exactement par du carbonate de potassium, ce qui donne le fluorure KFl.

$$2HFl + CO^3K^2 = CO^2 + H^2O + 2KFl.$$

Puis on ajoute à ce dernier une quantité d'acide fluorhydrique égale à celle qui a servi à le former ; le fluorure se change alors en fluorhydrate et tout l'acide fluosilicique est précipité, à l'état de fluosilicate de potassium insoluble :

$$KFl + HFl = KFl,HFl.$$
$$SiFl^6H^2 + CO^3K^2 = CO^2 + H^2O + SiFl^6K^2.$$

On sépare ce dernier par filtration et on fait cristalliser le fluorhydrate de potassium. Le sel est enfin desséché et distillé, à sec, dans un petit alambic en platine ; il se décompose alors en acide fluorhydrique pur, dont on condense les vapeurs dans un petit réfrigérant en platine, fortement refroidi, et en fluorure de potassium qui peut servir de nouveau, et indéfiniment, au même usage (Frémy).

$$KFl,HFl = KFl + HFl.$$

Dans la préparation de l'acide fluorhydrique brut, on peut remplacer la fluorine par la cryolithe $Al^2Fl^6,6NaFl$; le résidu est alors un mélange de sulfate d'aluminium et de sulfate de potassium.

$$Al^2Fl^6,6NaFl + 6SO^4H^2 = Al^2(SO^4)^3 + 3SO^4Na^2 + 12HFl.$$

L'acide fluorhydrique se conserve dans des flacons en gutta-percha ou mieux en platine ; il sert exclusivement à la gravure sur verre.

Chlore.

61. Propriétés physiques. — Le chlore est un gaz jaune verdâtre, d'une odeur suffocante, qui par son aspect ne peut être confondu qu'avec ses oxydes gazeux, Cl^2O, Cl^2O^3 ou ClO^2; on le distingue de ceux-ci par l'argent en poudre, qui absorbe le chlore pur en totalité et laisse un résidu d'oxygène avec ses oxydes.

$$ClO^2 + Ag = AgCl + 2O.$$

Le chlore est très lourd, sa densité est 2,45 vers 200 degrés ; aussi peut-on le transvaser d'un flacon dans un autre presque aussi aisément qu'un liquide.

Le chlore est un peu soluble dans l'eau et présente un maximum de solubilité à 8 degrés. Ce phénomène anormal tient à ce que le chlore tend à se combiner à l'eau pour former l'hydrate de chlore $Cl,4H^2O$ (ou $Cl,5H^2O$), corps solide extrêmement peu soluble et fort instable, dont la tension de dissociation devient égale à la pression atmosphérique entre 8 et 9 degrés (Isambert). Au-dessous de 8 degrés, la solubilité du chlore ne correspond, par conséquent, qu'à la tension de dissociation de l'hydrate de chlore pour la température de l'eau, c'est-à-dire à une pression nécessairement inférieure à la pression normale.

La dissolution aqueuse de chlore s'appelle vulgairement *eau de chlore;* elle doit être conservée à l'abri de la lumière, par exemple dans des flacons en verre rouge, noir ou simplement vert foncé; la lumière blanche, ou plutôt la partie *actinique* du spectre solaire, la décompose en effet peu à peu, en donnant de l'oxygène et de l'acide chlorhydrique.

$$H^2O + 2Cl = 2HCl + O.$$

Le chlore est le seul gaz simple qui soit facilement liquéfiable ; dans les laboratoires, on arrive à obtenir rapidement de petites quantités de chlore liquide

Fig. 18. — Tube de Faraday.

en chauffant à une douce température de l'hydrate de chlore, dans un tube de verre, droit ou courbé en V, à parois épaisses et scellé à la lampe (Faraday) (fig. 18). Le changement d'état s'effectue dès que la tension de dissociation de l'hydrate de chlore est devenue égale à la tension maxima du chlore liquide ; celui-ci se dépose alors au fond du tube, au-dessous de l'eau qui s'est produite en même temps, sous forme d'un liquide huileux, jaune foncé.

On fabrique maintenant le chlore liquide dans l'industrie ; il se conserve et se transporte dans des cylindres en fer, à parois résistantes, qui sont munis d'un robinet à pointeau. La pression intérieure est d'une dizaine d'atmosphères.

Le chlore liquide a pour densité 1,33 ; il bout à — 34 degrés sous la pression atmosphérique et se congèle à — 102 degrés (Olszewski).

Comme tous les gaz solubles et facilement liquéfiables, le chlore est bien absorbé par le charbon de bois.

Le chlore est dangereux à respirer ; une seule bulle

de ce gaz, introduite dans les bronches, suffit à provoquer une toux violente et opiniâtre, avec crachements de sang.

62. Propriétés chimiques. — Un peu moins énergique que le fluor, le chlore possède encore une activité réactionnelle remarquable : il attaque un très grand nombre de corps simples ou composés dès la température ordinaire, et à ce point de vue doit être considéré comme plus actif que l'oxygène lui-même.

Le chlore se combine directement avec l'hydrogène, à volumes égaux, pour donner l'acide chlorhydrique HCl; la réaction se produit seulement sous l'influence de la lumière ou de la chaleur ; quand la lumière est peu intense, elle ne s'effectue que lentement ; elle a lieu, au contraire, avec explosion quand on expose le mélange des deux gaz au rayonnement direct du soleil, d'un arc voltaïque ou d'une lampe à magnésium.

Le chlore s'unit également par simple contact au brome, à l'iode, au soufre, au phosphore, à l'arsenic et à l'antimoine; avec ces derniers corps, il donne lieu à une vive incandescence.

A chaud, il attaque le bore et le silicium; il reste sans action, à toute température, sur l'oxygène, l'azote et le carbone.

Le chlore attaque tous les métaux : le potassium y prend feu, l'étain, le cuivre y brûlent quand on les chauffe légèrement dans une atmosphère de ce gaz; l'or et le platine même se dissolvent lentement dans l'eau de chlore, à froid. Il est bon de remarquer à ce propos que l'action du chlore sur l'or et le platine n'est possible qu'à basse température : les chlorures $AuCl^3$ et $PtCl^4$ sont, en effet, dissociables et ne sauraient exister au rouge.

Le chloré décompose presque tous les corps hydro-

4.

génés : au rouge, il donne avec la vapeur d'eau de l'acide chlorhydrique et de l'oxygène.

$$H^2O + 2Cl = 2HCl + O.$$

La réaction est réversible et, par conséquent, incomplète.

A cause de cette action sur l'eau, le chlore humide est un oxydant énergique : il transforme le soufre, le phosphore et l'arsenic en acides, au maximum d'oxydation.

$$S + 6Cl + 4H^2O = SO^4H^2 + 6HCl.$$
$$P + 5Cl + 4H^2O = PO^4H^3 + 5HCl.$$

Il porte au maximum tous les oxydes et tous les acides susceptibles d'être peroxydés; les acides sulfureux, phosphoreux, arsénieux, etc., sont changés par l'eau de chlore en acides sulfurique, phosphorique et arsénique.

$$SO^2 + 2H^2O + 2Cl = SO^4H^2 + 2HCl.$$
$$As^2O^3 + 5H^2O + 4Cl = 2AsO^4H^3 + 4HCl.$$

Il transforme l'oxyde ferreux ou ses sels, l'oxyde manganeux et le protoxyde de plomb en oxyde ou en sels ferriques, en bioxyde de manganèse et en bioxyde de plomb.

$$2FeO + 2Cl + H^2O = Fe^2O^3 + 2HCl.$$
$$PbO + 2Cl + H^2O = PbO^2 + 2HCl.$$

Il oxyde même quelques hydracides, notamment l'acide sulfhydrique et l'acide iodhydrique, qu'il change en acides sulfurique et iodique.

$$H^2S + 8Cl + 4H^2O = SO^4H^2 + 8HCl.$$
$$HI + 6Cl + 3H^2O = IO^3H + 6HCl.$$

A sec, il décompose tous les hydracides, sauf l'acide fluorhydrique et l'acide chlorhydrique, pour s'emparer de leur hydrogène.

$$H^2S + 2Cl = 2HCl + S.$$
$$HBr + Cl = HCl + Br.$$

Il réagit violemment sur l'ammoniaque et l'hydro-gène phosphoré.

$$4AzH^3 + 3Cl = 3AzH^4Cl + Az.$$
$$PH^3 + 8Cl = PCl^5 + 3HCl.$$

Il attaque presque tous les oxydes métalliques, soit à froid, soit à chaud ; avec les bases alcalines, il donne des hypochlorites ou des chlorates, suivant qu'on opère à basse température ou à 100 degrés (Berthollet).

$$2KOH + 2Cl = KClO + KCl + H^2O.$$
$$6KOH + 6Cl = KClO^3 + 5KCl + 3H^2O.$$

Avec l'oxyde de mercure, vers 0 degré, il donne de l'anhydride hypochloreux.

$$HgO + 4Cl = HgCl^2 + Cl^2O.$$

Avec la plupart des autres oxydes métalliques, au rouge, il se produit un simple phénomène de substitution, par suite duquel l'oxyde est changé en chlo-rure.

$$PbO + 2Cl = PbCl^2 + O.$$

L'alumine et l'oxyde de chrome résistent absolument à l'action du chlore seul, mais en présence du char-bon, au rouge, il y a encore transformation de l'oxyde en chlorure.

$$Al^2O^3 + 6Cl + 3C = Al^2Cl^6 + 3CO.$$

Le chlore décompose tous les sulfures, bromures et iodures métalliques.

$$CaS + 2Cl = CaCl^2 + S.$$
$$KI + Cl = KCl + I.$$

Il est sans action sur les fluorures et sur les chlorures.

Le chlore se combine directement avec l'eau et avec un certain nombre de radicaux acides.

$$Cl + 4H^2O = Cl,4H^2O .. \quad \textit{Hydrate de chlore} (1).$$
$$SO^2 + 2Cl = SO^2Cl^2 ... \quad \textit{Chlorure de sulfuryle.}$$
$$CO + 2Cl = COCl^2 .... \quad \textit{Chlorure de carbonyle.}$$

Enfin il réagit sur presque toutes les matières organiques, et cela, suivant les cas, de différentes façons. Avec les corps non saturés, il donne de simples phénomènes d'addition.

$$C^2H^4 + 2Cl = C^2H^4Cl^2.$$

Éthylène.   Chlorure d'éthylène.

Sur les corps saturés stables, il agit par substitution, en remplaçant une égale quantité d'hydrogène.

$$CH^4 + 2Cl = HCl + CH^3Cl.$$

Méthane.   Chlorure de méthyle.

$$C^2H^4O^2 + 6Cl = 3HCl + C^2HCl^3O^2.$$

Acide acétique.   Acide trichloracétique.

---

(1) Pour préparer l'hydrate de chlore on fait passer lentement un courant de chlore dans de l'eau glacée ou bien on mélange une dissolution d'acide hypochloreux avec de l'acide chlorhydrique, tous deux refroidis à 0 degré.

En présence de l'eau, il peut donner lieu à des oxydations pures et simples.

$$C^2H^6O + 4Cl + H^2O = C^2H^4O^2 + 4HCl.$$

Alcool.   Ac. acétique.

Souvent enfin il provoque une destruction complète de la molécule organique : c'est ainsi que l'essence de térébenthine prend feu dans le chlore, en donnant un nuage épais de noir de fumée.

$$C^{10}H^{16} + 16Cl = 16HCl + 10C.$$

Térébenthène.

Toutes les matières colorantes d'origine végétale, indigo, garance, encre, etc., sont oxydées et, par conséquent, décolorées par lui; cette réaction sert de base à l'industrie du blanchiment par le chlore ou ses composés (Berthollet).

63. Préparations. — *Procédé Scheele.* Le chlore a été découvert en 1774 par Scheele, en chauffant du bioxyde de manganèse (*pyrolusite* des minéralogistes) avec de l'acide chlorhydrique.

$$MnO^2 + 4HCl = MnCl^2 + 2H^2O + 2Cl.$$

Cette réaction, bien qu'elle donne seulement la moitié du chlore contenu dans l'acide chlorhydrique employé, est encore aujourd'hui celle qu'on emploie de préférence dans les laboratoires (fig. 10) et dans l'industrie ; pour le préparer en grand, on se sert de vastes appareils en pierre siliceuse, mastiqués au caoutchouc, que l'on désigne sous le nom de *pierres à chlore* ou *stills :* un courant de vapeur d'eau élève la température au degré convenable pour que le dégagement gazeux soit suffisamment rapide.

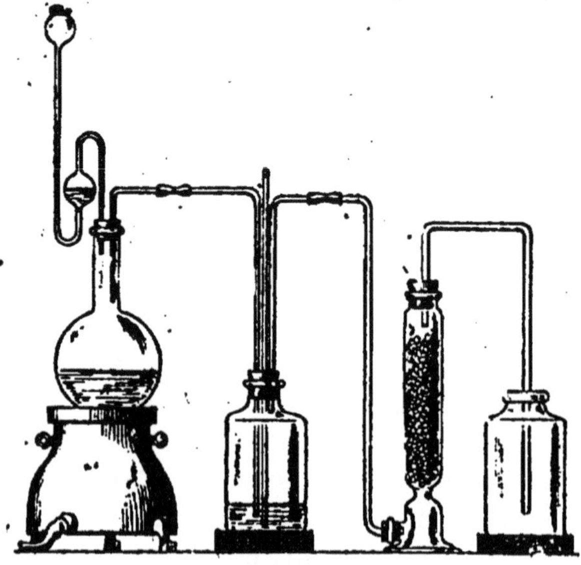

Fig. 10. — Préparation du chlore sec.

Procédé Weldon. — Le procédé Weldon n'est qu'une modification du procédé de Scheele, ayant pour but de le rendre plus économique.

Le bioxyde de manganèse y est remplacé par du *manganite* ou du *bimanganite* de calcium, que l'on obtient en traitant par la chaux, dans un courant d'air, le chlorure manganeux, résidu principal de la préparation du chlore.

$$MnCl^2 + 2Ca(OH)^2 + O = CaCl^2 + 2H^2O + MnO^3Ca.$$

Manganite
de calcium.

$$2MnCl^2 + 3Ca(OH)^2 + 2O = 2CaCl^2 + 2H^2O + (MnO^3H)^2Ca$$

Bimanganite
de calcium.

$$MnO^3Ca + 6HCl = MnCl^2 + CaCl^2 + 3H^2O + 2Cl.$$
$$(MnO^3H)^2Ca + 10HCl = 2MnCl^2 + CaCl^2 + 6H^2O + 4Cl.$$

On voit que cette méthode évite le renouvellement du manganèse et, par conséquent, les frais que nécessitent son achat et son transport à l'usine.

Procédé Deacon. — Le procédé Deacon consiste à décomposer le gaz chlorhydrique par l'oxygène de l'air, vers 400 degrés; pour que la réaction marche bien, il, faut faire passer le mélange d'acide chlorhydrique et d'air dans des chambres en briques, remplies de boulettes d'argile imprégnées de sulfate de cuivre, et maintenues à température convenable.

$$2HCl + O = H^2O + 2Cl.$$

On ne peut obtenir ainsi que du chlore impur, mélangé avec de l'azote et un excès d'air.

Procédé Berthollet. — On chauffe dans un ballon de verre un mélange de bioxyde de manganèse, de sel marin et d'acide sulfurique.

$$MnO^2 + 2NaCl + 2SO^4H^2 =$$
$$SO^4Mn + SO^4Na^2 + 2H^2O + 2Cl.$$

Cette méthode, employée quelquefois dans les laboratoires, est trop coûteuse pour pouvoir servir à la grande industrie.

On peut enfin préparer le chlore, quand on dispose d'une source économique d'électricité, par électrolyse d'une solution de chlorure de sodium ou sel ordinaire : le gaz se dégage sur l'électrode positive.

À cause de sa solubilité et de son action sur les métaux, on ne peut recueillir le chlore ni sur la cuve à eau ni sur la cuve à mercure : on le reçoit généralement dans des flacons pleins d'air, que le chlore déplace peu à peu en vertu de sa grande densité.

État naturel. — Le chlore n'existe pas à l'état libre dans la nature, mais bien seulement en combinaison avec différents métaux : on le rencontre surtout dans l'eau de la mer, sous forme de chlorures de sodium, de potassium, de calcium et de magnésium.

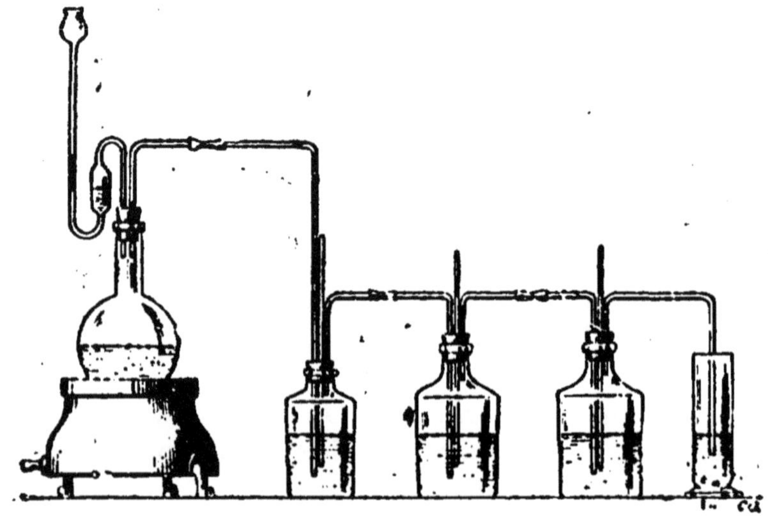

Fig. 20. — Appareil de Woolf.

Pour préparer l'*eau de chlore*, il suffit de faire passer un courant de chlore gazeux dans une suite de flacons laveurs à moitié remplis d'eau (*appareil de Woolf,* fig. 20).

Usages. — Le chlore sert à préparer les hypochlorites ou *chlorures décolorants*, les chlorates et certains chlorures métalliques, par exemple le chlorure d'aluminium Al^2Cl^6, le perchlorure de fer Fe^2Cl^6 et le tétrachlorure d'étain $SnCl^4$ (liqueur fumante de Libavius.)

On peut aussi l'employer avantageusement pour désinfecter l'air, quand celui-ci renferme de l'acide

sulfhydrique ou des vapeurs de sulfhydrate d'ammoniaque.

Acide chlorhydrique, HCl.

64. Propriétés physiques. — L'acide chlorhydrique
est un gaz incolore, doué d'une odeur piquante caractéristique, et qui répand à l'air humide des fumées
blanches semi-transparentes, dues à sa transformation
en un hydrate liquide, peu volatil; ces fumées deviennent beaucoup plus épaisses en présence d'ammoniaque : elles sont alors formées de cristaux microscopiques de chlorhydrate d'ammoniaque.

On peut reconnaître de très petites quantités d'acide
chlorhydrique, en dissolution dans l'eau, au moyen de
l'azotate d'argent; il donne avec ce réactif un précipité
blanc de chlorure d'argent AgCl, qui noircit à la
lumière et se dissout rapidement dans l'ammoniaque,
l'hyposulfite de sodium ou le cyanure de potassium.

On peut enfin le distinguer facilement des autres
hydracides de la même famille en ce qu'il n'attaque
pas le verre et ne se colore pas par addition de chlore.

L'acide chlorhydrique est un peu plus lourd que
l'air; sa densité est égale à 1,26. Il est extrêmement
soluble dans l'eau, qui en absorbe 500 fois son volume
à 0 degré.

Pour montrer la grande solubilité de l'acide chlorhydrique, on enfonce dans la cuve à eau une éprouvette remplie de ce gaz, sur la cuve à mercure, avec
la soucoupe qui lui sert de support, puis on la soulève
brusquement : le gaz se dissout aussitôt, et la pression
atmosphérique fait monter l'eau dans l'éprouvette avec
une vitesse telle que le choc de la colonne liquide, au
sommet, en détermine la rupture.

Les dissolutions concentrées d'acide chlorhydrique

fument à l'air et possèdent toutes les propriétés du gaz; ce sont elles qu'on appelait autrefois *acide muriatique* ou *esprit de sel;* l'acide chlorhydrique s'y trouve en partie combiné avec son dissolvant et il est impossible d'en chasser entièrement le gaz dissous par le vide ou par la chaleur.

Par une ébullition prolongée, sous la pression ordinaire, on arrive toujours, quel que soit l'état de concentration du liquide initial, à obtenir un résidu distillable sans décomposition, qui renferme l'eau et l'acide à peu près dans les rapports exprimés par la formule $HCl, 8H^2O$; ce produit n'est pas un hydrate défini, mais bien un mélange d'eau et d'hydrates chlorhydriques, partiellement dissociés.

L'acide chlorhydrique est liquéfiable par pression et refroidissement (Faraday); sous la pression ordinaire, il bout vers — 80 degrés et se solidifie à — 116 degrés (Olszewski).

Le charbon de bois, fraîchement éteint sous le mercure, en absorbe 85 fois son volume.

L'acide chlorhydrique n'est pas vénéneux, mais il est extrêmement caustique, ainsi que tous les acides forts; on le prescrit quelquefois, en solution étendue, dans le traitement des maladies de l'estomac.

65. Propriétés chimiques. — L'acide chlorhydrique est fortement exothermique et par conséquent très stable.

H. Sainte-Claire Deville l'a dissocié au rouge blanc, dans son *tube chaud et froid;* cet appareil, très employé dans les recherches de ce genre, consiste en un tube de porcelaine violemment chauffé, dans l'axe duquel on dispose un tube mince en cuivre argenté, maintenu toujours froid par un rapide courant d'eau.

Si l'on dirige, dans l'espace annulaire qui sépare ces deux tubes, un courant de gaz chlorhydrique, on constate que peu à peu l'argent se corrode et se change en chlorure d'argent; le chlore seul étant capable de produire cet effet à froid, il faut en conclure que l'atmosphère du tube chaud contenait du chlore libre et que, par conséquent, l'acide chlorhydrique a été décomposé par la chaleur seule.

L'étincelle électrique peut aussi dissocier l'acide chlorhydrique gazeux ; l'expérience se fait dans un eudiomètre à mercure. Le chlore est alors peu à peu absorbé par ce métal, et au bout d'un temps suffisamment long l'appareil ne renferme plus que de l'hydrogène pur, dont le volume est juste la moitié de celui de l'acide chlorhydrique primitif.

Le fluor, à froid, l'oxygène, le bore et le silicium, au rouge, sont les seuls métalloïdes qui réagissent nettement sur l'acide chlorhydrique : il se dégage, suivant les cas, du chlore ou de l'hydrogène. Nous avons vu plus haut (§ 62 et 63) que l'action de l'oxygène sur l'acide chlorhydrique gazeux sert de base au procédé Deacon, et qu'elle est réversible.

$$Fl + HCl = HFl + Cl.$$
$$O + 2HCl = H^2O + 2Cl.$$
$$B + 3HCl = BCl^3 + 3H.$$
$$Si + 4HCl = SiCl^4 + 4H.$$
$$Si + 3HCl = SiHCl^3 + 2H.$$

Silicichloroforme.

L'ozone l'attaque à froid, de la même manière que l'oxygène au rouge.

Tous les corps oxydants (acide azotique, oxydes du chlore, acide chromique, etc.) le décomposent en dégageant du chlore; le mélange d'acide chlorhydrique et d'acide azotique est connu sous le nom d'*eau régale*, parce qu'il dissout l'or.

$$HCl + AzO^3H = H^2O + AzO^2 + Cl,$$
$$5HCl + ClO^3H = 3H^2O + 6Cl.$$
$$12HCl + 2CrO^3 = Cr^2Cl^6 + 6H^2O + 6Cl.$$

L'acide chlorhydrique attaque tous les métaux, sauf l'or, le platine et l'iridium ; l'action a lieu à froid pour les métaux qui sont fortement électro-positifs, comme les métaux alcalins, le zinc, le fer, l'aluminium, etc., elle peut alors être utilisée à la préparation de l'hydrogène ; elle n'a lieu qu'à 300 degrés avec le mercure et au rouge sombre avec l'argent.

$$Zn + 2HCl = ZnCl^2 + 2H.$$
$$2Al + 6HCl = Al^2Cl^6 + 6H.$$
$$2Hg + 2HCl = Hg^2Cl^2 + 2H.$$
Calomel.

L'eau régale attaque l'or et le platine parce qu'elle renferme du chlore à l'état libre : d'une manière générale on peut dire qu'elle dissout tous les métaux pour donner les chlorures correspondants. Elle possède également toutes les propriétés oxydantes du chlore humide, transforme le soufre en acide sulfurique, les sulfures en sulfates, les sels ferreux en sels ferriques, etc.

L'acide chlorhydrique est un acide fort, et comme tel il attaque tous les oxydes métalliques ; avec les oxydes basiques il donne simplement un chlorure et de l'eau :

$$CaO + 2HCl = CaCl^2 + H^2O.$$

Avec les peroxydes il donne, en même temps qu'un

chloruro, de l'eau oxygénée ou du chlore, suivant les cas.

$$BaO^2 + 2HCl = BaCl^2 + H^2O^2.$$
$$MnO^2 + 4HCl = MnCl^2 + 2H^2O + 2Cl.$$

Il peut s'unir à quelques chlorures pour former ce qu'on appelle des chlorhydrates ; quelques-uns de ces composés fonctionnent nettement comme acides et donnent des sels particuliers : nous citerons comme exemple le chlorhydrate de platine ou *acide chloroplatinique* $PtCl^4, 2HCl$, que l'on écrit souvent $PtCl^6H^2$ et dont le sel potassique, le *chloroplatinate de potassium* $PtCl^6K^2$, est presque complétement insoluble dans l'eau.

L'acide chlorhydrique se combine à volumes égaux avec le gaz ammoniac pour donner le chlorure d'ammonium ou chlorhydrate d'ammoniaque AzH^4Cl ; il s'unit même à l'hydrogène phosphoré, sous pression, pour donner le chlorure de phosphonium PH^4Cl isomorphe au sel ammoniac.

L'acide chlorhydrique décompose tous les sulfures, sauf ceux des métaux lourds, et la plupart des fluorures, avec mise en liberté d'acide sulfhydrique eu d'acide fluorhydrique.

$$FeS + 2HCl = FeCl^2 + H^2S.$$
$$AgFl + HCl = AgCl + HFl.$$

Il n'agit pas sur les bromures ni sur les iodures.

Il transforme quelques sulfates neutres en bisulfates : avec le sulfate neutre de sodium cristallisé, à 10 molécules d'eau, il forme un mélange réfrigérant, dont l'action est due à la liquéfaction de l'eau que renfermait le sel. La température d'un pareil mélange peut descendre jusqu'à — 10 degrés.

$$SO^4Na^2, 10H^2O + HCl = SO^4HNa + NaCl + 10H^2O.$$

Enfin, comme la plupart des acides, il donne avec l'eau des hydrates définis; le mieux caractérisé est celui qui se forme quand on fait passer un courant d'acide chlorhydrique dans une solution saturée à 0 degré de ce gaz et refroidie à — 25 degrés : c'est un corps solide blanc, cristallisé, qui répond à la formule $HCl,2H^2O$ (Is. Pierre et Puchot). Très instable, cet hydrate se dissocie dès que la température s'élève; il dégage des fumées blanches abondantes et, par simple exposition à l'air, se transforme en un autre hydrate $HCl,6H^2O$ qui est liquide, non fumant, et dissociable à son tour par la chaleur. Ce dernier composé représente la limite d'hydratation à partir de laquelle l'acide chlorhydrique cesse d'attaquer le sulfure d'antimoine Sb^2S^3.

Il résulte de là qu'une solution d'acide chlorhydrique est un mélange d'hydrates quand elle est étendue, un mélange de gaz anhydre, simplement dissous, et d'hydrates quand elle est concentrée.

Composition. — L'acide chlorhydrique est formé par la combinaison du chlore et de l'hydrogène à volumes égaux, sans condensation.

Pour le démontrer il suffit d'aboucher deux flacons d'égal volume, remplis, l'un de chlore, l'autre d'hydrogène, et de soumettre l'appareil ainsi constitué à l'action de la lumière diffuse, jusqu'à ce que la teinte verdâtre du chlore ait complètement disparu ; on constate alors que les deux flacons sont pleins d'acide chlorhydrique pur, entièrement soluble dans l'eau, et que la pression n'a pas changé, ce qui prouve que le volume de cet acide chlorhydrique est égal à celui de ses composants.

On peut aussi procéder par analyse et chauffer un fragment de sodium dans une cloche courbe, remplie d'acide chlorhydrique sur la cuve à mercure (fig. 21) ; on voit peu à peu le mercure s'élever dans la cloche et le volume du gaz intérieur diminuer de moitié : le résidu est alors de l'hydrogène pur, d'où l'on conclut que l'acide chlorhydrique renferme la moitié de son volume d'hydrogène ; pour connaitre le volume du chlore qui a été absorbé par le sodium il faut avoir recours au calcul des densités. Si l'on retranche la demi-densité de l'hydrogène de la densité de l'acide chlorhydrique il reste la demi-densité du chlore, donc l'acide chlorhydrique contient aussi la moitié de son volume de chlore.

Fig. 21. — Cloche courbe.

On peut enfin décomposer par l'électrolyse une solution aqueuse d'acide chlorhydrique : le chlore se dégage au pôle positif et l'hydrogène au pôle négatif, en volumes sensiblement égaux.

66. Préparation. — L'acide chlorhydrique se prépare industriellement, en même temps que le sulfate neutre de sodium, en décomposant le sel marin par l'acide sulfurique. L'opération s'effectue en deux phases successives ; la première, qui a lieu à température peu élevée, donne du bisulfate ou sulfate acide de sodium ;

la seconde, qui a lieu au rouge, donne finalement sulfate neutre.

$$NaCl + SO^4H^2 = SO^4HNa + HCl.$$
$$NaCl + SO^4HNa = SO^4Na^2 + HCl.$$

L'appareil industriel est un four à réverbère, dans lequel sont des *moufles*, munies de tubes à dégagement, que l'on charge avec le mélange de sel et d'acide sulfurique ; la première réaction se fait souvent dans des *cuvettes* en plomb, légèrement chauffées par les chaleurs perdues du four.

Le gaz qui se dégage est envoyé dans une série de bonbonnes en grès, où circule continuellement de l'eau, en sens inverse du courant gazeux, et enfin dans une *tour d'absorption*, vaste cylindre vertical, rempli de coke ou de toute autre matière poreuse, mouillé par une pluie d'eau qui tombe de la partie supérieure.

On obtient ainsi une dissolution concentrée d'acide chlorhydrique : c'est sa forme commerciale. Ce produit est assez impur, il est coloré en jaune par un peu de perchlorure de fer et renferme une petite quantité d'acide sulfurique, entraîné mécaniquement par les gaz pendant sa fabrication. Enfin, il ne faut pas oublier que lorsqu'il a été obtenu avec de l'acide sulfurique provenant des pyrites, il est toujours arsénical.

Pour avoir l'acide pur, il suffit de chauffer du sel marin avec de l'acide sulfurique, dans un ballon en verre ; le gaz qui se dégage est recueilli sur la cuve à mercure ou envoyé dans un appareil de Woolf, suivant qu'on veut l'avoir anhydre ou en dissolution (fig. 22).

État naturel. — L'acide chlorhydrique fait partie des gaz qui se dégagent des volcans en éruption ; il a été signalé dans l'eau de certaines rivières américaines (Rio Vinagre).

Il existe enfin dans l'organisme des animaux et entre dans la composition du suc gastrique : c'est grâce à sa présence que la pepsine peut dissoudre et digérer les matières albuminoïdes.

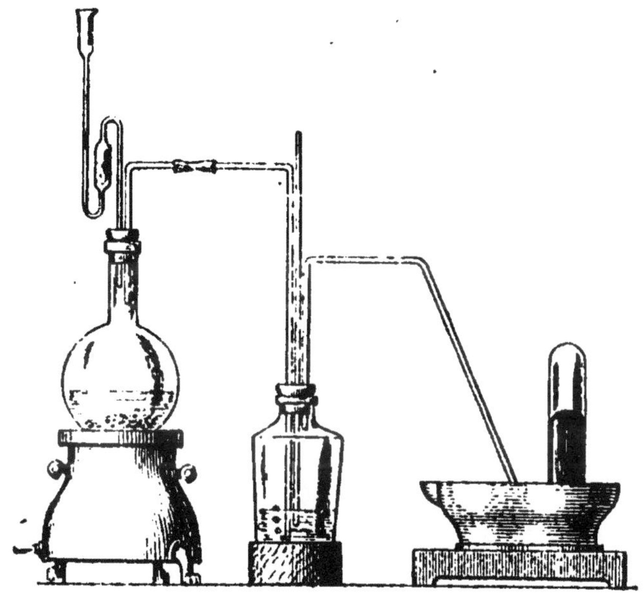

Fig. 22. — Préparation de l'acide chlorhydrique.

Usages. — L'acide chlorhydrique sert surtout à fabriquer le chlore ; on l'emploie aussi pour décaper les métaux et préparer leurs chlorures.

Composés oxygénés du chlore.

67. — On connait cinq oxydes du chlore, qui sont :

l'acide hypochloreux.......... $ClOH$,
l'acide chloreux.............. ClO^2H,
le peroxyde de chlore.... ... ClO^2,
l'acide chlorique............. ClO^3H,
et l'acide perchlorique .... ClO^4H.

Aux deux premiers correspondent les anhydrides Cl^2O et Cl^2O^3.

Ce sont tous des corps endothermiques, par conséquent très instables, qui détonent par un échauffement brusque : les plus intéressants sont l'acide hypochloreux et l'acide chlorique.

68. Acide hypochloreux. — Ce corps n'est connu qu'à l'état d'anhydride Cl^2O ; on l'obtient en traitant l'oxyde mercurique par le chlore, à froid.

$$HgO + 4Cl = HgCl^2 + Cl^2O.$$

L'anhydride hypochloreux est un liquide rouge, très volatil, d'une odeur suffocante et violemment explosif, ce qui le rend assez difficile à manier.

Il est soluble dans l'eau et s'unit aux bases alcalines ou alcalino-terreuses pour donner des sels que l'on désigne dans le commerce sous le nom de *chlorures décolorants*. Les plus employés sont l'hypochlorite de potassium (*eau de Javel*), l'hypochlorite de sodium (*eau de Labarraque*) et l'hypochlorite de calcium (*chlorure de chaux*), tous découverts par Berthollet au commencement de ce siècle.

On prépare les chlorures décolorants en traitant la base correspondante par le chlore, à froid : il se forme un mélange d'hypochlorite et de chlorure.

$$2KOH + 2Cl = KCl + ClOK + H^2O.$$
$$2Ca(OH)^2 + 4Cl = CaCl^2 + (ClO)^2Ca + 2H^2O.$$

On prépare souvent l'eau de Javel par double décomposition, avec du chlorure de chaux et du carbonate de sodium : le carbonate de calcium insoluble se dépose et l'hypochlorite reste en dissolution.

$$Ca(ClO)^2 + CO^3K^2 = CO^3Ca + 2ClOK.$$

Ces composés servent au blanchiment des étoffes et de la pâte à papier.

69. Acide chlorique. — C'est un liquide incolore, sans odeur, qui se décompose et détone quand on le chauffe : on le prépare en décomposant le chlorate de baryum par l'acide sulfurique étendu et froid.

$$Ba(ClO^3)^2 + SO^4H^2 = SO^4Ba + 2ClO^3H.$$

L'acide chlorique est un acide fort, qui donne avec les bases des sels solubles et bien cristallisés. Tous les chlorates dégagent de l'oxygène quand on les calcine ; par suite, ils activent la combustion et donnent des mélanges explosifs avec presque tous les corps combustibles (soufre, phosphore, sulfure d'antimoine, charbon, matières organiques, etc.).

Le seul chlorate important est le chlorate de potassium ClO^3K ; on le prépare en traitant une lessive bouillante de potasse par le chlore (Berthollet)

$$6KOH + 6Cl = 5KCl + ClO^3K + 3H^2O$$

ou en faisant chauffer une dissolution de chlorure de potassium avec du chlorure de chaux.

$$3Ca(ClO)^2 + 2KCl = 3CaCl^2 + 2ClO^3K.$$

Dans les deux cas, le chlorate se sépare spontanément du liquide, à l'état cristallisé, à cause de sa faible solubilité dans l'eau.

Le chlorate de potassium sert en pyrotechnie, surtout pour la fabrication des feux de Bengale, et en médecine, comme caustique léger ; on l'emploie dans les laboratoires pour préparer l'oxygène, l'acide chlorique et l'acide perchlorique.

Brome.

70. Propriétés physiques. — Le brome est un liquide rouge foncé, très dense et très volatil, qui bout à 63 degrés et se congèle à —8 degrés; il répand à l'air des vapeurs rutilantes, plus pénibles encore à respirer que le chlore, qui provoquent la toux et irritent violemment les yeux.

Il est peu soluble dans l'eau, qu'il colore en jaune orangé.

Le brome est un caustique d'une violence extrême, qui attaque et détruit rapidement l'épiderme; il ne paraît pas être à proprement parler vénéneux, quelques-unes de ses combinaisons binaires, notamment le bromure de potassium, servent même en médecine, pour le traitement des maladies nerveuses.

71. Propriétés chimiques. — Les réactions du brome sont presque exactement les mêmes que celles du chlore, avec cette seule différence qu'elles donnent un dégagement de chaleur plus faible.

Le brome s'unit directement, à chaud, avec l'hydrogène, pour former l'acide bromhydrique HBr; il attaque tous les métalloïdes, sauf l'oxygène, l'azote et le carbone, ainsi que tous les métaux, sans exception; le potassium s'y combine avec une violente explosion.

Au rouge, il décompose partiellement la vapeur d'eau et, à froid, en présence de l'eau, il possède les mêmes propriétés oxydantes que le chlore. Il attaque les oxydes et les matières organiques comme le chlore, détruit les matières colorantes de la même manière, décompose enfin l'acide sulfhydrique, l'acide iodhydrique et leurs sels, dont il déplace le soufre et l'iode.

72. Préparation. — Le brome s'extrait principalement des eaux-mères du sel gemme à Stassfurt; ces liquides, riches en bromures de potassium et de magnésium, sont traités par le chlore dans des colonnes verticales où on les fait circuler en sens inverse du gaz. Le brome qui se dégage à l'état de vapeur est condensé dans des réfrigérants.

$$KBr + Cl = KCl + Br.$$

On peut aussi préparer le brome au moyen des eaux-mères des marais salants, qui présentent à peu près la même composition que celles de Stassfurt.

État naturel. — Le brome se trouve seulement, dans la nature, à l'état de combinaison avec les métaux alcalins et alcalino-terreux; ces sels accompagnent les chlorures dans l'eau de la mer et dans les mines de sel gemme : la mer Morte en renferme une grande quantité.

Usages. — Le brome ne sert que comme réactif dans les laboratoires ; les bromures sont employés en médecine et en photographie : le bromure d'argent est en effet très sensible à l'action de la lumière.

Le brome a été découvert par Balard en 1826.

Acide bromhydrique, HBr.

73. Propriétés physiques. — L'acide bromhydrique est un gaz incolore, très fumant, d'une odeur forte rappelant celle de l'acide chlorhydrique; il s'en distingue en ce qu'il précipite l'azotate d'argent en jaune clair et donne, avec le chlore, des vapeurs rutilantes de brome.

Il est plus lourd (D = 2,71) et plus soluble encore

que l'acide chlorhydrique (600 volumes à 0°) ; il a été liquéfié par Faraday à — 69 degrés et solidifié à — 73 degrés.

74. Propriétés chimiques. — L'acide bromhydrique ressemble beaucoup à l'acide chlorhydrique ; il donne exactement les mêmes réactions que lui et en diffère seulement parce qu'il est moins stable.

C'est un acide fort qui attaque même un peu le mercure à froid : ses sels sont isomorphes aux chlorures.

75. Préparation. — On peut obtenir l'acide bromhydrique par synthèse directe, en combinant l'hydrogène avec la vapeur de brome, à la température du rouge sombre ; il est préférable de le préparer par voie indirecte, en faisant agir le brome sur le phosphore rouge, en présence de l'eau ; il se forme d'abord du bromure de phosphore, que l'eau décompose en acide phosphoreux et acide bromhydrique.

$$PBr^3 + 3H^2O = PO^3H^3 + 3HBr.$$

On peut aussi l'avoir aisément en laissant couler goutte à goutte du brome sur de la naphtaline cristallisée.

$$C^{10}H^8 + 2Br = C^{10}H^7Br + HBr.$$
Naphtaline.   Naphtaline bromée.

On le recueille sur le mercure ou, par déplacement, dans des flacons pleins d'air.

Il serait impossible d'avoir l'acide bromhydrique pur en traitant un bromure alcalin par l'acide sulfurique, parce que ce dernier est décomposé par lui et transformé en acide sulfureux.

L'acide bromhydrique n'a pas d'usage important.

Iode.

76. Propriétés physiques. — L'iode est un corps solide, noir, à reflets semi-métalliques, cristallisé en lamelles minces, très denses et d'un aspect caractéristique. Son odeur, assez faible à froid, rappelle un peu celle du chlore ou du brome.

L'iode fond vers 115 degrés et bout à 200 degrés, en émettant de belles vapeurs violettes; ces vapeurs prennent directement l'état solide en se refroidissant, aussi l'iode est-il l'un des corps qui se laissent le plus facilement sublimer.

L'iode est très peu soluble dans l'eau, facilement soluble, au contraire, dans l'alcool (*teinture d'iode*), dans l'éther et dans l'iodure de potassium, qu'il colore en brun, ainsi que dans le chloroforme et le sulfure de carbone, qu'il colore en rouge violacé.

Les solutions aqueuses d'iode se colorent en bleu intense quand on y ajoute de l'empois d'amidon; la coloration disparait quand on chauffe le liquide et se rétablit par refroidissement.

Cette réaction donne un moyen très sensible de reconnaitre l'iode ou l'amidon partout où ils se trouvent à l'état libre.

L'iode est légèrement caustique; on l'emploie souvent, sous forme de teinture d'iode, pour provoquer des irritations locales.

77. Propriétés chimiques. — Les propriétés chimiques de l'iode ressemblent encore à celles du chlore et du brome, mais elles sont beaucoup moins énergiques; il ne s'unit que très imparfaitement à l'hydrogène, à chaud, et ne décompose ni l'eau, ni les hydracides de sa famille; il attaque l'acide sulfhydrique, en présence de l'eau seulement, pour se substituer au soufre.

Il décompose facilement l'ammoniaque et l'hydrogène phosphoré ; l'iodure d'azote qui se forme dans le premier cas est violemment explosif.

$$4AzH^3 + 6I = 3AzH^4I + AzI^3.$$
$$4PH^3 + 6I = 3PH^4I + PI^3.$$

Il s'unit directement à tous les métaux, qu'il transforme en iodures ; il attaque les bases alcalines à la façon du chlore, en donnant des hypoiodites décolorants qui se changent rapidement en iodates.

En présence de l'eau, il peut oxyder certains corps très oxydables, tels que l'acide sulfureux et l'acide arsénieux, qu'il change en acides sulfurique et arsénique ; enfin, il attaque certaines matières organiques comme le chlore, mais avec beaucoup moins d'énergie. L'éthylène donne, avec lui, au soleil, l'iodure d'éthylène $C^2H^4I^2$; l'alcool et l'acétylène, en présence des alcalis, donnent avec l'iode *l'iodoforme* CHI^3 et le *diiodoforme* C^2I^4, qui sont tous deux employés comme antiseptiques en chirurgie.

78. Préparation. — L'iode s'extrait, soit des cendres de varechs, qui le renferment à l'état d'iodures alcalins, soit des eaux-mères du nitrate de sodium naturel, qui contiennent une assez forte proportion d'iodates. Dans le premier cas, on traite la lessive de cendres par la quantité juste nécessaire de chlore ; dans le second, on traite le liquide par l'acide sulfureux. L'iode qui se précipite est essoré, puis purifié par deux sublimations successives.

$$KI + Cl = KCl + I.$$
$$4H^2O + 2IO^3Na + 5SO^2 = SO^4Na^2 + 4SO^4H^2 + 2I.$$

État naturel. — L'iode accompagne le chlore et le brome dans les eaux de la mer, à l'état d'iodures alcalins et alcalino-terreux, mais seulement en très minime proportion ; les plantes marines ont la propriété de l'accumuler dans leurs tissus, c'est ce qui permet de les utiliser à la fabrication industrielle de l'iode.

Les iodates qui se trouvent dans le nitrate de soude du Pérou ont également une origine marine ; ils s'y forment par oxydation des iodures, au contact de l'air et du ferment nitrique (Müntz).

Usages. — L'iode, ainsi qu'un grand nombre de ses combinaisons, est très employé en médecine ; on en fait aussi usage en photographie, surtout sous la forme d'iodure d'argent, qui est sensible à l'action de la lumière, comme le chlorure et le bromure du même métal.

Il a été découvert par Courtois en 1812 et étudié par Gay-Lussac.

Acide iodhydrique, HI.

79. Propriétés physiques. — L'acide iodhydrique est un gaz incolore, fumant, d'une odeur suffocante semblable à celle de l'acide bromhydrique ; on l'en distingue parce qu'il donne un dépôt brun d'iode quand on le mélange avec du chlore ou qu'on y verse un peu d'acide azotique. On le reconnait encore à ce qu'il donne, avec l'azotate d'argent, un précipité jaune d'iodure AgI, insoluble dans l'acide azotique et dans l'ammoniaque.

Sa densité 4,44 est assez considérable pour qu'on puisse le transvaser d'une éprouvette dans une autre, presque aussi facilement qu'un liquide.

L'acide iodhydrique est très soluble dans l'eau, qui en absorbe plus de 400 fois son volume ; sa dissolution saturée à 0 degré a pour densité 2, elle répand à l'air d'épaisses fumées blanches et possède toutes les propriétés chimiques du gaz. Il a été liquéfié et solidifié par Faraday à — 55 degrés.

80. Propriétés chimiques. — L'acide iodhydrique gazeux est endothermique et par conséquent fort instable ; il se dissocie très aisément par la chaleur ; la lumière le décompose en ses éléments, l'oxygène de l'air en sépare peu à peu de l'iode, même à froid.

$$O + 2HI = H^2O + 2I.$$

En raison de la facilité avec laquelle il se décompose en dégageant de l'hydrogène, l'acide iodhydrique, gazeux ou en dissolution concentrée, est un hydrogénant et par conséquent un réducteur énergique ; à chaud, il attaque le soufre et le transforme en acide sulfhydrique.

$$2HI + S = H^2S + 2I.$$

réduit l'acide azotique et même l'acide sulfurique.

$$AzO^3H + HI = AzO^2 + H^2O + I.$$
$$SO^4H^2 + 8HI = H^2S + 4H^2O + 8I.$$

En chimie organique, on l'emploie fréquemment pour désoxyder certains corps ou les porter au maximum d'hydrogénation.

L'acide iodhydrique donne, en s'unissant à l'eau, un dégagement de chaleur considérable qui suffit à le rendre exothermique : aussi est-il remarquablement plus stable en solution étendue qu'en solution concentrée ; il n'attaque plus alors le soufre ni l'acide sulfurique. Les oxydants énergiques seuls le décomposent encore avec mise en liberté d'iode, c'est le cas de l'ozone, de l'eau oxygénée, de l'acide azotique, etc.

L'acide iodhydrique est un acide fort, qui attaque même le mercure à froid ; il s'unit aux bases pour donner des iodures, isomorphes avec les chlorures et les bromures correspondants, enfin il se combine à volumes égaux avec l'ammoniaque et l'hydrogène phosphoré, pour donner l'iodure d'ammonium et l'iodure de phosphonium PH^4I, également isomorphes.

81. Préparation. — On prépare l'acide iodhydrique en faisant agir l'iode sur le phosphore rouge, en présence d'une petite quantité d'eau ; la meilleure manière d'opérer consiste à verser goutte à goutte, dans un ballon contenant de l'iode sec, une bouillie claire obtenue en broyant du phosphore rouge avec de l'eau : il se forme d'abord du periodure de phosphore que l'eau décompose immédiatement en acide phosphorique et acide iodhydrique ; le gaz qui se dégage est recueilli par déplacement dans des flacons pleins d'air.

$$P + 5I + 4H^2O = PO^4H^3 + 5HI.$$

Lorsqu'on veut avoir seulement une dissolution étendue de ce gaz, on peut faire passer un courant d'acide sulfhydrique dans de l'eau tenant en suspension de l'iode finement pulvérisé ; il se précipite du soufre, que l'on sépare en filtrant.

$$H^2S + 2I = 2HI + S.$$

Remarque. — Les propriétés réductrices de l'acide iodhydrique s'opposent à ce qu'on puisse le préparer, comme l'acide chlorhydrique, en traitant un de ses sels par l'acide sulfurique ; elles s'opposent également à ce qu'on puisse le dessécher, comme les autres gaz, au moyen de la pierre ponce sulfurique ; quand on veut l'avoir absolument sec, on le fait passer dans un tube en **U** rempli d'iodure de calcium anhydre, qui absorbe très facilement la vapeur d'eau.

Usages. — L'acide iodhydrique n'a pas d'emplois industriels ; on s'en sert exclusivement comme réactif dans les laboratoires.

CHAPITRE III

MÉTALLOIDES DIVALENTS

Oxygène.

82. Propriétés physiques. — L'oxygène est un gaz incolore et sans saveur, que l'on reconnait à ce qu'il active toutes les combustions, et en particulier à ce qu'il rallume une allumette qui ne présente plus qu'un point rouge.

On le distingue du protoxyde d'azote, qui possède les mêmes caractères, parce qu'il donne des vapeurs rutilantes avec le bioxyde d'azote.

L'oxygène est un peu plus lourd que l'air; sa densité est égale à 1,105.

L'oxygène est très peu soluble dans l'eau, qui n'en absorbe que les 0,041 de son volume à 0°, et très difficilement liquéfiable : il faisait autrefois partie des gaz permanents. Il a été liquéfié en 1877 et 1878 par MM. Cailletet et Pictet; quelques années plus tard MM. Wroblewski et Olszewski, puis M. Cailletet lui-même, en profitant du froid produit par l'évaporation rapide de l'éthylène liquide, réussirent à avoir une quantité d'oxygène liquide assez grande pour en déterminer les principales constantes physiques : sous cette forme il bout à — 181° sous la pression atmosphérique et à — 210° dans le vide; son point critique est situé à — 118° sous une pression de 50 atmosphères; sa densité par rapport à l'eau est voisine de 1, enfin il semble présenter une légère teinte bleuâtre quand on l'examine en masse.

L'oxygène est absorbé, au rouge, par l'argent ou la litharge fondus; il se dégage de ces dissolutions par le refroidissement et donne ainsi lieu au phénomène du *rochage*.

L'oxygène est le seul gaz qui puisse entretenir la vie, il est aussi indispensable au règne végétal qu'au règne animal.

L'oxygène pur, sous la pression ordinaire, détermine, dans l'organisme des animaux supérieurs, une combustion exagérée qui peut devenir rapidement dangereuse; mais, ainsi que l'a fait voir M. Paul Bert, on peut le respirer sans inconvénient sous pression réduite : il peut alors rendre service aux aéronautes qui désirent s'élever dans l'air à de grandes hauteurs.

La plupart des êtres inférieurs (mycodermes, bactéries vulgaires, etc.) ont également besoin d'oxygène pour vivre; on en connait cependant un certain nombre qui ne se développent bien et ne manifestent leur activité qu'en l'absence de ce gaz : ce sont les organismes *anaérobies* de M. Pasteur (bacille butyrique, vibrion septique, etc.). Au lieu de s'assimiler l'oxygène gazeux, comme le font les animaux terrestres, ou l'oxygène dissous dans l'eau, comme le font les animaux aquatiques, ces êtres singuliers s'emparent de l'oxygène existant déjà en combinaison dans les matières qui leur servent d'aliment et, en conséquence, déterminent une altération profonde du milieu dans lequel ils vivent : la putréfaction qui, comme on le sait, ne peut s'accomplir qu'à l'abri de l'air, est l'œuvre de ferments anaérobies.

83. Propriétés chimiques. — L'oxygène est doué de propriétés électro-négatives puissantes, qui se manifestent surtout à haute température : c'est lui qui donne lieu, ainsi que l'a fait voir Lavoisier, à tous les phénomènes de combustion proprement dite. La combustion est dite *vive* quand elle se produit avec incandescence, on dit qu'elle est *lente* quand elle ne donne au contraire qu'un faible dégagement de chaleur.

Tous les corps combustibles brûlent dans l'oxygène plus vivement que dans l'air et y développent une plus haute température : la flamme est brillante quand les produits de combustion sont solides, elle est pâle quand ceux-ci sont gazeux.

Les seuls corps simples que l'oxygène pur attaque, à froid, sont le phosphore, l'arsenic et le potassium ; encore faut-il, dans le cas du phosphore, que le gaz ait été raréfié.

A chaud ou sous l'influence de l'étincelle électrique l'oxygène se combine directement à tous les corps simples sauf le fluor, le chlore, le brome, l'iode et les métaux nobles : argent, or et platine. L'hydrogène y donne une flamme peu éclairante, mais très chaude, qui est utilisée dans le chalumeau oxhydrique ; le soufre y brûle avec une belle flamme bleue pour former l'anhydride sulfureux SO^2.

La combustion du phosphore dans l'oxygène, donnant l'anhydride phosphorique P^2O^5, est éblouissante ; celle du carbone a lieu avec un dégagement considérable de chaleur. Beaucoup de métaux s'y combinent avec incandescence pour donner les oxydes correspondants : c'est le cas des métaux alcalins, du zinc, du magnésium et même du fer ; la flamme du magnésium, brûlant dans l'oxygène, possède un éclat comparable à celui de la lumière électrique ; la combustion du fer s'effectue avec étincelles et projection de particules d'oxyde, qui s'incrustent dans les parois du flacon où l'on fait l'expérience.

La rouille du fer et, plus généralement, l'oxydation des métaux au contact de l'air humide, est un phénomène de combustion lente. Il en est de même de l'altération que subissent à l'air un grand nombre de matières organiques, mais alors la présence d'un corps poreux ou d'un ferment spécial est presque toujours nécessaire : c'est ainsi que l'alcool, inaltérable à froid dans l'oxygène ou dans l'air, se change rapidement en acide acétique sous l'action du noir de platine ou du *mycoderma aceti.*

$$C^2H^6O + 2O = H^2O + C^2H^4O^2.$$

Alcool.   Ac. acétique.

Le *mycoderma vini* ou *fleur du vin*, plus actif encore, transforme l'alcool en acide carbonique et eau.

$$C^2H^6O + 6O = 2CO^2 + 3H^2O.$$

Le *ferment nitrique* est capable de changer l'ammoniaque en acide azotique et les iodures en iodates (Schlœsing et Müntz).

$$AzH^3 + 4O = AzO^3H + H^2O.$$
$$KI + 3O = IO^3K.$$

Enfin il existe un ferment soluble, connu sous le nom de *laccase*, qui, en l'absence de tout organisme vivant, favorise l'oxydation des matières organiques à peu près de la même manière que le noir de platine ou les mycodermes : c'est la laccase qui détermine la plupart des phénomènes d'oxydation que l'on observe dans les tissus végétaux et qui, en particulier, est cause du dessèchement rapide du suc de l'arbre à laque et de sa transformation en vernis (Bertrand).

La respiration des animaux est une véritable combustion lente, qui s'accomplit dans tout le réseau circulatoire et se manifeste au dehors par une production d'acide carbonique et par un dégagement de chaleur, qui élève la température du corps.

84. Préparations. — 1° *Par électrolyse de l'eau.* — L'expérience s'effectue dans le voltamètre ; l'oxygène qui se dégage sur l'électrode positive est toujours mélangé d'ozone.

2° *Par décomposition ignée de certains oxydes métalliques.* — Les oxydes de métaux nobles se décomposent entièrement par la chaleur en oxygène qui se dégage et métal qui reste comme résidu : le meilleur exemple qu'on en puisse citer est l'oxyde de mercure, avec lequel Priestley a découvert l'oxygène en 1774.

$$HgO = Hg + O.$$

L'expérience se fait en chauffant l'oxyde de mercure

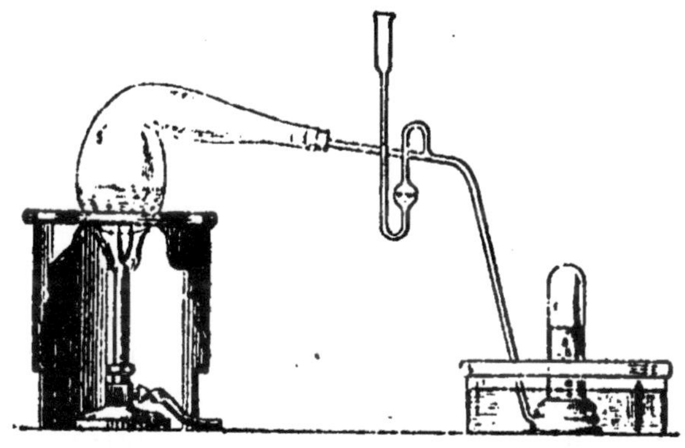

Fig. 23. — Préparation de l'oxygène par l'oxyde de mercure.

dans une cornue de verre munie d'un tube abducteur (fig. 23).

Un grand nombre de peroxydes métalliques se décomposent partiellement, au rouge vif, en dégageant de l'oxygène : c'est le cas du bioxyde de manganèse

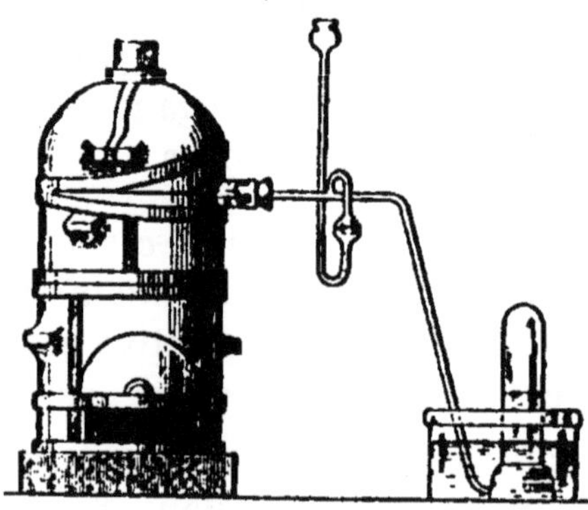

Fig. 24. — Préparation de l'oxygène par le bioxyde de manganèse.

(*pyrolusite* des minéralogistes) et du bioxyde de baryum (fig. 24).

$$3MnO^2 = Mn^3O^4 + 2O.$$
$$BaO^2 = BaO + O.$$

Boussingault a proposé autrefois d'utiliser cette dernière réaction à la fabrication industrielle de l'oxygène : la baryte qui reste comme résidu peut en effet régénérer le bioxyde de baryum quand on la chauffe au rouge sombre dans un courant d'air et, par conséquent, resservir un très grand nombre de fois ; la dépense se réduit alors, théoriquement, à celle du combustible nécessaire au chauffage des appareils.

MM. Brin frères ont réussi à rendre la méthode de Boussingault réellement pratique en faisant varier la pression dans l'intérieur des cornues où l'on chauffe le bioxyde de baryum ; en abaissant cette pression au-dessous de la tension de dissociation du bioxyde on détermine sa décomposition complète en oxygène et baryte; si alors on envoie sur celle-ci de l'air comprimé, la transformation inverse s'effectue, en sorte qu'il suffit de diminuer de nouveau la pression, sans changer la température, pour avoir un second dégagement d'oxygène. Dans ces circonstances, la baryte ne s'altère que fort peu et fournit un service beaucoup plus prolongé.

3° *Par l'action de l'acide sulfurique sur les peroxydes.* — Les mêmes peroxydes qui dégagent de l'oxygène quand on les calcine en donnent aussi quand on les chauffe avec de l'acide sulfurique : la réaction s'effectue alors à une température moins élevée.

C'est ainsi qu'on peut obtenir facilement de l'oxygène en chauffant dans un ballon de verre un mélange de bioxyde de manganèse et d'acide sulfurique (Scheele, 1774).

$$MnO^2 + SO^4H^2 = SO^4Mn + H^2O + O.$$

4° *Par décomposition ignée du chlorate de potassium.* — Le chlorate de potassium se décompose entièrement, quand on le chauffe un peu au-dessus de son point de fusion, en chlorure de potassium et oxygène pur.

$$ClO^3K = KCl + 3O.$$

Il se produit d'abord, dans une première phase de la réaction, du perchlorate de potassium ClO^4K dont la décomposition ultérieure est assez brusque; il en résulte que le dégagement trop rapide du gaz peut donner lieu, s'y l'on n'y prend garde, à des pressions dangereuses. On remédie à cet inconvénient en mélangeant au préalable le chlorate avec la moitié de son poids de bioxyde de manganèse ou, à son défaut, avec un excès d'une matière inerte quelconque (oxyde de fer, oxyde de cuivre, sable, etc.). Le dégagement gazeux est alors d'une régularité parfaite et cette méthode est la meilleure qu'on puisse employer dans les laboratoires.

L'appareil est une simple cornue en verre ou en fonte, que l'on chauffe vers 400 degrés (fig. 23 et 25).

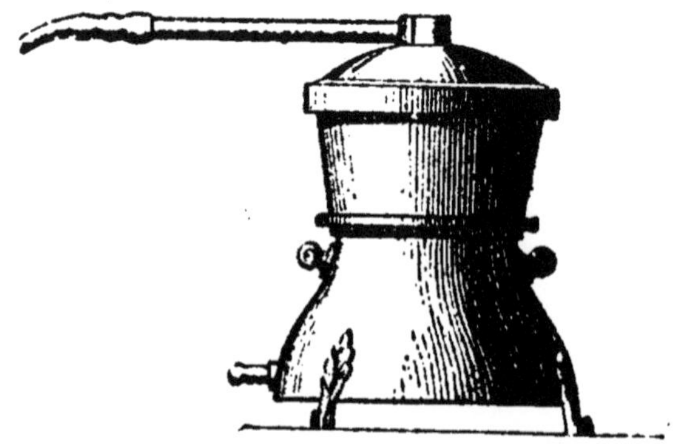

Fig. 25. — Cornue en fonte pour la préparation de l'oxygène.

État naturel. — L'oxygène existe à l'état libre dans l'air, dont il forme environ le cinquième en volume, et en combinaison dans une foule de corps dont l'eau, le carbonate de calcium et les silicates naturels sont les plus communs : c'est donc l'un des corps simples les plus répandus à la surface et à l'intérieur de la terre.

Usages. — L'oxygène pur n'a qu'un petit nombre d'usages : on l'emploie surtout pour alimenter le *chalumeau oxhydrique,* avec lequel on peut fondre industriellement le platine, et pour faire fonctionner la *lampe de Drummond.*

En médecine on s'en sert quelquefois dans le traitement des affections pulmonaires.

Mélangé avec l'azote et l'argon, dans l'air normal,

l'oxygène sert à entretenir la combustion et la vie, dans les deux règnes.

85. Dosage. — Il peut être utile, par exemple dans l'étude d'une atmosphère confinée, de savoir déterminer la proportion d'oxygène qui existe dans un mélange gazeux. On effectue le plus souvent ce dosage au moyen de corps très oxydables, qui absorbent l'oxygène par simple contact; les plus employés sont le phosphore, le chlorure cuivreux ammoniacal, qui devient immédiatement bleu en présence de l'oxygène et par conséquent peut servir à sa recherche qualitative, l'hydrosulfite de sodium et enfin un mélange de pyrogallol et de potasse, qui se colore en brun.

La diminution de volume que subit le gaz en présence de ces différents réactifs donne la mesure de l'oxygène cherché.

On peut aussi se servir avec avantage de l'eudiomètre; pour cela on mélange le gaz étudié avec un excès connu d'hydrogène pur et on fait passer l'étincelle électrique : l'oxygène en se combinant avec l'hydrogène, dans le rapport de un volume du premier pour deux volumes du second, donne de l'eau qui se condense; il en résulte une contraction, dont on connaîtra la valeur en mesurant le volume du gaz restant dans l'eudiomètre, après l'explosion. Le tiers de cette contraction exprime le volume cherché d'oxygène.

Ozone.

86. Constitution. — L'ozone est une forme allotropique de l'oxygène, qui en diffère essentiellement parce qu'il renferme trois atomes dans sa molécule, au lieu de deux.

6.

87. Propriétés physiques. — L'ozone est un gaz bleu clair (Hautefeuille et Chappuis), d'une odeur forte et irritante, rappelant un peu celle du phosphore qui s'oxyde à l'air, et fort peu soluble dans l'eau. En outre de cette odeur, qui est déjà très caractéristique, on peut reconnaitre l'ozone au moyen d'un mélange d'iodure de potassium et d'empois d'amidon, qu'il bleuit : la couleur bleue est due à l'action de l'amidon sur l'iode rendu libre.

$$O + 2KI + H^2O = 2KOH + 2I.$$

En plongeant dans ce réactif des bandelettes de papier ordinaire, on obtient ce qu'on appelle le papier *amylo-ioduré*, avec lequel on peut reconnaitre des traces d'ozone; l'intensité de la coloration est, toutes choses égales d'ailleurs, à peu près proportionnelle à la richesse en ozone du gaz étudié, en sorte qu'elle permet d'avoir une mesure approximative de celle-ci. C'est ainsi qu'on peut le doser dans l'air ordinaire, qui n'en contient jamais que très peu.

L'ozone a pour densité 1,658; ce nombre correspond à un poids moléculaire égal à 48, ce qui montre bien que la molécule de l'ozone est triatomique.

Par compréssion et détente, dans l'appareil de Cailletet, on peut voir l'ozone se condenser en un liquide bleu indigo, extrèmement volatil.

L'ozone est dangereux à respirer, il provoque la toux et une violente irritation des muqueuses pulmonaires; en très petite quantité il peut produire des effets avantageux et il est vraisemblable que la supériorité de l'air des campagnes sur celui des grandes villes tient, au moins en partie, à ce qu'il renferme une plus forte proportion d'ozone.

A l'état concentré l'ozone parait être un bon antiseptique.

88. Propriétés chimiques. — L'ozone est endothermique par rapport à l'oxygène ordinaire : il est donc de nature explosive, et en réalité il détone quand on le comprime brusquement. La chaleur le ramène aussitôt à l'état d'oxygène.

Il suit de là que l'ozone doit être plus actif que l'oxygène ordinaire : c'est en effet un oxydant d'une grande puissance, qui attaque un grand nombre de corps combustibles dès la température ordinaire.

Il oxyde au maximum le soufre, le phosphore, l'arsenic et même l'iode, ainsi que leurs combinaisons oxygénées inférieures ; il attaque la plupart des métaux, même le mercure et l'argent humide, à froid ; il transforme les sels ferreux en sels ferriques, le protoxyde de plomb en minium Pb^3O^4, le sulfure de plomb en sulfate ; il décompose tous les hydracides, à l'exception de l'acide fluorhydrique, pour s'emparer de leur hydrogène ou les oxyder.

$$2HCl + O = H^2O + 2Cl.$$
$$HI + 3O = IO^3H.$$
$$H^2S + 4O = SO^4H^2.$$

Il agit de même sur la plupart des sels haloïdes, l'iodure de potassium, par exemple ; il donne avec l'ammoniaque des fumées blanches d'azotate d'ammonium et enflamme l'hydrogène phosphoré.

Enfin il détruit, en les oxydant, un grand nombre de matières organiques ; il décolore l'indigo et perce le caoutchouc. L'essence de térébenthine l'absorbe instantanément, ce qui permet de s'en servir pour doser l'ozone dans ses mélanges riches.

89. Préparations. — 1° *Par électrolyse de l'eau.* — On n'en obtient ainsi qu'une très petite quantité.

2° Par l'action de l'acide sulfurique, à froid, sur le bioxyde de baryum (Houzeau).

$$SO^4H^2 + BaO^2 = SO^4Ba + H^2O + O \text{ (ozonisé)}.$$

3° Par l'oxydation lente du phosphore, à froid, dans l'oxygène raréfié. — On n'en recueille encore ainsi que très peu.

4° Par l'étincelle électrique. — L'étincelle électrique, jaillissant dans l'oxygène ou dans l'air, donne naissance à une petite quantité d'ozone : c'est ce qui explique l'odeur particulière qui se répand au voisinage d'un objet qui vient d'être foudroyé.

5° Par l'effluve électrique. — L'effluve, ou décharge électrique obscure, constitue le meilleur moyen de transformer l'oxygène en ozone. L'appareil qu'on emploie de préférence à cet effet est celui de M. Berthelot : il se compose essentiellement de deux tubes concentriques, en verre mince, dans l'in-

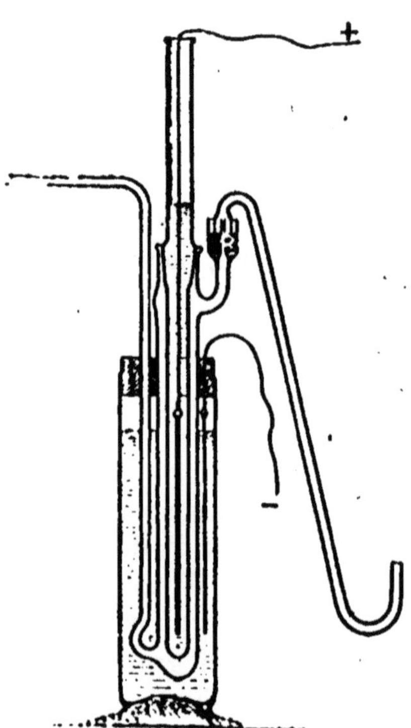

Fig. 26. — Appareil à ozone de Berthelot.

tervalle desquels on fait passer un courant d'oxygène pur et sec ; les armatures nécessaires au passage du courant sont formées d'acide sulfurique étendu (fig. 26).

On n'obtient jamais ainsi que des mélanges d'oxygène et d'ozone, renfermant au plus 25 pour cent de ce dernier gaz.

État naturel. — L'ozone se rencontre dans l'air, en proportion variable, pouvant atteindre au maximum un cinq cent millième : il a évidemment pour origine l'action de l'électricité atmosphérique sur l'oxygène ordinaire et c'est sans doute lui qui est cause de la couleur bleue du ciel.

L'ozone n'a reçu jusqu'à présent aucune application importante.

Eau, H_2O.

90. Propriétés physiques. — L'eau existe dans la nature sous les trois états ; à l'état solide elle constitue la glace, la neige ou le givre : sous ces deux dernières formes elle possède une texture cristalline manifeste, qui parait devoir la ranger dans le système hexagonal.

La glace pure fond à 0 degré ; la présence de sels ou d'acides solubles abaisse considérablement son point de fusion : un mélange de glace pilée et de sel ordinaire forme un très bon réfrigérant, qui donne une température de — 18 degrés.

La glace est plus légère que l'eau ; il en résulte que la congélation de ce liquide est accompagnée d'une dilatation brusque : c'est cette dilatation qui détermine la rupture des conduites d'eau en hiver, ainsi que la désagrégation des roches ou des pierres de construction poreuses à la suite de fortes gelées (*pierres gélives*).

La glace devient plastique lorsqu'on la comprime fortement, elle peut être moulée par pression et prend ainsi toutes les formes possibles (Tyndall); cette propriété rend compte du mouvement des glaciers dans les pays de montagnes.

A l'état liquide l'eau paraît bleue quand on l'examine sous une grande épaisseur (lac de Genève), elle est à peu près insipide quand elle est pure. Sa capacité calorifique, très considérable, lui permet de perdre ou d'absorber une grande quantité de chaleur sans changer beaucoup de température; aussi les climats marins ou insulaires sont-ils toujours beaucoup plus tempérés que les climats continentaux.

L'eau bout à 100 degrés sous la pression normale; son point critique est situé vers 365 degrés, sous une pression de 200 atmosphères (Cailletet).

La vapeur d'eau a pour densité 0,622; par refroidissement elle peut passer directement à l'état solide et prend alors des formes cristallines régulières; c'est ainsi que se forment dans la nature la neige et le givre.

Les propriétés physiques de l'eau suffisent à la reconnaître quand elle est pure ou presque pure; pour déceler sa présence dans un mélange liquide il est nécessaire de recourir à des réactifs spéciaux: le plus commode est le sulfate de cuivre anhydre blanc, qui bleuit au contact même d'une très petite quantité d'eau; ce changement de couleur est dû à la formation de sulfate de cuivre hydraté $SO^4Cu + 5H^2O$ qui est bleu.

91. Propriétés chimiques. — La chaleur de formation de l'eau, pour une molécule pesant 18 grammes, est de $58^{cal},2$ à l'état de vapeur et de 69 calories à l'état liquide : c'est donc un corps fortement exothermique et, par conséquent, très stable.

M. H. Sainte-Claire Deville a montré que l'eau se dissocie au rouge blanc en laisant passer un courant de vapeur dans un tube poreux, entouré d'un autre tube imperméable en porcelaine. L'appareil étant violemment chauffé, l'eau se dissocie et l'hydrogène, en vertu de ses propriétés endosmotiques, traverse la paroi poreuse; il se répand alors dans l'intervalle des deux tubes, d'où on peut le chasser par un courant de gaz inerte, acide carbonique ou azote. L'oxygène, moins diffusible, se dégage à l'extrémité du tube central, mélangé avec un grand excès de vapeur d'eau.

Tous les corps simples avides d'hydrogène ou d'oxygène, dont la chaleur de combinaison avec l'un ou l'autre de ces deux éléments surpasse la chaleur de formation de l'eau, la décomposent et mettent en liberté, soit de l'oxygène, soit de l'hydrogène.

Le fluor attaque l'eau à froid et en dégage de l'oxygène fortement ozonisé; le chlore n'agit qu'incomplètement au rouge parce que la réaction

$$2Cl + H^2O = 2HCl + O$$

est réversible.

Le soufre, le phosphore, le bore et le carbone décomposent la vapeur d'eau en s'emparant de son oxygène :

$$P + 3H^2O = PO^3H^3 + 3H \text{ (vers 200°).}$$
$$C + H^2O = CO + 2H \text{ (au rouge vif).}$$
$$C + 2H^2O = CO^2 + 4H \text{ (au rouge sombre).}$$

Tous les métaux facilement oxydables se comportent de même : les métaux alcalins agissent à froid, le magnésium à 100° et le fer au rouge :

$$K + H^2O = KOH + H.$$
$$Mg + H^2O = MgO + 2H.$$
$$3Fe + 4H^2O = Fe^3O^4 + 8H.$$

Nous avons vu précédemment que ces réactions sont utilisées à la préparation de l'hydrogène.

L'eau s'unit à tous les anhydrides pour donner des acides :

$$SO^3 + H^2O = SO^4H^2.$$

Elle se combine de même à un grand nombre d'oxydes métalliques pour former des hydrates :

$$K^2O + H^2O = 2KOH.$$

On admet généralement que, en s'unissant ainsi aux anhydrides et aux bases, l'eau se décompose et que ses éléments se groupent de manière à former le radical *oxhydryle* monovalent OH ; c'est pour cette raison qu'on écrit souvent l'acide azotique AzO^2 (OH) et l'acide sulfurique $SO^2(OH)^2$. L'oxhydryle joue un grand rôle dans les formules de constitution, surtout en chimie organique : c'est lui qui donne naissance à la fonction acide, quand il est uni à un radical électro-négatif, et à la fonction basique, quand il se trouve lié à un corps simple ou à un radical électro-positif.

L'eau existe en nature dans un grand nombre de substances cristallisées, particulièrement chez les sels ; elle paraît être nécessaire à la formation de leurs cristaux et pour cette raison s'appelle *eau de cristallisation*.

Lorsque, par une cause quelconque, un corps vient à perdre son eau de cristallisation, il perd du même coup sa forme cristalline : on dit alors qu'il s'*effleurit*. Le carbonate de sodium cristallisé $CO^3Na^2 + 10H^2O$ est un sel très efflorescent.

92. Composition. — La composition qualitative de l'eau a été établie, en 1783, par Lavoisier, Laplace et Meusnier, qui en ont fait successivement l'analyse et la synthèse; on peut trouver sa composition quantitative de différentes manières :

1° *Par analyse au moyen du voltamètre* (Nicholson et Carlisle, 1801). — Un voltamètre est un vase en verre, dont le fond est traversé par deux fils de platine, communiquant avec les pôles d'une pile (fig. 27). Lorsqu'on met dans un semblable appareil de l'eau, rendue conductrice par addition d'acide sulfurique, on voit, dès que le courant passe, se dégager de l'oxygène au pôle positif et de l'hydrogène au pôle négatif; le volume de ce dernier gaz est double de l'autre, donc l'eau est formée par la combinaison de 2 volumes d'hy-

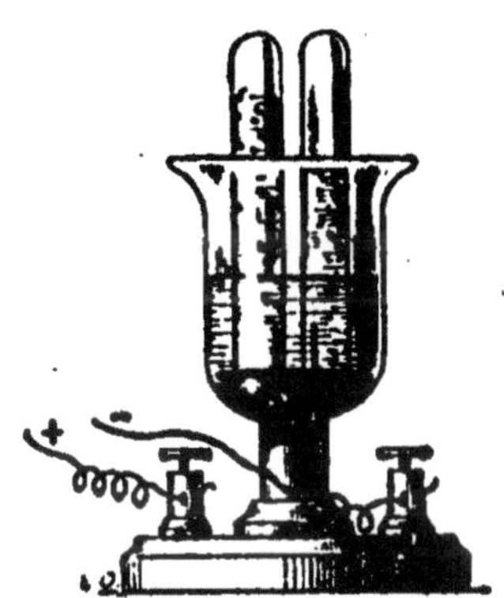

Fig. 27. — Voltamètre.

drogène avec un volume d'oxygène ; pour connaître le volume de la vapeur d'eau qui résulte de leur combinaison il suffit de comparer entre elles les densités de ces trois gaz; on trouve ainsi que le volume en question est égal à 2, c'est-à-dire qu'il y a contraction d'un tiers au moment où l'oxygène et l'hydrogène s'unissent.

Ces seules données suffisent à établir la formule de l'eau H^2O.

2° *Par synthèse au moyen de l'eudiomètre* (Gay-Lussac et de Humboldt, 1805). — Un eudiomètre est une sorte d'éprouvette à gaz, dont le fond est traversé par deux fils conducteurs, généralement en platine, qui permettent de faire passer des étincelles électriques à l'intérieur de l'appareil (fig. 28); il sert, d'une manière générale, à déterminer la composition des gaz qui peuvent se former ou se détruire par l'étincelle électrique; on le manœuvre toujours sur la cuve à mercure.

Pour trouver la composition de l'eau au moyen de l'eudiomètre on introduit dans cet appareil des volumes égaux d'hydrogène et d'oxygène, puis on y fait passer une étincelle : la combinaison s'effectue immédiatement, avec explosion ; il se forme de l'eau qui se condense et le mercure monte à l'intérieur de l'éprouvette. Si alors on examine le gaz restant, on constate qu'il est formé d'oxygène pur et que son volume est égal à la moitié de celui qu'on avait employé : les deux gaz se sont donc unis dans le rapport de deux volumes d'hydrogène à un volume d'oxygène.

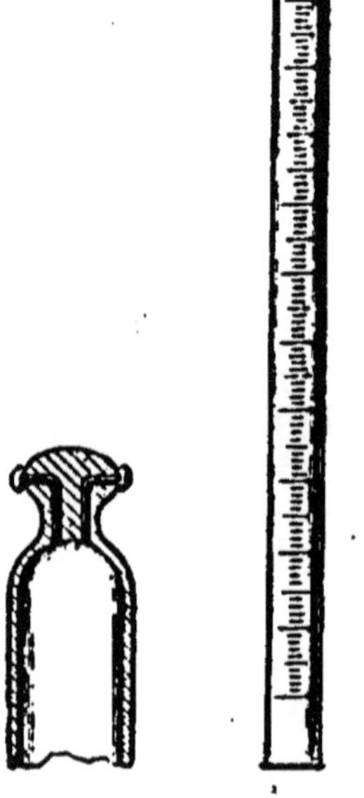

Fig. 28. — Eudiomètre de Riban.

3° *Par synthèse au moyen de l'oxyde de cuivre.* — M. Dumas, en 1843, a déterminé la composition en poids de l'eau en se fondant sur ce fait bien connu que l'hydrogène réduit l'oxyde de cuivre, au rouge, pour donner du cuivre métallique et de l'eau.

L'hydrogène devant être absolument pur et sec, on le fait passer d'abord dans une série de tubes renfermant des sels de cuivre et d'argent, ainsi que des matières desséchantes, pour éliminer l'acide sulfhydrique, l'hydrogène phosphoré, l'hydrogène arsenié et la vapeur d'eau qu'il renferme à l'état brut; à la suite se trouve un tube *témoin* à anhydride phosphorique,

Fig. 29 — Appareil de Dumas pour la synthèse de l'eau.

qui ne doit pas changer de poids pendant l'expérience, enfin le gaz passe sur de l'oxyde de cuivre chauffé. La vapeur d'eau qui se forme est recueillie dans un ballon vide où elle se condense partiellement et dans des tubes à ponce sulfurique; un dernier tube témoin permet de s'assurer que toute la vapeur d'eau a bien été retenue (fig. 29).

L'augmentation de poids de cette dernière partie de l'appareil donne la quantité d'eau formée, la perte de poids du ballon à oxyde de cuivre donne la quantité d'oxygène que cette eau contient; l'hydrogène est alors connu par différence.

M. Dumas a ainsi trouvé que l'eau renferme, pour 100 parties en poids, 88,89 d'oxygène et 11,11 d'hydrogène; le rapport de ses deux composants est donc égal à 8, ce qui concorde avec sa composition en volume, puisque la densité de l'oxygène est 16 fois plus grande que la densité de l'hydrogène.

93. Eaux potables. — L'eau n'existe pas dans la nature à l'état de pureté absolue : pour l'avoir sous cette forme il faut distiller l'eau ordinaire. Celle-ci contient en dissolution un certain nombre de corps étrangers, parmi lesquels on trouve toujours les gaz de l'atmosphère : oxygène, azote, argon et acide carbonique, ainsi que quelques matières salines, qui restent comme résidu lorsqu'on évapore l'eau jusqu'à siccité.

Ces matières salines sont le plus souvent formées de bicarbonate et de sulfate de calcium, avec un peu de chlorure de sodium et d'azotates alcalins.

Les eaux qui renferment une petite quantité de bicarbonate de calcium sont dites *calcaires*, on les reconnait à ce qu'elles rougissent la teinture jaune de campêche; leur saveur est assez agréable et on peut les consommer sans inconvénient.

Les eaux *incrustantes* sont des eaux très fortement

calcaires, qui déposent du carbonate de calcium à la surface des objets qu'on y plonge ; elles sont impropres à tout usage domestique et même à l'alimentation des chaudières à vapeur.

Les eaux qui renferment du sulfate de calcium (plâtre) en dissolution sont appelées *séléniteuses ;* on les reconnait à l'aide du chlorure de baryum, acidulé d'acide chlorhydrique, qui y donne un précipité blanc de sulfate de baryum, insoluble dans tous les réactifs ; la présence du calcium peut d'ailleurs y être caractérisée, ainsi que dans les eaux calcaires, par l'oxalate d'ammonium, avec lequel il donne un précipité blanc d'oxalate de calcium, insoluble dans l'ammoniaque et soluble dans l'acide chlorhydrique. Les eaux séléniteuses sont indigestes et doivent être rejetées de l'alimentation.

Les chlorures se reconnaissent au moyen de l'azotate d'argent, acidulé d'acide azotique, qui donne avec eux un précipité blanc de chlorure d'argent, soluble dans l'ammoniaque et noircissant à la lumière.

Pour déceler la présence des azotates, on évapore à sec une petite quantité d'eau et on verse sur le résidu une goutte d'un mélange d'acide sulfurique et de sulfate de fer : il se produit immédiatement une coloration rouge.

Certaines eaux, particulièrement les eaux stagnantes, renferment en outre des matières organiques en dissolution : on les reconnait au moyen du permanganate de potassium, qui est décoloré, ou au moyen du chlorure d'or qui, à l'ébullition, se décompose et précipite de l'or métallique.

On peut apprécier rapidement la valeur d'une eau potable en l'additionnant d'une solution alcoolique de savon : le précipité qui se forme est d'autant plus abondant que l'eau est moins pure.

Les eaux naturelles contiennent toujours des particules solides en suspension, qui la troublent quand elles sont abondantes; il est alors nécessaire de les filtrer. Pour éliminer sûrement les microorganismes qui s'y trouvent et qui parfois sont nocifs (la fièvre typhoïde se propage surtout par l'eau), il est nécessaire d'employer des filtres à pores très étroits, que l'on a soin de nettoyer le plus souvent possible; la *bougie* Chamberland, en porcelaine dégourdie, est l'un des modèles les plus répandus de ce genre de filtres.

Un moyen encore plus efficace de stériliser une eau suspecte est de la faire bouillir: il est alors indispensable de la laisser à l'air pendant quelque temps avant de la consommer, de façon à ce qu'elle reprenne à nouveau les gaz que l'ébullition lui a fait perdre; autrement elle serait fade et fort désagréable à boire.

Eau oxygénée, H^2O^2.

94. Propriétés physiques. — L'eau oxygénée, ou *peroxyde d'hydrogène*, est un liquide incolore, inodore, d'une saveur fortement métallique et d'une consistance légèrement sirupeuse; on la reconnaît, même en dissolution très étendue, par le réactif amyl·ioduré, qu'elle colore en bleu comme l'ozone, ou par l'acide chromique, qui se change à son contact en acide perchromique bleu.

L'eau oxygénée est peu volatile, sous la pression ordinaire; sa densité, par rapport à l'eau, est égale à 1,452.

95. Propriétés chimiques. — La chaleur de formation de l'eau oxygénée est inférieure à celle de l'eau ordinaire; elle est donc endothermique par rapport à celle-ci et par suite montre une grande tendance à se décomposer en eau et oxygène libre. La chaleur, l'agitation, le contact d'un corps poreux (bioxyde de manganèse, charbon en poudre, mousse de platine, etc.), la seule influence du temps même suffisent à la détruire d'une manière complète, et comme elle dégage ainsi une grande quantité d'oxygène, l'eau oxygénée est un oxydant énergique, dans beaucoup de cas comparable à l'ozone.

Comme l'ozone elle transforme l'acide sulfureux en acide sulfurique, l'acide arsénieux en acide arsénique, les sulfures en sulfates ; elle n'attaque pas l'acide chlorhydrique ni ses sels, mais décompose immédiatement l'acide iodhydrique et les iodures.

$$2KI + H^2O^2 = 2KOH + 2I.$$

Enfin elle détruit, en les oxydant, un grand nombre de matières colorantes, particulièrement celles d'origine animale.

96. Préparation. — On prépare l'eau oxygénée par le procédé de Thénard, qui consiste à traiter le bioxyde de baryum, vers 0 degré, par l'acide chlorhydrique étendu.

$$BaO^2 + 2HCl = BaCl^2 + H^2O^2.$$

Pour séparer le baryum de son chlorure, on ajoute au liquide un léger excès d'acide sulfurique, qui régénère en même temps l'acide chlorhydrique,

$$BaCl^2 + SO^4H^2 = SO^4Ba + 2HCl$$

puis on réajoute du bioxyde, et ainsi de suite à plusieurs reprises.

Finalement on filtre et on précipite le chlorure de baryum par la quantité juste nécessaire de sulfate d'argent.

$$BaCl^2 + SO^4Ag^2 = SO^4Ba + 2AgCl.$$

On obtient ainsi de l'eau oxygénée étendue, suffisante pour ses emplois industriels; pour l'avoir pure il faut éliminer par quelques gouttes d'acide phosphorique l'oxyde de fer et l'alumine qu'elle renferme presque toujours et concentrer à froid, dans le vide sec : l'eau s'évapore et l'eau oxygénée, moins volatile, finit par rester seule; elle dégage alors, en se décomposant, 475 fois son volume d'oxygène.

Usages. — L'eau oxygénée sert à blanchir les cheveux, les plumes et l'ivoire, ou à restaurer les peintures à base de céruse : son effet est dans ce cas de transformer en sulfate blanc la pellicule noire de sulfure de plomb qui se forme à la longue, par contact avec l'air, sur tous les sels plombiques.

Soufre.

97. Propriétés physiques. — Le soufre est un corps solide jaune, inodore, insipide, cassant, mauvais conducteur et par suite électrisable par frottement.

Son seul aspect permet de le reconnaitre à première vue.

Le soufre est insoluble dans l'eau; son meilleur dissolvant, quand il est cristallisé, est le sulfure de carbone CS^2.

Le soufre est trimorphe; on l'obtient en longs prismes clinorhombiques quand on le fait cristalliser à chaud, par exemple par voie de fusion; il prend la forme d'octaèdres orthorhombiques quand on le fait cristalliser à froid, en laissant s'évaporer lentement une solution de soufre dans le sulfure de carbone; enfin M. Engel a reconnu récemment que le soufre qui se sépare d'un mélange d'hyposulfite de sodium et d'acide chlorhydrique prend la forme de rhomboèdres quand on le fait cristalliser dans le chloroforme.

Les cristaux de soufre clinorhombiques se transforment peu à peu, à froid, en petits octaèdres; inversement les cristaux octaédriques se changent en aiguilles prismatiques quand on les maintient longtemps à l'étuve, vers 100 degrés.

On connait enfin le soufre à l'état amorphe : il est alors pulvérulent et insoluble dans tous les réactifs; cette variété de soufre existe dans la fleur de soufre du commerce, d'où on peut l'extraire par lavages au sulfure de carbone.

Le soufre fond vers 115 degrés en un liquide jaune, très mobile et très fluide; si on continue à le chauffer on le voit bientôt devenir brun et visqueux, si bien qu'à 250 degrés il est presque impossible de le couler. Au-dessus de cette température il se fluidifie à nouveau et entre en ébullition à 447 degrés.

Si on le coule dans l'eau froide lorsqu'il est très chaud, on le voit prendre la forme de *soufre mou*, qui est élastique comme le caoutchouc. Ce soufre mou est un mélange de soufre cristallisable et de soufre amorphe, il redevient dur et cassant au bout de quelques jours.

La densité de vapeur du soufre, prise à haute température, est égale à 2,2, chiffre qui concorde avec la théorie; au rouge naissant elle est beaucoup plus considérable et par conséquent anormale (6,6, d'après Dumas, à 500°).

7.

98. Propriétés chimiques. — Le soufre est à la fois électro-positif et électro-négatif : dans ce dernier cas il ressemble à l'oxygène et donne en général des combinaisons du même ordre.

Le soufre prend feu dans l'oxygène vers 250 degrés et brûle avec une flamme bleue en donnant de l'anhydride sulfureux, mélangé avec une trace d'anhydride sulfurique ; il s'unit directement au chlore, au brome et à l'iode pour donner les chlorure, bromure et iodure de soufre S^2Cl^2, S^2Br^2 et S^2I^2 ; il se combine au phosphore ordinaire avec une violente explosion ; il donne avec le carbone, au rouge, le sulfure de carbone CS^2 ; enfin il transforme presque tous les métaux en sulfures : l'attaque commence souvent à froid, c'est ce qui a lieu avec le fer et même avec le mercure et l'argent, qui noircit au seul contact du soufre. L'or et le platine résistent à peu près complètement, le zinc et l'aluminium ne sont que fort peu attaqués.

Tous les corps oxydants doués de quelque énergie transforment le soufre en acide sulfurique ou en acide sulfureux : c'est le cas de l'ozone, des peroxydes métalliques, de l'acide azotique et même de l'acide sulfurique.

$$2S + MnO^2 = MnS + SO^2.$$
$$S + 6AzO^3H = SO^4H^2 + 6AzO^2 + 2H^2O.$$
$$S + 2SO^4H^2 = 3SO^2 + 2H^2O.$$

Le soufre se dissout dans les lessives alcalines bouillantes, en donnant un persulfure de couleur orangée, enfin il attaque certaines matières organiques, soit pour s'y combiner, soit pour leur enlever de l'hydrogène, avec lequel il forme de l'acide sulfhydrique.

Le caoutchouc s'unit facilement au soufre pour donner ce qu'on appelle vulgairement le caoutchouc *vulcanisé*.

99. Préparation. — Le soufre se fabrique indus-triellement avec le minerai des *solfatares*, mélange de soufre libre et de matières terreuses, qui se trouve au voisinage des volcans. On rencontre parfois dans ce minerai de beaux cristaux octaédriques, identiques à ceux qu'on obtient artificiellement par dissolution dans le sulfure de carbone.

En Sicile on sépare le soufre de sa gangue par voie

Fig. 30. — Fourneau de galère.

de fusion, en se servant comme combustible du soufre lui-même ; pour cela on forme avec le minerai de grandes meules, entourées de murs, que l'on nomme *calcaroni*, et on met le feu à la masse en jetant dans l'intérieur, par des cheminées disposées à cet effet, des broussailles enflammées : la combustion échauffe le soufre, qui se liquéfie peu à peu et vient couler au dehors, suivant la ligne de plus grande pente : on en recueille ainsi environ les deux tiers de ce que renfermait le minerai.

En Calabre on traite le minerai de soufre par distillation, dans un fourneau de galère (fig. 30), ce qui permet d'en extraire à peu près la totalité du produit utile, mais l'augmentation de rendement est compensée par la dépense qu'occasionne le combustible nécessaire au chauffage des fours.

Dans les pays qui ne possèdent pas de mines de soufre, on peut se procurer ce corps en distillant la pyrite ou bisulfure de fer FeS² dans des cornues en terre réfractaire, chauffées au rouge vif.

$$3FeS^2 = Fe^3S^4 + 2S.$$

Le soufre fabriqué par l'une ou l'autre de ces méthodes est assez impur, on le *raffine* par distillation. Les appareils qui servent au raffinage du soufre sont essentiellement formés par une cornue A où le soufre brut entre en ébullition, et une chambre de condensation B, en métal ou en maçonnerie, où la vapeur de soufre vient prendre, suivant la température, l'état pulvérulent (fleur de soufre) ou l'état liquide (fig. 31) : dans ce dernier cas on coule le soufre fondu, au fur et à mesure de sa production, dans des moules en bois qui lui donnent sa forme commerciale de *canons* cylindro-coniques.

Usages. — Le soufre sert à préparer toutes ses combinaisons : acide sulfureux, acide sulfurique, sulfites, sulfates, hyposulfites, sulfures métalliques, sulfure de carbone, etc., à fabriquer les allumettes et la poudre à canon, à vulcaniser le caoutchouc, à faire des moulages ou des scellements ; enfin on l'emploie en agriculture, sous forme de fleur de soufre, pour combattre l'*oïdium* de la vigne, et en médecine pour le traitement des maladies de peau. C'est, en résumé, l'un des mé-

Fig. 31. — Raffinage du soufre.

talloïdes les plus utiles qui existent, peut-être le plus utile de tous après l'oxygène et le carbone.

Hydrogène sulfuré, H^2S.

100. — Le soufre donne avec l'hydrogène deux combinaisons différentes : l'hydrogène sulfuré ou acide sulfhydrique H^2S et le bisulfure d'hydrogène H^2S^2. Ces deux composés correspondent à l'eau et à l'eau oxygénée, nous n'étudierons ici que le premier, qui est le plus important.

101. Propriétés physiques. — L'hydrogène sulfuré est un gaz incolore, reconnaissable à son odeur fétide, qui ressemble à celle des œufs pourris ; on peut déceler sa présence dans les mélanges gazeux qui n'en renferment que des traces au moyen de l'acétate de plomb, avec lequel il donne un précipité noir de sulfure de plomb.

L'hydrogène sulfuré a pour densité 1,1912, l'eau en dissout trois fois son volume à la température ordinaire. Les dissolutions d'acide sulfhydrique doivent être faites avec de l'eau bouillie et maintenues à l'abri de l'air, pour éviter l'action décomposante de l'oxygène qui en précipite du soufre.

$$H^2S + O = H^2O + S.$$

On peut le liquéfier, à l'exemple de Faraday, en décomposant par la chaleur le bisulfure d'hydrogène dans un tube en V renversé dont la branche vide est refroidie par un mélange réfrigérant ; le bisulfure se dédouble en soufre octaédrique qui se dépose et en hydrogène sulfuré qui se liquéfie par sa propre pression dans la branche froide du tube (fig. 18).

$$H^2S^2 = S + H^2S.$$

L'acide sulfhydrique liquide bout à — 74 degrés et se congèle à — 85 degrés.

Le charbon de bois, à cause de sa porosité, l'absorbe très bien, même lorsqu'il est dissous dans l'eau. On profite souvent de cette propriété pour purifier les eaux stagnantes qui en contiennent : il suffit de les filtrer sur un lit de charbon de bois pour leur faire perdre toute odeur.

L'hydrogène sulfuré est un poison violent : il produit, quand on le respire en quantité un peu trop forte, des asphyxies brusques qui lui ont valu le nom de *plomb* ; son meilleur antidote est le chlore dilué.

Il est beaucoup moins dangereux dans les voies digestives et on peut boire impunément ses dissolutions. Les eaux minérales dites *sulfureuses* en renferment toujours à l'état libre, à côté de sulfures alcalins ou alcalino-terreux.

102. Propriétés chimiques. — L'hydrogène sulfuré est constitué comme l'eau, mais il est infiniment moins stable et se décompose sous une foule d'influences.

Sa dissociation est déjà sensible à 400 degrés ; l'air humide le détruit lentement, à froid, en donnant de l'eau et un dépôt de soufre ; en présence de corps poreux il peut même le changer en acide sulfurique.

$$H^2S + 4O = SO^4H^2.$$

L'acide sulfhydrique brûle à l'air avec une flamme bleue : quand l'oxygène est en excès il se produit de l'eau et de l'acide sulfureux.

$$H^2S + 3O = H^2O + SO^2.$$

Dans le cas contraire il y a dépôt de soufre.

Tous les oxydants le détruisent en donnant, suivant leur énergie, soit de l'eau et du soufre, soit de l'acide sulfurique.

$$H^2S + H^2O^2 = 2H^2O + S.$$
$$H^2S + 8AzO^3H = SO^4H^2 + 8AzO^2 + 4H^2O.$$

Il décompose même l'acide sulfureux et l'acide sulfurique concentré; dans le premier cas il peut se former de l'acide pentathionique.

$$2H^2S + SO^2 = 2H^2O + 3S.$$
$$5H^2S + 5SO^2 = S^5O^6H^2 + 5S + 4H^2O.$$
$$3H^2S + SO^4H^2 = 4H^2O + 4S.$$

Il réduit l'acide chromique, transforme les sels ferriques en sels ferreux, l'acide arsénieux en sulfure d'arsenic, etc.

$$Fe^2Cl^6 + H^2S = 2FeCl^2 + 2HCl + S.$$
$$As^2O^3 + 3H^2S = As^2S^3 + 3H^2O.$$

Le chlore, le brome et l'iode (ce dernier seulement en présence de l'eau), le décomposent en s'emparant de son hydrogène.

$$H^2S + 2Cl = 2HCl + S.$$

Les métaux alcalins donnent avec lui des sulfhydrates comparables aux hydrates ordinaires, les autres des sulfures proprement dits.

$$Na + H^2S = NaSH + H.$$
$$Cu + H^2S = CuS + 2H.$$

L'argent noircit dans l'air chargé d'acide sulfhydrique parce qu'il se recouvre d'une couche mince de sulfure d'argent.

Le mercure n'est pas attaqué à froid.

L'acide sulfhydrique rougit nettement le tournesol et s'unit à toutes les bases pour donner des sulfures ou des sulfhydrates; son énergie, en tant qu'acide, est comparable à celle de l'acide carbonique.

Il décompose tous les sels de métaux lourds, dont il précipite le métal à l'état de sulfure.

$$SO^4Cu + H^2S = SO^4H^2 + CuS.$$

Cette réaction est utilisée en analyse, à cause de la coloration, souvent caractéristique, du précipité qui se forme.

Il n'agit pas sur les sels alcalins ou alcalino-terreux, non plus que sur les sels d'aluminium, de chrome, de fer et de manganèse.

103. Composition. — Pour déterminer la composition de l'hydrogène sulfuré, on le décompose en cloche courbe par le cadmium ou l'étain (1), chauffés au rouge sombre. L'expérience montre que le volume de l'hydrogène restant est égal à celui de l'acide sulfhydrique, donc ce dernier renferme, comme la vapeur d'eau, son propre volume d'hydrogène. Le calcul des densités montre qu'il renferme également la moitié de son volume de vapeur de soufre.

104. Préparation. — L'acide sulfhydrique ne se produit que difficilement par synthèse ; on l'obtient pratiquement en décomposant un sulfure métallique par un acide fort.

Quand on ne tient pas à l'avoir tout à fait pur on traite le sulfure de fer artificiel FeS par l'acide sulfurique ou l'acide chlorhydrique étendus, à froid, dans les mêmes appareils qui servent à la préparation de l'hydrogène (fig. 32).

$$FeS + SO^4H^2 = SO^4Fe + H^2S.$$

Le gaz est alors souillé d'un peu d'hydrogène libre, quelquefois même d'hydrogène phosphoré ou d'hydrogène arsénié.

---

1. Le sodium ne conviendrait pas parce qu'il ne décompose qu'en partie l'acide sulfhydrique (§ 102).

On l'obtient à l'état de pureté complète en chauffant dans un ballon du sulfure d'antimoine naturel (*stibine* des minéralogistes) avec de l'acide chlorhydrique concentré.

$$Sb^2S^3 + 6HCl = 2SbCl^3 + 3H^2S.$$

On dessèche le gaz sur du chlorure de calcium et on le recueille sur la cuve à mercure.

Ses dissolutions se préparent en faisant passer le gaz dans un appareil de Woolf.

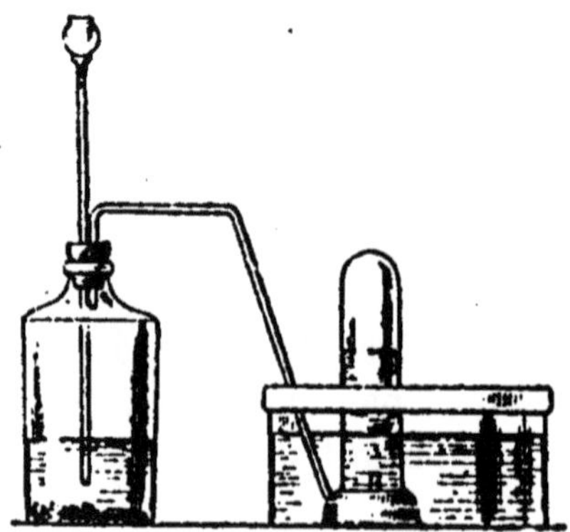

Fig. 32. — Préparation de l'acide sulfhydrique.

État naturel. — L'acide sulfhydrique se rencontre en dissolution dans un grand nombre d'eaux minérales naturelles (Enghien, Barèges, Uriage, etc); il résulte de l'action de l'acide carbonique sur le sulfure de calcium qui l'accompagne presque toujours et provient lui-même de la réduction du sulfate de calcium (plâtre) par certaines algues, caractéristiques des eaux sulfureuses, qu'on appelle *sulfuraires*.

$$SO^4Ca - 4O = CaS.$$
$$CaS + H^2O + CO^2 = CO^3Ca + H^2S.$$

L'acide sulfhydrique se dégage aussi des fissures du sol, dans les régions volcaniques : c'est lui qui donne naissance au phénomène connu sous le nom de *fumerolles*.

Usages. — L'acide sulfhydrique n'est employé que dans les laboratoires, comme réactif d'analyse.

Il a été isolé pour la première fois par Scheele.

Composés oxygénés du soufre.

105. — Le soufre est de tous les corps simples connus celui qui fournit le plus grand nombre de composés oxygénés; tous sont acides et nettement bibasiques, nous en donnerons d'abord la liste complète.

Anhydride sulfureux............	SO^2
Anhydride sulfurique..........	SO^3
Anhydride persulfurique.......	S^2O^7
Acide hydrosulfureux..........	SO^2H^2
Acide hyposulfureux..........	$S^2O^3H^2$
Acide sulfureux...............	SO^3H^2
Acide hyposulfurique..........	$S^2O^6H^2$
Acide sulfurique..............	SO^4H^2
Acide pyrosulfurique..........	$S^2O^7H^2$
Acide persulfurique.	$S^2O^8H^2$
Acide trithionique...........	$S^3O^6H^2$
Acide tétrathionique..........	$S^4O^6H^2$
Acide pentathionique.........	$S^5O^6H^2$

Anhydride sulfureux, SO^2.

106. Propriétés physiques. — L'anhydride sulfureux est un gaz incolore, d'une odeur piquante caractéristique, et très lourd; sa densité est égale à 2,23. L'eau en absorbe 80 volumes à 0 degré et 50 volumes à 15 degrés ; ses dissolutions sont très oxydables et par conséquent doivent être conservées à l'abri du contact de l'air.

L'anhydride sulfureux se liquéfie sous trois atmosphères de pression, à la température ordinaire, ou à — 10 degrés sous la pression normale. C'est alors un liquide incolore, très mobile, de densité 1,45, qui produit un froid de — 68 degrés quand on l'évapore dans le vide ou de — 50 degrés quand on y fait passer un rapide courant d'air sec. M. Pictet l'a utilisé dans des machines spéciales, où il passe successivement de l'état liquide à l'état gazeux, par évaporation, et de l'état gazeux à l'état liquide, par compression, pour fabriquer la glace industriellement.

L'acide sulfureux liquide se congèle dans un mélange de neige carbonique et d'éther, à — 75 degrés.

Le gaz sulfureux est très bien absorbé par le charbon de bois et traverse très aisément les parois colloïdales du caoutchouc.

107. Propriétés chimiques. — L'anhydride sulfureux sec est très stable ; M. H. Sainte-Claire Deville a montré qu'il se dissocie au rouge blanc au moyen de son tube chaud et froid déjà décrit (§ 65). Le tube intérieur se recouvre d'une couche noire de sulfure d'argent, produit par l'union directe de la vapeur de soufre avec le métal du tube, et d'anhydride sulfurique, reconnaissable aux fumées blanches qu'il donne à l'air humide. Cet anhydride sulfurique résulte de la combinaison du gaz sulfureux en excès avec l'oxygène provenant de sa dissociation.

L'anhydride sulfureux se combine par addition à divers corps simples, vis-à-vis desquels il joue le rôle d'un véritable radical (*sulfuryle*) ; c'est ainsi qu'il donne avec l'oxygène, en présence de mousse de platine chaud, l'anhydride sulfurique SO^3 ; à chaud ou sous l'action des corps poreux, il donne avec le chlore et le brome les chlorure et bromure de sulfuryle SO^2Cl^2 et SO^2Br^2.

L'anhydride sulfureux n'entretient pas à proprement parler la combustion : une allumette enflammée s'y éteint instantanément. Cependant les corps très combustibles peuvent y brûler avec incandescence, c'est le cas du potassium, de l'étain, de l'arsenic, etc., qui s'unissent à la fois à ses deux éléments.

$$3SO^2 + 6As = 2As^2O^3 + As^2S^3.$$

L'hydrogène le réduit à chaud, en donnant de l'eau et de l'acide sulfhydrique.

En présence de l'eau, l'acide sulfureux a une grande tendance à fixer un atome d'oxygène pour se changer en acide sulfurique ; l'oxygène de l'air suffit à produire lentement cette transformation, tous les corps oxydants, acide azotique, chlore, brome, iode, acide chromique, etc., la provoquent immédiatement.

$$SO^2 + 2AzO^3H = SO^4H^2 + 2AzO^2.$$
$$SO^2 + 2H^2O + 2Cl = SO^4H^2 + 2HCl.$$
$$3SO^2 + 2CrO^3 = Cr^2(SO^4)^3.$$
Sulfate de chrome.

En conséquence, l'acide sulfureux humide est un réducteur énergique ; on l'emploie fréquemment pour transformer les sels ferriques en sels ferreux, l'acide arsenique en acide arsenieux, pour précipiter le sélénium de l'acide sélénieux, etc.

$$Fe^2(SO^4)^3 + SO^2 + 2H^2O = 2SO^4Fe + 2SO^4H^2.$$
Sulfate ferrique.   Sulfate ferreux.

$$As^2O^5 + 2SO^2 + 2H^2O = As^2O^3 + 2SO^4H^2.$$
$$SeO^2 + 2SO^2 + 2H^2O = Se + 2SO^4H^2.$$

Il détruit la plupart des matières colorantes d'origine végétale en les désoxydant.

Avec les peroxydes métalliques, il donne des sulfates ou des hyposulfates.

$$MnO^2 + SO^2 = SO^4Mn \text{ (à chaud)}.$$
$$MnO^2 + 2SO^2 = S^2O^6Mn \text{ (à froid)}.$$

L'hydrogène sulfuré le décompose en donnant de l'acide pentathionique et du soufre ; enfin, l'hydrogène naissant le réduit à l'état d'acide hydrosulfureux ou d'acide sulfhydrique.

$$SO^2 + 2H = SO^2H^2.$$
$$SO^2 + 6H = H^2S + 2H^2O.$$

L'acide sulfureux est un acide assez énergique, qui attaque les métaux vulgaires et déplace l'acide carbonique de ses sels ; il est bibasique et donne avec les oxydes alcalins des sulfites neutres, de la forme SO^3M^2, et des sulfites acides, vulgairement *bisulfites*, de la forme SO^3HM. Les bisulfites se changent en hydrosulfites sous l'action de l'hydrogène naissant.

$$SO^3HNa + 2H = H^2O + SO^2HNa.$$

103. Composition. — L'anhydride sulfureux est formé par la combinaison de un volume de vapeur de soufre avec deux volumes d'oxygène, condensés en deux ; pour le démontrer on fait brûler du soufre dans un ballon à long col, rempli d'oxygène sur la cuve à mercure (fig. 33), et on constate que le volume du gaz sulfureux produit est, après refroidissement, égal au volume de l'oxygène primitif. Le calcul des densités donne ensuite le volume de la vapeur de soufre.

109. Préparation. — Dans l'industrie, on prépare l'acide sulfureux en brûlant du soufre ou de la pyrite à l'air : il est alors mélangé avec une grande quantité d'azote.

Dans les laboratoires, on le prépare en chauffant de l'acide sulfurique, dans un ballon ou une bouteille en

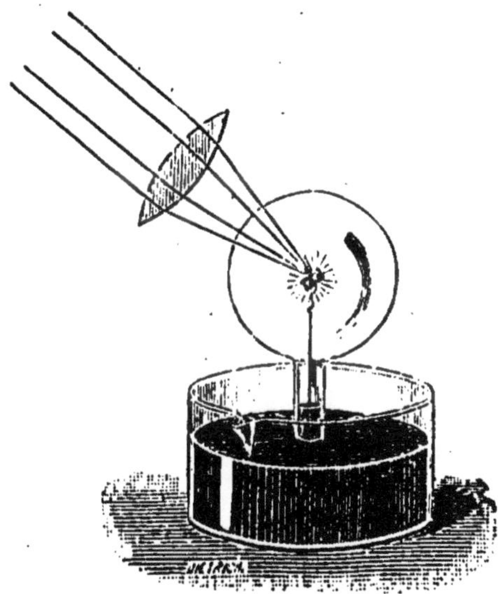

Fig. 33. — Synthèse de l'acide sulfureux.

fer, avec un métal qui ne décompose pas l'eau, comme le cuivre ou le mercure, ou encore avec un métalloïde facilement oxydable, comme le soufre ou le charbon ; avec ce dernier l'acide sulfureux est mélangé d'acide carbonique (fig. 31) :

$$2SO^4H^2 + Cu = SO^4Cu + SO^2 + 2H^2O.$$
$$2SO^4H^2 + S = 3SO^2 + 2H^2O.$$
$$2SO^4H^2 + C = 2SO^2 + CO^2 + 2H^2O.$$

État naturel. — L'acide sulfureux se rencontre quelquefois dans l'atmosphère en proportion sensible il provient ordinairement de la combustion de matières sulfurées, par exemple de la houille pyriteuse.

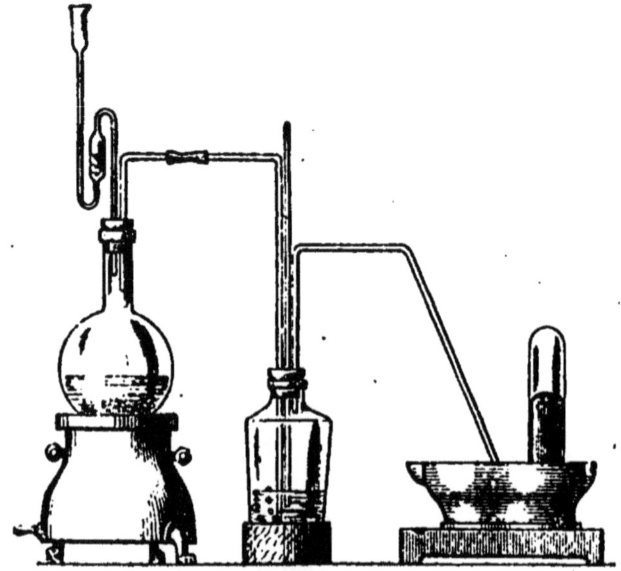

Fig. 31. — Préparation de l'acide sulfureux.

Les volcans en éruption en dégagent des quantités considérables.

Usages. — L'acide sulfureux sert surtout à la fabrication de l'acide sulfurique; on l'emploie aussi pour préparer les sulfites, hyposulfites et hydrosulfites, pour blanchir la laine et la soie, sur lesquelles le chlore n'a que peu d'action. A l'état liquide il sert comme réfrigérant, pour fabriquer la glace artificielle, enfin, il peut rendre des services comme antiseptique.

Acide hyposulfureux, $S^2O^3H^2$.

110. Propriétés. — L'acide hyposulfureux est inconnu à l'état libre; en effet, il se décompose, dès qu'on le sépare de ses sels, en acide sulfureux et soufre, qui se précipite à l'état amorphe.

$$S^2O^3H^2 = SO^2 + H^2O + S.$$

Ses sels cristallisent bien et se conservent sans altération à l'air : les plus communs sont l'hyposulfite de sodium $S^2O^3Na^2$ et l'hyposulfite de calcium, S^2O^3Ca. Les oxydants énergiques les changent en sulfates ; l'iode les métamorphose en tétrathionates :

$$2S^2O^3Na^2 + 2I = S^4O^6Na^2 + 2NaI.$$

111. Préparation. — On prépare l'hyposulfite de sodium en faisant bouillir une dissolution de sulfite neutre de sodium avec de la fleur de soufre :

$$SO^3Na^2 + S = S^2O^3Na^2,$$

ou bien en faisant passer un courant d'anhydride sulfureux dans une solution de sulfure de sodium :

$$2Na^2S + 3SO^2 = 2S^2O^3Na^2 + S.$$

L'hyposulfite de calcium se forme par oxydation à l'air des *charrées* de soude (sulfure de calcium résidu de la fabrication du carbonate de soude par le procédé Leblanc) ; on peut l'en retirer par un simple lavage à l'eau.

Usages. — Les hyposulfites servent dans l'industrie comme *antichlores*, c'est-à-dire pour enlever aux étoffes blanchies au chlore l'odeur désagréable qu'elles conservent ; on se sert aussi beaucoup de l'hyposulfite de sodium en photographie pour *fixer* les épreuves, c'est-à-dire pour dissoudre les sels haloïdes d'argent, qui n'ont pas été impressionnés par la lumière.

Anhydride sulfurique, SO³.

112. Propriétés physiques. — L'anhydride sulfurique est un corps solide blanc, cristallisé en aiguilles très fines, longues et soyeuses ; il répand à l'air d'épaisses fumées blanches, d'odeur suffocante.

Quand il est fraîchement préparé, l'anhydride sulfurique fond à 18° et bout à 47° ; à la longue, son point de fusion s'élève et peut monter jusque vers 100° (de Marignac).

113. Propriétés chimiques. — L'anhydride sulfurique se décompose par la chaleur rouge en anhydride sulfureux et oxygène ; tous les corps oxydables le réduisent à l'état d'anhydride sulfureux, le phosphore même brûle avec flamme dans sa vapeur :

$$2SO^3 + S = 3SO^2.$$

L'anhydride sulfurique est très avide d'eau ; il s'y combine avec violence, en faisant entendre un bruissement semblable à celui d'un fer rouge, pour donner l'acide sulfurique ordinaire SO^4H^2 : aussi est-ce un déshydratant énergique, qui décompose et charbonne un grand nombre de matières organiques oxygénées.

Avec les hydrocarbures, il donne lieu quelquefois à des combinaisons régulières ; il s'unit notamment au benzène C^6H^6, pour former l'acide *phénylsulfureux* ou *phénesulfonique* $C^6H^5(SO^3H)$, que les alcalis transforment en phénol $C^6H^5(OH)$.

L'anhydride sulfurique ne rougit pas le tournesol sec, mais il se combine aux oxydes métalliques pour donner des sulfates.

114. Préparation. —Dans les laboratoires, on prépare l'anhydride sulfurique en distillant l'acide pyrosulfuriquo à une douce température, vers 50°, dans une cornue de verre, dont le col communique avec un ré-

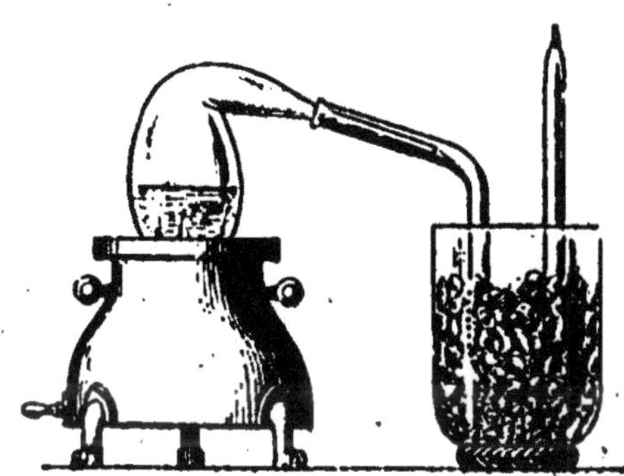

Fig. 35. — Préparation de l'anhydride sulfurique.

frigérant bien refroidi (fig. 35) ; il reste comme résidu de l'acide sulfurique ordinaire :

$$S^2O^7H^2 = SO^3 + SO^4H^2.$$

L'appareil ne doit avoir ni bouchons, ni raccords en caoutchouc, qui seraient immédiatement détruits par les vapeurs d'anhydride.

Dans l'industrie, on le prépare par synthèse, en faisant passer sur de l'amiante platinée, vers 500°, un mélange d'anhydride sulfureux et d'oxygène parfaitement desséchés (Winkler). Ce mélange est lui-même obtenu par décomposition ignée de l'acide sulfurique ordinaire :

$$SO^4H^2 = SO^2 + O + H^2O.$$
$$SO^2 + O = SO^3.$$

Usages. — L'anhydride sulfurique sert exclusivement à préparer l'acide pyrosulfurique.

Acide pyrosulfurique, $S^2O^7H^2$ ou $S^2O^5(OH)^2$.

115. Propriétés physiques. — L'acide pyrosulfurique, qu'on appelait autrefois acide sulfurique de Nord-hausen ou de Saxe, ou encore acide sulfurique fumant, est un corps solide blanc, cristallisé, fusible à 35°, qui répand à l'air d'épaisses fumées blanches. Dans le commerce, on le voit souvent rester liquide à froid parce qu'il contient presque toujours un peu d'acide sulfu-rique ordinaire ; souvent aussi il est brun, à cause des poussières atmosphériques qui sont carbonisées par lui.

Sa densité, très considérable, est égale à 1,9.

116. Propriétés chimiques. — L'acide pyrosulfurique se décompose très facilement, par la moindre éléva-tion de température, en anhydride et acide sulfuriques : aussi possède-t-il à la fois les propriétés de ces deux corps. Très avide d'eau et violemment corrosif, il dé-compose presque tous les corps oxygénés ; l'indigo, cependant, s'y dissout sans altération, pour donner la *teinture d'indigo ;* le benzène s'y combine comme avec l'anhydride pur.

Avec l'eau, il donne l'acide sulfurique ordinaire SO^4H^2 ; la réaction est accompagnée d'un dégagement de chaleur considérable.

Avec les bases il donne des sels particuliers appelés *pyrosulfates :* le mieux connu est le pyrosulfate de so-dium $S^2O^7Na^2$; ces sels se dédoublent par la chaleur, comme l'acide lui-même, en anhydride sulfurique qui se volatilise et sulfate neutre qui reste comme résidu.

117. Préparation. — On préparait autrefois l'acide de Nordhausen au moyen du sulfate ferreux SO^4Fe. Ce sel, qui est vert comme tous les sels ferreux, était d'abord abandonné à l'air, jusqu'à ce qu'il se soit changé en sous-sulfate ferrique jaune, puis distillé à sec dans des cornues de grès : il s'en dégageait alors des vapeurs d'anhydride, que l'on recueillait dans de l'acide sulfurique ordinaire.

$$2SO^4Fe + O = Fe^2O^3,2SO^3.$$

Sulfate ferreux. Sous-sulfate ferrique.

$$Fe^2O^3,2SO^3 = Fe^2O^3 + 2SO^3.$$
$$SO^3 + SO^4H^2 = S^2O^7H^2.$$

Le résidu de la distillation est du peroxyde de fer anhydre, que l'on utilise, sous le nom de *colcothar*, pour polir les métaux ou le verre.

Actuellement, on obtient l'acide pyrosulfurique en dissolvant de l'anhydride sulfurique, préparé comme on l'a vu plus haut, dans de l'acide sulfurique ordinaire. Il suffit de faire réagir les deux corps en proportions convenables pour avoir immédiatement un produit pur.

Usages. — L'acide pyrosulfurique sert en teinture, pour dissoudre l'indigo, et dans l'industrie chimique, pour préparer le phénol ordinaire et un grand nombre de composés aromatiques du même genre (naphtols, alizarine, etc.).

Acide sulfurique, SO^4H^2 ou $SO^2(OH)^2$.

118. Propriétés physiques. — L'acide sulfurique, anciennement *huile de vitriol*, est un liquide incolore, inodore, légèrement sirupeux, de densité 1,842.

Cette densité diminue nécessairement par addition d'eau : on l'apprécie dans le commerce au moyen du

8.

pèse-acides ou aréomètre de Baumé, qui marque 66° dans l'acide sulfurique pur.

Lorsqu'il est très dilué, on le reconnait à ce qu'il donne avec les sels barytiques solubles, et notamment le chlorure de baryum $BaCl^2$, un précipité blanc de sulfate de baryum insoluble dans tous les réactifs.

L'acide sulfurique pur se congèle à 10° et commence à bouillir vers 290°; il subit alors un commencement de dissociation, et la température monte peu à peu jusqu'à 338°. Sa vapeur est entièrement dissociée en eau et anhydride sulfurique.

L'acide sulfurique ne dissout que très peu de gaz, surtout quand il est chaud; aussi son ébullition est-elle assez pénible, elle est accompagnée de soubresauts, qui peuvent déterminer la rupture des vases dans lesquels on le distille. On remédie à cet inconvénient en chauffant ces vases, cornues ou autres, par leur pourtour au lieu de les chauffer par le fond; on se sert pour cela de grilles annulaires dont le centre est évidé (fig. 36).

Fig. 36. — Distillation de l'acide sulfurique.

L'acide sulfurique n'est absolument pas volatil à froid.

L'acide sulfurique n'est pas vénéneux; il est seulement très corrosif, comme le sont tous les acides forts.

119. Propriétés chimiques. — L'acide sulfurique est très stable à froid ; il se décompose au rouge en eau, anhydride sulfureux et oxygène. MM. Sainte-Claire-Deville et Debray ont essayé autrefois d'appliquer cette réaction à la préparation industrielle de ce dernier gaz.

$$SO^4H^2 = SO^2 + O + H^2O.$$

L'acide sulfurique est très avide d'eau ; il s'y combine avec échauffement et forme ainsi deux hydrates $SO^4H^2 + H^2O$ et $SO^4H^2 + 2H^2O$, dont le premier est remarquable par la facilité avec laquelle il cristallise. On s'en sert souvent pour dessécher les gaz et, d'une manière générale, comme agent de déshydratation.

L'acide sulfurique concentré est à peu près sans action sur les métalloïdes, à la température ordinaire ; à chaud il attaque le soufre, le sélénium, le phosphore, l'arsenic et le carbone en les oxydant ; il est alors lui-même réduit à l'état d'anhydride sulfureux.

$$2SO^4H^2 + S = 3SO^2 + 2H^2O.$$
$$2SO^4H^2 + Se = 2SO^2 + SeO^2 + 2H^2O.$$

Lorsqu'il est étendu il dissout à froid les métaux qui sont capables de décomposer l'eau, en dégageant de l'hydrogène.

$$SO^4H^2 + Zn = SO^4Zn + 2H.$$

A l'état concentré et chaud il attaque tous les autres, à l'exception de l'or, du platine et de l'iridium, en donnant de l'anhydride sulfureux.

$$2SO^4H^2 + Hg = SO^4Hg + SO^2 + 2H^2O.$$

Les corps très réducteurs le décomposent en donnant, suivant les cas, de l'acide sulfureux, du soufre ou de l'hydrogène sulfuré.

$$SO^4H^2 + 2HBr = SO^2 + 2Br + 2H^2O.$$
$$SO^4H^2 + 3H^2S = 4S + 4H^2O.$$
$$SO^4H^2 + 8HI = H^2S + 4H^2O + 8I.$$

L'eau oxygénée peut le changer en acide persulfurique.

L'acide sulfurique est le plus fort de tous les acides connus à la température ordinaire ; il se combine aux bases avec un vif dégagement de chaleur, qui peut aller jusqu'à l'incandescence (baryte). Il est bibasique et donne en conséquence deux séries de sels : les sulfates neutres, de la forme SO^4M^2 ou $SO^4\overset{''}{M}$, et les sulfates acides ou bisulfates SO^4HM ou $(SO^4H)^2\overset{''}{M}$.

Au rouge son énergie est moindre, à cause de sa plus faible stabilité : l'acide phosphorique, l'acide borique et l'acide silicique peuvent alors le déplacer de ses sels.

120. Préparation. — L'acide sulfurique est le plus important de tous les produits chimiques industriels ; on le fabrique en grand par oxydation de l'anhydride sulfureux, au moyen de l'oxygène de l'air, de la vapeur d'eau et d'un composé oxygéné de l'azote, qui peut être indifféremment l'acide azotique, l'acide azoteux ou le bioxyde d'azote. Ce composé de l'azote né joue qu'un rôle de présence dans la fabrication : il facilite l'oxydation de l'acide sulfureux en subissant lui-même une série de métamorphoses qui le ramènent incessamment à son état initial, en sorte que, théoriquement, une quantité minime d'acide azotique pourrait suffire à transformer en acide sulfurique une masse indéfinie d'acide sulfureux.

Plusieurs théories ont été admises pour expliquer cet effet des oxydes d'azote, nous ne rapporterons ici que celle de M. Sorel, qui parait être la plus exacte.

En présence d'acide sulfureux, l'acide azotique donne d'abord une combinaison complexe $SAzO^5H$, qui est connue sous le nom de *cristaux des chambres* ou d'*acide nitrososulfurique*. Ces cristaux se forment en abondance quand on fait réagir l'anhydride sulfureux sur l'acide azotique dans une atmosphère sèche, mais dès que l'eau s'y trouve en léger excès, ils se dédoublent en acide sulfurique et acide azoteux qui, à l'air, reprend aussitôt sa forme primitive d'acide azotique et redonne les cristaux des chambres avec une nouvelle quantité d'acide sulfureux.

$$SAzO^5H + H^2O = SO^4H^2 + AzO^2H.$$
$$AzO^2H + O + SO^2 = SAzO^5H.$$

Les mêmes réactions se reproduisent alors indéfiniment dans le même ordre, tant qu'il arrive de l'air, de l'eau et du gaz sulfureux.

La fabrication s'effectue dans de vastes espaces dont les parois sont formées de lames de plomb réunies par soudure autogène et que pour cette raison on appelle *chambres de plomb*. Les chambres sont ordinairement au nombre de trois, communiquant entre elles par de larges conduites en plomb.

L'anhydride sulfureux est produit par la combustion du soufre ou de la pyrite de fer dans des fours spéciaux.

$$2FeS^2 + 11O = Fe^2O^3 + 4SO^2.$$

Le gaz arrive d'abord, mélangé d'air, dans un cylindre vertical, appelé *tour de Glover*, où se trouvent des poteries à large surface, et dans lequel on fait couler constamment de l'acide sulfurique à 52 degrés, mélangé d'acide *sulfurique nitreux* (provenant du Gay Lussac) et d'acide azotique. Par sa haute température le gaz volatilise tous les produits nitreux, ainsi qu'une partie de l'eau contenue dans l'acide à 52 degrés, et les entraine dans les chambres de plomb ; là, grâce à un excès de vapeur d'eau qu'on fait arriver en divers points, les réactions précédentes s'accomplissent et l'acide sulfurique formé s'accumule au fond des chambres, pour sortir enfin au dehors par des tubes de trop-plein.

Les gaz qui s'échappent de la dernière chambre traversent une colonne en plomb, nommée *tour de Gay-Lussac*, qui est remplie de coke mouillé d'acide

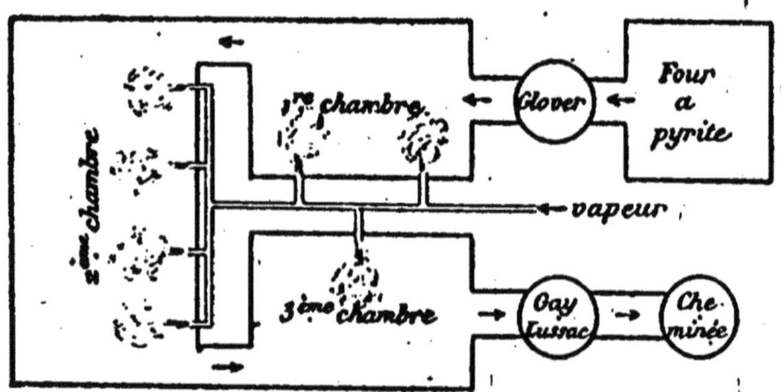

Fig. 37. — Chambres de plomb.

sulfurique concentré ; là ils abandonnent les composés azotés qu'ils renferment encore et donnent l'acide sulfurique nitreux qui retourne au Glover. Finalement le résidu, qui est de l'azote presque pur, va se perdre dans l'atmosphère (fig. 37).

L'acide qui sort des chambres marque 52 à 55 degrés à l'aréomètre : il contient donc un excès d'eau ; pour le concentrer on le chauffe, d'abord dans des chaudières en plomb, puis dans de vastes capsules en platine. L'eau s'évapore et l'acide finit bientôt par atteindre son maximum de concentration pratique, qui correspond à 66 degrés B.

L'acide sulfurique commercial renferme souvent quelques impuretés dont il est bon d'être prévenu : ce sont surtout des produits nitreux, des traces de plomb enlevées au métal des chambres et de l'acide arsénieux, quelquefois même du sélénium, provenant des pyrites.

Usages. — L'acide sulfurique sert à fabriquer tous les autres acides, à préparer les sulfates, le phosphore, les superphosphates employés en agriculture comme engrais; on s'en sert en chimie organique pour préparer les éthers, entre autres la nitroglycérine et le coton-poudre; on l'emploie pour épurer le pétrole, les huiles végétales, etc., en un mot on l'utilise dans presque toutes les grandes industries chimiques.

CHAPITRE IV

MÉTALLOÏDES TRIVALENTS
ET PENTAVALENTS

Bore.

121. Propriétés, préparation. — Le bore, à l'état libre, est très peu important; c'est une poudre amorphe, brune, insoluble dans tous les réactifs, qui brûle à l'air avec incandescence en donnant de l'anhydride borique B^2O^3.

On l'obtient en réduisant l'anhydride borique, au rouge, par le sodium ou le magnésium métalliques; il n'a aucune espèce d'usages.

MM. Sainte-Claire Deville et Wöhler ont décrit sous le nom de *bore adamantin* une combinaison complexe de bore, d'aluminium et de carbone dont les cristaux octaédriques coupent le verre et usent même le diamant par un frottement prolongé. C'est le corps le plus dur que l'on connaisse après le véritable diamant et le siliciure de carbone ou *carborundum*.

Acide borique, BO^3H^3 ou $B(OH)^3$.

122. Propriétés physiques. — L'acide borique est un corps solide blanc, cristallisé en paillettes d'un éclat gras caractéristique : il fond quand on le chauffe et se transforme ainsi en anhydride B^2O^3, qui ressemble à du verre. L'anhydride borique est sensiblement volatil au rouge blanc.

L'acide borique est peu soluble dans l'eau ; il se dissout assez bien dans l'alcool et dans l'esprit de bois, qui brûlent alors avec une flamme verte. Cette propriété peut servir à reconnaitre de petites quantités d'acide borique.

123. Propriétés chimiques. — L'acide borique est très stable ; il ne peut être attaqué à froid que par l'acide fluorhydrique, qui le change en fluorure de bore BFl^3.

Au rouge il est réduit par les métaux alcalins ou alcalino-terreux.

$$B^2O^3 + 3Na = BO^3Na^3 + B.$$

Le charbon, en présence de chlore ou de vapeurs de sulfure de carbone, le transforme en chlorure ou sulfure de bore.

$$B^2O^3 + 3C + 6Cl = 3CO + 2BCl^3.$$

L'acide borique est un acide peu énergique à froid, qui déplace cependant très bien l'acide carbonique de ses sels.

A la température rouge l'acide borique prend les caractères d'un acide fort, qui transforme les sulfates en borates.

Le seul borate important est le biborate de sodium ou borax $B^4O^7Na^2$, sel très fusible que l'on emploie dans la fabrication des émaux et comme fondant.

124. Préparation. — L'acide borique s'obtient en décomposant une solution concentrée de borax par l'acide chlorhydrique; il se sépare immédiatement, sous forme de lamelles cristallines, en raison de sa faible solubilité.

$$B^4O^7Na^2 + 2HCl + 5H^2O = 2NaCl + 4BO^3H^3.$$

État naturel. — L'acide borique, libre ou combiné, est très disséminé dans la nature ; il existe en dissolution dans l'eau de la mer, dans les eaux minérales de Vichy, d'Aix-la-Chapelle, de Barèges, etc. On le rencontre dans les cendres d'un très grand nombre de végétaux; il se dégage en abondance, entraîné par un courant de gaz chauds, des *suffioni* de la Toscane et des îles Lipari, où on l'utilise en forçant ces gaz à traverser une couche d'eau qui dissout l'acide borique qu'ils renferment.

Enfin on rencontre dans un grand nombre de localités des gisements de borates de calcium ou de magnésium. Tous ces produits naturels sont transformés en borax, que l'on traite ensuite, ainsi qu'il a été dit plus haut, si l'on se propose d'avoir l'acide borique pur.

Usages. — L'acide borique entre dans la composition de l'émail; il sert à imprégner la mèche des bougies, dont il assure la combustion complète en la faisant s'incliner au dehors de la flamme, enfin on l'emploie beaucoup comme antiseptique. Il est loin d'avoir à ce point de vue l'efficacité des phénols et des sels mercuriques, mais il a sur eux l'avantage d'être absolument inoffensif et de pouvoir être manié par tous sans danger.

Azote.

125. Propriétés physiques. — L'azote est un gaz incolore, inodore et sans saveur, que l'on reconnaît à ce qu'il éteint tous les corps en combustion sans s'enflammer, ne trouble pas l'eau de chaux, ce qui le distingue de l'anhydride carbonique, et enfin donne des vapeurs rutilantes avec l'oxygène, sous l'action des étincelles électriques, ce qui le distingue de l'argon.

Sa densité est égale à 0,967 ; il est extrêmement peu soluble dans l'eau, qui n'en absorbe que 0,02 de son volume à 0 degré, et très difficilement liquéfiable : c'est un des anciens gaz permanents de Faraday.

Il a été liquéfié par MM. Caillotet, Wroblewski et Olszewski par compression et détente. A l'état liquide il bout, sous la pression atmosphérique, vers — 194 degrés et à — 214 degrés dans le vide : on le voit alors se solidifier en une masse blanche neigeuse. Son point critique est à — 146 degrés sous 35 atmosphères.

L'azote est absolument inerte et par conséquent asphyxiant pour l'organisme des animaux et des plantes supérieures. Certains microorganismes peuvent seuls s'en nourrir et l'assimiler, c'est le cas des bactéroïdes que renferment les nodosités radicales des légumineuses. Aussi ces plantes sont-elles susceptibles, lorsqu'elles sont munies de nodosités, de fixer directement l'azote atmosphérique.

126. Propriétés chimiques. — L'azote a peu d'affinités à froid ; le lithium seul l'absorbe lentement à la température ordinaire, pour former l'azoture de lithium $AzLi^3$.

Sous l'influence de l'électricité (étincelles ou effluve) il s'unit directement, en faible quantité, à l'hydrogène, à l'oxygène, à la vapeur d'eau et à l'acétylène pour donner de l'ammoniaque, des vapeurs nitreuses, de l'azotite d'ammonium et du nitrile formique.

$$2Az + 2H^2O = AzO^2AzH^4.$$
$$2Az + C^2H^2 = 2CAzH.$$

Il peut même ainsi entrer lentement en combinaison avec certaines matières organiques complexes telles que la dextrine ou la cellulose (Berthelot).

A haute température il se combine directement au bore, au magnésium, surtout au titane et aux métaux alcalino terreux, pour former les azotures correspondants BAz, Az^2Mg^3, etc., enfin il réagit sur les bases fortes, en présence de charbon, pour donner des cyanures.

$$BaO + 3C + 2Az = CO + Ba\,(CAz)^2.$$

Certaines combustions vives ou lentes provoquent l'union de quelques traces d'azote avec l'oxygène atmosphérique : c'est ainsi qu'on trouve de l'azotite d'ammonium parmi les produits d'oxydation du phosphore exposé à l'air et de l'acide azotique dans l'eau qui résulte de la combustion de l'hydrogène dans l'air.

127. Préparation. — L'azote pur se prépare au moyen de ses combinaisons définies.

1° *Par l'azotite d'ammonium.* — On chauffe doucement une dissolution de ce sel

$$AzO^2AzH^4 = 2Az + 2H^2O$$

ou, ce qui revient au même, un mélange d'azotite de sodium et de sel ammoniac.

$$AzO^2Na + AzH^4Cl = NaCl + 2H^2O + 2Az.$$

2° *En décomposant l'ammoniaque par le chlore ou le brome, à froid.*

$$4AzH^3 + 3Cl = 3AzH^4Cl + Az.$$

Dans le cas du chlore il est nécessaire de maintenir

toujours l'ammoniaque en excès, pour éviter la formation du chlorure d'azote $AzCl^3$, qui est très explosif.

3° *Par l'air atmosphérique.* — Quand ! présence de l'argon ne gêne pas pour les usages ultérieurs de l'azote, on extrait ce gaz de l'air atmosphérique ; pour

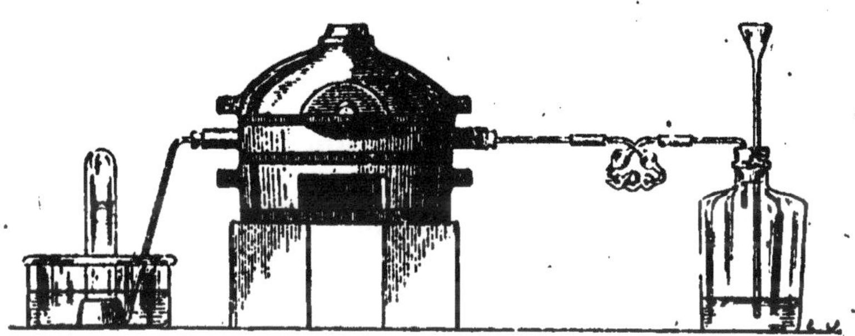

Fig. 38. — Préparation de l'azote par le cuivre et l'air.

cela on fait passer un courant d'air, dépouillé de son acide carbonique par la potasse, dans un tube renfermant de la tournure de cuivre chauffée au rouge, qui s'empare de son oxygène (fig. 38), ou bien on fait brûler du phosphore sous une cloche remplie d'air, sur la cuve à eau (fig. 39), ou enfin on agite de l'air, dans un flacon bien bouché, avec un réactif quelconque absorbant l'oxygène à froid, comme par exemple une solution ammoniacale de chlorure cuivreux.

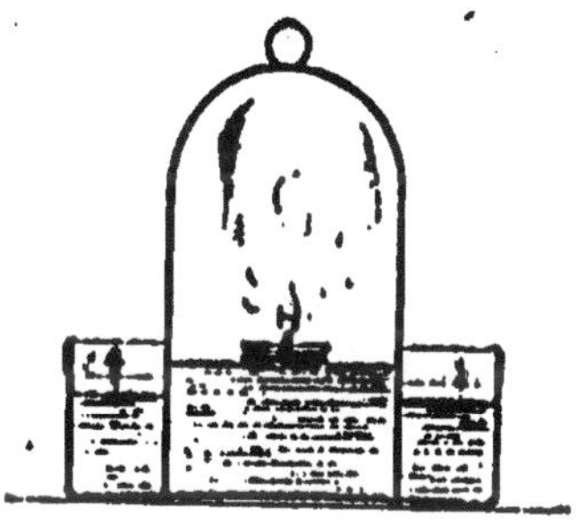

Fig. 39. — Préparation de l'azote par le phosphore.

L'azote ainsi préparé contient un peu plus de 1 0/0 d'argon, provenant de l'air.

État naturel. — L'azote est presque tout entier dans la nature à l'état gazeux, mélangé avec l'oxygène dans notre atmosphère; il fait partie intégrante de tous les tissus organisés et ses combinaisons sont indispensables à la nutrition de tous les êtres vivants.

Usages. — L'azote pur n'a pas d'application industrielle; on ne s'en sert que dans les laboratoires pour constituer des atmosphères inertes.

Air atmosphérique.

128. Propriétés. — L'air normal est un mélange et par conséquent n'a pas de propriétés spéciales. L'analyse montre qu'il renferme, après dessication complète, pour 100 parties en volume :

	Air normal.	Air dépouillé de CO_2.
Azote..................	78,08	78,11
Oxygène..............	20,95	20,96
Argon............	0,03	0,03
Anhydride carbonique.	0,01	».

Comme ses composants, l'air est peu soluble dans l'eau, qui n'en absorbe que 24 centimètres cubes par litre, à 0 degré, et difficilement liquéfiable.

L'air liquide peut servir de réfrigérant, pour produire des températures voisines de — 200 degrés.

Sa densité, par définition, est égale à 1.

On peut se convaincre que l'air est bien un mélange et non une combinaison en remarquant que :

1° Ses propriétés sont exactement celles de ses composants, plus ou moins atténuées.

2° Ses composants ne s'y trouvent pas en rapport simple et ne donnent lieu en se rencontrant à aucune contraction, ce qui est contraire aux lois de Gay-Lussac.

3° Sa solubilité, ainsi que la composition de l'air dissous dans l'eau, sont conformes aux lois du mélange des gaz; l'oxygène étant plus soluble que l'azote, les gaz qu'on retire de l'eau par ébullition renferment plus d'oxygène (un tiers environ du volume total) que l'air ordinaire.

4° Le point d'ébullition de l'air liquide n'est pas fixe (Wroblewski).

5° La composition de l'air change quand on le force à traverser une cloison poreuse ou une lame de caoutchouc : dans ce dernier cas il peut arriver à contenir jusqu'à 40 0/0 d'oxygène au lieu de 21 (Graham).

129. Analyse de l'air. — L'analyse pratique de l'air comporte seulement le dosage volumétrique de l'acide carbonique et de l'oxygène.

L'acide carbonique est donné par la diminution de volume que subit une quantité connue d'air au contact de la potasse; pour doser l'oxygène on se sert de l'eudiomètre ou d'un absorbant, tel que le phosphore, à froid ou à chaud, le chlorure cuivreux ammoniacal ou un mélange de pyrogallol et de potasse (Voir *Oxygène*, § 85).

Dans le cas de l'eudiomètre on constate qu'un mélange de 100 volumes d'air avec 100 volumes d'hydrogène n'occupe plus, après l'explosion, qu'un volume égal à 137 environ : l'air conterait donc

$$\frac{1}{3}(200-137) = 21 \text{ volumes d'oxygène.}$$

Dumas et Boussingault ont fait très exactement

l'analyse de l'air en poids en absorbant l'oxygène qu'il

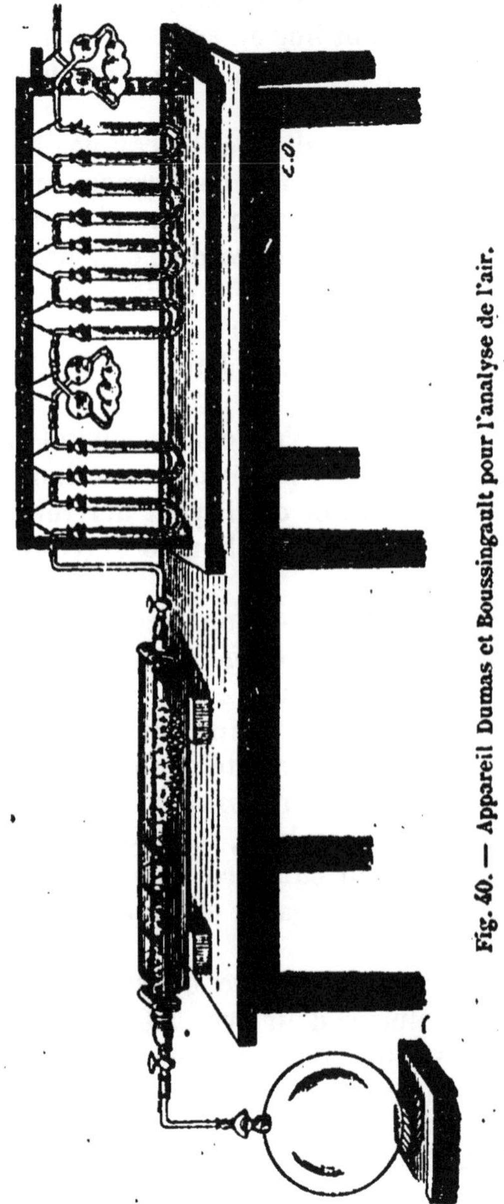

Fig. 40. — Appareil Dumas et Boussingault pour l'analyse de l'air.

renferme par du cuivre chauffé au rouge. L'appareil

employé par ces auteurs consiste essentiellement en un gros ballon de verre, fermé par un robinet et communiquant avec un long tube en verre peu fusible, rempli de tournure de cuivre et muni également de robinets à chaque extrémité (fig. 40). On fait d'abord le vide dans tout l'appareil, puis on en pèse les deux parties séparément, on porte le tube au rouge, on adapte à l'extrémité libre un système d'absorbants à potasse et à ponce sulfurique, pour dépouiller l'air de toute trace d'acide carbonique et d'humidité, enfin on ouvre lentement les robinets pour permettre aux gaz extérieurs de pénétrer dans l'appareil : l'oxygène reste fixé au cuivre, sous la forme d'oxyde de cuivre, et le ballon se remplit d'azote (mélangé d'argon), ainsi que l'intérieur du tube; pour en connaître le poids il suffit de peser l'un et l'autre, dans leur état actuel et après y avoir refait le vide. La quantité d'oxygène est donnée par l'augmentation de poids du tube à cuivre, vide de gaz.

On trouve ainsi que l'air pur contient, pour 100 parties en poids :

Azote et argon... 76,9
Oxygène 23,1

La composition de l'air, pris en pleine campagne, loin de tout centre de contamination, est sensiblement invariable.

Dans les grandes villes on y trouve un peu plus d'acide carbonique, quelquefois une trace d'acide sulfhydrique ou d'acide sulfureux. Enfin, parmi les éléments communs qui se trouvent encore dans l'air, mais en proportion infime, il faut citer l'ozone, l'ammoniaque, un peu d'acide azotique et, au voisinage des marais, des traces de méthane.

9.

Les poussières qui flottent dans l'air sont de natures très diverses : M. Pasteur a fait voir qu'elles renferment, à côté d'éléments minéraux à peu près inoffensifs, des germes de microorganismes qui, en temps d'épidémie, peuvent être virulents. La phtisie pulmonaire se propage surtout par les poussières atmosphériques, ce sont ces mêmes poussières qui apportent aux matières organiques spontanément altérables les germes microbiens qui en déterminent la fermentation ou la putréfaction.

La première analyse de l'air a été faite par Lavoisier, en chauffant du mercure dans un ballon à long col, débouchant sous une cloche remplie d'air, sur la cuve à mercure (fig. 41). Le mercure bouillant

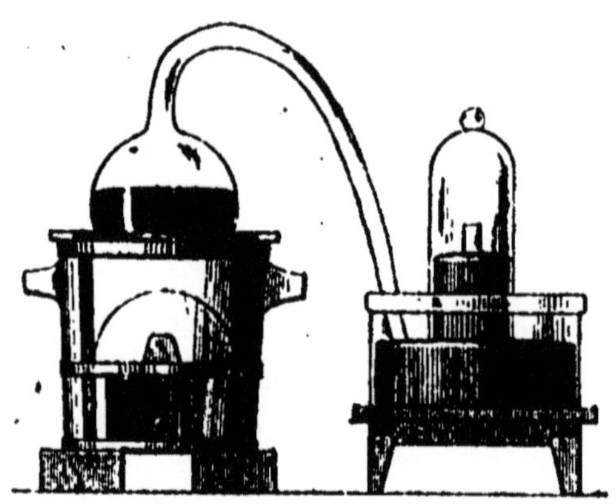

Fig. 41. — Appareil de Lavoisier.

absorbe peu à peu l'oxygène, en se changeant en oxyde rouge de mercure, et l'azote reste dans l'appareil.

Si ensuite on calcine l'oxyde de mercure, on peut en extraire à nouveau l'oxygène qui, mélangé avec l'azote restant, reconstitue l'air primitif.

Argon.

130. — L'argon est un gaz peu connu encore, qui a été tout récemment découvert par MM. Ramsay et Rayleigh dans l'air atmosphérique; on le sépare de l'azote extrait de l'air par le magnésium, le lithium ou le calcium, qui absorbent l'azote sans toucher à l'argon.

C'est un gaz de densité 1,382 qui ressemble passablement à l'azote, mais dont les affinités sont encore beaucoup plus faibles; on ne connaît jusqu'à présent aucune combinaison définie de l'argon, M. Berthelot a seulement réussi à le fixer, par l'effluve électrique, sur le benzène et le sulfure de carbone.

Ammoniaque, AzH^3.

131. Propriétés physiques. — L'ammoniaque est un gaz incolore, d'une odeur forte, caractéristique, qui bleuit le papier de tournesol rouge et donne des fumées abondantes en présence d'acide chlorhydrique.

Sa densité est égale à 0,589; c'est un des gaz les plus solubles que l'on connaisse : l'eau en absorbe 1050 fois son volume à 0 degré et 700 fois son volume à 15 degrés (fig. 42). Une éprouvette pleine de gaz ammoniaque (ou *ammoniac*) se brise, par suite du choc de la colonne liquide contre son extrémité, lorsqu'on la débouche brusquement dans une cuve à eau.

Les dissolutions aqueuses d'ammoniaque sont connues sous le nom d'*alcali volatil*; elles perdent la totalité de leur gaz par le vide ou l'ébullition.

Le gaz ammoniac est liquéfiable à — 31 degrés sous la pression normale et à 0 degré sous une pression de 5 atmosphères. Dans les cours on montre son

changement d'état au moyen d'un tube en V renversé
(tube de Faraday) dont l'une des branches renferme
du chlorure d'argent ammoniacal AgCl, 3AzH³; si l'on
chauffe légèrement cette partie du tube, le chlorure

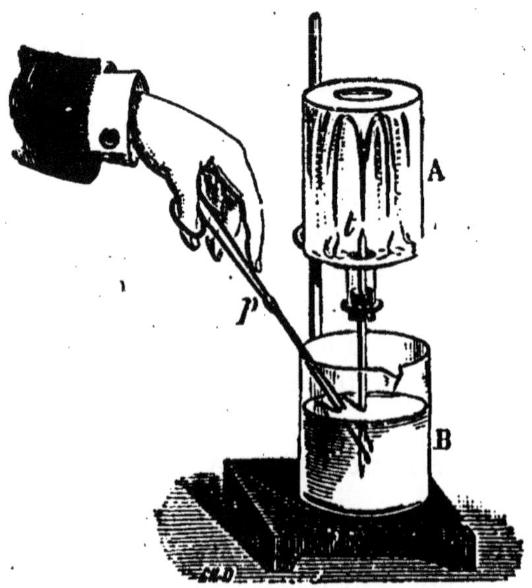

Fig. 12. — Solubilité de l'ammoniaque dans l'eau.

ammoniacal se dissocie et l'ammoniaque, se compri-
mant elle-même, va se liquéfier dans l'autre branche,
maintenue froide.

L'ammoniaque liquide sert, de même que l'anhydride
sulfureux, à produire du froid et notamment à fabriquer la glace artificielle (appareil Carré; machine
Fixary). Elle se congèle à 87 degrés au-dessous de 0°.

Le charbon de bois absorbe 90 fois son volume de
gaz ammoniaque.

132. Propriétés chimiques. — L'ammoniaque est
assez peu stable : elle se décompose en ses éléments,

azote et hydrogène, sous l'action de la chaleur ou de l'étincelle électrique : on constate alors que son volume double, ainsi que l'exige d'ailleurs l'équation

$$AzH^3 = Az + 3H.$$

L'ammoniaque brûle dans l'oxygène (non dans l'air) avec une flamme jaune, en donnant de l'azote et de l'eau; en présence de mousse de platine, au rouge sombre, ou du *ferment nitrique*, à froid, l'air la transforme en acide azotique. L'ozone produit directement le même effet.

$$AzH^3 + 4O = AzO^3H + H^2O.$$

La plupart des oxydants énergiques (hypochlorites, hypobromites, acide azoteux à chaud) et en général tous les corps avides d'hydrogène la décomposent en dégageant de l'azote.

$$3BrOK + 2AzH^3 = 3KBr + 3H^2O + 2Az.$$

Le chlore donne d'abord du chlorure d'ammonium et de l'azote, puis du chlorure d'azote, liquide éminemment explosif.

L'iode donne uniquement de l'iodure d'azote AzI^3, substance noirâtre plus instable et plus explosive encore que le chlorure.

L'ammoniaque, par l'hydrogène qu'elle renferme, réduit au rouge les oxydes et chlorures des métaux lourds.

$$2AzH^3 + 3CuO = 3Cu + 3H^2O + 2Az.$$

Les métaux eux-mêmes, à part ceux qui s'unissent à l'azote, n'exercent pas d'action spéciale sur le gaz ammoniaque; ils facilitent seulement sa décomposition à chaud.

Le charbon s'y combine, au rouge, pour donner du cyanure d'ammonium.

$$2AzH^3 + C = AzH^4CAz + 2H.$$

La propriété la plus curieuse de l'ammoniaque est sa fonction de base énergique; comme la potasse elle s'unit à tous les acides, pour donner des sels, généralement isomorphes aux sels alcalins, quoiqu'ils ne renferment pas de métal.

Berzélius et Ampère ont interprété cette anomalie en admettant, dans les sels ammoniacaux, l'existence d'un radical particulier, l'*ammonium* AzH^4, qui joue le rôle d'un métal monovalent. Les sels formés par l'ammoniaque résultent alors de la substitution du radical ammonium à l'hydrogène des acides, de même que les sels formés par la potasse résultent de la substitution du métal potassium au même élément; les formules des sels ammoniacaux deviennent alors, ainsi que le montrent les exemples suivants, absolument comparables aux formules des sels à métaux monovalents.

AzO^3AzH^4.	$SO^4(AzH^4)^2$.	$PO^4(AzH^4)^3$.	AzH^4Cl.
Azotate d'ammoniaque.	Sulfate d'ammoniaque.	Phosphate triammonique.	Chlorure d'ammonium.

AzO^3K.	SO^4K^2.	PO^4K^3.	KCl.
Azotate de potassium.	Sulfate de potassium.	Phosphate tripotassique.	Chlorure de potassium.

L'ammonium n'existe pas à l'état libre, mais on peut obtenir son amalgame, sous la forme d'une masse pâteuse et boursouflée, d'éclat métallique, en traitant l'amalgame de sodium par le chlorure d'ammonium ou en électrolysant ce dernier sel dans un voltamètre dont l'électrode négative est noyée dans le mercure. Sa formation est accompagnée d'un accroissement de volume remarquable du mercure ou de l'amalgame de sodium employé.

Ce corps est très instable et il ne tarde pas à se décomposer en mercure, ammoniaque et hydrogène.

$$HgNa^2 + 2AzH^4Cl = 2NaCl + Hg(AzH^4)^2.$$
$$Hg(AzH^4)^2 = Hg + 2AzH^3 + 2H.$$

133. Préparation. — Dans les laboratoires, on prépare le gaz ammoniaque en chauffant dans un ballon un mélange de sel ammoniac et de chaux vive en poudre, ou plus simplement une dissolution ammoniacale du commerce.

$$2AzH^4Cl + CaO = CaCl^2 + H^2O + 2AzH^3.$$

Le gaz est desséché sur de la chaux vive ou de la potasse caustique et recueilli sur la cuve à mercure.

Dans l'industrie on fabrique l'ammoniaque en distillant avec de la chaux les eaux ammoniacales du gaz ou les eaux vannes des vidanges; le gaz qui se dégage est recueilli dans l'eau ou dans un acide, suivant qu'on veut faire de l'alcali volatil ou un sel d'ammoniaque.

État naturel. — L'ammoniaque se rencontre souvent parmi les produits de décomposition des matières organiques azotées; il s'en forme en abondance dans la putréfaction de l'urine, sous l'influence d'un ferment spécial qui s'y développe spontanément et transforme l'urée en carbonate d'ammoniaque.

$$CO(AzH^2)^2 + 2H^2O = CO^3(AzH^4)^2.$$

Urée.   Carbonate d'ammoniaque.

Usages. — L'ammoniaque libre est employée comme réactif dans les laboratoires et en médecine comme caustique; dans l'industrie on s'en sert pour fabriquer la glace et le carbonate de soude par le procédé Solvay.

Les sels ammoniacaux sont très employés en agriculture comme engrais.

Composés oxygénés de l'azote.

134. — On en connaît six, qui sont :

$$
\begin{aligned}
&\text{le protoxyde d'azote} &&Az^2O, \\
&\text{le bioxyde d'azote} &&AzO, \\
&\text{l'anhydride azoteux} &&Az^2O^3, \\
&\text{le peroxyde d'azote} &&AzO^2, \\
&\text{l'anhydride azotique} &&Az^2O^5, \\
&\text{et l'anhydride perazotique} &&AzO^3.
\end{aligned}
$$

Aux anhydrides azoteux et azotique correspondent les acides de même nom, AzO^2H et AzO^3H.

Protoxyde d'azote, Az^2O.

135. Propriétés physiques. — Le protoxyde d'azote, qu'on appelle aussi *oxyde azoteux*, est un gaz incolore, inodore, d'une saveur légèrement sucrée, qui rallume une allumette n'ayant plus qu'un point rouge, à la façon de l'oxygène; on l'en distingue par addition de bioxyde d'azote, qui ne donne rien avec le protoxyde et se change en vapeurs rutilantes dans l'oxygène.

Sa densité 1,527 est égale à celle de l'anhydride carbonique, qui possède d'ailleurs le même poids moléculaire. L'eau en dissout à peu près son propre volume; il a été liquéfié en grand par Natterer, par compression dans des récipients métalliques refroidis.

Le protoxyde d'azote liquide bout à — 90 degrés et se solidifie à — 102 degrés; son point critique est à 31 degrés, sous 75 atmosphères. On s'en sert, comme de l'acide carbonique liquide, pour produire des froids intenses.

Le protoxyde d'azote, introduit dans les voies respiratoires, détermine rapidement une anesthésie générale, suivie de rires au réveil : c'est pour cela que Davy l'avait appelé autrefois *gaz hilarant*.

Son emploi en médecine n'est pas recommandable : il devient en effet beaucoup plus dangereux que le chloroforme dès que l'on cherche à prolonger l'état d'insensibilité du patient. Les dentistes sont à peu près seuls à s'en servir aujourd'hui.

136. Propriétés chimiques. — Le protoxyde d'azote est endothermique et, par conséquent, de nature explosive : il détone réellement sous l'action d'un autre explosif, tel que le fulminate de mercure, et même sous l'influence d'un violent choc mécanique (Berthelot).

La chaleur et l'étincelle électrique le dédoublent en ses éléments, sans explosion.

Par suite de la facilité avec laquelle il dégage de l'oxygène, le protoxyde d'azote entretient toutes les combustions ordinaires; l'hydrogène donne avec lui un mélange détonant; le soufre, le phosphore, le charbon y brûlent comme dans l'oxygène pur, les métaux s'y oxydent à chaud comme dans l'air, et dans tous les cas, la quantité de chaleur dégagée est supérieure à celle qui se produirait dans l'oxygène, à cause de la formation endothermique du protoxyde d'azote.

On détermine facilement sa composition en volume
en le décomposant en cloche courbe par le sodium ou
le sulfure de baryum, qui s'emparent de son oxygène
et laissent un volume d'azote égal à celui du gaz primitif : le protoxyde d'azote contient donc un volume
d'azote égal au sien, le calcul des densités montre
que le volume d'oxygène qu'il renferme est moitié
moindre.

137. Préparation. — On prépare le protoxyde d'azote
pur en chauffant doucement, dans une cornue ou un
ballon de verre, de l'azotate d'ammoniaque fondu
(fig. 43).

$$AzO^3AzH^4 = Az^2O + 2H^2O.$$

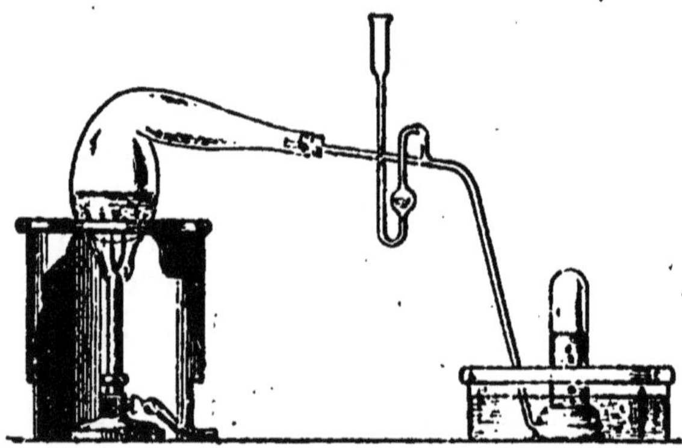

Fig. 43. — Préparation du protoxyde d'azote.

Usages. — Le protoxyde d'azote gazeux sert comme
anesthésique dans les opérations chirurgicales de très
courte durée; à l'état liquide on l'emploie comme
réfrigérant.

Bioxyde d'azote, AzO.

138. Propriétés physiques. — Le bioxyde d'azote ou
oxyde azotique est un gaz incolore, dont il est impos-

sible de connaitre l'odeur, à cause de sa transformation à l'air en vapeurs rutilantes de peroxyde d'azote; cette réaction constitue le meilleur moyen de le reconnaitre.

Il a pour densité 1,039 ; il est peu soluble dans l'eau, qui en absorbe 0,05 de son volume à 15 degrés, et très difficilement liquéfiable : c'est un ancien gaz permanent.

Il a été liquéfié par M. Cailletet sous 104 atmosphères à — 11 degrés; à l'état liquide il bout à — 154 degrés et se congèle à — 167 degrés.

Le sulfate ferreux absorbe aisément le bioxyde d'azote, en se colorant en brun.

139. Propriétés chimiques. — Le bioxyde d'azote est endothermique et par conséquent instable; il est décomposé par la chaleur et par l'étincelle en azote et peroxyde d'azote.

$$2\text{AzO} = \text{Az} + \text{AzO}^2.$$

Il peut détoner sous le choc d'un explosif, notamment du fulminate de mercure (Berthelot.)

Quoique facilement décomposable, le bioxyde d'azote n'entretient que difficilement la combustion : le charbon allumé s'y éteint, le soufre n'y brûle que lorsqu'il a été au préalable fortement chauffé, le phosphore y donne une flamme éclatante, avec production de fumées blanches d'anhydride phosphorique.

Le sulfure de carbone y brûle avec une flamme bleue très rapide et très photogénique, dont l'éclat est assez vif pour faire détoner à distance un mélange d'hydrogène et de chlore.

$$\text{CS}^2 + 6\text{AzO} = 6\text{Az} + \text{CO}^2 + 2\text{SO}^2.$$

L'oxygène le transforme immédiatement en peroxyde d'azote.

$$AzO + O = AzO^2.$$

L'hydrogène, en présence de la mousse de platine,
le réduit à l'état d'ammoniaque.

$$AzO + 5H = AzH^3 + H^2O.$$

Les métaux s'y oxydent au rouge, en laissant un
résidu d'azote.

Enfin, le bioxyde d'azote peut s'unir par addition au
chlore et au brome, ce qui permet de le considérer
comme un radical monovalent; ce radical, en combinaison, est appelé *nitrosyle*.

On peut l'analyser par la cloche courbe, comme le
protoxyde d'azote; on trouve ainsi qu'il renferme des
volumes égaux d'oxygène et d'azote, unis sans
condensation.

140. Préparation. — On prépare le bioxyde d'azote
en attaquant à froid de la tournure de cuivre par
l'acide azotique étendu, dans un flacon à col droit ou
à deux tubulures : il reste comme résidu de l'azotate
de cuivre.

$$3Cu + 8AzO^3H = 3Cu(AzO^3)^2 + 2AzO + 4H^2O.$$

Ou bien en chauffant du sulfate ferreux avec de
l'acide sulfurique étendu, mélangé d'acide azotique.

$$6SO^4Fe + 3SO^4H^2 + 2AzO^3H =$$
$$3Fe^2(SO^4)^3 + 2AzO + 4H^2O.$$

Le bioxyde d'azote n'a aucun usage.

Peroxyde d'azote, AzO^2.

141. Propriétés physiques. — Le peroxyde d'azote, qu'on appelle aussi, improprement, *acide hypoazotique*, est un liquide jaune orangé, très volatil, qui bout à 22 degrés en émettant des vapeurs rouges suffocantes, dangereuses à respirer, que l'on désigne ordinairement sous le nom de *vapeurs rutilantes*. Ces vapeurs se distinguent aisément de celles du brome parce qu'elles sont décolorées par l'eau.

Le peroxyde d'azote se solidifie à — 10 degrés en une masse cristalline blanche; il ne peut être dissous dans l'eau, qui le décompose instantanément.

142. Propriétés chimiques. — Le peroxyde d'azote est encore endothermique, mais c'est le plus stable de tous les composés oxygénés de l'azote; la chaleur et l'étincelle ne le décomposent que très incomplètement.

Aussi, malgré la grande quantité d'oxygène qu'il renferme, n'entretient-il qu'un petit nombre de combustions. Avec les liquides très combustibles, tels que le benzène, le pétrole ou le sulfure de carbone, il donne des mélanges violemment explosifs qui sont connus sous le nom de *panclastites*.

$$3AzO^2 + CS^2 = CO^2 + 2SO^2 + 3Az.$$

Les métaux le réduisent au rouge, il attaque même un peu le mercure à froid.

L'hydrogène, en présence de mousse de platine légèrement chauffée, le transforme en ammoniaque et eau; l'anhydride sulfureux donne avec lui de l'acide azoteux et de l'anhydride nitrososulfurique (cristaux des chambres anhydres.)

$$2SO^2 + 4AzO^2 = Az^2O^3 + S^2Az^2O^9.$$

Avec le chlore et le brome le peroxyde d'azote donne des composés AzO^2Cl et AzO^2Br qui sont connus sous les noms de *chlorure* et *bromure d'azotyle*.

L'eau le décompose immédiatement en acide azotique et acide azoteux, si la température est très basse, en acide azotique et bioxyde d'azote si elle est plus élevée.

$$2AzO^2 + H^2O = AzO^3H + AzO^2H.$$
$$3AzO^2 + H^2O = 2AzO^3H + AzO.$$

Enfin les bases se comportent d'une manière analogue et fournissent un mélange d'azotate et d'azotite.

$$2AzO^2 + 2KOH = AzO^3K + AzO^2K + H^2O.$$

Cette réaction suffit à montrer que le peroxyde d'azote n'est pas un anhydride simple comme Az^2O^3 ou Az^2O^5, mais bien un anhydride mixte, l'anhydride *nitroso-nitrique*, qui renferme à la fois les deux radicaux, nitrosyle et azotyle, des acides azoteux et azotique.

Il résulte de là que sa formule devrait s'écrire Az^2O^4 plutôt que AzO^2.

143. Préparation. — On prépare ordinairement le peroxyde d'azote en chauffant au rouge sombre, dans une cornue de grès, de l'azotate de plomb parfaitement desséché (fig. 11); les vapeurs rouges qui se dégagent sont condensées dans un tube en U, refroidi par un mélange de glace et de sel marin.

$$Pb(AzO^3)^2 = PbO + 2AzO^2 + O.$$

Usages. — Le peroxyde d'azote sert à peu près uniquement à préparer les azotites alcalins, par son action sur les bases correspondantes.

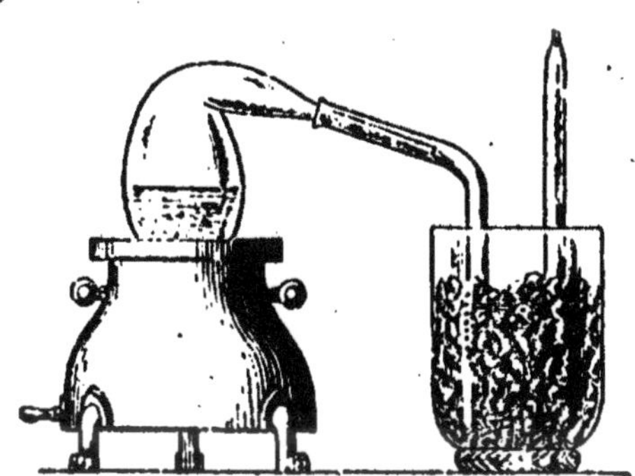

Fig. 44. — Préparation du peroxyde d'azote.

Acide azotique, AzO^3H ou $AzO^2(OH)$.

144. Propriétés physiques. — L'acide azotique ou acide *nitrique* se trouve dans le commerce à l'état presque pur, on l'appelle alors acide azotique *fumant*, et à l'état d'hydrate secondaire, en partie dissocié, répondant à peu près à la formule $AzO^3H + \frac{3}{2} H^2O$; c'est l'acide azotique *ordinaire* ou *non fumant*.

Le premier est généralement coloré en jaune par une petite quantité de peroxyde d'azote qu'il retient en dissolution, il bout à 86 degrés et a pour densité 1,55; l'autre est toujours incolore, il bout à 123 degrés et a pour densité 1,42. Son odeur est spéciale et caractéristique.

L'acide azotique est soluble dans l'eau en toutes proportions; on le reconnaît quand il est concentré à ce qu'il donne des vapeurs rutilantes avec la tournure de cuivre. Pour le caractériser lorsqu'il est étendu, on peut se servir avec avantage d'une dissolution de sulfate ferreux dans l'acide sulfurique, qu'il colore en rouge, ou bien du carmin d'indigo, en solution chlorhydrique, qu'il décolore à l'ébullition.

Une solution de *diphénylamine* dans l'acide sulfurique concentré se colore en bleu intense quand on y ajoute une trace d'acide azotique.

L'acide azotique n'est pas vénéneux à petites doses, mais il est fortement caustique et attaque l'épiderme en le colorant en jaune ; on l'emploie souvent, à cause de cette propriété, pour détruire les verrues.

145. Propriétés chimiques. — L'acide azotique, quoique non explosif, est peu stable : la lumière et même la simple distillation suffisent à provoquer un commencement de décomposition de l'acide pur, qui aussitôt prend la couleur jaune du peroxyde d'azote.

$$2AzO^3H = 2AzO^2 + H^2O + O.$$

C'est pour cette raison que l'acide fumant du commerce n'est jamais incolore.

A l'état étendu, il résiste à l'action de la lumière et peut être distillé sans altération.

L'acide azotique est un oxydant énergique, qui attaque tous les corps combustibles et les porte généralement au maximum d'oxydation ; c'est ainsi qu'il change le soufre en acide sulfurique, le phosphore en acide phosphorique, l'arsenic en acide arsénique, le carbone en acide carbonique, etc.

Le bore en poudre prend feu quand on le projette dans de l'acide azotique fumant, pour donner l'acide borique BO^3H^3 ; le sélénium et le tellure donnent seulement de l'acide sélénieux et de l'acide tellureux.

Dans toutes ces réactions, il se dégage des vapeurs rutilantes de peroxyde d'azote.

$$S + 6AzO^3H = SO^4H^2 + 6AzO^2 + 2H^2O.$$
$$P + 5AzO^3H = PO^4H^3 + 5AzO^2 + H^2O.$$
$$C + 4AzO^3H = CO^2 + 4AzO^2 + 2H^2O.$$

Les métaux qui décomposent l'eau donnent avec l'acide azotique une suite de réactions fort complexes d'où résultent un dégagement de peroxyde, de bioxyde et de protoxyde d'azote, accompagnés d'azote libre, et une production d'azotate d'ammoniaque. On peut les interpréter en admettant qu'il se produit d'abord de l'hydrogène, à l'état naissant, qui réduit ensuite l'acide azotique ; en fait, les gaz qui se dégagent ne renferment jamais d'hydrogène.

Le fer donne lieu à une expérience curieuse, qui est connue sous le nom d'expérience du *fer passif* : ce métal, qui est très bien attaqué par l'acide azotique ordinaire, ne l'est pas par l'acide fumant, et cesse de l'être par le premier quand il a été plongé dans l'autre. Cette *passivité* cesse immédiatement quand on touche le métal avec un fil de cuivre ou même de fer non passif ; elle réapparaît si on touche le fer attaqué avec un fil de platine ou une baguette en charbon de cornue. Ces effets sont vraisemblablement dus à des influences électriques.

Les métaux qui ne décomposent pas l'eau réagissent d'une manière plus simple : ils donnent uniquement du peroxyde d'azote avec l'acide azotique concentré et du bioxyde d'azote avec l'acide étendu.

$$4AzO^3H + Cu = Cu(AzO^3)^2 + 2AzO^2 + 2H^2O.$$
$$8AzO^3H + 3Cu = 3Cu(AzO^3)^2 + 2AzO + 4H^2O.$$

Toutes ces actions s'accomplissent à froid ; *l'eau*

forte des graveurs est simplement de l'acide azotique étendu.

Le platine et l'or ne sont pas attaqués par l'acide azotique; l'étain et l'antimoine se comportent comme des métalloïdes et donnent des acides.

L'acide azotique porte la plupart des oxydes et des acides inférieurs au maximum d'oxydation; il change les sels ferreux en sels ferriques, l'acide sulfureux en acide sulfurique, l'acide arsénieux en acide arsénique.

$$As^2O^3 + 4AzO^3H = As^2O^5 + 4AzO^2 + 2H^2O.$$

Il transforme un grand nombre de sulfures en sulfates.

$$PbS + 8AzO^3H = SO^4Pb + 8AzO^2 + 4H^2O.$$

Il décompose tous les hydracides, ainsi que leurs sels, à l'exception seulement de l'acide fluorhydrique et des fluorures.

$$HCl + AzO^3H = Cl + AzO^2 + H^2O.$$
$$H^2S + 2AzO^3H = S + 2AzO^2 + 2H^2O.$$
(étendu)

$$H^2S + 8AzO^3H = SO^4H^2 + 8AzO^2 + 4H^2O.$$
(concentré)

L'anhydride phosphorique le transforme en anhydride azotique Az^2O^5.

L'acide azotique attaque enfin presque toutes les matières organiques; avec celles qui sont très oxydables, il donne une réaction violente (l'essence de térébenthine prend feu quand on y verse brusquement de l'acide azotique concentré) ou tout au moins tumultueuse, avec dégagement d'acide carbonique et de vapeurs rutilantes.

Avec les alcools il réagit régulièrement: à froid il

s'y combine pour former des éthers, à chaud il donne des produits d'oxydation normaux, aldéhydiques ou acides.

Enfin les hydrocarbures aromatiques et les phénols sont modifiés par substitution du groupe azotyle AzO^2 à un atome d'hydrogène : on obtient ainsi ce qu'on appelle des *corps nitrés.*

$$C^6H^6 + AzO^3H = H^2O + C^6H^5AzO^2.$$

Benzène.   Nitro-benzène.

Un grand nombre d'éthers nitriques et de corps nitrés sont explosifs ; nous rappellerons comme exemples la nitroglycérine $C^3H^5(AzO^3)^3$ et le trinitro-phénol ou acide picrique $C^6H^2(AzO^2)^3(OH)$.

146. Préparation. — On prépare industriellement

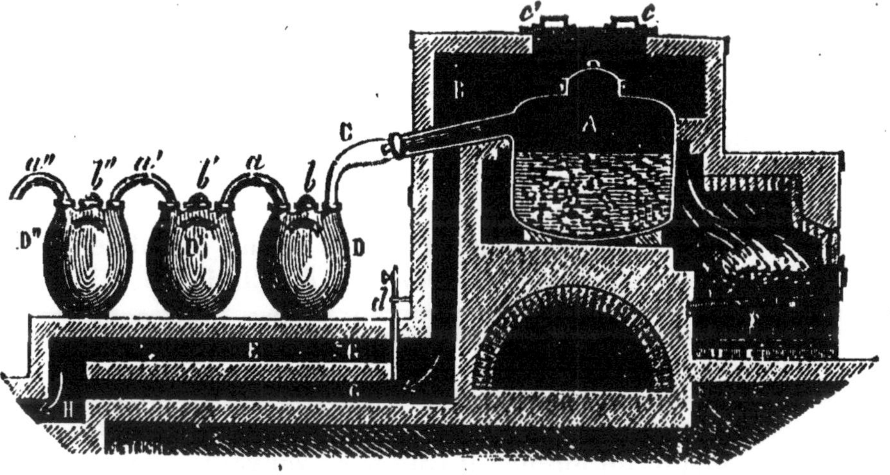

Fig. 45. — Fabrication de l'acide azotique.

l'acide azotique en distillant, dans de grandes cornues en fonte, un mélange d'azotate de sodium naturel et d'acide sulfurique (fig. 45) ; le résidu est du bisulfate de sodium.

$$AzO^3Na + SO^4H^2 = SO^4HNa + AzO^3H.$$

L'acide que l'on recueille est fumant si les produits employés à sa fabrication sont purs ; il ne l'est pas si ces produits renferment de l'eau, qui distille nécessairement en même temps que l'acide azotique.

L'acide azotique commercial renferme toujours un peu d'acide sulfurique et de chlore, quelquefois une trace d'iode provenant de l'azotate de sodium : on le purifie sans peine en le redistillant, après addition d'une petite quantité d'azotate de baryum et d'azotate d'argent, qui précipitent l'acide sulfurique et les halogènes.

Dans les laboratoires, on l'obtient immédiatement pur en distillant doucement, dans un appareil tout en verre, un mélange d'acide sulfurique concentré et d'azotate de potassium (*salpêtre*) sec.

État naturel. — L'acide azotique se forme en petite quantité, pendant les orages, par l'action de l'éclair sur les éléments de l'air atmosphérique : on le retrouve alors dans l'eau de pluie.

Il existe en grande quantité, sous forme d'azotate de sodium, sur les côtes du Pérou et du Chili. Ce sel a pour origines l'ammoniaque du guano, qui, sous l'influence de l'oxygène et du ferment nitrique, s'est peu à peu changée en acide azotique, et le sodium qui se trouve en abondance dans l'eau de mer, ainsi que dans le guano lui-même : il renferme souvent un peu d'iodate de sodium mélangé.

Dans nos pays, on voit la même réaction s'effectuer sous nos yeux dans tous les endroits humides où il se produit un dégagement lent d'ammoniaque, par exemple dans le sol et dans les murs des écuries ou des étables ; l'acide azotique se combine alors à la potasse, qui est plus commune que la soude à l'intérieur des continents, et donne lieu à ces efflorescences de salpêtre que tout le monde connait.

Usages. — L'acide azotique sert à fabriquer l'acide sulfurique, des explosifs tels que la nitroglycérine, le fulminate de mercure ou l'acide picrique et un grand nombre de corps nitrés, directement utilisables en teinture ou susceptibles d'être transformés en matières tinctoriales. On l'emploie enfin pour décaper ou graver les métaux.

Phosphore.

147. Propriétés physiques. — Le phosphore se présente sous deux formes allotropiques distinctes, qu'on appelle vulgairement le *phosphore blanc* et le *phosphore rouge.* Le premier est un corps solide jaune clair, translucide, mou comme la cire, d'une odeur spéciale rappelant celle de l'ozone, qui répand des fumées à l'air et émet des lueurs à l'obscurité.

Sa densité est égale à 1,83 ; il est insoluble dans l'eau, mais se dissout très bien dans le sulfure de carbone, le trichlorure de phosphore et un grand nombre d'hydrocarbures.

On peut l'obtenir cristallisé par sublimation dans le vide.

Le phosphore blanc fond à 44 degrés et bout à 290 degrés. On doit le fondre dans l'eau chaude et le distiller dans une atmosphère d'hydrogène ou d'azote pour éviter son inflammation.

Le phosphore fondu reste longtemps en surfusion à la température ordinaire et même à 0 degré, quand on le maintient à l'abri de toute agitation mécanique.

Sa densité de vapeur 4,35 correspond au poids moléculaire 124, quadruple de son poids atomique ; il renferme donc, à l'état gazeux, quatre atomes par molécule.

Le phosphore rouge est une poudre brune, inodore et non phosphorescente, qui ne se dissout à froid dans aucun réactif ; sa densité varie de 1,96 à 2,31, suivant la température à laquelle il a été porté pendant sa préparation. Le phosphore rouge est infusible et fixe : quand on le chauffe, dans l'espoir de le fondre ou de le volatiliser, il se transforme en phosphore blanc ordinaire.

Le phosphore rouge a pu être obtenu en petits cristaux bien définis, par dissolution dans le plomb fondu, au rouge sombre ; c'est donc à tort qu'on l'appelle souvent *phosphore amorphe.*

Le phosphore blanc est très vénéneux ; il détermine, quand on l'introduit en doses massives dans l'organisme, une désoxydation des tissus qui entraîne rapidement la mort : son meilleur antidote est l'essence de térébenthine, qui l'empêche de s'oxyder à la température ordinaire.

Le contact prolongé du phosphore blanc, ou même la respiration des vapeurs qu'il dégage, produit à la longue une désorganisation des os, et particulièrement des os maxillaires, qui est connue sous le nom de *nécrose* ; cette maladie s'observe fréquemment chez les ouvriers qui manient le phosphore ordinaire.

Le phosphore rouge paraît être absolument inoffensif.

148. Propriétés chimiques. — Le phosphore blanc est un corps fortement électro-positif, remarquable surtout par son affinité pour l'oxygène. Il s'oxyde à froid, dans l'air ou dans l'oxygène raréfié, en émettant des lueurs et en répandant des fumées d'acide phosphoreux, mélangé d'acide hypophosphorique et d'acide phosphorique : il se produit en même temps un peu d'ozone, d'eau oxygénée et d'azotite d'ammoniaque.

Cette combustion lente n'a plus lieu dans l'oxygène pur, sous la pression ordinaire ; elle est également empêchée par la présence dans l'air de certains gaz ou vapeurs oxydables, tels que l'acide sulfureux, l'acide sulfhydrique, l'ammoniaque, l'hydrogène phosphoré, l'éthylène, l'essence de térébenthine, etc.

A 60 degrés, le phosphore blanc prend feu dans l'air ou dans l'oxygène ; il brûle alors avec une belle flamme blanche, en donnant d'épaisses fumées d'anhydride phosphorique P^2O^5. Quand l'air ne se renouvelle que lentement, la flamme devient beaucoup plus pâle ; il se forme alors de l'anhydride phosphoreux P^2O^3.

' Par suite de son affinité pour l'oxygène, le phosphore blanc est un réducteur énergique : tous les oxydants le changent en acide phosphorique, et l'action peut devenir violente, comme par exemple avec l'acide chlorique, l'acide iodique et même l'acide azotique.

Il décompose l'eau vers 250 degrés ; il réduit à froid les sels de cuivre, de mercure, d'argent, d'or et de platine ; il réagit sur les lessives alcalines chaudes en donnant un hypophosphite et de l'hydrogène phosphoré.

$$4P + 3KOH + 3H^2O = 3PO^2H^2K + PH^3.$$

Le chlore, le brome et l'iode s'y combinent avec incandescence pour donner les chlorures, bromures et iodures de phosphore PCl^3, PCl^5, etc.

Le soufre donne avec lui une réaction explosive ; les métaux s'y combinent pour donner des phosphures cassants. Le bronze, cependant, conserve sa malléabilité et acquiert une force de résistance comparable à celle du fer quand on l'additionne d'une petite quantité de phosphore : le bronze phosphoré sert à la construction des coussinets, des fléaux de balances, des conducteurs téléphoniques, etc.

Parmi les hydracides, l'acide iodhydrique seul réagit aisément sur le phosphore ordinaire : il donne avec lui de l'iodure de phosphore et de l'iodure de phosphonium.

$$2P + 4HI = PI^3 + PH^4I.$$

Le phosphore rouge possède à peu près les mêmes propriétés chimiques que le phosphore blanc, mais fort atténuées : il ne s'oxyde sensiblement pas à froid, il ne prend feu que vers 250 degrés, il se combine au soufre sans explosion ; l'acide azotique l'attaque régulièrement sans que la réaction devienne jamais tumultueuse ; il ne réduit plus les oxydes, ni les sels de métaux lourds à froid ; il ne réagit pas sur les lessives alcalines, même bouillantes, mais il est encore attaqué très vivement par les oxydants énergiques. Un mélange de phosphore rouge et de chlorate de potassium détone avec violence par le choc : on s'en sert pour fabriquer les amorces d'enfants ; enfin le phosphore rouge prend feu par frottement sur le peroxyde de plomb PbO^2, propriété qu'on utilise dans la fabrication des allumettes suédoises.

149. Préparation. — Le phosphore se fabrique encore aujourd'hui par le procédé de Scheele, qui consiste à l'extraire des os. La méthode primitive n'a subi que quelques modifications de détail ; nous la décrirons ici telle qu'on la pratique dans les usines Coignet.

Les os frais, mélange de matières organiques (graisse et osséine) et de matières minérales, parmi lesquelles domine le phosphate tricalcique, sont d'abord dégraissés, puis traités par l'acide chlorhydrique, qui transforme les phosphates en acide phosphorique libre et laisse l'osséine insoluble.

$$(PO^4)^2Ca^3 + 6HCl = 3CaCl^2 + 2PO^4H^3.$$

Phosphate trical-
cique.   Acide
phosphorique.

L'osséine est mise à part pour la fabrication de la colle forte ; quant au liquide acide, on le neutralise exactement par un lait de chaux, de manière à précipiter tout l'acide phosphorique qui s'y trouve à l'état de phosphate bicalcique insoluble.

$$PO^4H^3 + Ca(OH)^2 = PO^4HCa + 2H^2O.$$

Acide
phosphorique.   Phosphate bicalcique.

On recueille le précipité et on le traite par l'acide sulfurique, ce qui donne du sulfate de calcium insoluble, que l'on rejette, et un liquide renfermant un mélange d'acide phosphorique et de phosphate monocalcique $(PO^4H^2)^2Ca$.

$$PO^4HCa + SO^4H^2 = SO^4Ca + PO^4H^3.$$
$$2PO^4HCa + SO^4H^2 = SO^4Ca + (PO^4H^2)^2Ca.$$

On évapore jusqu'à consistance sirupeuse, on ajoute du charbon de bois en poudre, on dessèche le mélange aussi complètement que possible, de manière à transformer l'acide phosphorique en acide métaphosphorique et le phosphate monocalcique en métaphosphate de calcium, et finalement on distille dans des cornues en terre réfractaire, chauffées au rouge blanc (fig. 46). Les vapeurs de phosphore vont se condenser dans des réfrigérants métalliques à moitié remplis

d'eau; le résidu, formé surtout de phosphate tricalcique, est rejeté.

$$PO^3H + 3C = P + 3CO + H.$$

Acide
métaphosphorique.

$$3(PO^3)^2Ca + 10C = 4P + (PO^4)^2Ca^3 + 10CO.$$

Métaphosphate
de calcium.

Phosphate trical-
cique.

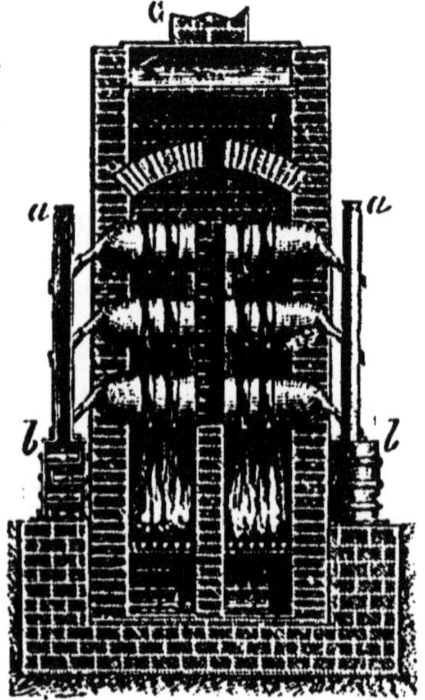

Fig. 46. — Fabrication du phosphore blanc.

On purifie le phosphore ainsi obtenu en le faisant
fondre dans l'eau chaude et le filtrant par pression à
travers une peau chamoisée ou une pierre poreuse;
on le coule enfin dans des boites à fond cannelé, où il
prend par refroidissement sa forme commerciale de
bâtons prismatiques.

Lo phosphore rouge prend naissance par l'action de la lumière ou de la chaleur sur le phosphore blanc; la lumière n'agit que superficiellement et avec une extrême lenteur, de sorte qu'en pratique on préfère le fabriquer en chauffant le phosphore ordinaire. L'opération s'effectue dans des chaudières, munies d'une soupape de sûreté ou simplement d'une petite ouverture, pour l'échappement des gaz (fig. 47), que l'on

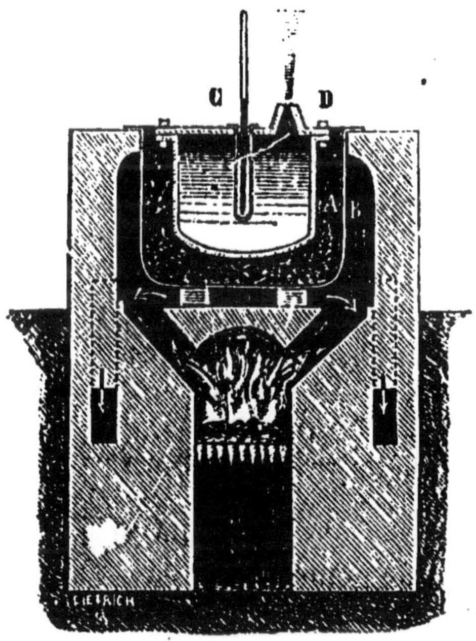

Fig. 47. — Fabrication du phosphore rouge.

chauffe progressivement, pendant une huitaine de jours, de 100 à 250 degrés. Quand l'opération est finie, on laisse refroidir, on broie le contenu des chaudières, on l'épuise par le sulfure de carbone, pour dissoudre le phosphore blanc non transformé, et enfin on lave le résidu insoluble avec une lessive alcaline et de l'eau pure.

Le phosphore blanc doit toujours être maintenu à l'abri de l'air, de préférence sous une couche d'eau ; le phosphore rouge peut être conservé dans un flacon quelconque, sans précautions spéciales.

Etat naturel. — En raison de sa grande oxydabilité, le phosphore ne saurait exister à l'état libre dans la nature, mais ses combinaisons y sont extrêmement répandues. Le phosphate tricalcique, en particulier, se rencontre en abondance dans une foule de localités, où on l'exploite pour la fabrication des engrais.

Ce phosphate tricalcique est indispensable à la nutrition des animaux, qui en constituent leur squelette, et à celle des plantes, qui en ont besoin pour former leurs principes albuminoïdes.

Usages. — Le phosphore, sous ses deux formes, sert à la fabrication des allumettes. Les allumettes ordinaires renferment du phosphore blanc, elles prennent feu par frottement sur un corps quelconque parce que la température d'inflammation du phosphore ordinaire est relativement basse. Les allumettes suédoises portent seulement une pâte oxydante, renfermant du chlorate de potassium et du peroxyde de plomb ; elles ne prennent feu que sur un frottoir spécial, dont la surface est imprégnée de phosphore rouge.

Le phosphore blanc sert aussi quelquefois comme poison, pour détruire les animaux nuisibles.

Il a été découvert dans l'urine par Brandt, de Hambourg, en 1669 ; Gahn a plus tard reconnu sa présence dans les os, Scheele a donné le moyen pratique de l'en extraire, enfin Kopp, en 1844, a découvert le phosphore rouge, que Schrœtter, de Vienne, a soumis à une étude approfondie en 1848.

Hydrogène phosphoré, PH^3.

150. — Il existe trois combinaisons hydrogénées du phosphore : le phosphure solide P^2H, le phosphure liquide PH^2 et le phosphure gazeux PH^3.

Le phosphure liquide est spontanément inflammable à l'air, très volatil et très instable : la chaleur et même la lumière le décomposent rapidement en phosphure solide et phosphure gazeux.

$$5PH^2 = P^2H + 3PH^3.$$

Nous n'étudierons ici en détail que ce dernier.

151. Propriétés physiques. — L'hydrogène phosphoré est un gaz incolore, peu soluble dans l'eau, qui se reconnaît à son odeur d'ail et à sa grande combustibilité : il brûle à l'air avec une flamme blanche et brillante, en répandant des fumées d'acide phosphorique.

$$2PH^3 + 8O = P^2O^5 + 3H^2O.$$

Sa densité est égale à 1,185 ; il se liquéfie sous la pression ordinaire à — 90 degrés et se solidifie vers — 133 degrés.

Le chlorure cuivreux ammoniacal l'absorbe sans altération.

L'hydrogène phosphoré est très vénéneux : il agit sans doute comme le phosphore ordinaire, en privant l'organisme de l'oxygène qui est nécessaire à son fonctionnement.

152. Propriétés chimiques. — L'hydrogène phosphoré est éminemment combustible, il est même spontanément inflammable à l'air quand il renferme des vapeurs de phosphure d'hydrogène liquide. Il perd cette propriétés sous toutes les influences qui tendent à détruire PH^2, par exemple à la lumière ou par contact avec une solution d'acide chlorhydrique ou une lessive alcaline. La chaleur le décompose entièrement, avec dépôt de phosphore et mise en liberté d'hydrogène : le volume du gaz augmente alors de la moitié de sa valeur.

Tous les oxydants l'attaquent et le changent en acide phosphorique : l'ozone et l'acide azotique l'enflamment instantanément.

$$PH^3 + 8AzO^3H = PO^4H^3 + 8AzO^2 + 4H^2O.$$

L'hydrogène phosphoré réduit les sels de métaux nobles et en précipite le métal; il décompose même l'acide sulfurique à froid.

· Le chlore et le brome l'enflamment.

L'iode agit moins énergiquement et donne de l'iodure de phosphonium, en même temps que de l'iodure de phosphore .

$$4PH^3 + 6I = 3PH^4I + PI^3.$$

Les métaux enfin le décomposent à chaud, en s'emparant de son phosphore.

L'hydrogène phosphoré ne possède pas les propriétés basiques puissantes du gaz ammoniaque, cependant il peut encore s'unir à volumes égaux avec les hydracides de la famille du chlore, pour donner des combinaisons PH^4Cl, PH^4Br et PH^4I, qui sont isomorphes aux sels ammoniacaux correspondants. On admet dans ces corps, par analogie, l'existence d'un radical phosphoré comparable à l'ammonium, qui serait le *phosphonium* PH^4.

Le chlorure de phosphonium possède une tension de dissociation considérable, aussi ne peut-on le former que sous pression, dans l'appareil de Cailletet.

Composition. — La densité de vapeur du phosphore étant anormale, la composition en volume de l'hydrogène phosphoré n'est pas identique à celle du gaz ammoniaque : il renferme seulement $\frac{1}{2}$ volume de vapeur de phosphore pour 3 d'hydrogène, condensés en 2.

153. Préparation. — On prépare le plus souvent l'hydrogène phosphoré en chauffant dans un petit ballon des boulettes humides formées de phosphore blanc et de chaux éteinte (procédé de Gengembre), ou plus simplement du phosphore ordinaire avec une lessive alcaline (fig. 48) : le gaz qui se dégage renferme

Fig. 48. — Préparation de l'hydrogène phosphoré.

toujours de l'hydrogène libre et des vapeurs de phosphure liquide, qui le rendent spontanément inflammable. Le résidu est de l'hypophosphite de calcium ou de sodium.

$$4P + 3NaOH + 3H^2O = PH^3 + 3PO^2H^2Na.$$
$$3P + 2NaOH + 2H^2O = PH^2 + 2PO^2H^2Na.$$
$$P + NaOH + H^2O = H + PO^2H^2Na.$$

On prépare encore l'hydrogène phosphoré spontanément inflammable en traitant par l'eau le phosphure de calcium PCa qui se forme à l'état brut quand on calcine de la chaux ou de la craie dans la vapeur de phosphore: il se produit d'abord du phosphure liquide, qui se décompose aussitôt.

$$PCa + 2H^2O = PH^2 + Ca(OH)^2.$$
$$5PH^2 = P^2H + 3PH^3.$$

On purifie le gaz en le traitant par le chlorure cuivreux ammoniacal, qui s'empare à froid de l'hydrogène phosphoré et l'abandonne ensuite à l'état pur quand on chauffe.

L'hydrogène phosphoré n'existe pas dans la nature et n'a pas d'usages.

Composés oxygénés du phosphore.

154. — On en connait sept, tous acides, qui sont :

l'acide hypophosphoreux...... .. PO^2H^3,
l'acide phosphoreux.............. PO^3H^3,
l'acide pyrophosphoreux........ $P^2O^5H^4$,
l'acide hypophosphorique .... .. $P^2O^6H^4$,
l'acide métaphosphorique .... PO^3H,
l'acide pyrophosphorique........ $P^2O^7H^4$
et l'acide orthophosphorique.... PO^4H^3.

L'acide orthophosphorique est aussi très souvent appelé acide phosphorique *ordinaire*, parce que c'est le plus commun.

L'acide hypophosphoreux seul ne donne pas d'anhydride ; aux autres correspondent les anhydrides phosphoreux P^2O^3, hypophosphorique P^2O^4 et phosphorique P^2O^5.

Nous n'examinerons que les acides phosphoriques, qui sont les seuls importants.

Anhydride phosphorique, P^2O^5.

155. Propriétés, préparation. — L'anhydride phosphorique est une poudre blanche, d'aspect neigeux, qui est très stable et ne se laisse décomposer au rouge que par le phosphore lui-même ou le charbon.

$$P^2O^5 + 5C = 2P + 5CO.$$

Sa propriété la plus intéressante est d'être extrêmement avide d'eau : il fait entendre un sifflement quand on le jette dans un vase plein d'eau et se transforme ainsi en acide métaphosphorique.

$$P^2O^5 + H^2O = 2PO^3H.$$

On le prépare en faisant brûler du phosphore dans un excès d'air sec : les fumées se concrètent peu à peu et se déposent, sous la forme d'une poudre blanche et légère, au fond de l'appareil, qui peut être indifféremment en verre ou en métal.

On l'emploie dans les laboratoires pour dessécher les gaz : c'est le meilleur déshydratant que l'on connaisse.

Acides phosphoriques.

156. Propriétés. — Ce sont tous les trois des corps solides, qui prennent sous l'action de l'eau bouillante la forme commune d'acide orthophosphorique et que la chaleur rouge ramène à l'état d'acide métaphosphorique, sans jamais donner l'anhydride.

$$PO^3H + H^2O = PO^4H^3.$$
$$P^2O^7H^4 + H^2O = 2PO^4H^3.$$

Ils possèdent tous la fonction d'acides forts, mais l'acide métaphosphorique est seulement monobasique, tandis que l'acide pyrophosphorique est tétrabasique et l'acide orthophosphorique tribasique. Il en résulte qu'une même base, la potasse, par exemple, peut donner avec eux six sels principaux, qui ont pour formules :

PO^3K ....   Métaphosphate de potassium
$P^2O^7H^2K^2$... .   Pyrophosphate bipotassique
$P^2O^7K^4$.......   Pyrophosphate tétrapotassique
PO^4H^2K......   Orthophosphate monopotassique
PO^4HK^2......   Orthophosphate bipotassique et
PO^4K^3.......   Orthophosphate tripotassique.

On reconnait l'acide métaphosphorique, lorsqu'il est en dissolution dans l'eau, à ce qu'il coagule l'albumine et précipite en blanc le chlorure de baryum ; pour distinguer les deux autres on commence par les saturer exactement, par la potasse ou la soude, puis on ajoute de l'azotate d'argent : l'acide pyrophosphorique donne alors un précipité blanc et l'acide orthophosphorique un précipité jaune. Ces deux précipités sont solubles dans l'ammoniaque et dans l'acide azotique.

On emploie aussi souvent, pour caractériser l'acide orthophosphorique et les orthophosphates, un mélange de citrate de magnésie et d'ammoniaque en excès, qui donne un précipité blanc cristallin de phosphate ammoniaco-magnésien $PO^4MgAzH^4 + 6H^2O$.

157. Préparation. — On prépare l'acide métaphosphorique en hydratant l'anhydride phosphorique, ou encore en calcinant, dans une capsule de platine, soit un autre acide phosphorique, soit un de ses sels d'ammoniaque. L'orthophosphate biammonique est d'un emploi très commode, parce qu'on le trouve facilement dans le commerce.

$$PO^4H(AzH^4)^2 = PO^3H + 2AzH^3 + H^2O.$$

L'acide métaphosphorique reste dans la capsule sous la forme d'un liquide transparent qui se solidifie par refroidissement en une masse vitreuse, absolument amorphe.

On peut obtenir l'acide pyrophosphorique en chauffant l'acide ortho à 213° (Graham).

$$2PO^4H^3 = P^2O^7H^4 + H^2O.$$

Il est préférable de l'extraire d'un pyrophosphate; pour cela on commence par calciner le phosphate ordinaire de sodium PO^4HNa^2, de manière à le transformer en pyrophosphate $P^2O^7Na^4$, puis on dissout ce dernier dans l'eau, on ajoute de l'azotate de plomb qui donne un abondant précipité de pyrophosphate plombique et enfin on décompose ce précipité, en suspension dans l'eau, par l'acide sulfhydrique. Le précipité noir de sulfure de plomb étant séparé par le filtre, on obtient une dissolution d'acide pyrophosphorique que l'on concentre à basse température, jusqu'à ce qu'elle cristallise.

$$P^2O^7Na^4 + 2Pb(AzO^3)^2 = P^2O^7Pb^2 + 4AzO^3Na.$$
$$P^2O^7Pb^2 + 2H^2S = P^2O^7H^4 + 2PbS.$$

Pour préparer l'acide phosphorique ordinaire il suffit de faire bouillir avec de l'eau, pendant quelques heures, l'acide méta ou l'acide pyrophosphorique.

On peut aussi chauffer du phosphate d'ammoniaque avec de l'eau régale, qui détruit l'ammoniaque et laisse l'acide libre, ou encore traiter par l'eau le pentachlorure de phosphore, ou enfin chauffer du phosphore avec de l'acide azotique.

$$PCl^5 + 4H^2O = PO^4H^3 + 5HCl.$$
$$P + 5AzO^3H = PO^4H^3 + 5AzO^2 + H^2O.$$

Ce dernier moyen, qui est essentiellement classique, est réellement peu recommandable à cause de la violence de la réaction, qui peut devenir dangereuse. Dans tous les cas le liquide obtenu doit être évaporé jusqu'à cristallisation.

Usages. — Les acides phosphoriques libres sont à peu près sans emploi, mais leurs sels, et surtout les orthophosphates, présentent une grande importance pour l'alimentation; les phosphates calciques sont souvent prescrits en médecine; en agriculture on emploie comme engrais, sous le nom de *superphosphate*, un mélange de plâtre et de phosphate monocalcique que l'on obtient industriellement en traitant le phosphate tricalcique naturel par l'acide sulfurique.

$$(PO^4)^2Ca^3 + 2SO^4H^2 = 2SO^4Ca + (PO^4H^2)^2Ca.$$

Arsenic.

158. Propriétés physiques. — L'arsenic libre a peu d'importance : c'est un corps noir, à reflets métalliques, de texture cristalline et très lourd ; sa densité, 5,7, tend à le rapprocher des métaux, mais il n'est ni malléable ni ductile et ne donne que des anhydrides en s'oxydant.

L'arsenic est volatil et peut être sublimé; sa densité de vapeur 10,66, correspond à un poids moléculaire quadruple de son poids atomique; il présente donc à ce point de vue la même anomalie que le phosphore.

Il est insoluble dans l'eau et dans tous les réactifs.

L'arsenic est très vénéneux, sans doute à cause de l'acide arsénieux qu'il forme en s'oxydant.

159. Propriétés chimiques. — L'arsenic s'oxyde à froid comme le phosphore, mais sans émettre de lueurs; on doit le conserver dans l'eau ou tout au moins dans un flacon bien bouché. Il brûle dans l'oxygène avec une flamme blanchâtre, en donnant des fumées d'anhydride arsénieux et en répandant une odeur alliacée caractéristique.

Les oxydants, ozone, eau oxygénée, acide azotique, etc., le changent en acide arsénique, le chlore l'enflamme en donnant du chlorure d'arsenic $AsCl^3$, en un mot il possède un grand nombre des propriétés du phosphore, mais sous une forme un peu atténuée.

160. Préparation. — On prépare l'arsenic en distillant, dans des cornues munies de réfrigérants en tôle, le *mispickel* ou sulfo-arséniure de fer naturel $Fe^2As^2S^2$.

$$Fe^2As^2S^2 = 2FeS + 2As.$$

On peut aussi distiller un mélange de *réalgar* As^2S^2 ou d'*orpiment* As^2S^3 avec de la limaille de fer, ou enfin un mélange d'anhydride arsénieux et de charbon.

$$As^2S^2 + 2Fe = 2FeS + 2As.$$
$$2As^2O^3 + 3C = 3CO^2 + 4As.$$

Usages. — L'arsenic est surtout employé comme insecticide.

Hydrogène arsénié, AsH^3.

161. Propriétés, préparation. — L'hydrogène arsénié est un gaz incolore, d'odeur alliacée, extrêmement vénéneux, qui ressemble beaucoup à l'hydrogène phosphoré : il brûle à l'air avec une flamme livide, en donnant de l'eau et de l'anhydride arsénieux.

$$2AsH^3 + 6O = As^2O^3 + 3H^2O.$$

Quand sa combustion reste incomplète, il y a dépôt d'arsenic ; jamais il n'est spontanément inflammable.

L'hydrogène arsénié est endothermique ; la chaleur et l'étincelle électrique le décomposent rapidement en ses deux éléments.

Le chlore, le brome, l'iode et les métaux réagissent sur lui comme sur l'hydrogène phosphoré.

L'hydrogène arsénié n'a d'intérêt que par sa production facile dans l'appareil de Marsh, par l'action de l'hydrogène naissant sur les composés oxygénés de l'arsenic.

On le prépare en traitant un arséniure métallique, par exemple l'arséniure de zinc, par l'acide chlorhydrique.

$$As^2Zn^3 + 6HCl = 3ZnCl^2 + 2AsH^3.$$

Composés oxygénés de l'arsenic.

162. — L'arsenic donne avec l'oxygène deux combinaisons différentes, l'anhydride arsénieux As^2O^3 et l'anhydride arsénique As^2O^5, auquel correspondent les acides méta, pyro et ortho-arsénique, en tout semblables aux acides phosphoriques.

Anhydride arsénieux, As^2O^3.

163. Propriétés physiques. — L'anhydride arsénieux (vulgairement *acide arsénieux*), est un corps solide blanc, d'apparence vitreuse et amorphe quand il est fraîchement préparé, cristallin et opaque quand il a été conservé pendant quelque temps : on l'appelle alors acide arsénieux *porcelané*.

On le reconnait au moyen de l'appareil de Marsh et à sa volatilité.

Il est extrêmement peu soluble dans l'eau, avec laquelle il ne donne pas d'acide proprement dit; il se dissout plus aisément dans l'acide chlorhydrique et dans le bicarbonate de soude, sur lequel il n'a pas d'action.

L'acide arsénieux se volatilise sans fondre quand on le chauffe et se laisse très facilement sublimer : il prend l'état amorphe si la condensation de ses vapeurs s'effectue à haute température, il cristallise en prismes orthorhombiques ou en octaèdres quand elle a lieu à une température moins élevée : l'acide arsénieux est donc un corps dimorphe.

L'acide arsénieux est un poison énergique, auquel cependant l'organisme s'habitue peu à peu : il supporte alors sans inconvénient des doses d'acide arsénieux qui, sans l'accoutumance, seraient infailliblement mortelles. En faible quantité, il produit une légère excitation qui le fait employer couramment en médecine vétérinaire.

164. Propriétés chimiques. — L'acide arsénieux est réduit à l'état d'arsenic libre par tous les réducteurs énergiques et transformé en acide arsénique par tous les oxydants. L'hydrogène naissant le transforme en hydrogène arsénié.

$$As^2O^3 + 12H = 2AsH^3 + 3H^2O.$$

L'acide chlorhydrique donne avec lui le chlorure d'arsenic $AsCl^3$ et l'hydrogène sulfuré, le sulfure d'arsenic ou orpiment As^2S^3.

C'est un acide très faible, qui ne donne qu'un petit nombre de sels, décomposables par tous les acides forts et même par l'acide carbonique.

165. Préparation. — On prépare l'anhydride arsénieux en grillant dans un courant d'air un composé arsenical naturel quelconque, de préférence le mispickel ou arsénio-sulfure de fer; les fumées sont envoyées dans des cylindres en tôle, faisant l'office de réfrigérant, où l'acide arsénieux se condense sous la forme vitreuse.

Usages. — L'acide arsénieux sert surtout à fabriquer l'acide arsénique et ses sels, ainsi que certains arsénites, notamment l'arsénite de cuivre, ou *vert de Scheele*, qui est employé en peinture.

On s'en sert aussi en verrerie, pour décolorer les verres impurs, enfin on met à profit ses propriétés vénéneuses pour faire la mort-aux-rats et pour préserver les pièces anatomiques de la putréfaction.

Acides arséniques.

166. Propriétés. — L'acide arsénique est connu, comme l'acide phosphorique, sous plusieurs états différents, correspondant tous au même anhydride As^2O^5 : ce sont l'acide méta-arsénique AsO^3H, l'acide pyro-arsénique $As^2O^7H^4$ et l'acide orthoarsénique ou acide arsénique ordinaire AsO^4H^3. Celui-ci est le seul qui puisse exister en dissolution; il cristallise facilement et se transforme en tous les autres quand on le chauffe; à 160 degrés, il donne l'acide pyro-arsénique, à 206 degrés l'acide méta-arsénique et vers 300 degrés l'anhydride; au rouge sombre, enfin, ce dernier se dédouble en oxygène et anhydride arsénieux.

L'acide arsénique est transformé par les réducteurs faibles, comme l'acide sulfureux, en acide arsénieux.

$$2AsO^4H^3 + 2SO^2 = As^2O^3 + 2SO^4H^2 + H^2O.$$

Les réducteurs énergiques, tels que le charbon au rouge, donnent de l'arsenic libre ; l'hydrogène naissant le change, comme l'acide arsénieux, en hydrogène arsénié.

C'est un acide fort, dont les sels ressemblent, par leur composition et la plupart de leurs propriétés, aux phosphates ordinaires.

L'acide arsénique est un poison violent, peut-être plus actif encore que l'acide arsénieux.

167. Préparation. — On prépare l'acide arsénique ordinaire en oxydant l'anhydride arsénieux par l'acide azotique.

$$As^2O^3 + 4AzO^3H + H^2O = 2AsO^4H^3 + 4AzO^2.$$

Usages. — L'acide arsénique sert principalement à la fabrication de la fuchsine ou rouge d'aniline. On l'emploie également en médecine, sous la forme d'arséniates divers.

CHAPITRE V

MÉTALLOIDES TÉTRAVALENTS

Carbone.

168. Propriétés physiques. — Le carbone est, de tous les corps simples connus, celui qui possède le plus grand nombre d'états allotropiques différents.

Nous commencerons par décrire les principaux d'entre eux.

Variétés naturelles. — 1° *Diamant.* — Le diamant n'est autre chose que du carbone cristallisé dans le système cubique. Il peut être incolore, bleu, rose, jaune, brun ou même noir, c'est alors le *carbonado*. Dans tous les cas, sa densité, comprise entre 3,50 et 3,55, et son extrême dureté, qui lui permet de rayer tous les autres corps sans être rayé par aucun d'eux, le font reconnaître sans peine.

Le diamant se gonfle dans l'arc voltaïque et se transforme en une variété de carbone amorphe semblable au coke, mais essentiellement formée de graphite; il brûle lentement au rouge, dans l'oxygène, en donnant de l'anhydride carbonique et en laissant un très léger résidu de cendres, formées de silice et d'oxyde ferrique.

Aucun réactif, y compris même le fluor, ne l'attaque au-dessous de la température rouge.

Lorsqu'il est transparent, d'une belle couleur et d'une *belle eau*, le diamant constitue une pierre précieuse des plus recherchées ; on le taille alors, soit en *brillant*, soit en *rose*, par usure sur des meules enduites de poudre de diamant ou *égrisée*.

Le diamant noir sert à couper le verre, à fabriquer des outils pour entamer les corps durs et enfin à faire l'égrisée.

M. Moissan a réussi à reproduire artificiellement le diamant, sous la forme de cristaux microscopiques, en refroidissant brusquement, par immersion dans l'eau, des lingots de fonte saturés de carbone au four électrique. Les cristaux sont ensuite isolés de la masse métallique qui les empâte par des traitements successifs à l'acide chlorhydrique, à l'acide fluorhydrique et à l'acide azotique mélangé de chlorate de potassium.

2° Graphite. — Le graphite ou *plombagine* est la forme stable du carbone aux températures élevées : c'est un corps noir, à éclat presque métallique, assez mou pour laisser une trace grise sur une feuille de papier et bon conducteur de la chaleur et de l'électricité. Il affecte quelquefois la forme de paillettes hexagonales régulières.

Le graphite est très peu combustible, il résiste à tous les réactifs, sauf un mélange d'acide azotique et de chlorate de potassium qui le transforme peu à peu, à chaud, en un corps jaune brun, qui déflagre légèrement quand on le chauffe et que l'on appelle *oxyde graphitique*.

La production de cet oxyde est caractéristique du graphite.

Le graphite sert à faire les crayons dit de *mine de*

plomb, à confectionner des creusets réfractaires, à *métalliser*, c'est-à-dire à rendre bons conducteurs les moules en gutta-percha qui doivent être recouverts de cuivre par la galvanoplastie, enfin à enduire le fer pour le préserver de la rouille.

Le graphite prend naissance toutes les fois que l'on soumet une variété quelconque de carbone à l'action d'une haute température: il existe en quantité notable dans la fonte de fer, d'où il est facile de le retirer par un traitement à l'acide chlorhydrique, qui dissout la totalité du métal.

3° *Houille, lignite.* — Ces substances, que l'on rapporte au carbone parce qu'elles en renferment une proportion considérable, ne sont en réalité que des charbons, c'est-à-dire des mélanges complexes qui n'ont d'autre intérêt que d'être facilement combustibles.

La houille et le lignite sont des produits d'origine végétale, ainsi que le démontrent les empreintes qu'on y observe fréquemment. Quand le lignite est d'un beau noir et de texture bien compacte, on lui donne le nom de *jais* ou *jayet*.

La houille est dite *grasse* quand elle augmente beaucoup de volume à la calcination; elle renferme alors une grande quantité d'hydrogène et se prête particulièrement bien à la fabrication du gaz d'éclairage.

La houille *maigre* est un charbon qui dégage moins de gaz que le précédent sous l'action de la chaleur; l'*anthracite* est enfin une variété de houille maigre remarquablement pure.

Variétés artificielles. — 1° *Coke.* — Le coke est le résidu de la distillation de la houille en vase clos: c'est un charbon très combustible, qui convient mieux que tout autre aux usages métallurgiques parce qu'il ne contient pas de soufre. On l'emploie surtout pour le chauffage des hauts fourneaux.

2° *Charbon de cornue*. — On appelle ainsi le dépôt adhérent qui s'attache à l'intérieur des cornues à gaz; c'est un charbon dense, compact et sonore, qui conduit l'électricité presque aussi bien que le graphite. On l'emploie pour faire le pôle positif des piles de Bunsen et les conducteurs de lampes à arc.

On en fait aussi des creusets réfractaires, enfin on peut s'en servir comme combustible dans les foyers à très fort tirage: il donne alors une température extrêmement élevée et présente sur le coke l'avantage de ne presque pas laisser de cendres.

3° *Charbon de bois*. — Le charbon de bois est le produit qui se forme quand on calcine les matières végétales à l'abri du contact de l'air. Il est fort léger, très poreux et par suite très combustible.

Le charbon de bois absorbe dans ses pores un grand nombre de gaz, surtout ceux qui sont très solubles dans l'eau.

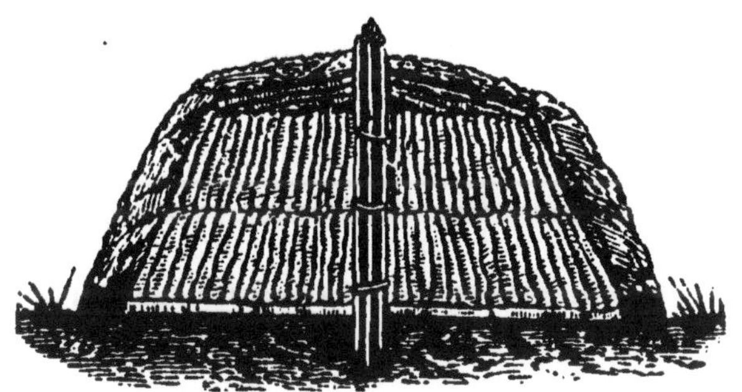

Fig. 49. — Meule de charbon.

On le fabrique soit en carbonisant le bois dans des meules, c'est le procédé des forêts (fig. 49), soit en distillant le bois dans des cornues métalliques chauffées au rouge : on obtient alors, en même temps que le charbon de bois, divers produits volatils utilisables, entre autres l'acide acétique, l'acétone et l'alcool méthylique ou *esprit de bois*.

4° *Noir de fumée.* — On appelle ainsi la variété de carbone pulvérulent qui se dépose à la surface d'un corps froid quand on le place dans une flamme riche en charbon.

Le noir de fumée est fort léger et d'un très beau noir : on l'emploie surtout en peinture et pour la fabrication des vernis ; il se fabrique en condensant dans de vastes chambres la fumée qui se dégage de la combustion incomplète des déchets de graisses ou de résines.

5° *Noir animal.* — Le *noir animal* est le résidu de la calcination, en vase clos, des matières animales ; on le fabrique souvent avec des os, il renferme alors une grande quantité de phosphate et de carbonate de calcium.

Le noir animal est susceptible de s'emparer de la plupart des matières colorantes en dissolution ; il décolore complètement le vin rouge, ainsi qu'un grand nombre de sucs végétaux.

On s'en servait beaucoup autrefois, à cause de cette propriété, pour purifier les sirops de sucres bruts.

On emploie le noir animal en agriculture, comme engrais, et pour fabriquer le cirage ordinaire.

Le carbone, à quelque variété qu'il appartienne, est absolument infusible et fixe ; on ne lui connait pas de dissolvant.

169. Propriétés chimiques. — Les affinités du carbone sont à peu près nulles à froid ; à chaud, il brûle dans l'oxygène en donnant l'anhydride carbonique CO^2; il se combine à la vapeur de soufre pour former le sulfure de carbone CS^2; sous l'action de l'arc voltaïque, il s'unit à l'hydrogène pour donner l'acétylène C^2H^2. Le fluor transforme le carbone amorphe en tétrafluorure CFl^4.

Avec certains métaux, et notamment les métaux alcalino-terreux, il forme directement des carbures définis CaC^2, SrC^2 et BaC^2. La fonte et l'acier sont des carbures de fer qui ne renferment qu'une très petite quantité de carbone.

Il réduit à chaud tous les oxydes métalliques, à l'exception seulement des oxydes alcalino-terreux, de l'alumine et de la magnésie : il se dégage alors de l'oxyde de carbone ou de l'anhydride carbonique.

$$ZnO + C = Zn + CO.$$
$$2CuO + C = Cu + CO^2.$$

En présence du chlore, il décompose même l'alumine, au rouge.

$$Al^2O^3 + 3C + 6Cl = 3CO + Al^2Cl^6.$$

En présence de l'azote, il transforme les oxydes alcalins et alcalino-terreux en cyanures.

$$BaO + 3C + 2Az = CO + Ba(CAz)^2.$$

Enfin, il décompose la vapeur d'eau en donnant de l'hydrogène, de l'oxyde de carbone et de l'anhydride carbonique, ainsi que presque tous les anhydrides ou acides oxygénés.

$$C + H^2O = 2H + CO.$$
$$C + 2H^2O = 4H + CO^2.$$
$$C + 2SO^4H^2 = 2SO^2 + CO^2 + 2H^2O.$$

Usages. — A part le diamant et le graphite, dont les

emplois sont nécessairement limités, le carbone sert exclusivement comme combustible et comme réducteur en métallurgie.

Composés oxygénés du carbone.

170. — On en connaît deux, qui sont l'oxyde de carbone CO et l'anhydride carbonique CO^2.

L'acide carbonique normal, qui devrait avoir pour formule CO^3H^2, d'après la composition de ses sels, est jusqu'à présent inconnu.

Oxyde de carbone, CO.

171. Propriétés physiques. — L'oxyde de carbone est un gaz incolore, inodore et sans saveur, qui brûle à l'air avec une flamme bleue en donnant de l'anhydride carbonique.

Sa densité 0,967 est égale à celle de l'azote; il est presque insoluble dans l'eau, qui n'en absorbe que que 0,033 de son volume à 0 degré, et très difficilement liquéfiable : c'est l'un des anciens gaz permanents de Faraday. Il a été liquéfié par MM. Cailletet, Wroblewski et Olszewski, au moyen d'une compression énergique, suivie d'une détente brusque.

A l'état liquide, l'oxyde de carbone bout à — 190 degrés sous la pression ordinaire, et à — 220 degrés dans le vide ; on le voit alors se solidifier, sous la forme d'une poudre neigeuse ou de glace transparente.

Toutes ces propriétés physiques sont semblables à celles de l'azote, qui d'ailleurs a le même poids moléculaire que l'oxyde de carbone.

L'oxyde de carbone est absorbé, sans coloration,

par le chlorure cuivreux, en solution ammoniacale
ou chlorhydrique.

L'oxyde de carbone est un véritable poison, d'autant
plus à craindre qu'il est inodore et que rien ne vient
déceler sa présence dans l'air qu'on respire.

Il contracte avec l'hémoglobine du sang une combinaison lentement dissociable, sur laquelle l'oxygène
de l'air n'a que fort peu d'action, et qui, en conséquence, empêche celui-ci d'exercer ses fonctions oxydantes normales.

Il en suffit d'une très petite quantité, quelques millièmes seulement, pour rendre l'atmosphère dangereuse à respirer et produire même des accidents
mortels. C'est à l'oxyde de carbone qu'il faut rapporter
les asphyxies que l'on attribue si souvent, à tort, à
l'acide carbonique.

Le sang des animaux empoisonnés par l'oxyde de
carbone est rouge clair comme le sang artériel.

172. Propriétés chimiques. — L'oxyde de carbone est
un corps très stable, qui ne se dissocie qu'à la température du rouge blanc. M. Sainte-Claire-Deville l'a
démontré au moyen de son tube chaud et froid, dans
lequel l'oxyde de carbone donne un dépôt de charbon
et un dégagement d'acide carbonique.

Il brûle dans l'oxygène avec une flamme bleue, très
pâle, mais à peu près aussi chaude que celle de l'hydrogène : il en résulte qu'il exerce sur les corps oxygénés, à chaud, les mêmes influences réductrices que
l'hydrogène lui-même.

$$CuO + CO = CO^2 + Cu.$$

A ce point de vue il joue un rôle considérable en
métallurgie : c'est lui qui, le plus souvent, dans les
fours industriels, réduit les oxydes à l'état métallique.

Au rouge, il décompose la vapeur d'eau, en donnant de l'hydrogène et de l'anhydride carbonique.

$$CO + H^2O = 2H + CO^2.$$

Vis-à-vis de certains corps il joue le rôle de radical et prend alors le nom de *carbonyle ;* c'est ainsi qu'avec le chlore, le brome et le soufre il donne les chlorure, bromure et sulfure de carbonyle $COCl^2$, $COBr^2$ et COS. Il s'unit même directement au nickel, à chaud, pour donner le *nickel-carbonyle* $Ni(CO)^4$.

Les alcalis l'absorbent lentement, à chaud, et se changent ainsi en formiates (Berthelot).

$$CO + KOH = CHO^2K.$$
Formiate de potassium.

Cette réaction constitue une synthèse remarquable de l'acide formique.

173. Préparation. — L'oxyde de carbone peut se préparer de différentes manières :

1° *Par réduction de l'anhydride carbonique.* — On fait passer un courant d'anhydride carbonique sec dans un tube de porcelaine chauffé au rouge et rempli de charbon : il se dégage de l'oxyde de carbone pur, dont le volume est double de celui de l'acide carbonique employé.

$$CO^2 + C = 2CO.$$

C'est par cette réaction, en faisant brûler le charbon disposé sur une grille en couche épaisse, que l'on prépare l'oxyde de carbone destiné au chauffage des fours Siemens ; c'est elle également qui donne naissance à l'oxyde de carbone dans les poêles à magasin et qui rend l'emploi de ces appareils si dangereux.

2° *Par réduction des oxydes métalliques au moyen du charbon.* — On chauffe un oxyde métallique difficilement réductible, l'oxyde de zinc, par exemple, avec du charbon de bois, dans une cornue en grès.

$$ZnO + C = Zn + CO.$$

3° *Par l'acide formique.* — On chauffe doucement un mélange d'acide formique et d'acide sulfurique concentré ; celui-ci n'agit que comme déshydratant, pour absorber l'eau mise en liberté pendant la décomposition de l'acide formique :

$$CH^2O^2 = CO + H^2O.$$
Acide formique.

4° *Par l'acide oxalique.* On opère comme précé-

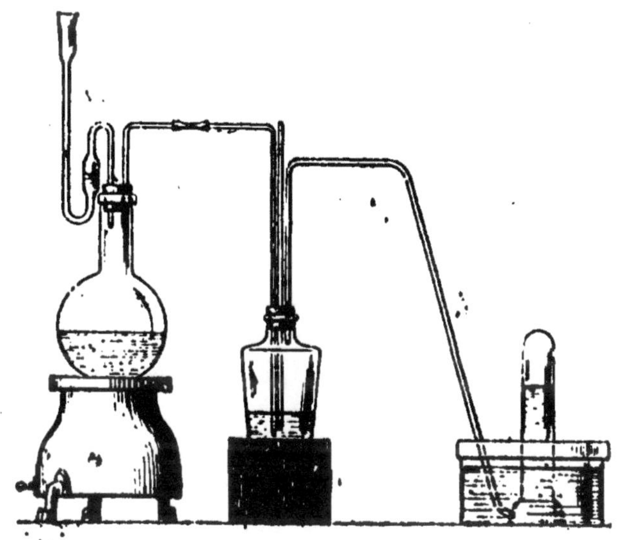

Fig. 60. — Préparation de l'oxyde de carbone.

demment ; le gaz qui se dégage est un mélange à volumes égaux d'oxyde de carbone et d'acide carbonique, on absorbe ce dernier dans un flacon laveur à lessive de potasse (fig. 50).

$$C^2H^2O^4 = CO + CO^2 + H^2O.$$
Acide oxalique.

Usages. — L'oxyde de carbone pur n'a pas d'usages; mélangé avec l'air il sert de combustible dans les fours Siemens et permet ainsi d'obtenir de très hautes températures, qui atteignent et dépassent facilement la fusion de l'acier.

Anhydride carbonique, CO^2.

174. Propriétés physiques. — L'anhydride ou improprement l'*acide* carbonique est un gaz incolore, presque sans odeur et d'une saveur piquante, légèrement acide. Il éteint tous les corps en combustion sans s'enflammer, comme l'azote; on le distingue de ce dernier en ce qu'il donne avec l'eau de chaux ou de l'eau de baryte un précipité blanc de carbonate de calcium ou de carbonate de baryum.

L'acide carbonique a même poids moléculaire que le protoxyde d'azote, aussi a-t-il presque exactement les mêmes propriétés physiques.

Sa densité est égale à 1,529 : on peut le faire écouler d'un flacon dans un autre, comme tous les gaz lourds, et il tend à s'accumuler toujours à la partie inférieure des appareils ou des locaux dans lesquels il se produit. Quand on soupçonne sa présence dans une cave on doit se munir en descendant d'une lampe allumée, que l'on tient aussi bas que possible, et s'arrêter dès que la flamme vient à faiblir : au delà l'atmosphère deviendrait irrespirable et on risquerait d'être asphyxié.

Le coefficient de solubilité de l'acide carbonique, sous la pression ordinaire, est sensiblement égal à 1. L'eau de Seltz est une simple dissolution aqueuse d'acide carbonique, faite sous une pression de 8 à 10 atmosphères.

L'anhydride carbonique se liquéfie sous une pression de 33^{at},5 à 0 degré. Thilorier avait construit autrefois un appareil qui permettait de préparer soi-même l'acide carbonique liquide : c'était un cylindre métallique, très résistant, dans lequel l'acide carbonique, produit par l'action de l'acide sulfurique sur le bicarbonate de sodium, se liquéfiait sous sa propre pression.

Aujourd'hui, la fabrication de l'acide carbonique liquide est devenue industrielle et on le trouve dans le commerce, enfermé dans des cylindres en fer forgé, à parois épaisses, éprouvés au préalable à 200 atmosphères et capables, par conséquent, de supporter sans se rompre la tension maxima de l'acide carbonique, qui est de 73 atmosphères environ à son point critique (31°,4).

L'acide carbonique liquide a pour densité 0,83 à 0 degré, il se solidifie instantanément à l'air, par suite du froid que donne son évaporation rapide, et prend ainsi la forme d'une poudre neigeuse, dont la température est de — 78 degrés. Le moyen le plus simple de se procurer cette neige est de lancer un jet d'acide carbonique liquide dans un sac en toile ou en crin : le gaz s'échappe à travers les pores du sac et l'acide carbonique solide reste à l'intérieur.

Un mélange de neige carbonique et d'éther, évaporé dans le vide, donne aisément — 100 à — 110 degrés, on s'en sert dans les laboratoires pour produire des réfrigérations énergiques.

L'acide carbonique est asphyxiant, mais il n'est pas,

à proprement parler, vénéneux : on peut respirer encore et séjourner pendant quelque temps dans une atmosphère renfermant jusqu'à 25 pour cent d'acide carbonique.

175. Propriétés chimiques. — L'acide carbonique est fortement exothermique et par conséquent très stable : il ne se dissocie qu'au rouge blanc, en oxyde de carbone et oxygène.

Les corps très réducteurs peuvent le désoxyder à chaud : c'est le cas de l'hydrogène et du charbon, qui le ramènent à l'état d'oxyde de carbone; il en est de même avec les métaux de la famille du fer.

$$Zn + CO^2 = ZnO + CO.$$

Les métaux alcalins et alcalino-terreux le réduisent totalement et peuvent même y brûler avec incandescence.

$$4\,Na + 3CO^2 = 2CO^3Na^2 + C.$$
$$2Mg + CO^2 = 2MgO + C.$$

L'acide carbonique est un acide faible, qui colore le tournesol seulement en rouge vineux. Il est bibasique et donne deux séries de sels : les carbonates neutres CO^3M^2 ou CO^3M'' et les bicarbonates CO^3HM ou $(CO^3H)^2M''$; ceux-ci sont très aisément dissociables, et c'est à la décomposition du bicarbonate de calcium que renferment les eaux incrustantes qu'on attribue la production des stalactites et des pétrifications calcaires.

$$(CO^3H)^2Ca = CO^3Ca + CO^2 + H^2O.$$

176. Composition. — L'anhydride carbonique a la même composition en volume que l'anhydride sulfureux; on le démontre de la même manière, en faisant brûler

du charbon dans un ballon rompli d'oxygène, sur la cuve à mercure : la pression intérieure du gaz ne change pas. Le gaz carbonique renferme donc un volume d'oxygène égal au sien, comme le gaz sulfureux. On admet qu'il renferme en même temps un volume de vapeur théorique de carbone.

177. Préparation. — L'acide carbonique se prépare, dans les laboratoires, en décomposant le carbonate de calcium, craie ou marbre, par l'acide chlorhydrique, dans un flacon à deux tubulures ou dans un appareil continu de Sainte-Claire Deville (fig. 51).

$$CO_3Ca + 2HCl = CO_2 + CaCl_2 + H_2O.$$

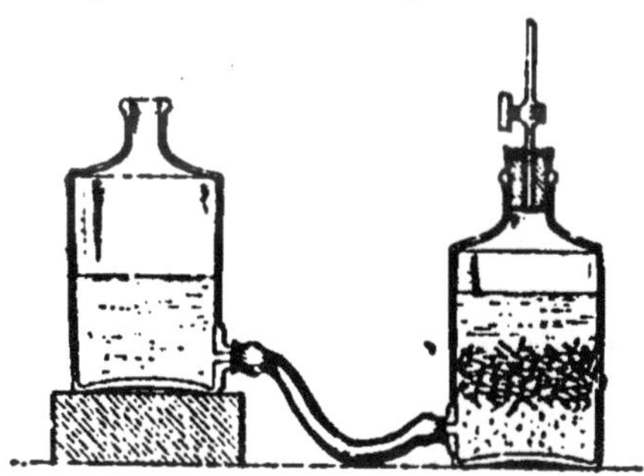

Fig. 51. — Appareil Deville.

Dans les fabriques d'eau de Seltz on l'obtient en traitant la craie pulvérisée par l'acide sulfurique étendu dans des cylindres métalliques doublés de plomb ; il convient alors d'agiter le mélange, pour empêcher le sulfate de calcium insoluble qui se forme d'encroûter la craie, ce qui arrêterait nécessairement la production du gaz.

Dans l'industrie, lorsqu'il n'est pas besoin d'avoir de l'acide carbonique très pur, on peut avec avantage se servir des gaz qui s'échappent d'un four à chaux ou même d'un foyer ordinaire.

État naturel. — L'acide carbonique existe dans l'air, dans la proportion, sensiblement constante, de 3 à 4 dix millièmes en volume : il provient des volcans et des combustions, vives ou lentes, qui s'accomplissent à la surface de la terre. Sa proportion n'augmente pas parce que les plantes vertes l'absorbent, sous l'action de la lumière solaire, en dégageant un égal volume d'oxygène, et aussi parce qu'il réagit sur les silicates naturels pour s'emparer de leurs bases ; le *feldspath* du granite se décompose peu à peu sous son influence, en donnant de l'argile et du carbonate de potassium.

On le rencontre aussi dans la nature en combinaison, surtout sous la forme de carbonate de calcium.

Usages. — L'acide carbonique gazeux sert à fabriquer l'eau de Seltz, à *déféquer* les jus de betteraves en sucrerie et à préparer certains carbonates commerciaux, tels que la céruse ou carbonate de plomb et le bicarbonate de sodium.

A l'état liquide on l'emploie comme réfrigérant ou pour produire des pressions énergiques ; enfin dans la nature il sert à la nutrition des plantes à chlorophylle.

Sulfure de carbone, CS^2.

178. Propriétés physiques. — Le sulfure de carbone est un liquide incolore, très mobile, d'une odeur éthérée quand il est pur, ordinairement d'une odeur fétide, rappelant celle des choux pourris.

Sa densité est égale à 1,293 à 0 degré, il bout à 46 degrés et se solidifie seulement à — 115 degrés.

Le sulfure de carbone est très peu soluble dans l'eau ; en revanche il se mélange en toutes proportions avec l'alcool, l'éther, les hydrocarbures et les huiles.

Il dissout nombre de corps qui sont insolubles dans l'eau, entre autres le soufre cristallisé, le phosphore blanc, l'iode, les graisses, les résines, la gutta-percha, etc.; ces propriétés dissolvantes sont souvent mises à profit dans les laboratoires et dans l'industrie.

Le sulfure de carbone est légèrement toxique pour les animaux supérieurs : il produit chez l'homme une dépression remarquable du système nerveux.

C'est surtout un insecticide des plus puissants et on l'emploie avec succès en agriculture pour combattre le phylloxéra.

179. Propriétés chimiques. — Le sulfure de carbone est endothermique, sans être réellement explosif; il se dissocie au rouge ou par l'étincelle électrique en ses éléments : c'est par suite un sulfurant énergique, surtout vis-à-vis des métaux ou de leurs oxydes.

Le sulfure de carbone est éminemment combustible : il prend feu et brûle avec une flamme bleue au seul contact d'un corps en ignition, en donnant de l'anhydride sulfureux et de l'anhydride carbonique.

$$CS^2 + 6O = 2SO^2 + CO^2.$$

Tous les corps oxydants l'attaquent et le transforment en un mélange d'acide sulfurique et d'acide carbonique.

Il brûle dans le bioxyde d'azote avec une flamme bleue, brillante et très photogénique; le peroxyde d'azote donne avec lui une *panclastite* qui détone avec violence par le choc.

$$CS^2 + 3AzO^2 = CO^2 + 2SO^2 + 3Az.$$

Le sulfure de carbone se comporte vis-à-vis des sulfures alcalins comme un véritable anhydride : il donne avec eux des sels, connus sous le nom de *sulfocarbonates*, qui sont en tout comparables aux carbonates neutres et desquels on peut extraire l'acide sulfocarbonique CS^3H^2, correspondant à l'acide carbonique normal CO^3H^2.

180. Préparation. — Le sulfure de carbone se prépare par synthèse directe, en combinant le charbon avec la vapeur de soufre, à la température rouge. L'appareil industriel consiste en une série de cylindres, chauffés par un foyer commun et remplis de charbon de bois, dans lesquels on laisse tomber peu

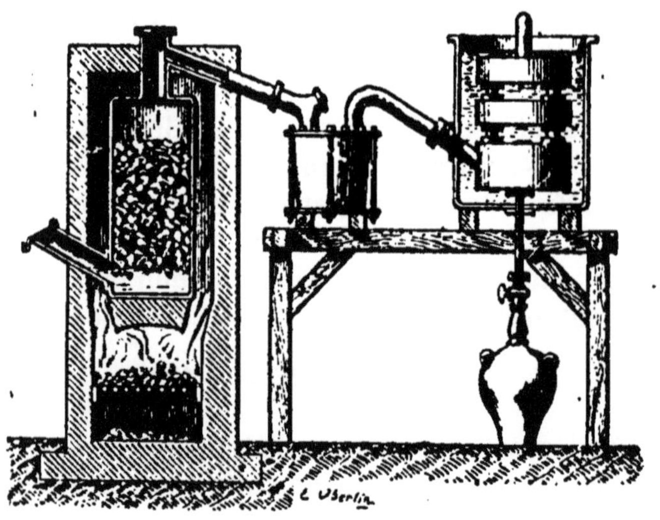

Fig. 52. — Préparation du sulfure de carbone.

à peu du soufre (fig. 52). Les vapeurs qui se dégagent sont envoyées dans des réfrigérants où elles se liquéfient ; celles qui échappent à la condensation sont dirigées dans les fours à pyrite d'une chambre de plomb, où le soufre qu'elles renferment se transforme en acide sulfureux et se trouve ainsi utilisé.

Usages. — Le sulfure de carbone sert à extraire les matières grasses des tourteaux et de tous les résidus industriels qui en renferment, à séparer le phosphore blanc du phosphore rouge dans la fabrication de ce dernier, à dissoudre le soufre dans la vulcanisation du caoutchouc, à préparer les sulfocarbonates alcalins ; enfin on s'en sert comme insecticide, en même temps, d'ailleurs, que les sulfocarbonates, dans le traitement des vignes phylloxérées.

Le sulfure de carbone a été découvert en 1796 par Lampadius, en distillant de la tourbe pyriteuse.

Silicium.

181. Propriétés. — Le silicium n'a d'autre intérêt que celui qui s'attache à ses combinaisons naturelles ; on le connait à l'état amorphe et à l'état cristallisé. A l'état amorphe c'est une poudre brune, qui brûle avec incandescence à l'air en donnant de l'anhydride silicique SiO^2 ; on l'obtient en traitant le fluosilicate de potassium par le potassium, dans un tube de fer chauffé au rouge (Berzélius), ou en décomposant les vapeurs de chlorure de silicium par le sodium, dans un tube de porcelaine (Deville).

$$SiFl^6K^2 + 4K = Si + 6KFl.$$
$$SiCl^4 + 4Na = Si + 4NaCl.$$

Le silicium cristallisé est un corps noir, brillant, formé d'octaèdres implantés les uns sur les autres et figurant des sortes d'aiguilles ; il est incombustible, même au rouge blanc. On le prépare en chauffant dans un creuset un mélange de fluosilicate de potassium, de sodium et de zinc : le silicium se dissout dans le zinc et y cristallise par refroidissement, on le sépare du métal qui l'englobe par l'acide chlorhydrique (Deville).

Le silicium est insoluble dans tous les réactifs et fusible seulement au rouge blanc ; lorsqu'il est cristallisé il est assez dur pour rayer et même couper le verre.

Le chlore s'y combine à chaud pour donner le chlorure de silicium $SiCl^4$; le fluor l'attaque dès la température ordinaire, avec une très vive incandescence, et le transforme en fluorure de silicium gazeux $SiFl^4$.

L'acide chlorhydrique donne avec lui, au rouge, du chlorure de silicium et du silicichloroforme.

$$Si + 4HCl = 4H + SiCl^4.$$
$$Si + 3HCl = 2H + SiHCl^3.$$

L'acide fluorhydrique attaque seulement le silicium amorphe, en donnant de l'hydrogène et du fluorure de silicium.

Anhydride silicique, SiO^2.

182. — L'acide silicique normal n'est pas connu ; quand on cherche à le séparer de ses sels il se déshydrate et passe immédiatement à l'état de silice gélatineuse, qui, à chaud, se transforme à son tour en anhydride silicique. C'est ce dernier qu'on appelle vulgairement *acide silicique* ou *silice*.

183. Propriétés physiques. — L'anhydride silicique est un produit naturel, extraordinairement répandu sur toute la surface de la terre, et qui se présente sous un grand nombre d'aspects différents.

A l'état pur et cristallisé il porte le nom de *quartz* : c'est alors une belle matière, dure comme l'acier trempé, qui est tantôt incolore et limpide comme le cristal (*quartz hyalin*), tantôt colorée de nuances diverses, par exemple en violet (*quartz améthyste*), ou en brun (*quartz enfumé*).

Le quartz cristallise en prismes hexagonaux réguliers, surmontés d'une pyramide également hexagonale.

On s'en sert, sous le nom de *cristal de roche*, dans la construction des instruments d'optique.

Le *jaspe*, qui est opaque, même en lame mince, et l'*agate*, qui est translucide sur les bords, sont de l'anhydride silicique amorphe, coloré par des matières étrangères : on les utilise comme pierres d'ornement.

Nous citerons enfin, parmi les variétés naturelles d'anhydride silicique, le silex, la pierre meulière, qui sont colorés par de l'oxyde ferrique, et le grès. Le sable, qui provient de la désagrégation du grès, est très pur quand il est blanc (sable de Fontainebleau), on l'emploie alors en verrerie.

La silice gélatineuse est de l'acide silicique hydraté, en proportion d'ailleurs très variable ; c'est une sorte de gelée molle, qui se dessèche en une masse translucide, absolument amorphe. L'*opale* des joailliers est une variété naturelle d'acide silicique hydraté qui présente une assez grande consistance pour se laisser travailler et qui est remarquable par ses irisations.

L'acide silicique anhydre est insoluble dans tous les réactifs ; c'est un corps très réfractaire, qui ne fond que vers 2,000 degrés en un liquide visqueux ressemblant au verre ; à une plus haute température, dans l'arc voltaïque, il est sensiblement volatil. La silice gélatineuse se dissout dans les lessives alcalines et dans l'acide chlorhydrique.

184. Propriétés chimiques. — L'acide silicique est un

corps très stable, qui ne se laisse attaquer que par un petit nombre de réactifs.

L'acide fluorhydrique seul le décompose à froid, en donnant de l'eau et du fluorure de silicium, qui, en réagissant l'un sur l'autre, forment l'acide fluosilicique $SiFl^6H^2$, avec précipitation de silice gélatineuse.

$$SiO^2 + 4HFl = 2H^2O + SiFl^4.$$
$$3SiFl^4 + 2H^2O = SiO^2 + 2SiFl^6H^2.$$

Le chlore et le charbon, au rouge, le transforment en chlorure de silicium.

$$SiO^2 + 2C + 4Cl = 2CO + SiCl^4.$$

L'acide silicique est un acide très faible à froid, qui se laisse déplacer par l'acide carbonique lui-même. Au rouge, à cause de sa fixité, il manifeste une plus grande énergie et peut alors décomposer les carbonates et même les sulfates : c'est cette propriété qui permet de s'en servir à la fabrication des silicates artificiels et en particulier du verre.

$$SiO^2 + CO^3Na^2 = CO^2 + SiO^3Na^2.$$

185. Préparations. — Il n'y a évidemment pas lieu de chercher à préparer l'anhydride silicique, puisque la nature nous l'offre à l'état de pureté complète ; quant à la silice gélatineuse on l'obtient, soit en décomposant un silicate soluble, de potassium ou de sodium, par un acide fort, soit en traitant le fluorure de silicium gazeux par l'eau, ainsi qu'il vient d'être dit.

État naturel. — L'acide silicique existe non seulement dans la nature à l'état libre, il se rencontre encore, à l'état de combinaison, dans presque toutes les roches primitives et dans une quantité innombrable de minéraux : le granite, par exemple, est un mélange de quartz avec du *feldspath* et du *mica*, qui sont des silicates complexes.

Usages. — L'acide silicique pur sert surtout à la fabrication du verre; ses variétés naturelles sont employées comme pierres de construction ou d'ornement, enfin on le fait entrer dans la composition des matériaux réfractaires, briques ou autres, qui doivent supporter de très hautes températures.

TROISIÈME PARTIE

MÉTAUX

CHAPITRE PREMIER

GÉNÉRALITÉS SUR LES MÉTAUX ET LES SELS

Métaux.

186. Propriétés physiques. — Les métaux, dans l'acception vulgaire du mot, sont des corps solides (le mercure seul est liquide à la température ordinaire), doués d'un éclat spécial, qui se laissent facilement polir et travailler au laminoir ou à la filière, souvent même au marteau, à froid ou au rouge. Ils sont *tenaces*, précisément parce qu'ils ne sont pas fragiles, et conviennent mieux que tous les autres corps à la construction des pièces de machines et, en général, de tous les objets qui sont assujettis à supporter des chocs ou des trépidations répétés.

Ils sont, d'ailleurs, loin de posséder tous ces avantages au même degré ; le tableau suivant, dans lequel on a rangé les métaux usuels par ordre de malléabilité, de ductilité et de ténacité, en donne la preuve évidente. Les chiffres relatifs à la ténacité expriment les charges en kilogrammes qui déterminent la rupture de fils métalliques de 2 millimètres carrés de section.

MALLÉABILITÉ.	DUCTILITÉ.	TÉNACITÉ.	
Or.	Or.	Cobalt	432[k]
Argent.	Argent.	Nickel	320
Aluminium.	Platine.	Fer	250
Cuivre.	Aluminium.	Cuivre	137
Étain.	Fer.	Platine	125
Platine.	Nickel.	Argent	85
Plomb.	Cuivre.	Or	68
Zinc.	Zinc.	Zinc	50
Fer.	Étain.	Étain	16
Nickel.	Plomb.	Plomb	10

On voit que ce sont les métaux nobles qui sont les plus malléables et les plus ductiles, tandis que ce sont, au contraire, les métaux de la famille du fer qui sont les plus résistants.

Densité. — La densité des métaux varie considérablement de l'un à l'autre : le lithium est presque moitié moins lourd que l'eau, tandis que l'iridium est 22 fois plus dense ; d'une manière générale, on peut dire que ce sont les métaux très oxydables qui sont les plus légers et les métaux nobles les plus lourds. On comprend cependant sous la dénomination commune de *métaux lourds* ceux qui s'oxydent au rouge sans décomposer l'eau, comme le plomb et le cuivre.

Fusibilité. — Tous les métaux sont fusibles, mais à des températures très variables : le mercure fond à

39°,5 au-dessous de zéro ; le gallium, à + 30 degrés !
l'étain, à 232 degrés; l'argent, à 950 degrés, et l'iridium,
à près de 2,000 degrés, sans qu'il soit possible de voir
une relation quelconque entre leur fusibilité et leurs
caractères chimiques.

Volatilité. — Beaucoup de métaux sont volatils;
quelques-uns même peuvent être distillés : c'est le cas
du mercure, des métaux alcalins, du magnésium, du
zinc, etc. Le platine même est volatil à 3,500 degrés,
dans l'arc voltaïque.

187. Alliages. — On appelle alliage le produit qui se
forme quand on fait fondre ensemble deux ou plusieurs métaux différents. En général, l'alliage possède
la plupart des propriétés de ses éléments, ce qui ten-
drait à le faire considérer comme un simple mélange,
mais souvent aussi il en acquiert de nouvelles, ce qui
montre qu'il contient quelque combinaison, mal définie sans doute, mais jusqu'à un certain point comparable à celles qui s'effectuent entre métalloïdes ou
entre métaux et métalloïdes. Quelques alliages, et particulièrement les amalgames, ont une tendance manifeste à cristalliser.

Les alliages sont presque toujours plus durs et plus
fusibles que leurs composants : l'alliage de Darcet, qui
est formé de plomb, d'étain et de bismuth, fond dans
l'eau bouillante, tandis que l'étain pur ne fond qu'à
232 degrés, le bismuth à 264 degrés et le plomb à
335 degrés.

Lorsqu'on maintient pendant longtemps un alliage
en fusion, il arrive presque toujours que les métaux qui
le composent se séparent en partie et se superposent
par ordre de densité : c'est le phénomène de la *liquation*, qui rend souvent difficile la coulée et le moulage
des grandes pièces métalliques.

Le tableau suivant donne la composition des principaux alliages usuels :

Soudure des plombiers.	Plomb...... 50		Bronze ordinaire.	Cuivre...... 90	
	Étain....... 50			Étain....... 10	
Poterie d'étain.	Plomb...... 10		Bronze d'aluminium.	Cuivre...... 90	
	Étain....... 90			Aluminium.. 10	
Caractères d'imprimerie.	Plomb...... 55		Laiton.	Cuivre...... 67	
	Étain....... 20			Zinc........ 33	
	Antimoine .. 25		Maillechort.	Cuivre...... 50	
Alliage de Darcet.	Plomb...... 30			Zinc........ 25	
	Étain..... . 20			Nickel...... 25	
	Bismuth 50		Monnaies d'or.	Or.......... 90	
Bronze des monnaies.	Cuivre...... 95			Cuivre. 10	
	Étain....... 4		Monnaies divisionnaires d'argent.	Argent 835	
	Zinc 1			Cuivre...... 165	

188. Propriétés chimiques. — *Action de l'oxygène.* — Les métaux, à cause de leur nature électro-positive, sont tous directement oxydables, à l'exception seulement de l'or, du platine et de l'iridium. L'argent luimême s'oxyde quand on le chauffe dans l'oxygène pur sous pression.

L'oxydation des métaux n'a que rarement lieu à froid dans l'air sec : le potassium et le rubidium sont à peu près les seuls qui s'altèrent dans ces conditions, mais presque tous les métaux usuels s'oxydent à l'air humide, chargé d'acide carbonique : c'est le cas du zinc, du fer, du plomb, du cuivre, etc.

Au rouge, les métaux très oxydables, comme les métaux alcalins, le magnésium, le zinc et le fer, brûlent dans l'oxygène ou dans l'air avec incandescence. Ce dernier peut même prendre feu spontanément quand il est très divisé : on dit alors qu'il est *pyrophorique.*

Le mercure est inaltérable à froid, même dans l'air

humide, mais il s'oxyde vers 300 degrés et se recouvre alors de paillettes rouges, formées d'oxyde mercurique HgO, que les anciens appelaient mercure *précipité per se*.

Action du soufre. — Le soufre attaque les métaux plus facilement encore que l'oxygène : le fer, le cuivre, le mercure et l'argent s'y combinent, même à froid, pour donner les sulfures correspondants ; à chaud, il y a souvent incandescence.

L'or et le platine résistent assez bien à l'action du soufre ; le zinc et l'aluminium ne sont attaqués qu'à haute température.

Action du chlore. — Le chlore attaque tous les métaux, sans exception ; les métaux vulgaires y brûlent avec incandescence.

L'or et le platine ne s'y combinent qu'à froid, parce que leurs chlorures sont entièrement dissociés au rouge.

Sels.

189. Propriétés. — Les sels sont tous des corps solides, presque toujours cristallisables et assez souvent solubles dans l'eau. Leur solubilité, à peu d'exceptions près, croît avec la température.

Ils peuvent être binaires, ternaires ou même quaternaires, suivant qu'ils dérivent d'hydracides ou d'acides déjà ternaires : le sulfure de sodium Na^2S est un sel binaire, le sulfate neutre de sodium SO^4Na^2 est un sel ternaire et son bisulfate SO^4HNa est un sel quaternaire.

Déliquescence. — Certains sels solubles sont très avides d'eau et peuvent même en emprunter à l'air : on les voit alors augmenter peu à peu de poids et devenir de plus en plus humides : c'est le phénomène de la *déliquescence*, qui est très accentué chez le chlorure de calcium $CaCl^2$; aussi s'en sert-on fréquemment pour dessécher les gaz.

Eau de cristallisation, efflorescence. — Un grand nombre de sels, au moment où ils se séparent de leur solution aqueuse, retiennent une certaine quantité d'eau, qui se trouve être en quelque sorte solidifiée dans leurs cristaux, et que pour cette raison on appelle *eau de cristallisation*. Sa proportion est constante, pour un même sel cristallisant dans les mêmes conditions, et on peut toujours l'exprimer par une formule définie.

L'eau de cristallisation n'est pas nécessaire à l'existence d'un sel qui en renferme habituellement, mais elle contribue à lui donner sa forme cristalline et parfois même sa couleur : le sulfate de cuivre, qui est d'un beau bleu et parfaitement cristallisé quand il contient ses 5 molécules d'eau de cristallisation, se transforme en une poudre blanche amorphe quand on le chauffe, de manière à le rendre anhydre.

L'eau de cristallisation peut toujours être chassée par la chaleur, certains sels même la perdent par simple exposition à l'air : on voit alors leurs cristaux se ternir et se désagréger spontanément, en même temps qu'ils diminuent de poids : c'est le phénomène de l'*efflorescence*.

Les sels déliquescents ou efflorescents doivent être conservés à l'abri de l'air, dans des flacons bien bouchés.

Action de la chaleur et de l'électricité. — La chaleur décompose les sels sans qu'il soit possible de formuler aucune règle précise à ce sujet ; quant à l'électricité, elle agit toujours de la même manière : le métal du sel se dépose sur l'électrode négative, si toutefois il est incapable d'agir sur le dissolvant employé, et tout le reste, c'est-à-dire la partie électro-négative du sel, se rend à l'électrode positive. C'est le principe de la galvanoplastie, de la dorure et de l'argenture.

Action des réactifs. — Les sels sont décomposés par beaucoup de réactifs, et l'effet produit est toujours conforme aux principes fondamentaux de la Thermochimie, c'est-à-dire qu'il s'effectue de manière à donner lieu au maximum du dégagement de chaleur possible dans les conditions où l'on opère. Mais la connaissance de ces dégagements de chaleur nécessitant l'emploi toujours délicat du calorimètre, on a coutume, pour prévoir et expliquer l'action des réactifs sur les sels, de se servir d'un certain nombre de règles empiriques dont les plus importantes ont été énoncées par Berthollet au commencement de ce siècle. Ces règles sont d'une application très générale et ne souffrent qu'un petit nombre d'exceptions; nous allons les examiner successivement, en commençant par l'action des métaux sur les sels.

190. Action des métaux sur les sels. — *Un métal décompose un sel quand il est plus oxydable que le métal du sel.* Exemples :

$$Hg + 2Ag\,AzO^3 = Hg\,(AzO^3)^2 + 2Ag.$$
$$Fe + CuSO^4 = FeSO^4 + Cu.$$
$$6Na + Al^2Cl^6 = 6NaCl + 2Al.$$

Cette dernière réaction est utilisée dans l'industrie, pour la fabrication de l'aluminium métallique.

L'arbre de Saturne, que l'on obtient en mettant un morceau de zinc dans une dissolution d'acétate de plomb, est une autre application de la même règle.

Lois de Berthollet.

191. Action des acides sur les sels. — Ce premier cas comprend les trois règles suivantes :

1° *Un acide décompose complètement un sel quand il est plus soluble que l'acide de ce sel.* Il se forme alors un précipité ou une effervescence, suivant que l'acide du sel est solide ou gazeux. Exemples :

$$SO^4H^2 + B^4O^7Na^2 + 5H^2O = SO^4Na^2 + 4BO^3H^3.$$
$$CO^2 + SiO^3Na^2 = CO^3Na^2 + SiO^2 \text{ (à froid)}.$$
$$2HCl + CO^3Ca = CaCl^2 + H^2O + CO^2.$$

2° *Un acide décompose complètement un sel quand il est plus fixe que l'acide de ce sel.* Dans ce cas, l'acide déplacé se volatilise; il y a effervescence s'il est gazeux à froid. Exemples :

$$2AzO^3H + CO^3Ca = Ca\,(AzO^3)^2 + H^2O + CO^2.$$
$$SiO^2 + CO^3Na^2 = SiO^3Na^2 + CO^2 \text{ (au rouge)}.$$
$$SO^4H^2 + AzO^3Na = SO^4HNa + AzO^3H.$$

Ces deux dernières réactions sont appliquées dans l'industrie, pour la fabrication du verre et celle de l'acide azotique.

3° *Un acide décompose complètement un sel quand il peut former avec le métal de ce sel un composé insoluble.* Il se fait alors nécessairement un précipité, de nature saline. Exemples :

$$SO^4H^2 + Ba(AzO^3)^2 = SO^4Ba + 2(AzO^3H).$$
$$HCl + AzO^3Ag = AgCl + AzO^3H.$$
$$H^2S + SO^4Cu = CuS + SO^4H^2.$$

Ces réactions sont presque toujours caractéristiques

du métal contenu dans le sel, et par suite très employées en analyse.

192. Action des bases sur les sels. — Nous trouvons encore ici trois énoncés, en tout semblables aux précédents :

1° *Une base décompose complètement un sel quand elle est plus soluble que la base de ce sel.* La base du sel est alors précipitée, presque toujours à l'état d'hydrate. Exemples :

$$Fe^2Cl^6 + 6KOH = 6KCl + Fe^2(OH)^6.$$
$$Cu(AzO^3)^2 + Ca(OH)^2 = Ca(AzO^3)^2 + Cu(OH)^2.$$
$$Al^2(SO^4)^3 + 6AzH^3 + 6H^2O = 3SO^4(AzH^4)^2 + Al^2(OH)^6.$$

2° *Une base décompose complètement un sel quand elle est plus fixe que la base de ce sel.* Les bases volatiles sont rares, aussi ne pourrons-nous citer à l'appui de cette loi qu'un petit nombre d'exemples.

$$2AzH^4Cl + CaO = CaCl^2 + H^2O + 2AzH^3.$$
$$SO^4(AzH^3CH^3)^2 + 2KOH = SO^4K^2 + 2H^2O + 2AzH^2CH^3.$$

Sulfate de méthylamine.   Méthylamine.

La première réaction sert à préparer l'ammoniaque.

3° *Une base décompose complètement un sel quand elle peut former avec l'acide de ce sel un composé insoluble.* Il se précipite alors un sel de la base employée. Exemples :

$$Ba(OH)^2 + SO^4K^2 = SO^4Ba + 2KOH.$$
$$Ca(OH)^2 + CO^3Na^2 = CO^3Ca + 2NaOH.$$
$$2Ag(OH) + CaCl^2 = 2AgCl + Ca(OH)^2.$$

L'action de la chaux sur les carbonates de potassium

ou de sodium sert dans l'industrie pour préparer les alcalis caustiques.

193. Action des sels sur les sels. — Cette action s'exerce suivant deux lois principales qui s'énoncent de la manière suivante :

1° *Deux sels se décomposent complètement quand l'acide de l'un peut former avec la base de l'autre un composé volatil.* Ce genre de réaction ne se manifeste ordinairement qu'à chaud, quand la vapeur du nouveau composé a acquis une tension assez considérable pour assurer sa volatilisation rapide. Exemples :

$$2AzH^4Cl + CO^3Na^2 = 2NaCl + CO^3(AzH^4)^2.$$
$$SO^4Hg + 2NaCl = SO^4Na^2 + HgCl^2.$$

C'est ainsi qu'on prépare d'habitude le carbonate d'ammoniaque et le bichlorure de mercure.

2° *Deux sels se décomposent complètement quand l'acide de l'un peut former avec la base de l'autre un composé insoluble.*

Il se forme alors un précipité salin. Exemples :

$$SO^4K^2 + BaCl^2 = 2KCl + SO^4Ba.$$
$$NaCl + AzO^3Ag = AzO^3Na + AgCl.$$
$$CO^3Na^2 + CaCl^2 = 2NaCl + CO^3Ca.$$

Ces réactions sont très souvent appliquées à l'analyse qualitative.

194. Résumé. — Il est facile de voir que toutes ces lois n'envisagent que les cas où il se forme, au cours de la réaction, un corps volatil ou insoluble; on peut, par conséquent, les réunir sous un seul énoncé, qui les comprendra toutes, et dire, d'une manière générale, que :

*Un acide, une base ou un sel décomposent complè
tement un sel toutes les fois qu'il peut résulter de
leur action un nouveau composé volatil ou insoluble.*

C'est, en effet, dans ces circonstances que, d'après
la Thermochimie, il se produit ordinairement le plus
fort dégagement de chaleur.

Remarque. — Lorsqu'on met en présence d'un sel
un réactif qui ne peut donner avec lui ni combinaison
volatile ni combinaison insoluble, les lois de Berthollet ne sont plus applicables. L'expérience montre
qu'alors il se produit une décomposition incomplète,
dont l'importance reste toujours soumise aux règles
de la Thermochimie.

Le phénomène est, dans ce cas, assez délicat à étudier, mais la décomposition est quelquefois mise en
évidence par un changement de couleur des corps
réagissants : c'est ainsi que le sulfate de cuivre bleu
devient vert quand on l'additionne d'acide chlorhydrique ou de sel marin, parce qu'il se transforme
partiellement en chlorure cuivrique qui est vert.

CHAPITRE II

MÉTAUX ALCALINS ET AMMONIUM

Potassium.

195. Propriétés. — Le potassium est un métal blanc, mou comme de la cire, qui se ternit immédiatement à l'air, par suite d'une oxydation superficielle.

Sa densité 0,865 en fait le plus léger de tous les métaux, après le lithium ; il fond à 62°,5 et entre en ébullition au rouge. Le potassium doit être fondu sous une couche d'huile de naphte et distillé dans une atmosphère d'azote, pour éviter son oxydation et même son inflammation à l'air.

C'est le métal le plus électro-positif que l'on connaisse : il s'oxyde déjà dans l'air sec ; à l'air humide il se transforme rapidement, avec dégagement de chaleur, en potasse qui, à son tour, en s'emparant de l'acide carbonique de l'air, se change en carbonate de potassium.

$$K + H^2O = KOH + H.$$
$$2KOH + CO^2 = CO^3K^2 + H^2O.$$

A chaud il brûle dans l'oxygène avec une flamme violacée, en donnant de l'oxyde de potassium K^2O.

Le potassium décompose vivement l'eau, à froid, en

dégageant de l'hydrogène. Le dégagement de chaleur est assez fort pour enflammer ce gaz quand on fait l'expérience au contact de l'air : on le voit alors brûler autour du fragment de métal avec une flamme violette. L'expérience se termine généralement par une petite explosion, qui pourrait devenir dangereuse si l'on opérait sur une trop grande quantité de matière.

Le potassium prend feu spontanément dans le chlore ; il se combine au brome avec détonation ; enfin il réduit la plupart des oxydes ou chlorures métalliques, en s'emparant de leur oxygène ou de leur chlore et mettant le métal en liberté.

Dans toutes ses réactions, le potassium se comporte comme un métal monovalent.

196. Préparation. — Le potassium a été découvert en 1807 par Davy, en décomposant par l'électricité un fragment de potasse humide : le potassium se porte sur l'électrode négative.

Si l'on a soin d'entourer celle-ci de mercure, le potassium se transforme en amalgame, relativement peu altérable à l'air, d'où il est ensuite facile de le retirer par distillation.

En 1808, Gay-Lussac et Thénard l'ont obtenu en décomposant la potasse par la chaleur, dans un tube de fer chauffé à blanc et rempli de tournure de fer ; enfin Brunner a fait connaître plus tard une méthode de préparation du potassium qui, perfectionnée par M. Sainte-Claire Deville, est devenue la seule qui soit réellement pratique.

Cette méthode consiste à chauffer au rouge blanc, dans une bouteille en fer, un mélange de carbonate de potassium et de charbon, auquel il convient d'ajouter un peu de craie en poudre pour empêcher la matière de fondre ; il se forme de l'oxyde de carbone et des vapeurs de potassium, qui vont se condenser dans un réfrigérant spécial, constitué par deux plaques de fer très voisines formant une sorte de boîte plate, qui est connu sous le nom de *récipient de Mareska et Donny* (fig. 53 et 54).

$$CO^3K^2 + 2C = 3CO + 2K.$$

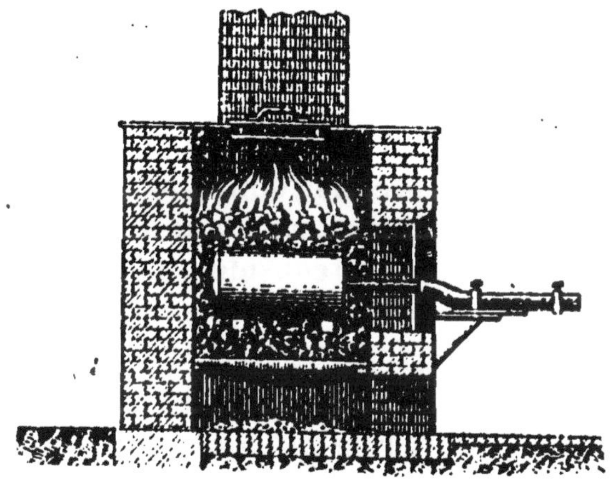

Fig. 53. — Préparation du potassium.

On conserve le potassium dans des flacons bien

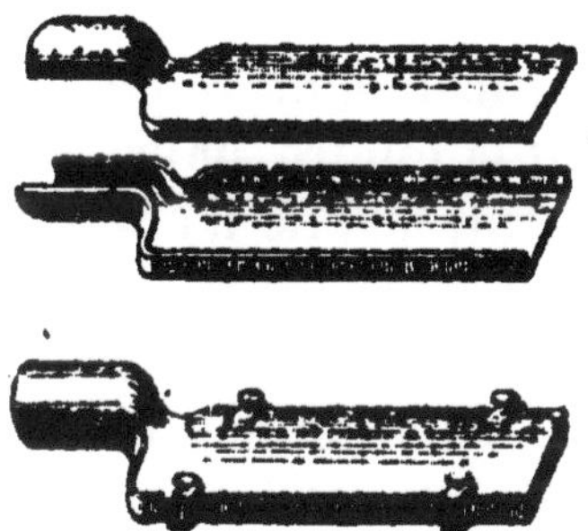

Fig. 54. — Récipient de Mareska et Donny.

bouchés, sous une couche d'huile de naphte ou de pétrole qui le préserve du contact de l'air.

Usages. — Le potassium servait autrefois à préparer le bore, le silicium, le magnésium et l'aluminium ; aujourd'hui on l'a remplacé, dans toutes ces applications, par le sodium, qui produit presque identiquement les mêmes effets et coûte beaucoup moins cher.

Tous les composés du potassium sont blancs quand ils ne renferment pas d'acide coloré ; ils sont en général solubles dans l'eau et très stables.

197. Oxydes. — Le potassium forme avec l'oxygène deux oxydes, K_2O et K_2O_4, qui n'ont par eux-mêmes aucun intérêt ; le premier donne avec l'eau l'hydrate de potassium ou potasse caustique KOH dont l'importance est, au contraire, considérable.

198. Potasse caustique KOH. — C'est un corps blanc, affectant d'ordinaire la forme de petites plaques à cassure cristalline. Elle est fort soluble dans l'eau et dans l'alcool et même déliquescente, le contact prolongé de l'air la change en carbonate de potassium CO_3K_2.

Ses dissolutions aqueuses portent dans le commerce le nom de *lessives de potasse.*

La potasse est fusible au rouge sombre et peut être moulée ; on doit la fondre dans des capsules ou des creusets en argent, qu'elle n'attaque pas.

La potasse est la base la plus forte qui existe ; elle bleuit énergiquement le tournesol rouge et s'unit à tous les acides pour donner des sels ; on s'en sert souvent, dans les laboratoires, pour absorber les gaz acides et notamment l'acide carbonique.

Elle est très corrosive ; les chirurgiens s'en servent comme caustique, sous le nom de *pierre à cautère.*

La potasse se prépare en décomposant vers 100 degrés

une dissolution de carbonate de potassium par la chaux éteinte.

$$CO^3K^2 + Ca(OH)^2 = CO^3Ca + 2KOH.$$

Quand l'opération est finie, on décante la lessive où surnage le carbonate de calcium insoluble; on évapore jusqu'à sec, on fond le résidu et enfin on le coule sur une table horizontale où il se solidifie par refroidissement.

On obtient ainsi la potasse ordinaire, dite *potasse à la chaux*, qui renferme diverses impuretés (sulfates et chlorures); pour l'avoir pure, on la redissout dans l'alcool et on évapore à nouveau: c'est alors la *potasse à l'alcool*, dont l'usage est réservé aux laboratoires.

La potasse sert dans l'industrie à la fabrication des savons mous et de certains composés organiques, en particulier des phénols.

199. Chlorure de potassium KCl. — Le chlorure de potassium est un sel blanc, neutre au tournesol, cristallisé en cubes et d'une saveur salée, comme le sel ordinaire. Certaines peuplades du centre de l'Afrique s'en servent comme condiment, en place du sel marin qui leur est inconnu.

Il est soluble dans l'eau et fusible au rouge, sans décomposition; il possède tous les caractères chimiques des chlorures et notamment donne avec l'azotate d'argent un précipité blanc de chlorure d'argent, soluble dans l'ammoniaque, insoluble dans l'acide azotique et noircissant à la lumière. L'acide sulfurique en dégage des fumées d'acide chlorhydrique, sans coloration.

Le chlorure de potassium s'extrait principalement des mines de sel gemme de Stassfurt, en Allemagne, où on le rencontre en abondance, à l'état pur (*sylvine*), ou en combinaison avec le chlorure de magnésium (*carnallite*).

On peut aussi en retirer des eaux-mères des marais salants et des cendres de varechs.

Le chlorure de potassium sert en agriculture comme engrais et, dans l'industrie, pour fabriquer le chlorate de potassium, le salpêtre et l'alun.

200. Bromure de potassium KBr. — Ce corps cristallise en cubes comme le chlorure de potassium, auquel d'ailleurs il ressemble beaucoup ; avec l'azotate d'argent, il donne un précipité jaune pâle de bromure d'argent et avec l'acide sulfurique une coloration orangée, due à la mise en liberté d'un peu de brome, en même temps que des fumées blanches d'acide bromhydrique.

Il existe en petite quantité dans l'eau de la mer et les mines de sel gemme ; on le prépare en traitant le brome par la potasse, à chaud, et calcinant le résidu pour décomposer le bromate de potassium qui se forme en même temps que le bromure.

$$6Br + 6KOH = 5KBr + KBrO^3 + 3H^2O.$$
$$KBrO^3 = KBr + 3O.$$

Le bromure de potassium sert en médecine et en photographie.

201. Iodure de potassium KI. — Sel blanc, très analogue au bromure de potassium, avec lequel il est isomorphe ; il donne avec les sels d'argent un précipité jaune d'iodure d'argent, insoluble dans l'acide azotique et dans l'ammoniaque, et avec l'acide sulfurique un dépôt brun d'iode, accompagné de fumées blanches d'acide iodhydrique.

On le rencontre en très petite quantité dans l'eau

do la mer ; il se prépare comme le bromure de potassium, en traitant l'iode par une lessive chaude de potasse, enfin il sert encore en médecine et en photographie.

202. Cyanure de potassium KCy ou KCAz. — Le cyanure de potassium est un sel blanc, cristallisé en cubes comme les chlorure, bromure et iodure de potassium, reconnaissable immédiatement à son odeur cyanhydrique.

Il est soluble dans l'eau et fusible au rouge, sans décomposition ; à cause du carbone qu'il renferme il réduit au rouge un grand nombre d'oxydes métalliques et donne un mélange explosif avec l'azotate de potassium.

Il attaque un certain nombre de métaux et même l'or, qu'il transforme en cyanure, enfin il dissout très bien les composés haloïdes de l'argent.

Le cyanure de potassium est très vénéneux, comme presque toutes les combinaisons du cyanogène.

On le prépare industriellement en décomposant par la chaleur le ferrocyanure de potassium ou *prussiate jaune de potasse*.

$$FeCy^6K^4 = Fe + 2Cy + 4KCy.$$

On peut aussi l'obtenir par synthèse, en faisant passer un courant d'azote sur un mélange de potasse et de charbon, chauffé au rouge vif.

$$KOH + 2C + Az = CO + H + KCAz.$$

On s'en sert dans la métallurgie de l'or et pour préparer les bains d'argenture ou de dorure galvaniques.

203. Hypochlorite de potassium ClOK. — Ce sel n'est connu qu'en dissolution ; c'est l'un des *chlorures déco-*

lorants industriels, on l'appelle d'ordinaire *eau de Javel*.

L'eau de Javel est un liquide incolore, d'odeur légèrement chlorée, qui détruit la plupart des matières colorantes en les oxydant.

L'ébullition l'altère et transforme l'hypochlorite qu'elle renferme en chlorure et chlorate de potassium.

$$3ClOK = 2KCl + ClO^3K.$$

On la prépare, soit en faisant passer un courant de chlore dans une dissolution *étendue et froide* de potasse caustique (Berthollet), soit en décomposant l'hypochlorite de calcium (*chlorure de chaux* du commerce) par le carbonate de potassium.

$$2KOH + 2Cl = KCl + KClO + H^2O.$$
$$Ca(ClO)^2 + CO^3K^2 = CaCO^3 + 2KClO.$$

204. Chlorate de potassium ClO^3K. — Le chlorate de potassium est un sel blanc, cristallisé en lamelles brillantes, d'un aspect caractéristique.

Il est peu soluble dans l'eau froide et fond au-dessous du rouge, d'abord sans se décomposer ; si alors on élève peu à peu la température on le voit dégager de l'oxygène et se transformer successivement en un mélange de chlorure et de perchlorate de potassium, puis en chlorure de potassium pur.

$$2ClO^3K = KCl + ClO^4K + 2O.$$
$$ClO^4K = KCl + 4O.$$

Cette propriété peut servir à le distinguer du salpêtre.

Le chlorate de potassium, par l'oxygène qu'il renferme, active toutes les combustions : il fuse sur les charbons ardents et donne avec le soufre, le phosphore et presque tous les corps combustibles des poudres explosives. Ces poudres sont *brisantes* et très sensibles au choc; elles peuvent même détoner spontanément, ce qui les rend dangereuses à conserver et même inutilisables au tir dans les armes à feu.

On prépare le chlorate de potassium en faisant passer un courant de chlore dans une lessive *concentrée et chaude* de potasse (Berthollet),

$$6KOH + 6Cl = 5KCl + ClO^3K + 3H^2O,$$

ou mieux encore en faisant bouillir une dissolution de chlorure de potassium avec du chlorure de chaux,

$$3Ca(ClO)^2 + 2KCl = 3CaCl^2 + 2ClO^3K,$$

ou enfin en électrolysant une solution de chlorure de potassium. Dans tous les cas le chlorate de potassium se sépare de lui-même des sels qui se forment en même temps que lui, en raison de sa faible solubilité.

On s'en sert en pyrotechnie, dans les laboratoires pour préparer l'oxygène, et, en médecine, pour le traitement des affections de la gorge.

205. Sulfates de potassium. — On en connaît deux : le sulfate neutre SO^4K^2 et le sulfate acide ou *bisulfate* SO^4HK.

Ce sont des sels blancs, solubles et bien cristallisés, qui donnent tous les deux avec le chlorure de baryum la réaction caractéristique de l'acide sulfurique et des sulfates; on les distingue sans peine au moyen d'un papier de tournesol bleu, qui rougit dans le bisulfate et n'est pas modifié par le sulfate neutre.

Le sulfate neutre de potassium est indécomposable par la chaleur; il s'extrait des mines de sel gemme et sert en agriculture comme engrais.

Le bisulfate se dédouble au rouge en sulfate neutre qui reste comme résidu et en acide sulfurique qui se volatilise.

$$2SO^4HK = SO^4K^2 + SO^4H^2.$$

Il forme le résidu de la préparation de l'acide azotique par l'azotate de potassium et l'acide sulfurique, et n'a aucun usage important.

206. Azotate de potassium AzO^3K. — C'est le *nitre* ou *salpêtre* des anciens.

L'azotate de potassium cristallise en belles aiguilles blanches, beaucoup plus solubles dans l'eau chaude que dans l'eau froide ; il possède une saveur fraîche caractéristique.

Il donne toutes les réactions des azotates ; la chaleur le décompose en oxygène et azotite de potassium.

$$AzO^3K = O + AzO^2K.$$

Il active toutes les combustions, fuse sur les charbons rouges et donne des mélanges explosifs avec la plupart des corps combustibles.

La poudre noire ordinaire est un mélange de 75 parties de salpêtre avec 12^p,5 de soufre et autant de charbon de bois (fusain ou bourdaine); elle dégage en brûlant un volume considérable de gaz qui lui donne une grande force de propulsion.

$$2AzO^3K + 3C + S = 3CO^2 + 2Az + K^2S.$$

La poudre ordinaire n'est pas sensible au choc et n'est pas brisante comme les mélanges à base de chlorates.

L'azotate de potassium prend naissance et apparait, sous forme d'efflorescences cristallines, dans tous les endroits humides où il se dégage des vapeurs ammoniacales : l'acide azotique qu'il contient résulte de l'oxydation de l'ammoniaque par l'air et le ferment nitrique, son potassium vient du sol.

La terre végétale en renferme toujours un peu ; on en trouve des quantités dans certaines terres d'Amérique ou des Indes.

Il est possible de fonder sur l'emploi du ferment nitrique un mode de préparation régulier du salpêtre : c'est alors la méthode des *nitrières artificielles*, qui a beaucoup servi à la fin du siècle dernier et qui consiste essentiellement à arroser une masse de matériaux poreux avec de l'urine putréfiée ; actuellement on préfère le fabriquer par double décomposition, en traitant une solution concentrée d'azotate de sodium par le chlorure de potassium.

$$AzO^3Na + KCl = AzO^3K + NaCl.$$

Le salpêtre, insoluble dans l'eau salée, se sépare de lui-même, et en totalité, de la liqueur.

On l'emploie pour fabriquer la poudre à canon et quelquefois l'acide azotique ; en agriculture on s'en sert souvent comme engrais, à cause du potassium et de l'azote qu'il renferme.

207. Carbonates de potassium. — On en connaît deux : le carbonate neutre CO^3K^2 et le bicarbonate CO^3HK, qui n'a aucun intérêt pratique.

Le carbonate neutre de potassium est la *potasse* du commerce ; c'est une poudre cristalline blanche, très soluble et fusible au rouge sans décomposition ; il ramène au bleu la teinture de tournesol rougie par un acide et fait effervescence avec tous les acides forts.

Le carbonate de potassium est légèrement caustique, il attaque aisément les graisses et un grand nombre de matières colorantes.

On l'extrait par lessivage des cendres du bois (*potasse d'Amérique*) ou des plantes industrielles, en particulier du *tartre* et des *vinasses* qui restent comme résidus dans la fabrication du vin et du sucre de betteraves.

Les cendres du *suint* qui imprègne la laine fraîche peuvent aussi en fournir de grandes quantités.

Le carbonate de potassium sert au blanchiment du linge, à la préparation de la potasse caustique et à la fabrication du verre blanc.

208. Silicate de potassium SiO^3K^2. — Le silicate de potassium ou *verre soluble* est un corps blanc, amorphe, d'apparence vitreuse et fusible au rouge comme le verre ordinaire; ses dissolutions étaient désignées autrefois sous le nom de *liqueur des cailloux*, on les reconnaît au précipité gélatineux de silice qu'elles donnent avec les acides forts.

Le silicate de potassium entre dans la composition du verre fin et du cristal, où il se trouve associé au silicate de calcium ou au silicate de plomb.

On l'obtient en fondant au creuset un mélange de sable et de carbonate de potassium.

$$SiO^2 + CO^3K^2 = CO^2 + SiO^3K^2.$$

Il sert à durcir extérieurement la pierre, pour augmenter sa résistance aux intempéries, et, mélangé avec du carbonate de calcium et du carbonate de magnésium, à recoller le verre et la porcelaine.

209. Caractères des sels de potassium.

Ac. sulfhydrique;.......... Rien.
Sulfhydrate d'ammoniaque; Rien.

Acides et bases vulgaires....	Rien.
Ac. perchlorique ClO^4H.....	Pr. blanc de perchlorate ClO^4K.
Ac. fluosilicique...........	Pr. gélatineux, blanc, de $SiFl^6K^2$.
Chlorure de platine $PtCl^4$..	Pr. cristallin, jaune, de $PtCl^6K^2$.
Flammes...................	Coloration violette.

Sodium.

210. Propriétés, préparation. — Le sodium est un métal qui ressemble sous tous les rapports au potassium ; comme lui il est blanc, mou, très altérable à l'air, ce qui oblige à le conserver de même dans l'huile de naphte. Il fond à 96°,5 et se volatilise au rouge ; sa densité égale à 0,97.

Le sodium ne s'oxyde pas dans l'air sec, mais il brûle au voisinage du rouge avec une flamme brillante, d'un jaune pur caractéristique ; à l'air humide il se change en soude $NaOH$.

Il ne se combine qu'à chaud au chlore et au brome ; il décompose l'eau à froid sans s'enflammer, mais il possède toutes les propriétés réductrices du potassium et peut le remplacer dans toutes ses applications.

On peut le préparer de la même manière que le potassium, mais la seule méthode pratique est celle de Brunner, modifiée par H. Sainte-Claire Deville : elle consiste à distiller, dans de longs cylindres en fer, chauffés au rouge vif, un mélange intime de carbonate de sodium sec, de craie pulvérisée et de charbon. Le sodium qui se dégage à l'état de vapeur est condensé dans un récipient de Mareska et Donny ; la réaction est la même que pour le potassium (fig. 55).

On peut dans cette préparation remplacer le carbonate de sodium par la soude caustique.

Fig. 55. — Fabrication du sodium.

Le sodium sert dans l'industrie à fabriquer l'aluminium par le procédé Deville et à préparer les cyanures alcalins nécessaires à la métallurgie de l'or. Ces cyanures, à base de potassium et de sodium, s'obtiennent en traitant le prussiate jaune par le sodium métallique.

$$FeCy^6K^4 + 2Na = Fe + 4KCy + 2NaCy.$$

Dans les laboratoires on s'en sert pour préparer le magnésium, le bore et le silicium.

Les composés du sodium possèdent en général, à l'état anhydre, les mêmes propriétés que ceux du potassium, mais, à l'état cristallisé, ils renferment presque toujours de l'eau de cristallisation.

Ils sont tous solubles dans l'eau, sauf le pyroantimoniate.

211. Oxydes. — Le sodium donne avec l'oxygène deux combinaisons différentes : un protoxyde Na^2O et un peroxyde NaO^2 qui est maintenant employé dans l'industrie du blanchiment.

Le protoxyde de sodium se change en soude au contact de l'eau.

212. Soude caustique NaOH. — La soude est absolument semblable à la potasse; elle en possède toutes les propriétés essentielles et se prépare de la même manière, en décomposant le carbonate de sodium par la chaux.

On l'emploie surtout à la fabrication des savons durs, entre autres du savon de Marseille.

213. Chlorure de sodium NaCl. — Le chlorure de sodium, ou *sel marin*, est presque identique au chlorure de potassium; il cristallise comme lui en cubes, souvent groupés en *trémies*, et sa saveur est le type de ce qu'on appelle la *saveur salée*.

Par exception le chlorure de sodium n'est pas plus soluble à chaud qu'à froid; il fond au rouge et se volatilise à une température plus élevée.

Le sel ordinaire s'extrait des eaux de la mer, qui en contiennent environ 25 grammes par litre, ou des mines de *sel gemme*, dont l'origine est le desséchement d'anciens lacs salés ou de mers intérieures.

Pour le retirer de l'eau de mer, il suffit de laisser celle-ci s'évaporer à l'air, dans de vastes bassins étanches, divisés en compartiments par des cloisons intérieures, et que l'on appelle *marais salants; les eaux-mères* qui restent après que le sel s'est déposé peuvent servir à la préparation du chlorure de potassium ou du brome.

Le sel gemme forme de gros blocs transparents,

très *diathermanes* et à clivage nettement cubique ; il est toujours accompagné, dans ses gisements, des autres corps solubles qui se trouvent dans nos mers actuelles, notamment de sels de potassium, de magnésium et de calcium.

Le chlorure de sodium sert dans l'alimentation, comme condiment, et, dans l'industrie, à préparer tous les composés du chlore et du sodium ; c'est en effet le plus commun de tous les corps qui renferment l'un ou l'autre de ces deux éléments.

214. Hypochlorite de sodium ClONa. — Ce sel n'est connu qu'en dissolution, on l'appelle alors *eau de Labarraque*.

Il possède toutes les propriétés de l'hypochlorite de potassium, on le prépare de la même manière et il a les mêmes emplois.

215. Sulfates de sodium. — Ils sont au nombre de deux et ont les mêmes formules que les sulfates potassiques.

Le sulfate neutre de sodium SO^4Na^2 est un beau sel blanc, qui cristallise à la température ordinaire avec 10 molécules d'eau ; on l'appelle alors dans les pharmacies *sel de Glauber*.

Il est très efflorescent et se déshydrate dès qu'on le chauffe.

Le sulfate de sodium présente un maximum de solubilité à 33 degrés ; ses dissolutions aqueuses, saturées à chaud, restent facilement en sursaturation à froid.

Il existe dans l'eau de mer en petite quantité, on le prépare en grand en décomposant le sel marin par l'acide sulfurique, dans des fours à réverbère (fig. 50). La réaction s'accomplit en deux phases : il se forme d'abord, à basse température, dans la *cuvette*, du bisulfate de sodium qui, au rouge, dans les *moufles*, réagit sur une nouvelle quantité de sel et se change en sulfate neutre ; il se dégage pendant toute la durée de l'attaque des torrents d'acide chlorhydrique que l'on absorbe par l'eau, dans des bonbonnes en grès.

$$NaCl + SO^4H^2 = HCl + SO^4HNa.$$
$$NaCl + SO^4HNa = HCl + SO^4Na^2.$$

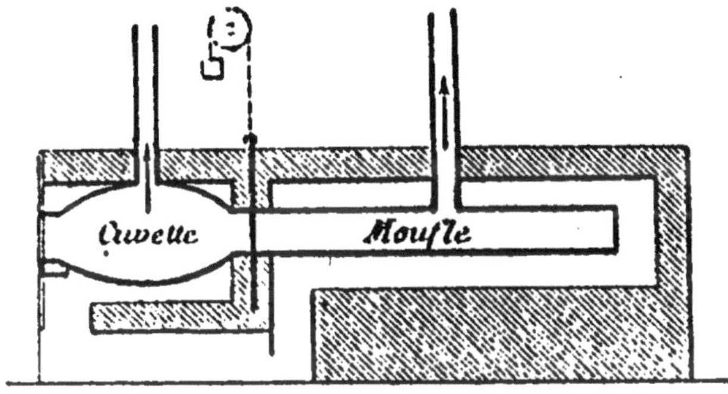

Fig. 56. — Four à sulfate de sodium.

Le sulfate neutre de sodium sert à la fabrication du verre et à celle du carbonate de sodium par le procédé Leblanc. On l'emploie quelquefois en médecine, comme purgatif, et, dans les laboratoires, mélangé d'acide chlorhydrique, comme réfrigérant.

Le bisulfate de sodium SO^4HNa se forme en abondance dans la fabrication de l'acide azotique par l'azotate de sodium et l'acide sulfurique, mais il n'a aucun usage important.

216. Hyposulfite de sodium $S^2O^3Na^2$. — L'hyposulfite de sodium est un beau sel blanc, très bien cristallisé et très soluble dans l'eau, qui a la propriété curieuse de dissoudre tous les sels haloïdes de l'argent, qui n'ont pas encore été impressionnés par la lumière.

On le reconnait aisément au moyen de l'acide chlorhydrique, qui le décompose en donnant de l'acide sulfureux et un précipité de soufre amorphe.

$$S^2O^3Na^2 + 2HCl = 2NaCl + SO^2 + S + H^2O.$$

On le prépare en faisant bouillir du sulfite de sodium avec de la fleur de soufre, ou en traitant du sulfure de sodium par l'acide sulfureux.

$$SO^3Na^2 + S = S^2O^3Na^2.$$
$$2Na^2S + 3SO^2 = 2S^2O^3Na^2 + S.$$

Il sert principalement en photographie, pour *fixer* les épreuves, positives ou négatives.

217. Azotate de sodium AzO^3Na. — C'est un sel blanc, bien cristallisé, fusible et décomposable par la chaleur comme le salpêtre ordinaire.

De même que ce dernier, il donne des mélanges détonants avec les corps combustibles; on peut s'en servir à la fabrication de poudres lentes, comme la poudre de mine.

On le rencontre en abondance sur les côtes du Chili et du Pérou, où il s'est formé par oxydation de l'ammoniaque du guano, sous l'influence du ferment nitrique. Il renferme ordinairement, à l'état brut, un peu d'iodate de sodium, que l'on en sépare par cristallisation, et qui sert à la fabrication de l'iode.

L'azotate de sodium est employé en agriculture, comme engrais azoté, et, dans l'industrie, pour fabriquer l'acide azotique et le salpêtre; on l'appelle quelquefois dans le commerce *salpêtre du Chili*.

218. Phosphates de sodium. — L'acide phosphorique donne avec la soude trois sels distincts : le phosphate monosodique ou *acide* PO^4H^2Na, le phosphate disodique ou *neutre* PO^4HNa^2 et le phosphate trisodique PO^4Na^3 ; le phosphate neutre est seul intéressant.

C'est un sel blanc, neutre au tournesol, qui cristallise avec 12 molécules d'eau ; par la chaleur il se déshydrate, puis se transforme en *pyrophosphate de sodium* $P^2O^7Na^4$.

$$2PO^4HNa^2 = H^2O + P^2O^7Na^4.$$

On le reconnait à ce qu'il donne avec l'azotate d'argent un précipité jaune d'orthophosphate triargentique, soluble dans l'ammoniaque et dans l'acide azotique.

Le phosphate de sodium se prépare en décomposant le phosphate monocalcique par le carbonate de sodium ; il se précipite en même temps du phosphate tricalcique, que l'on sépare en filtrant.

$$3(PO^4H^2)^2Ca + 4CO^3Na^2 =$$
$$4CO^2 + 4H^2O + (PO^4)^2Ca^3 + 4PO^4HNa^2.$$

On s'en sert dans les laboratoires et quelquefois en médecine, comme purgatif.

219. Borates de sodium. — Il en existe un assez grand nombre ; le plus commun est le biborate de sodium ou borax $B^4O^7Na^2$, qui cristallise avec 10 ou 5 molécules d'eau, suivant la température.

Ce sel fond au rouge comme le verre et se colore de la même façon que lui quand on l'additionne d'oxydes métalliques ; on l'emploie à cause de cela dans les analyses dites *au chalumeau*.

Le borax se prépare en saturant l'acide borique par le carbonate de sodium.

$$4BO^3H^3 + CO^3Na^2 = CO^2 + B^4O^7Na^2 + 6H^2O.$$

Il sert surtout comme fondant, dans les opérations par voie sèche, et pour faciliter la soudure des métaux; on le fait entrer quelquefois dans la composition de l'émail et dans l'apprêt du linge, et on l'emploie en médecine comme caustique léger et comme antiseptique.

220. Carbonates de sodium. — Ils sont au nombre de deux : le carbonate neutre CO^3Na^2 et le bicarbonate CO^3HNa.

Le carbonate neutre de sodium est appelé *sel de soude* quand il est anhydre : c'est alors une matière cristalline, très soluble dans l'eau et fusible au rouge, sans décomposition. Il cristallise de ses dissolutions aqueuses avec 10 molécules d'eau et est alors désigné dans le commerce sous le nom de *cristaux* de soude ; sous cette forme il est très efflorescent et subit quand on le chauffe doucement la *fusion aqueuse*.

Il bleuit le tournesol rouge et possède à peu près toutes les propriétés du carbonate de potassium.

On le fabrique industriellement par deux méthodes différentes : le procédé Leblanc et le procédé Solvay.

Dans le procédé Leblanc, qui est le plus ancien, on calcine, sur la sole d'un four à réverbère, un mélange de sulfate de sodium, de craie et de charbon : il se forme du carbonate de sodium et du sulfure de calcium insoluble (*charrée*), qu'on sépare ensuite par *lessivage méthodique*.

$$SO^4Na^2 + CO^3Ca + 4C = 4CO + CO^3Na^2 + CaS.$$

Dans le procédé Solvay, ou *procédé à l'ammoniaque*, on traite par un courant d'acide carbonique, à froid, une solution ammoniacale de chlorure de sodium ; il se forme du chlorhydrate d'ammoniaque, avec lequel on régénère l'ammoniaque primitive, et du bicarbonate de sodium peu soluble qui se dépose ; ce sel est alors transformé par la chaleur en carbonate neutre.

$$NaCl + CO_2 + AzH_3 + H_2O = AzH_4Cl + CO_3HNa.$$
$$2CO_3HNa = CO_3Na_2 + CO_2 + H_2O.$$

Le carbonate neutre de sodium sert à fabriquer le verre et la soude caustique ; on l'emploie aussi beaucoup dans l'industrie du blanchiment.

Le bicarbonate de sodium est une poudre cristalline blanche, peu soluble et décomposable vers 100 degrés en carbonate neutre et acide carbonique ; il ramène aussi au bleu la teinture rouge de tournesol.

On le prépare en faisant réagir l'acide carbonique en excès sur des cristaux de soude, à froid.

$$CO_3Na_2, 10H_2O + CO_2 = 2CO_3HNa + 9H_2O.$$

Il existe en dissolution dans un grand nombre d'eaux minérales, dites *alcalines* ; l'eau de Vichy en est le type le plus connu et le plus employé.

On s'en sert en médecine, sous le nom de *sel de Vichy*, pour le traitement des affections de l'estomac.

221. Silicate de sodium. — En tout semblable au silicate de potassium, ce corps se prépare de la même manière et sert aux mêmes usages que lui ; il entre dans la composition du verre ordinaire, qui est un silicate double de sodium et de calcium.

222. Caractères des sels de sodium.

Hydrogène sulfuré...................... Rien.
Sulfhydrate d'ammoniaque... .... Rien.

Acides et bases vulgaires	Rien.
Acide perchlorique	Rien.
Acide fluosilicique	Rien.
Chlorure de platine	Rien.
Pyroantimoniate de potassium $Sb^2O^7H^2K^2$	Pr. blanc.
Flammes ....,	Coloration jaune intense.

Lithium.

223. Propriétés. — Le lithium est un métal blanc, extrêmement léger, qui se rapproche à la fois des métaux alcalins et du magnésium par l'ensemble de ses caractères chimiques. Il décompose l'eau à froid et brûle à l'air, en donnant de l'oxyde de lithium ou *lithine* Li^2O.

224. Lithine Li^2O. — La lithine est un corps blanc, qui donne avec l'eau un hydrate $LiOH$, très alcalin et caustique, comme la potasse ou la soude, mais indécomposable par le charbon, au rouge.

La lithine s'extrait de différents minéraux dont les plus communs sont l'*amblygonite* (fluophosphate d'aluminium, de lithium et de sodium) et une sorte de mica qu'on appelle *lépidolithe*; elle existe dans certaines eaux minérales qui lui doivent des propriétés thérapeutiques spéciales.

225. Carbonate de lithium CO^3Li^2. — Le carbonate de lithium est un sel blanc peu soluble dans l'eau froide et d'une réaction fortement alcaline. On le prépare en précipitant un sel soluble de lithium par le carbonate de sodium et on s'en sert en médecine pour le traitement des affections rhumatismales.

226. Caractères des sels de lithium.

Hydrogène sulfuré............ Rien.
Sulfhydrate d'ammoniaque Rien.
Acides vulgaires........... Rien.
Bases vulgaires.......... Rien.
Carbonates alcalins....... Pr. blanc de CO^3Li^2.
Chlorure de platine....... Rien.
Flammes .... Coloration rouge pourpre

Sels ammoniacaux.

227. — Les sels ammoniacaux, ou sels d'*ammonium*, sont généralement isomorphes avec les sels des métaux alcalins; ils possèdent donc la même structure moléculaire interne, et nous avons vu précédem ment (§ 132) que cette analogie a été l'origine de théorie de l'ammonium de Berzélius et Ampère.

228. Chlorure d'ammonium ou chlorhydrate d'ammoniaque AzH^4Cl. — Ce corps est e *sel ammoniac* du commerce; il cristallise en cubes, comme les chlorures alcalins, se dissout facilement dans l'eau et possède une saveur salée.

Il se sublime à chaud, sans décomposition apparente, ce qui donne un excellent moyen de le purifier quand il est mélangé de matières fixes. On le prépare en combinant directement l'ammoniaque à l'acide chlorhydrique : à l'état gazeux, ces deux corps s'unissent en volumes égaux.

$$AzH^3 + HCl = AzH^4Cl.$$

On s'en sert comme engrais, à cause de l'azote qu'il renferme, et pour décaper les métaux, en vue de faciliter leur soudure; le liquide excitateur de la pile

Leclanché est une dissolution de chlorhydrate d'ammoniaque.

229. Sulfure d'ammonium $S(AzH^4)^2$ et **sulfhydrate d'ammoniaque** AzH^4SH. — Ces deux sels sont cristallisables, mais on ne les trouve guère qu'en dissolution, dans le commerce. On les reconnaît à leur odeur nauséabonde, qui rappelle à la fois l'ammoniaque et l'acide sulfhydrique.

Ils se forment tous deux dans l'action de l'hydrogène sulfuré sur l'ammoniaque.

$$AzH^3 + H^2S = AzH^4SH.$$
$$2AzH^3 + H^2S = (AzH^4)^2S.$$

On les emploie dans l'analyse chimique, pour précipiter les métaux de leurs sels, à l'état de sulfures insolubles.

230. Sulfate d'ammoniaque $SO^4(AzH^4)^2$. — Sel blanc, soluble et neutre au tournesol, bien cristallisé, ressemblant au sulfate de potassium.

On le prépare en saturant l'acide sulfurique par un courant de gaz ammoniaque et on l'emploie en agriculture comme engrais azoté.

231. Azotate d'ammoniaque AzO^3AzH^4. — C'est un beau sel blanc, très bien cristallisé en longues aiguilles primatiques et très soluble dans l'eau; il absorbe en se dissolvant dans l'eau une grande quantité de chaleur, ce qui le fait employer quelquefois comme réfrigérant.

La chaleur le décompose en protoxyde d'azote et eau.

$$AzO^3AzH^4 = Az^2O + 2H^2O.$$

Il détone sous l'influence d'autres explosifs.

On le prépare synthétiquement, avec de l'acide azotique et de l'ammoniaque, et on s'en sert pour la fabrication de poudres spéciales aux mines grisouteuses (Favier), pour préparer le protoxyde d'azote dans les laboratoires, pour fabriquer de petites quantités de glace artificielle, enfin comme engrais pour la culture des fleurs.

232. Phosphates d'ammoniaque. — Il existe trois phosphates d'ammoniaque, correspondant aux trois phosphates sodiques : ce sont le phosphate triammonique $PO^4(AzH^4)^3$, le phosphate biammonique ou *neutre* $PO^4H(AzH^4)^2$ et le phosphate monoammonique ou acide $PO^4H^2AzH^4$.

Le seul important est le phosphate biammonique : c'est un sel bien cristallisé, soluble et décomposable par la chaleur en ammoniaque, vapeur d'eau et acide métaphosphorique.

$$PO^4H(AzH^4)^2 = 2AzH^3 + H^2O + PO^3H.$$

Cet acide métaphosphorique est vitreux, et recouvre à chaud les corps qui en sont imprégnés d'une sorte de vernis imperméable à l'air; aussi le phosphate d'ammoniaque a-t-il la propriété de rendre le bois, le papier, le linge, etc., absolument incombustibles. On s'en sert quelquefois pour *ignifuger* les décors de théâtres.

Il se prépare comme le phosphate ordinaire de sodium, en neutralisant une solution de phosphate monocalcique par le carbonate d'ammoniaque.

C'est un engrais puissant, dont on peut se servir avec avantage dans la culture des fleurs.

233. Carbonate d'ammoniaque $CO^3(AzH^4)^2$. — C'est un sel blanc, d'odeur ammoniacale, très volatil et facilement soluble dans l'eau. Il se dissocie facilement, en perdant de l'ammoniaque, et se transforme même par la chaleur en un autre sel de formule $CO^2(AzH^2)(AzH^1)$, que l'on appelle *carbamate d'ammoniaque*.

Le carbonate d'ammoniaque du commerce est ordinairement un mélange de carbonate vrai et de carbamate d'ammoniaque.

On le prépare par double décomposition, en sublimant à une douce température un mélange de chlorhydrate d'ammoniaque et de carbonate alcalin.

$$2AzH^1Cl + CO^3Na^2 = CO^3(AzH^1)^2 + 2NaCl.$$

Il se produit spontanément dans la putréfaction de l'urine, par l'action d'un ferment spécial sur l'*urée*.

$$CO(AzH^2)^2 + 2H^2O = CO^3(AzH^1)^2.$$
Urée.

Le carbonate d'ammoniaque pur sert de réactif dans les laboratoires; celui qui se trouve dans les eaux-vannes est employé dans l'industrie à la fabrication de l'ammoniaque.

234. Caractères des sels ammoniacaux.

Hydrogène sulfuré....................	Rien.
Sulfhydrate d'ammoniaque..	Rien.
Acides vulgaires....................	Rien.
Bases alcalines et alcalino-terreuses.	Dégagement de AzH^3.
Carbonates alcalins (à chaud).......	Dégagement de $CO^3(AzH^1)^2$.
Chlorure de platine................	Pr. jaune cristallin, de $PtCl^6(AzH^1)^2$.

CHAPITRE III

MÉTAUX ALCALINO-TERREUX

Calcium.

235. Propriétés, préparation. — Le calcium est encore mal connu à l'état libre parce qu'il est fort difficile à extraire de ses combinaisons; c'est un métal blanc, qui s'oxyde à l'air et décompose l'eau à froid, comme les métaux alcalins. Il brûle à chaud avec une belle flamme orangée.

$$Ca + 2H^2O = 2H + Ca(OH)^2.$$

Il se combine directement au chlore, au brome, à l'iode, à l'azote et au carbone, en un mot possède des réactions nombreuses et particulièrement énergiques, dans lesquelles il se montre toujours divalent.

On en a obtenu de petites quantités en décomposant la chaux humide par l'électricité (Davy), en électrolysant le chlorure de calcium fondu (Matthiessen) ou enfin en décomposant le chlorure de calcium par le sodium, en présence de zinc (Caron).

Le calcium donne avec l'oxygène un protoxyde CaO et un bioxyde CaO^2; le premier seul est intéressant.

236. Chaux CaO. — Le protoxyde de calcium est vulgairement appelé *chaux vive* : c'est un corps blanc, d'apparence pierreuse, dur et très réfractaire, qui ne peut être fondu que dans l'arc voltaïque, à 3,500 degrés (Moissan).

On s'en sert souvent pour confectionner des creusets ou des fours réfractaires, dans lesquels on peut fondre le platine.

La chaux s'unit à l'eau, avec dégagement de chaleur, pour donner l'hydrate de calcium ou *chaux éteinte* $Ca(OH)^2$; cette hydratation est accompagnée, quand la chaux est pure, d'une augmentation considérable de volume; on dit alors qu'elle *foisonne*, et, quand elle foisonne beaucoup, on l'appelle dans le commerce *chaux grasse*.

Quand la chaux est mélangée de sable, elle foisonne peu : c'est alors la *chaux maigre*. Enfin, quand elle renferme de l'argile, elle durcit dans l'eau au lieu de foisonner : on l'appelle alors *chaux hydraulique* ou *ciment*, suivant que le durcissement est lent ou rapide.

La chaux grasse, mélangée de sable, constitue le *mortier* des maçons; la chaux hydraulique, mélangée avec des cailloux de silex, sert à faire le *béton*, qui résiste absolument à l'action de l'eau, enfin le ciment sert à faire des revêtements imperméables sur toutes sortes de maçonneries.

Ces matériaux hydrauliques sont d'un usage constant dans la construction des piles de ponts, des digues, des aqueducs, des égouts, des citernes, etc.

La chaux éteinte est fort peu soluble dans l'eau; sa dissolution sert dans les laboratoires, sous le nom d'*eau de chaux*, pour reconnaître qualitativement l'acide carbonique.

C'est une base forte, qui bleuit le tournesol et s'unit indistinctement à tous les acides.

On la fabrique en calcinant du carbonate de calcium (*pierre à chaux*) dans des fours à cuve dits *fours à chaux;* ces fours sont chauffés par des foyers latéraux où l'on brûle de la houille, et sont disposés de manière à ce que l'on puisse retirer la chaux cuite par leur partie inférieure, en même temps qu'on les remplit de calcaire par le haut (fig. 57).

$$CO^3Ca = CO^2 + CaO.$$

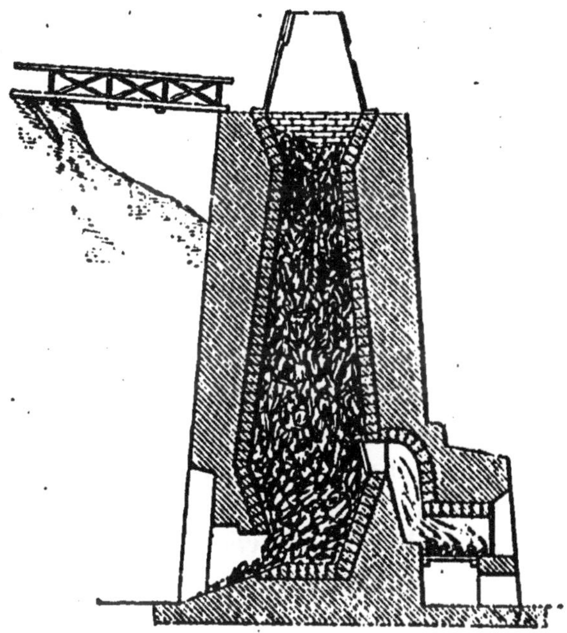

Fig. 57. — Four à chaux.

La qualité de la chaux que l'on obtient ainsi dépend de la composition du calcaire employé : le carbonate de calcium donne régulièrement de la chaux grasse s'il est pur; quand il renferme du sable il fournit de la chaux maigre, enfin s'il contient de l'argile (calcaires de Portland, de Boulogne, de Vassy) il donne de la chaux hydraulique. On peut avoir d'excellent ciment en faisant cuire dans un four à chaux un mélange artificiel de craie et d'argile, fait en proportions convenables.

En outre de ses emplois aux constructions aériennes ou submergées, la chaux sert encore en agriculture, comme amendement, et, dans l'industrie, pour fabriquer la potasse, la soude, l'ammoniaque, pour préparer les peaux destinées au tannage, pour saponifier les graisses en stéarinerie, pour épurer le gaz de houille, etc.

237. Sulfure de calcium CaS. — Le sulfure de calcium est un corps blanc, d'odeur sulfureuse et peu soluble dans l'eau, qui, lorsqu'il est sec, a la propriété curieuse d'émettre à l'obscurité une vive lueur phosphorescente violacée.

On le prépare en réduisant le sulfate de calcium ou plâtre par le charbon, au rouge, ou encore en calcinant dans un creuset un mélange de carbonate de calcium et de soufre; une petite addition d'un sel de bismuth augmente beaucoup sa phosphorescence.

On obtient encore du sulfure de calcium très impur, renfermant surtout du persulfure CaS^5, en faisant bouillir un lait de chaux avec de la fleur de soufre en excès.

Le sulfure de calcium se rencontre en dissolution dans la plupart des eaux minérales sulfureuses; il y prend naissance par l'action réductrice de certaines algues, dites *sulfuraires*, sur le sulfate de calcium.

238. Chlorure de calcium $CaCl^2$. — Sel blanc, fusible au rouge, extrêmement soluble dans l'eau et fort déliquescent; à l'état hydraté il renferme 6 molécules d'eau et donne avec la glace un mélange réfrigérant, dont la température peut descendre jusqu'à 35 degrés au-dessous de zéro.

On le prépare en traitant le carbonate de calcium par l'acide chlorhydrique et on s'en sert, à l'état anhydre, pour dessécher les gaz.

$$CO^3Ca + 2HCl = CO^2 + H^2O + CaCl^2.$$

239. Fluorure de calcium $CaFl^2$. — C'est la *fluorine* ou *spath fluor* des minéralogistes, l'un des minéraux les plus faciles à reconnaitre par sa forme cubique, son éclat particulier et sa couleur, qui peut être blanche, rose, jaune ou verte.

Le fluorure de calcium est complètement insoluble dans l'eau et fusible au rouge, sans altération.

On s'en sert dans l'industrie pour préparer l'acide fluorhydrique.

$$SO^4H^2 + CaFl^2 = SO^4Ca + 2HFl.$$

240. Carbure de calcium CaC^2. — Le carbure de calcium est un corps noir, cristallin, à reflets semi métalliques, qui se décompose immédiatement au contact de l'eau, en dégageant de l'acétylène pur.

$$CaC^2 + 2H^2O = Ca(OH)^2 + C^2H^2.$$

On le prépare en décomposant la chaux par le charbon, dans un four électrique (Moissan), et on l'emploie à la préparation du gaz acétylène.

241. Hypochlorite de calcium $Ca(ClO)^2$. — Ce corps n'est pas connu à l'état de pureté; on ne peut qu'admettre son existence dans le *chlorure de chaux* du commerce.

Le chlorure de chaux est une poudre blanche, soluble dans l'eau, reconnaissable à son odeur de chlore, et qui possède toutes les propriétés oxydantes et décolorantes de l'eau de Javel.

On le prépare en traitant la chaux éteinte par le chlore, à froid.

$$2Ca(OH)^2 + 4Cl = CaCl^2 + Ca(ClO)^2 + 2H^2O.$$

Il sert pour le blanchiment des étoffes ou de la pâte à papier, comme désinfectant, à cause du chlore qu'il dégage au contact de l'air, enfin pour la préparation de l'eau de Javel *concentrée*, par double décomposition avec le carbonate de potassium.

242. Sulfate de calcium SO⁴Ca. — Le sulfate de calcium se trouve à l'état anhydre dans la nature, c'est alors l'*anhydrite* des minéralogistes. On l'y rencontre également à l'état hydraté, renfermant 2 molécules d'eau de cristallisation ; on l'appelle dans ce cas *gypse* ou *pierre à plâtre*.

Le gypse $SO^4Ca + 2H^2O$ est un minéral très tendre, rayé par l'ongle et tous les corps durs, souvent cristallisé en *fers de lance* d'un aspect caractéristique. Il est un peu soluble dans l'eau froide et on le trouve en dissolution dans toutes les eaux dites *séléniteuses*.

La chaleur le déshydrate et le change en *plâtre* ou sulfate de calcium anhydre artificiel.

Le plâtre humecté d'eau durcit peu à peu en reprenant son état primitif de gypse : c'est pour cela qu'il peut servir aux constructions ou à faire des moulages.

On augmente notablement sa dureté en y ajoutant de l'alun (*plâtre aluné*) ou en le *gâchant* avec de l'eau gommée (*stuc*).

Le plâtre est loin d'offrir la résistance du ciment ; il est notamment attaquable par l'eau et ne doit jamais être employé qu'aux constructions aériennes, de préférence aux décorations intérieures.

On fabrique le plâtre en calcinant légèrement le gypse ; la température doit être ménagée avec soin, car si elle atteint le rouge, le plâtre ne fait plus bien prise avec l'eau : il a pris alors une texture moléculaire semblable à celle de l'anhydrite naturelle.

Le plâtre sert aux constructions et comme amendement, en agriculture.

243. Phosphates de calcium. — On connaît trois phosphates de calcium : le phosphate tricalcique $(PO^4)^2Ca^3$, le phosphate bicalcique PO^4HCa et le phosphate monocalcique ou *acide* $(PO^4H^2)^2Ca$.

Le premier est un corps blanc, insoluble dans l'eau, soluble dans l'acide chlorhydrique et dans l'acide azotique, très stable et indécomposable par la chaleur seule.

Il est très répandu dans la nature et ses gisements sont exploités par l'industrie pour la fabrication des engrais ; il est indispensable à la nutrition de tous les êtres vivants, les os en contiennent environ 60 0/0 de leur poids total.

On s'en sert pour la fabrication des autres composés du phosphore et des engrais phosphatés, notamment du *superphosphate*, mélange de sulfate et de phosphate monocalcique, que l'on obtient en traitant le phosphate de chaux ordinaire par l'acide sulfurique.

$$(PO^4)^2Ca^3 + 2SO^4H^2 = 2SO^4Ca + (PO^4H^2)^2Ca.$$

Le phosphate bicalcique est une poudre cristalline blanche, insoluble dans l'eau, que l'on obtient en neutralisant une solution de phosphate monocalcique par la chaux éteinte.

$$(PO^4H^2)^2Ca + Ca(OH)^2 = 2PO^4HCa + 2H^2O.$$

On s'en sert principalement comme engrais.

Enfin le phosphate monocalcique est un sel blanc,

soluble dans l'eau, que la chaleur transforme en métaphosphate de calcium.

$$(PO^4H^2)^2Ca = 2H^2O + (PO^3)^2Ca.$$

C'est la partie active des superphosphates et la matière première de la fabrication du phosphore; on le prépare comme on l'a vu plus haut, en décomposant le phosphate tricalcique par l'acide sulfurique.

244. Carbonate de calcium CO^3Ca. — Ce sel est l'un des corps les plus abondamment répandus à la surface et à l'intérieur de la terre; il affecte un grand nombre de formes différentes dont les principales sont :

CO^3Ca cristallisé.	*Calcite* ou *spath d'Islande* (rhomboèdre). *Aragonite* (prisme orthorhombique).
CO^3Ca cristallin..	*Marbre*, incrustations calcaires.
CO^3Ca amorphe..	*Calcaire grossier* (pierre à bâtir, pierre à chaux). *Craie, marne.* *Pierre lithographique.*

L'albâtre est du carbonate de calcium, mélangé de gypse à l'état saccharoïde.

On voit que le carbonate de calcium, cristallisant dans deux systèmes distincts, est un corps dimorphe.

Les rhomboèdres transparents de calcite présentent le phénomène de la *double réfraction*; on s'en sert souvent, après les avoir convenablement taillés, dans la construction des instruments d'optique.

Les incrustations ou *pétrifications* sont causées par l'évaporation à l'air des eaux qui renferment du bicarbonate de calcium $(CO^3H)^2Ca$; ce corps, extrêmement instable, se dissocie rapidement en acide carbonique qui se dégage et en carbonate de calcium qui se dépose à l'état cristallin. Les *stalactites* et les *stalagmites* ont même origine.

La marne est une espèce de craie très friable, qui se délite spontanément à l'air humide; on l'emploie en agriculture pour amender les terres.

Le blanc d'Espagne ou blanc de Meudon est de la craie purifiée et notamment séparée par lévigation des grains de sable qui s'y trouvent naturellement mélangés.

Sous toutes ses formes le carbonate de calcium est insoluble dans l'eau pure; il se dissout un peu dans l'eau chargée d'acide carbonique, en passant à l'état de bicarbonate; il est décomposé avec effervescence par tous les acides forts, ce qui fournit un excellent moyen de le reconnaître.

La chaleur le dissocie en anhydride carbonique et chaux vive, d'où son emploi déjà signalé comme pierre à chaux.

245. Silicate de calcium. — Le silicate de calcium, que l'on peut représenter par la formule SiO^3Ca, n'a par lui-même aucun intérêt, mais il donne avec les silicates alcalins des sels doubles, fusibles au rouge et inattaquables par la plupart des réactifs, qui ne sont autres que les *verres* proprement dits.

Le verre ordinaire est un silicate double de sodium et de calcium, qui s'obtient en fondant au creuset un mélange de sable, de craie et de carbonate ou sulfate de sodium; il a presque toujours une teinte verdâtre, due à la présence d'un peu d'oxyde ferreux, que l'on peut atténuer en ajoutant au verre fondu une trace de bioxyde de manganèse.

Le verre de Bohême, et en général le verre fin, est

un silicate double de potassium et de calcium, qui se prépare de la même manière, en remplaçant le carbonate de sodium par le carbonate de potassium.

L'émail est un verre très fusible, rendu opaque par un peu d'oxyde d'étain ou de phosphate tricalcique; les verres à vitraux sont formés de verre ordinaire, coloré par addition de différents oxydes métalliques.

Le verre prenant l'état pâteux avant de se liquéfier entièrement se travaille avec la plus grande facilité, à chaud, par le moulage ou par soufflage, suivant qu'on veut en faire des pièces pleines ou creuses. On le taille à la meule d'émeri et on le grave, soit encore à la meule, soit avec l'acide fluorhydrique, qui l'attaque aussi bien que la silice elle-même.

Les glaces sont planées mécaniquement, puis doucies et polies par frottement avec de la *potée d'étain* (bioxyde d'étain) ou du *colcothar* (peroxyde de fer).

246. Caractères des sels de calcium.

Hydrogène sulfuré........	Rien.
Sulfhydrate d'ammoniaque.	Rien.
Acide sulfurique et sulfates solubles.................	Pr. blanc de SO_4Ca.
Bases alcalines...........	Pr. blanc de $Ca(OH)_2$.
Carbonates alcalins.......	Pr. blanc de CO_3Ca.
Oxalate d'ammoniaque $C_2O_4(AzH_4)_2$..............	Pr. blanc de C_2O_4Ca sol. dans HCl.
Flammes.................	Coloration rouge orangée.

Strontium.

247. Propriétés, préparation. — Le strontium est aussi mal connu que le calcium, à l'état métallique; on sait seulement qu'il possède les mêmes propriétés essentielles que ce dernier et qu'il brûle à l'air avec une flamme rouge éclatante.

On peut en obtenir de petites quantités en électrolysant le chlorure de strontium fondu.

248. Oxydes. *Strontiane* SrO. — Le strontium, de même que le calcium, fournit deux oxydes différents : un protoxyde SrO, vulgairement connu sous le nom de *strontiane*, et un bioxyde SrO^2, qui n'a pas d'usages.

La strontiane est un corps blanc grisâtre, caverneux comme la pierre ponce, qui ressemble considérablement par la plupart de ses propriétés physiques et chimiques à la chaux.

Avec l'eau elle s'échauffe considérablement, augmente de volume et se transforme en hydrate de strontium $Sr(OH)^2$, qui est notablement plus soluble que la chaux éteinte.

C'est encore une base forte, qui donne un grand nombre de sels.

On la prépare en calcinant l'azotate ou le carbonate de strontium.

$$(AzO^3)^2Sr = SrO + 2AzO^2 + O.$$
$$CO^3Sr = SrO + CO^2.$$

Elle n'a actuellement que fort peu d'usages.

249. Chlorure de strontium $SrCl^2$. — Sel blanc très soluble dans l'eau ou l'alcool, et très hygrométrique ; ses solutions alcooliques brûlent à l'air avec une belle flamme rouge pourpre.

On l'obtient en décomposant le sulfure ou le carbonate de strontium par l'acide chlorhydrique ; il n'a pour ainsi dire pas d'usages.

250. Sulfure de strontium SrS. — Ce corps ressemble beaucoup au sulfure de calcium, il est comme lui phosphorescent dans l'obscurité.

On l'obtient en réduisant le sulfate de strontium par le charbon, au rouge, et on s'en sert pour préparer les autres sels de strontium.

$$SO^4Sr + 4C = 4CO + SrS.$$

251. Sulfate de strontium SO⁴Sr. — C'est un produit naturel, abondant dans les soufrières de Sicile, que les minéralogistes appellent *célestine*, parce qu'il est souvent teinté de bleu.

Le sulfate de strontium est insoluble dans l'eau et dans tous les réactifs; on s'en sert pour préparer le sulfure de strontium et, par son intermédiaire, tous les autres sels strontiques.

252. Azotate de strontium (AzO³)²Sr. — Sel blanc, très soluble et déliquescent, qui se décompose au rouge en laissant un résidu de strontiane et active la combustion, comme tous les azotates. Les mélanges combustibles qui en renferment brûlent avec une belle flamme rouge; c'est ce qui le fait employer en pyrotechnie pour la fabrication des feux de Bengale et des étoiles de fusées volantes.

On le prépare en traitant le carbonate ou le sulfure de strontium par l'acide azotique étendu.

253. Carbonate de strontium CO³Sr. — Le carbonate de strontium est un produit naturel, connu sous le nom de *strontianite*, blanc, insoluble dans l'eau et décomposable par la chaleur, comme le carbonate de calcium.

On s'en sert pour préparer les autres composés du strontium.

254. Caractères des sels de strontium.

Hydrogène sulfuré..............	Rien.
Sulfhydrate d'ammoniaque......	Rien.
Acide sulfurique et sulfates solubles	Pr. bl. de SO^4Sr.
Acide fluosilicique.............	Rien.
Bases alcalines (concentrées).....	Pr. bl. de $Sr(OH)^2$.
Carbonates alcalins.............	Pr. bl. de CO^3Sr.
Flammes.......................	Coloration rouge pourpre.

Baryum.

255. Propriétés. — Très mal connu encore, le baryum paraît ressembler beaucoup aux deux métaux précédents, mais il brûle à l'air avec une flamme verte caractéristique. Il s'en forme de petites quantités dans l'électrolyse du chlorure de baryum fondu.

Comme le calcium et le strontium, le baryum donne avec l'oxygène deux combinaisons différentes : un protoxyde BaO, vulgairement appelé *baryte*, et un bioxyde BaO^2.

256. Baryte BaO. — La baryte est un corps blanc grisâtre, caverneux, ayant absolument le même aspect que la strontiane ; elle s'échauffe également avec l'eau et donne ainsi l'hydrate de baryum $Ba(OH)^2$, dont la dissolution aqueuse est appelée *eau de baryte*.

L'eau de baryte précipite comme l'eau de chaux en présence de l'acide carbonique ; par évaporation elle dépose des cristaux de baryte hydratée $Ba(OH)^2 + 8H^2O$.

La baryte est une base forte ; elle se combine avec incandescence à l'acide sulfurique concentré.

On la prépare en calcinant de l'azotate de baryum.

$$Ba(AzO^3)^2 = BaO + 2AzO^2 + O.$$

Elle sert à la préparation industrielle de l'oxygène par le procédé Boussingault.

257. Bioxyde de baryum BaO^2. — Le bioxyde de baryum a même apparence que la baryte ; il s'en distingue par sa moindre solubilité et par le dégagement d'oxygène qu'il donne à la calcination.

$$BaO^2 = BaO + O.$$

C'est ce dégagement d'oxygène et la régénération possible du bioxyde de baryum primitif, par l'action de l'air sur la baryte résiduelle, qui forment la base du procédé Boussingault-Brin frères.

On emploie aussi beaucoup le bioxyde de baryum pour préparer l'eau oxygénée.

On l'obtient anhydre en faisant passer un courant d'air, sec et dépouillé d'acide carbonique, sur de la baryte chauffée au rouge sombre, et sous forme d'hydrate en précipitant l'eau de baryte par l'eau oxygénée en excès.

$$Ba(OH)^2 + H^2O^2 = BaO^3 + 2H^2O.$$

258. Sulfure de baryum BaS. — On le prépare comme le sulfure de strontium, dont il a toutes les propriétés fondamentales, et on l'emploie à la préparation des autres sels de baryum.

259. Chlorure de baryum $BaCl^2$. — Sel blanc, dense, fusible au rouge et soluble dans l'eau, d'où il se sépare, par évaporation, avec 2 molécules d'eau de cristallisation.

On l'obtient comme le chlorure de strontium, en décomposant par l'acide chlorhydrique le sulfure ou le carbonate de baryum.

Le chlorure de baryum est un peu vénéneux; c'est
le réactif par excellence de l'acide sulfurique et des
sulfates solubles.

260. Chlorate de baryum $Ba(ClO^3)^2$. — Sel blanc
très bien cristallisé, soluble dans l'eau et décomposable par la chaleur, comme le chlorate de potassium,
avec dégagement d'oxygène.

On le prépare en traitant la baryte par le chlore, à
l'ébullition,

$$6Ba(OH)^2 + 12Cl = 5BaCl^2 + Ba(ClO^3)^2 + 6H^2O,$$

ou en saturant l'acide chlorique par l'hydrate de baryum.

On l'emploie beaucoup en pyrotechnie, pour produire
des feux verts.

261. Sulfate de baryum SO^4Ba. — On le trouve cristallisé dans la nature, c'est alors la *barytine* ou *spath
pesant* des minéralogistes. Préparé artificiellement,
c'est une poudre blanche, très lourde, que l'on emploie
quelquefois en peinture sous le nom de *blanc fixe*.

Le sulfate de baryum est l'un des corps les plus
insolubles que l'on connaisse, il n'est attaqué à froid
par aucun réactif.

Au rouge il est réduit par le charbon et transformé
en sulfure de baryum; il peut servir, en passant par
cet intermédiaire, à préparer les autres combinaisons
barytiques.

On l'obtient artificiellement en précipitant un sel de
baryum soluble quelconque par l'acide sulfurique.

$$BaCl^2 + SO^4H^2 = 2HCl + SO^4Ba.$$

262. Azotate de baryum $Ba(AzO^3)^2$. — Sel blanc, dense, bien cristallisé, décomposable au rouge comme l'azotate de strontium.

On le prépare comme ce dernier et on l'emploie en pyrotechnie pour donner des flammes vertes.

263. Carbonate de baryum CO^3Ba. — Le carbonate de baryum est un produit naturel, qui est connu en minéralogie sous le nom de *withérite ;* il est blanc, complètement insoluble dans l'eau et très difficilement décomposable par la chaleur.

On l'emploie, comme le sulfure du même métal, pour préparer les autres sels de baryum.

264. Caractères des sels de baryum.

Hydrogène sulfuré..........	Rien.
Sulfhydrate d'ammoniaque..	Rien.
Ac. sulfurique et sulfates solubles....................	Pr. blanc de SO^4Ba insoluble dans tous les réactifs.
Ac. fluosilicique	Pr. blanc de $SiFl^6Ba$.
Bases alcalines (concentrées).	Pr. blanc de $Ba(OH)^2$.
Carbonates alcalins........	Pr. blanc de CO^3Ba.
Flammes.................	Coloration verte.

CHAPITRE IV

MAGNÉSIUM, ZINC, CADMIUM

Magnésium.

265. Propriétés, préparation. — Le magnésium est un métal blanc, inaltérable dans l'air sec et sans action sensible sur l'eau froide, ce qui le distingue immédiatement des métaux de la première section.

Sa densité, 1,75, en fait le plus léger des métaux usuels. Il est malléable, ductile, fusible au rouge sombre et volatil au rouge vif; on peut le distiller dans un courant d'hydrogène.

Le magnésium brûle dans l'air avec une flamme blanche, éblouissante et très photogénique, en répandant des fumées de magnésie. Cette lumière est utilisée par les photographes pour prendre des vues dans les endroits naturellement obscurs; on emploie alors le magnésium sous forme de fils ou de rubans minces, que l'on allume par une extrémité, ou encore à l'état de poudre, que l'on projette sur la flamme d'une lampe à alcool.

Le magnésium est très bien attaqué par le chlore, le brome et l'iode; il décompose l'eau bouillante, en donnant de l'hydrogène et de la magnésie, et réduit presque tous les oxydes métalliques, y compris la chaux, la strontiane et la baryte, en s'emparant de leur oxygène.

$$CaO + Mg = MgO + Ca.$$

Tous les acides l'attaquent, avec dégagement d'hydrogène.

$$Mg + SO^4H^2 = SO^4Mg + 2H.$$

Le magnésium a été découvert par Bussy en traitant le chlorure de magnésium anhydre par le potassium.

$$MgCl^2 + 2K = Mg + 2KCl.$$

On le prépare aujourd'hui en décomposant le même sel par le sodium ou par l'électrolyse, au rouge.

266. Magnésie MgO. — La magnésie ou *protoxyde de magnésium* est une poudre blanche fort légère, à peine soluble dans l'eau et absolument infusible.

C'est une base assez énergique, qui fournit un grand nombre de sels.

On l'obtient habituellement par calcination du carbonate de magnésium hydraté ou *magnésie blanche* $3CO^24Mg(OH)^2$; c'est à cause de ce mode de préparation qu'on l'appelle dans les pharmacies *magnésie calcinée.*

$$3CO^24Mg(OH)^2 = 3CO^2 + 4H^2O + 4MgO.$$

On l'obtient encore, à l'état d'hydrate, en précipitant un sel soluble de magnésium par une lessive alcaline.

$$SO^4Mg + 2KOH = SO^4K^2 + Mg(OH)^2.$$

La magnésie sert dans l'industrie pour confectionner des creusets, des fours ou des briques réfractaires, et en médecine comme purgatif.

267. Chlorure de magnésium MgCl². — Le chlorure
de magnésium est un corps blanc, amer, fusible
au rouge et extrêmement soluble dans l'eau; c'est
l'un des sels les plus déliquescents que l'on connaisse.

Ses dissolutions concentrées se décomposent, lorsqu'on les fait bouillir, en déposant de la magnésie et
dégageant de l'acide chlorhydrique.

$$MgCl^2 + 2H^2O = 2HCl + Mg(OH)^2.$$

Pour le déshydrater sans altération il faut l'ad-
ditionner de chlorhydrate d'ammoniaque et chauffer
progressivement jusqu'à dessiccation complète et volatilisation du sel ammoniac.

Le chlorure de magnésium se rencontre dans l'eau
de mer et dans les mines de sel gemme : il est alors
le plus souvent uni à du chlorure de potassium, sous
la forme d'un chlorure double $KCl + MgCl^2 + 6H^2O$,
que l'on appelle, à Stassfurt, *carnallite*.

Ce composé, malgré son abondance dans la nature,
n'a pas encore reçu d'application importante.

268. Sulfate de magnésium SO⁴Mg. — C'est un sel
blanc, de saveur amère, qui cristallise ordinairement
avec 7 molécules d'eau, comme tous les sulfates de la
série magnésienne (sulfates de *zinc*, de *fer*, de *nickel*,
de *cobalt* et de *manganèse*), avec lesquels il est
isomorphe.

Il est soluble et décomposable à haute température.

Le sulfate de magnésium existe dans l'eau de la
mer et dans un grand nombre d'eaux minérales
naturelles, qu'il rend purgatives; c'est pour cette
raison qu'on l'appelle souvent en pharmacie *sel de
Sedlitz, sel d'Epsom*, etc. On le prépare presque

toujours en traitant la *dolomie* (carbonate de calcium et de magnésium) par l'acide sulfurique étendu.

$$(CO^3)^2CaMg + 2SO^4H^2 =$$
$$2CO^2 + SO^4Ca + SO^4Mg + 2H^2O.$$

Le sulfate de calcium insoluble se sépare de lui-même du sulfate de magnésium, qui reste seul en dissolution.

Le sulfate de magnésium est l'un des purgatifs salins les plus usités.

269. Carbonates de magnésium. — Le carbonate neutre de magnésium CO^3Ca est un minéral, que l'on appelle vulgairement *giobertite*; il est isomorphe avec la calcite, et on rencontre très fréquemment dans la nature des cristaux rhomboédriques, identiques comme forme à ceux de la calcite, qui renferment à la fois du carbonate de calcium et du carbonate de magnésium. L'existence de cette sorte de carbonate double, que l'on désigne en minéralogie sous le nom de *dolomie*, est l'un des meilleurs exemples d'isomorphisme naturel que l'on puisse citer.

La magnésie blanche des pharmaciens, qui sert comme purgatif léger ou pour préparer la magnésie pure, est un corps blanc, très léger, sans saveur appréciable, qui présente la composition d'un carbonate de magnésium hydraté $3CO^24Mg(OH)^2$. On le prépare en précipitant une solution bouillante de sulfate de magnésium par le carbonate neutre de sodium.

Le carbonate de magnésium naturel et la dolomie servent à préparer les autres sels du même métal.

270. Silicates de magnésium. — On en connait plusieurs, de composition assez complexe, parmi lesquels nous citerons seulement l'*écume de mer* ou *magnésite*, très employée à la fabrication des pipes, et le *talc* ou *craie de Briançon*, qui est moins dur encore que le gypse et a le toucher onctueux du savon; on s'en sert pour faciliter le frottement des pièces de bois et pour faire la craie des tailleurs.

La *serpentine* est une roche, essentiellement formée de talc endurci, qui est remarquable par sa coloration vert foncé et qui sert de pierre d'ornement, comme le marbre.

271. Caractères des sels de magnésium.

Hydrogène sulfuré...........	Rien.
Sulfhydrate d'ammoniaque..	Rien.
Acides vulgaires...........	Rien.
Bases alcalines............	Pr. blanc, gélatineux, de $Mg(OH)^2$.
Carbonates alcalins..........	Pr. blanc de CO^3Mg.
Phosphate de soude......... *Chlorhydrate d'ammoniaque*.. *Ammoniaque en excès*.......	Pr. blanc de phosphate ammoniaco-magnésien, soluble dans les acides, insoluble dans l'ammoniaque.

Cette dernière réaction est tout à fait caractéristique.

Zinc.

272. Propriétés. — Le zinc est un métal bleuâtre, de densité égale à 7, qui fond à 412 degrés et bout, sous la pression normale, à 932 degrés.

Il est cristallin et par suite assez cassant à froid, mais entre 120 degrés et 150 degrés il devient malléable et ductile : c'est à cette température qu'on fabrique les feuilles de zinc. Au-dessus de 150 degrés il est encore plus cassant qu'à la température ordinaire.

Le zinc est inaltérable dans l'air sec, à froid, mais il se recouvre rapidement, à l'air humide, d'une couche grise de carbonate de zinc hydraté, qui préserve le reste du métal de toute altération ultérieure, comme pourrait le faire un vernis.

Au rouge, il prend feu et brûle avec une belle flamme blanc bleuâtre, en répandant d'épaisses fumées blanches d'oxyde de zinc (*laine philosophique, nihilum album* des anciens).

Le zinc décompose l'eau au-dessus de 100 degrés en donnant de l'hydrogène et de l'oxyde de zinc.

Le soufre n'a que peu d'action sur lui ; le chlore, le brome et l'iode s'y combinent directement.

Tous les acides attaquent le zinc avec dégagement d'hydrogène ; il en est de même des bases alcalines, qui donnent avec lui des *zincates*.

$$Zn + SO^4H^2 = 2H + SO^4Zn.$$
$$Zn + 2KOH = 2H + Zn(OK)^2.$$

Le zinc forme avec le cuivre un alliage important, qui est connu sous le nom de *laiton* ; il entre également dans la composition du *maillechort* ou *métal blanc*.

273. Fabrication. — Le zinc s'extrait de la *calamine*, mélange naturel de carbonate et de silicate de zinc que l'on rencontre surtout à la *Vieille-Montagne* (Belgique), à Mallidano (Sardaigne) et en Grèce, ou de la *blende* ou sulfure de zinc ZnS.

Ces minerais sont d'abord grillés, pour en chasser le soufre et l'acide carbonique, puis réduits par le, charbon, dans des cornues (Belgique) ou des moufles

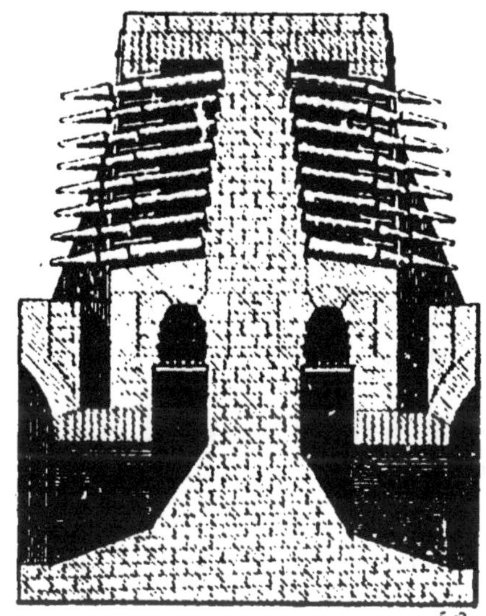

Fig. 58. — Four à zinc belge.

Fig. 59. — Four à zinc silésien.

(Silésie) chauffées au rouge blanc par des fours Siemens (fig. 58 et 59).

$$CO^3Zn = CO^2 + ZnO.$$
$$ZnS + 3O = SO^2 + ZnO.$$
$$ZnO + C = CO + Zn.$$

Usages. — Le zinc sert, sous la forme de lames minces, pour couvrir les toitures et pour faire des gouttières, des réservoirs, des seaux, etc.

A l'état massif, on l'emploie pour imiter le bronze véritable, sous le nom de *bronze composition*; enfin on s'en sert pour fabriquer le laiton, le maillechort et le fer galvanisé.

274. Oxyde de zinc ZnO. — L'oxyde de zinc constitue le *blanc de zinc* des peintres; c'est une poudre blanche, insoluble dans l'eau, qui jaunit par la chaleur et redevient blanche en se refroidissant. Il est indécomposable par la chaleur seule, mais il est réduit à l'état métallique par le charbon, au rouge.

On le prépare en brûlant le zinc à l'air et envoyant les fumées qu'il dégage dans de vastes chambres où peu à peu l'oxyde de zinc se dépose; il sert en peinture aux mêmes usages que la céruse ou carbonate de plomb; il a sur celle-ci le double avantage de n'être pas vénéneux et de ne pas noircir par l'acide sulfhydrique.

L'hydrate de zinc $Zn(OH)^2$ est un précipité blanc, gélatineux, qui se forme lorsqu'on traite un sel soluble de zinc par la quantité juste nécessaire d'alcali.

C'est une base bien définie, qui se combine facilement aux acides; il peut en outre, comme l'alumine, s'unir aux bases fortes pour donner des zincates. C'est donc un oxyde *indifférent*.

275. Sulfure de zinc ZnS. — C'est un corps blanc, insoluble dans l'eau, qui se trouve à l'état cristallisé dans la nature : on l'appelle alors *blende*. La blende est souvent colorée en jaune ou en brun par des impuretés, elle est aisément reconnaissable à son éclat résineux.

Le sulfure de zinc artificiel, fortement calciné, émet à l'obscurité une belle phosphorescence verte.

276. Chorure de zinc $ZnCl^2$. — Le chlorure de zinc est un sel blanc, qui se trouve dans le commerce sous la forme de plaques, comme la potasse et la soude.

Il est fort soluble dans l'eau et très déliquescent ; c'est un excellent agent de déshydratation.

On le prépare en traitant les déchets de zinc ou d'oxyde de zinc par l'acide chlorhydrique ; il sert surtout comme antiseptique et désinfectant, les chirurgiens l'emploient quelquefois comme caustique.

277. Sulfate de zinc SO^4Zn. — Le sulfate de zinc est le *vitriol blanc* ou la *couperose blanche* des anciens chimistes ; c'est un sel blanc, qui cristallise avec 7 molécules d'eau, comme le sulfate de magnésium, avec lequel il est isomorphe.

On le prépare en dissolvant le zinc ou l'oxyde de zinc dans l'acide sulfurique étendu ; il sert, de même que le sulfate ferreux ou le chlorure de zinc, comme désinfectant.

278. Caractéres des sels de zinc.

Hydrogène sulfuré.........	Pr. blanc de ZnS sol. dans HCl.
Sulfhydrate d'ammoniaque.	Pr. blanc de ZnS sol. dans HCl.
Bases alcalines........	Pr. blanc de $Zn(OH)^2$ sol. dans un excès.
Carbonates alcalins	Pr. blanc de CO^3Zn.

Cadmium.

279. Propriétés. — Le cadmium est un métal blanc, très voisin du zinc et qui l'accompagne dans presque tous ses minerais.

Il est mou, très fusible et très volatil, sans usages à l'état métallique.

Son seul composé intéressant est le sulfure CdS, que l'on emploie en peinture comme matière colorante jaune; on le prépare en précipitant un sel soluble de cadmium par l'acide sulfhydrique.

280. Caractères des sels de cadmium.

Hydrogène sulfuré	Pr. jaune vif de CdS insol. dans HCl.
Sulfhydrate d'ammoniaque.	Pr. jaune de CdS insol. dans un excès.
Bases alcalines fixes...... ..	Pr. blanc de $Cd(OH)^2$ insol. dans un excès.
Ammoniaque.............:...	Pr. blanc de $Cd(OH)^3$ sol. dans un excès.
Carbonates alcalins.........	Pr. blanc de CO^3Cd.

ALUMINIUM, FER, CHROME, MANGANÈSE, NICKEL, COBALT

Aluminium.

281. Propriétés. — L'aluminium est un métal blanc bleuâtre, très léger, de densité 2,56, très malléable, ductile et fusible au rouge sombre, vers 625 degrés. Il paraît être fixe.

L'aluminium est inaltérable à froid et ne s'oxyde que très peu à chaud lorsqu'il est en masses volumineuses; sous forme de lames très minces, il brûle dans une flamme, avec incandescence. Il ne décompose que très difficilement l'eau.

L'aluminium résiste assez bien au soufre, mais il est très attaquable par les corps halogènes; le chlore surtout le transforme rapidement en chlorure Al^2Cl^6, les chlorures métalliques même le corrodent à froid.

L'acide sulfurique et l'acide azotique restent sans action sur lui à la température ordinaire, l'acide chlorhydrique le dissout vivement, avec effervescence d'hydrogène.

$$2Al + 6HCl = 6H + Al^2Cl^6.$$

Les lessives alcalines l'attaquent en donnant de l'hydrogène et un *aluminate*.

$$2Al + 6KOH = 6H + Al^2(OK)^6.$$

Avec le cuivre il donne un alliage, communément appelé *bronze d'aluminium*, qui est d'un beau jaune d'or et avec lequel on imite la véritable orfèvrerie.

282. Préparation. — On fabrique l'aluminium, soit en réduisant le chlorure double d'aluminium et de sodium $Al^2Cl^6,2NaCl$ par le sodium métallique, dans des fours à réverbère (Deville), soit en électrolysant le fluorure d'aluminium Al^2Fl^6 ou la *cryolithe* $Al^2Fl^6,6NaFl$ en fusion; le fluor qui se dégage est utilisé à régénérer le fluorure d'aluminium, il suffit pour cela de réajouter peu à peu de l'alumine, à mesure que le métal se dépose.

Usages. — L'aluminium sert à fabriquer toutes sortes d'objets qui doivent être légers en même temps que résistants; on l'emploie beaucoup dans la construction des fléaux de balance et des tubes de lunettes, on en a même fait des coques de bateaux.

Enfin l'aluminium rend des services dans la métallurgie de l'acier.

283. Alumine Al^2O^3. — L'alumine est le seul oxyde actuellement connu de l'aluminium. A l'état anhydre et cristallisée elle constitue une pierre précieuse fort recherchée, que l'on appelle *corindon* quand elle est incolore, *rubis* quand elle est colorée en rouge (par une trace d'oxyde de chrome Cr^2O^3) et *saphir* quand elle est teintée de bleu. Sa forme cristalline appartient au système rhomboédrique, comme celle de tous les sesquioxydes.

Le corindon est extrêmement dur; il coupe le verre

et raye même le quartz et la topaze. Le rubis a été reproduit artificiellement par MM. Frémy et Verneuil en chauffant à haute température un mélange d'alumine amorphe, de fluorure de baryum et de bichromate de potassium.

On désigne sous le nom d'*émeri* une variété d'alumine anhydre qui est mélangée avec de l'oxyde de fer et qui présente sensiblement la même dureté que le corindon; on l'emploie pour faire des meules, avec lesquelles on entame les métaux les plus durs, et pour user le verre.

L'alumine anhydre est insoluble dans tous les réactifs neutres et très réfractaire; on ne peut la fondre qu'en petites quantités, au chalumeau oxhydrique.

L'alumine hydratée $Al^2(OH)^6$ est une masse gélatineuse blanche, que l'on obtient artificiellement en précipitant un sel d'aluminium quelconque par l'ammoniaque ou un carbonate alcalin. Sous cette forme elle se dissout facilement dans les acides, pour donner les sels d'aluminium proprement dits, et dans les alcalis, pour donner des *aluminates*.

Cette faculté que possède l'alumine de s'unir indifféremment aux acides et aux bases lui a valu, de même qu'à l'oxyde de zinc, le nom *d'oxyde indifférent*.

L'hydrate d'aluminium retient énergiquement les matières colorantes solubles dans l'eau ; cette propriété sert de base à la fabrication des *laques* employées par les peintres et à l'emploi des sels d'aluminium en teinture, comme *mordants*.

La *bauxite* des minéralogistes est de l'alumine hydratée, mélangée d'oxyde de fer; on s'en sert pour préparer l'alumine pure dans la métallurgie de l'aluminium. Pour cela on chauffe d'abord la bauxite avec du carbonate de soude, ce qui la transforme en oxyde de fer insoluble et en aluminate de sodium soluble,

16.

puis on traite ce dernier, à froid, par un courant
d'acide carbonique, qui en précipite l'alumine à l'état
de pureté.

284. Chlorure d'aluminium Al^2Cl^6. — Le chlorure
d'aluminium est un sel blanc, cristallisé, fumant à
l'air, fusible et très volatil à chaud : on le prépare et
on le purifie toujours par voie de sublimation.

Il est très soluble et décomposable par l'eau bouillante, plus facilement encore que le chlorure de
magnésium.

$$Al^2Cl^6 + 6H^2O = 6HCl + Al^2 (OH)^6.$$

Il s'unit aux chlorures alcalins pour donner des
chlorures doubles, de la forme $Al^2Cl^6,2MCl$, qui sont
plus stables vis-à-vis de l'humidité que le chlorure
d'aluminium pur et ne possèdent pas son odeur suffocante.

Le chlorure d'aluminium se prépare en faisant passer
un courant de chlore sec sur un mélange d'alumine
anhydre et de charbon en poudre, chauffés au rouge
dans une cornue en terre réfractaire ; les vapeurs qui
se dégagent sont recueillies dans un réfrigérant où
elles cristallisent.

On emploie ce corps dans la métallurgie de l'aluminium, par le procédé Deville, et dans les laboratoires comme réactif.

285. Fluorure d'aluminium Al^2Fl^6. — Ce corps existe
dans la *cryolithe* $Al^2Fl^6,6NaFl$, minéral incolore et
bien cristallisé, que l'on trouve en abondance au
Groënland, et qui sert dans la métallurgie de l'aluminium, soit comme matière première, soit comme
simple fondant ; la cryolithe est, en effet, fusible au

rougo et décomposable par l'électricité en aluminium
et fluor.

286. Sulfate d'aluminium $Al^2(SO^4)^3$. — Le sulfate
d'aluminium est un sel blanc, cristallin, qui renferme
d'ordinaire 18 molécules d'eau de cristallisation.

Il est soluble dans l'eau et abandonne facilement
une partie de sa base aux étoffes qu'on plonge dans
ses dissolutions.

Celles-ci deviennent alors capables de retenir énergiquement les matières colorantes, d'où l'emploi du
sulfate d'aluminium comme *mordant*.

La chaleur le décompose en alumine anhydre et
acide sulfurique, qui se volatilise.

Le sulfate d'aluminium s'unit aux sulfates alcalins
pour donner les *aluns* d'aluminium.

On le prépare en traitant l'argile pure *(kaolin)* par
l'acide sulfurique.

$$Al^2O^32SiO^2 + 3SO^4H^2 = 2SiO^2 + Al^2(SO^4)^3 + 3H^2O.$$

Il sert à préparer l'alun, à mordancer les étoffes et
enfin à clarifier les eaux troubles (eaux d'égout et
eaux industrielles).

287. Alun $Al^2K^2(SO^4)^4 + 24H^2O$. — On désigne sous
le nom d'*aluns* toute une série de sels répondant à la
formule générale $M^2M'^2(SO^4)^4 + 24H^2O$ et remarquables par leur isomorphisme; ils cristallisent tous en
cubes ou en octaèdres réguliers.

Le métal M peut être de l'aluminium, du chrome,
du fer ou du manganèse, en un mot tout métal capable
de fournir un sesquioxyde; le métal M' est toujours
un métal alcalin, c'est-à-dire du potassium, du sodium,
du rubidium, du césium ou de l'ammonium.

L'alun ordinaire est l'alun d'aluminium et de potassium : c'est un beau sel blanc, cristallisant en octaèdres volumineux, soluble dans l'eau et d'une réaction nettement acide.

La chaleur le déshydrate, en provoquant une augmentation de volume considérable, puis le décompose en laissant un résidu d'alumine et de sulfate potassique.

On le fabrique en ajoutant un sel de potassium quelconque, ordinairement le chlorure de potassium, au sulfate d'aluminium brut qui se forme dans l'action de l'acide sulfurique sur l'argile : l'alun se sépare de lui-même par évaporation des liquides, à l'état cristallisé.

On peut aussi en obtenir au moyen d'un minéral, connu sous le nom d'*alunite*, qui est un mélange d'alun anhydre et d'alumine hydratée. L'alun ainsi préparé s'appelait autrefois *alun de roche* ou *alun de Rome*, parce que c'est en Italie, au voisinage du Vésuve, que l'on rencontre surtout l'alunite.

L'alun sert au mordançage des étoffes et, en médecine, comme caustique léger.

On trouve également dans le commerce l'alun d'aluminium et d'ammonium $Al^2(AzH^4)^2(SO^4)^4 + 24H^2O$. Ce sel, qui ressemble beaucoup au précédent, est aussi employé en teinture ; il donne de l'alumine pure quand on le calcine au rouge vif.

288. Silicates d'alumine. — L'alumine et l'acide silicique s'unissent dans un grand nombre de proportions différentes ; tous ces composés sont des produits naturels, dont quelques-uns sont extraordinairement répandus.

Le plus simple est l'*argile* $Al^2O^32SiO^2$, qui prend le nom de *kaolin* quand elle est pure ; c'est alors une matière blanche, douce au toucher, qui forme avec l'eau une pâte éminemment plastique.

L'argile ordinaire ou *terre glaise* est colorée par de l'oxyde ferrique; elle forme encore avec l'eau des pâtes liantes, qui permettent de la façonner de toutes les manières possibles.

L'argile devient dure, cassante et absolument insensible à l'action de l'eau quand on la chauffe au rouge; c'est pour cette raison qu'on l'emploie à la fabrication de toutes les *terres cuites*, depuis la porcelaine jusqu'aux briques vulgaires.

Le *biscuit* de porcelaine est du kaolin calciné; la porcelaine proprement dite est du biscuit vernissé par une matière fusible, le plus souvent du *feldspath* ou de la *pegmatite* (mélange de feldspath et de quartz). Sa cuisson doit être faite à très haute température.

Les *grès cérames*, la *faïence* et les poteries communes sont fabriqués avec des argiles moins pures, et généralement cuits à température moins élevée.

On décore la porcelaine et les autres produits céramiques au moyen de matières vitrifiables artificielles, dont la coloration est due à la présence d'oxydes métalliques convenablement choisis.

L'argile est fusible seulement au rouge blanc; on augmente encore sa résistance au feu en la mélangeant avec du sable (briques réfractaires).

L'argile naturelle provient de l'action lente de l'acide carbonique de l'air sur le feldspath ou les roches qui en contiennent (*pegmatite*, *granite*, etc.), en même temps que le carbonate de potassium que l'on rencontre dans tous les sols arables.

$$Al^2O^3,K^2O,6SiO^2 + CO^2 = CO^3K^2 + 4SiO^2 + Al^2O^3,2SiO^2.$$
Feldspath.   Argile.

C'est elle qui cause le trouble des eaux de rivière ;
les sels minéraux l'en précipitent rapidement, et c'est
par suite de ce phénomène que se forment les deltas
si communs à l'embouchure des grands fleuves.

289. Caractères des sels d'aluminium.

Hydrogène sulfuré.........	Rien.
Sulfhydrate d'ammoniaque.	Pr. blanc, gélatineux, de $Al^2(OH)^6$.
Acides vulgaires..........	Rien.
Bases alcalines fixes.......	Pr. de $Al^2(OH)^6$ soluble dans un excès.
Ammoniaque..............	Pr. de $Al^2(OH)^6$ presque insol. dans un excès.
Carbonates alcalins.... ...	Pr. de $Al^2(OH)^6$ insol. dans un excès.

Fer.

290. Propriétés physiques. — Le fer est un métal
blanc quand il est pur, grisâtre lorsqu'il est carburé.
C'est le plus dur et le plus tenace des métaux usuels ;
sa densité est égale à 7,79.

Fibreux lorsqu'il vient d'être forgé, le fer devient à
la longue cristallin, surtout sous l'influence de chocs
ou de vibrations répétés ; sa ténacité diminue alors
considérablement, et ce seul changement d'état moléculaire suffit à expliquer la rupture spontanée des
pièces de machines, des essieux de voitures ou des
câbles de ponts suspendus qui sont depuis longtemps
en service.

Le fer s'amollit dès le rouge sombre et peut se souder sur lui-même, par pression, à la température du
rouge blanc. On profite de cela pour forger, laminer

ou étirer le fer ; d'une manière générale on le travaille autant que possible au rouge, on ne fait que le limer, le tourner ou le raboter à la température ordinaire.

Le fer fond dans la flamme du chalumeau, vers 1,500 degrés ; on le considère, dans l'industrie, comme pratiquement infusible.

Il est malléable et ductile, au rouge ; les lames de fer sont désignées dans le commerce, quelle que soit leur épaisseur, sous le nom de *tôle*.

Le fer est magnétique, c'est-à-dire qu'il agit sur l'aiguille aimantée, mais il ne conserve pas le magnétisme et, en conséquence, ne saurait servir à la construction des aimants permanents. En revanche il convient mieux que tout autre métal pour former le noyau des électro-aimants.

291. Propriétés chimiques. — Le fer compact est inaltérable dans l'air sec, à froid, mais il se recouvre rapidement, dans l'air humide, d'une couche jaunâtre de *rouille* ou peroxyde de fer hydraté.

Le peroxyde de fer étant lui-même susceptible d'attaquer le fer pur, en donnant de l'oxyde ferreux qui, à l'air, se change aussitôt en oxyde ferrique, la rouille agit comme rongeant sur ce métal et ne tarde pas à le détruire entièrement, si l'on n'a soin de le préserver du contact de l'air et surtout de l'humidité ; pour arriver à ce résultat, on a l'habitude de recouvrir le fer de goudron (câbles, gazomètres), de peinture à base de minium (fers de construction), de matières grasses (pièces de machines, armes), de plombagine (tôles de fumisterie), de matières vitreuses appliquées à chaud (tôle émaillée) ou enfin d'un autre métal moins altérable que le fer, comme le zinc (fer galvanisé), l'étain (fer-blanc), le plomb (tôle plombée) ou le cuivre, déposé galvaniquement (candélabres à gaz).

A l'état pulvérulent, tel qu'on l'obtient en réduisant l'oxyde ferrique par l'hydrogène, le fer est *pyrophorique*, c'est-à-dire spontanément inflammable.

Au rouge, il brûle dans l'air et mieux encore dans l'oxygène, en projetant, sous forme d'étincelles brillantes, des particules d'oxyde salin Fe^3O^4; au rouge, également, il décompose la vapeur d'eau, en donnant de l'hydrogène et le même oxyde salin.

Le soufre l'attaque aisément, en donnant le protosulfure de fer FeS; l'action peut même se produire à froid, avec dégagement de chaleur, quand le fer est très divisé et le soufre humide (*volcan de Lémery*).

Les halogènes l'attaquent tous à froid; les acides, même les plus faibles, le dissolvent avec dégagement d'hydrogène; l'acide azotique ordinaire donne avec lui une réaction violente, tandis que l'acide azotique fumant le rend passif.

Les alcalis n'agissent que très peu, même à température élevée.

Le carbone et le silicium s'y combinent au rouge et modifient considérablement ses propriétés physiques, même lorsqu'ils ne s'y trouvent qu'en très faible proportion.

292. Fonte. — On appelle fonte un carbo-siliciure de fer qui renferme, en moyenne, pour 100 parties en poids, 95 de fer, 3 de carbone et 2 de silicium.

Les fontes impures contiennent en outre un peu de soufre, de phosphore et quelques traces de métaux étrangers.

La fonte est grenue, cristalline et, par suite, dure et cassante; jamais elle ne devient malléable ni ductile et, en conséquence, ne peut être travaillée sur l'enclume comme le fer. Elle fond vers 1200 degrés et se laisse mouler, dans des moules en sable, avec une grande perfection.

La fonte est magnétique, mais ne garde pas le magnétisme ; elle sert de noyau aux grands électroaimants des machines dynamos.

La fonte sert à fabriquer les bâtis de machines et, en général, toutes les pièces métalliques qui nécessitent une grande résistance passive, sans avoir à supporter de chocs violents. On en fait aussi l'enveloppe des obus et des bombes, où l'on met à profit sa fragilité.

La fonte se travaille toujours par fusion et moulage ; quand on la refroidit brusquement, elle donne ce qu'on appelle la *fonte blanche ;* quand, au contraire, on la laisse se refroidir lentement, elle passe à l'état de *fonte grise ;* celle-ci renferme des paillettes de graphite, qui provient de la dissociation d'un carbure de fer instable.

La *fonte malléable* est de la fonte *décarburée,* par conséquent, un métal intermédiaire entre la fonte proprement dite et le fer pur.

293. Acier. — L'acier est un carbure de fer, contenant au plus 1 0/0 de carbone et quelquefois un peu de manganèse ou de chrome, qui en augmentent la dureté.

L'acier *doux* est presque identique au fer, mais il prend par la *trempe,* c'est-à-dire par un refroidissement brusque ou une compression violente, une dureté très grande qui le rend particulièrement précieux pour la fabrication des outils.

On trempe l'acier en le chauffant au rouge, à la forge, et en le plongeant brusquement dans un liquide froid, tel que l'eau, l'huile ou le mercure. Il est alors extrêmement dur, mais aussi trop fragile pour pouvoir être utilisé à cet état : il faut, après l'avoir trempé, le *recuire,* c'est-à-dire le réchauffer d'une manière progressive : on le voit alors passer successivement par les couleurs jaune, orangé, rouge, violet, bleu et noir.

L'acier recuit au jaune est très dur, mais encore très cassant ; on s'en sert seulement pour la coutellerie fine.

L'acier recuit au rouge sert à fabriquer les outils à métaux, burins, forets, lames de raboteuses, etc.

L'acier violet ou bleu est très élastique ; c'est avec lui qu'on fait les ressorts et les outils de menuisiers.

Enfin, l'acier noir a perdu tous les effets utiles de la trempe, il est redevenu de l'acier doux, qu'il faut retremper à nouveau si l'on veut le durcir.

L'acier trempé à l'huile est moins dur et moins fragile que celui qui a été trempé à l'eau ; celui qui a été trempé au mercure est, au contraire, d'une dureté excessive, on s'en sert surtout pour fabriquer les molettes à couper le verre.

L'acier est fusible au rouge blanc et peut être moulé ; il est également malléable et ductile au rouge, ce qui permet de le forger, de le souder, de le passer au laminoir et à la filière ; en un mot, il peut se travailler exactement comme le fer et la fonte. Sa ténacité dépasse notablement celle du fer pur.

L'acier est magnétique et conserve indéfiniment l'aimantation à froid ; c'est avec lui qu'on fait les aimants permanents.

294. Fabrication. — Le fer s'extrait industriellement de ses oxydes ou de ses carbonates naturels, dont les principaux sont :

1° L'oxyde *salin* ou *magnétique* de fer Fe^3O^4. Ce corps est noir, cristallisé dans le système cubique et attirable à l'aimant ; la Suède en possède des gisements considérables.

2° L'oxyde ferrique anhydre Fe^2O^3. C'est un corps

de couleur foncée, mais dont la poussière est rouge, qui se trouve tantôt cristallisé en rhomboèdres *(fer oligiste)*, tantôt sous la forme de masses fibreuses *(hématite)*.

3° L'oxyde ferrique hydraté $Fe^2O^3H^2O$. Ce minerai de fer ressemble à la rouille, il est souvent en grains arrondis, cimentés par des matières argileuses *(fer oolithique)*; quand il est mélangé avec de grandes quantités d'argile, on l'appelle *limonite*.

4° Le carbonate ferreux CO^3Fe. Ce minerai se pré-

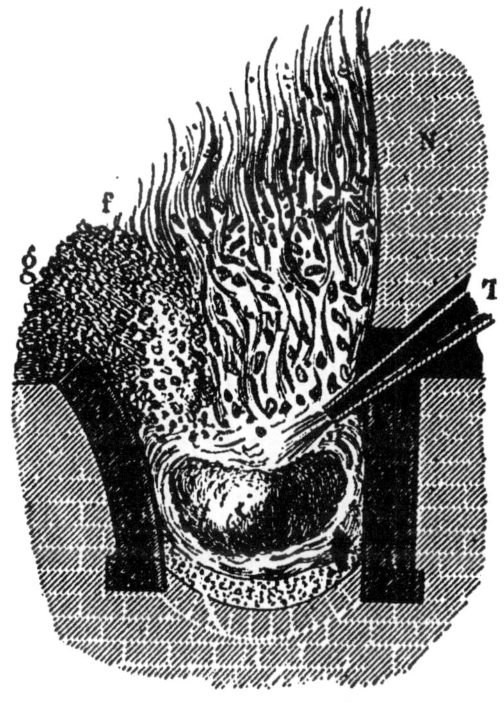

Fig. 60. -- Forge catalane.

sente sous deux variétés distinctes: l'une, bien cristallisée en rhomboèdres, isomorphes avec ceux de la calcite, porte le nom de *sidérose* ou *fer spathique*;

l'autre, amorphe et noire, est vulgairement appelée *fer des houillères*, parce qu'elle accompagne la houille dans ses mines.

On peut retirer le fer de ses minerais en réduisant ceux-ci par le charbon, dans un violent feu de forge ; c'est l'ancien procédé de la *forge catalane*, qui est encore en usage chez les peuples primitifs (fig. 60).

Actuellement, on commence par fabriquer la fonte,

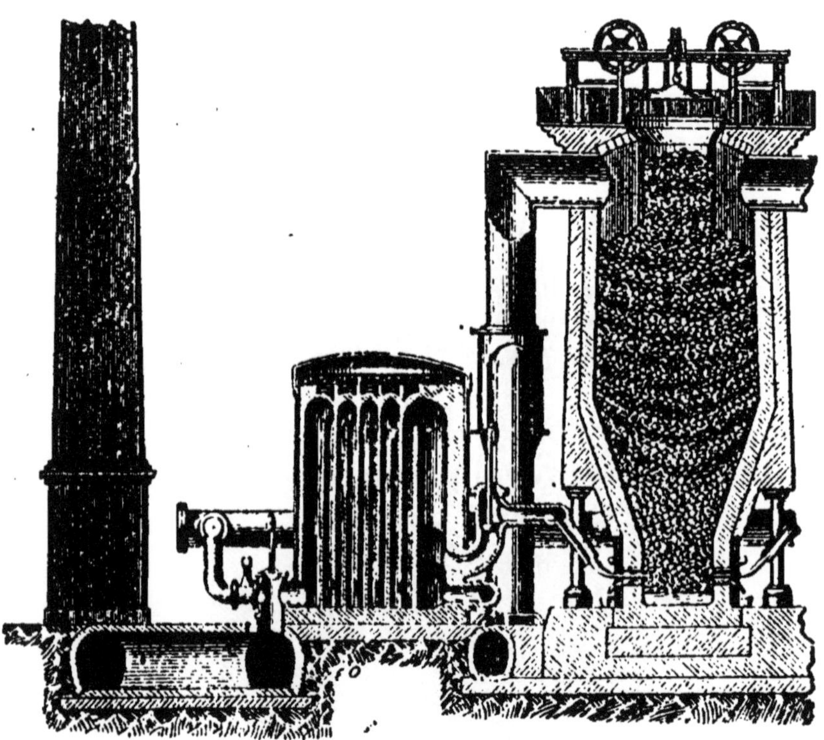

Fig. 61. — Haut-fourneau.

que l'on transforme ensuite en fer ou en acier, suivant le but que l'on se propose.

La fonte s'obtient en chauffant dans un *haut-four-neau*, vaste four à cuve de 18 mètres environ de hautour, un mélange de minerai de fer et de coke, auquel il convient d'ajouter un peu d'argile et de carbonate de calcium *(castine)*, qui jouent le rôle de fondant (fig. 61).

L'oxyde de fer est réduit par l'oxyde de carbone qui résulte de la combustion incomplète du charbon, et le fer devenu libre, au contact d'un excès de carbone et du silicium contenu dans la silice du minerai ainsi que dans l'argile, se transforme en fonte qui s'accumule au bas du four, dans le *creuset*; en même temps, s'écoulent au dehors des scories liquéfiées, silicates complexes d'aluminium et de calcium, que l'on désigne sous le nom de *laitier*. Toutes les douze heures, on procède à la coulée du métal contenu dans le creuset, ce qui donne des *gueuses* ou lingots de fonte.

La fonte brute du haut-fourneau doit être refondue, pour l'usage, dans des fours à cuve de plus petite dimension, qu'on appelle *cubilots*.

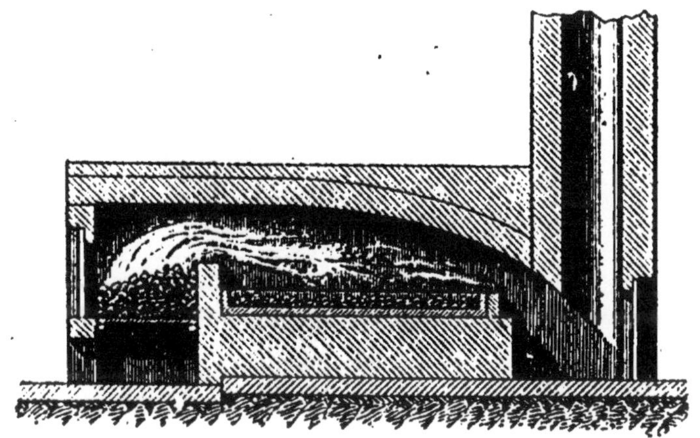

Fig. 62. — Four à puddler.

Pour transformer la fonte en fer, il suffit de lui enlever le carbone et le silicium qu'elle renferme ; on y réussit en la faisant fondre sur la sole d'un four à réverbère (*four à puddler*), où on l'agite constamment, avec des *ringards*, au contact de l'air (fig. 62). Dans ces conditions, le carbone et le silicium s'oxydent et le fer se sépare sous la forme de blocs poreux (*loupes*), qu'on forge immédiatement au *marteau-pilon* pour les rendre compacts. Il ne reste plus qu'à passer le métal au laminoir et à le *corroyer*, c'est-à-dire à le forger de nouveau, pour obtenir le fer commercial ; il renferme encore quelques traces de carbone, de silicium, de soufre et de phosphore, en tout environ 1/2 0/0 de son poids total.

L'acier se fabrique au moyen de la fonte ou du fer. Pour l'obtenir au moyen de la fonte, on emploie deux méthodes : le procédé Bessemer, qui consiste à affiner la fonte en fusion en y injectant un fort courant d'air, dans des cornues (*convertisseurs*) de forme spéciale

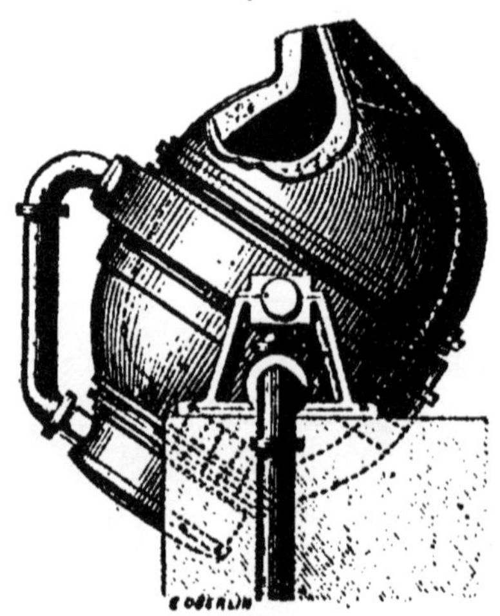

Fig. 63. — Convertisseur Bessemer.

(fig. 63), et le procédé Martin, qui consiste à fondre, au four Siemens, un mélange de fonte et de rognures de fer. On y ajoute presque toujours, lorsqu'il est en fusion, un peu de fonte manganésifère ou chromée, souvent aussi un peu d'aluminium qui prévient les *soufflures*. Au sortir du four, le métal est immédiatement coulé dans ses moules.

Pour l'obtenir au moyen du fer, on chauffe du fer en barres avec du charbon de bois, pendant une dizaine de jours, à la température du rouge sombre. Dans ces conditions, le fer se *cémente*, c'est-à-dire se combine superficiellement au charbon avec lequel il se trouve en contact ; on le fond alors dans des creusets de graphite, pour le rendre homogène.

L'acier de cémentation fondu est le plus estimé de tous, c'est en effet le plus fin et le seul qui se prête à la fabrication des objets délicats.

État naturel. — Le fer se trouve dans la nature sous forme de blocs isolés, qui sont vraisemblablement tous d'origine météorique.

295. Oxydes de fer. — On en connaît trois : le protoxyde ou *oxyde ferreux* FeO, le sesquioxyde ou *oxyde ferrique* Fe^2O^3 et l'oxyde salin ou *magnétique* Fe^3O^4.

L'oxyde ferreux est un corps verdâtre extrêmement altérable, qui se transforme à l'air, d'abord en oxyde salin noir, puis en oxyde ferrique rouge. Il n'a d'autre intérêt que de servir de base à tous les sels ferreux ; ceux-ci sont tous verts.

L'oxyde ferrique anhydre est une matière rouge foncé, complètement insoluble dans l'eau et très répandue dans la nature, où on la recherche comme minerai de fer.

Le *colcothar* (1) ou *rouge d'Angleterre* du commerce

---

(1) La plupart des chimistes, à l'exemple de Lavoisier, écrivent *colcothar* ; Littré préfère *colcotar*.

est de l'oxyde ferrique artificiel, résidu de la fabrication de l'acide pyrosulfurique par le sulfate de fer; on l'emploie au polissage des métaux et des glaces.

L'hydrate ferrique $Fe^2(OH)^6$ est un corps gélatineux, de couleur rouge brun, que l'on obtient en précipitant un sel ferrique quelconque par une base alcaline ; on s'en sert en médecine comme médicament ferrugineux et comme contre-poison de l'arsenic.

La *rouille* est un hydrate ferrique qui contient moins d'eau que l'hydrate normal.

L'oxyde ferrique est une base faible, dont les sels sont blancs ou rouges.

Enfin l'oxyde salin ou magnétique de fer est un corps noir, attirable à l'aimant, complètement insoluble dans l'eau, mais soluble dans les acides, qui donnent avec lui un mélange de sels ferreux et de sels ferriques.

$$Fe^3O^4 + 4SO^4H^2 = SO^4Fe + Fe^2(SO^4)^3 + 4H^2O.$$

On le trouve abondamment dans la nature, c'est lui qui forme la *pierre d'aimant* ou aimant naturel.

Il se produit dans la combustion du fer, en particulier quand on bat le fer rouge sur l'enclume; c'est ce qui le faisait appeler autrefois *oxyde des battitures*.

296. Sulfures de fer. — Le fer et le soufre donnent deux combinaisons principales : le protosulfure FeS et le bisulfure ou *pyrite* FeS^2.

Le protosulfure de fer est un corps noir, cristallin, que l'on prépare artificiellement en chauffant du fer avec du soufre, dans un creuset; il sert dans les laboratoires pour préparer l'acide sulfhydrique.

La pyrite existe dans la nature sous deux variétés différentes : la *pyrite martiale*, qui forme de beaux

cristaux cubiques, jaunes, à éclat métallique, inalté-
rables à l'air, et la *pyrite blanche* ou *marcassite*, qui
cristallise en prismes orthorhombiques, d'une couleur
jaune verdâtre très pâle, et absorbe spontanément
l'oxygène, à froid, pour donner du sulfate de fer. La
pyrite martiale sert à préparer l'acide sulfureux ; la
pyrite blanche est employée à la fabrication du sulfate
de fer et, par suite, à celle de l'acide pyrosulfurique.

297. Chlorures de fer. — Il en existe deux : le chlorure ferreux $FeCl^2$ et le chlorure ferrique ou *perchlorure* de fer Fe^2Cl^6.

Le chlorure ferreux est un sel verdâtre, très soluble dans l'eau et très oxydable, que l'on prépare en
attaquant directement le fer par l'acide chlorhydrique.

$$Fe + 2HCl = 2H + FeCl^2.$$

L'hydrogène le réduit au rouge, en donnant de beaux
cristaux de fer métallique.

Le perchlorure de fer anhydre est un corps cristallin
noirâtre, à reflets irisés, volatil et très soluble dans l'eau,
qui le décompose à haute température. On le prépare en
faisant passer un courant de chlore sec sur du fer métallique, chauffé au rouge dans un tube de porcelaine.

Le perchlorure de fer liquide des pharmaciens est
une simple dissolution aqueuse de chlorure ferrique,
que l'on obtient en faisant agir le chlore en excès sur
le chlorure ferreux ou en dissolvant du fer dans l'eau
régale. On l'emploie à l'extérieur comme *hémosta-
tique* et à l'intérieur comme *ferrugineux*.

298. Sulfates de fer. — Le sulfate ferreux cristallisé
$FeSO^4 + 7H^2O$ est un sel vert, que l'on appelait autrefois *vitriol vert* ou *couperose verte ;* il est bien cristal-

lisé, soluble dans l'eau et décomposable par la chaleur en peroxyde de fer, anhydride sulfureux et anhydride sulfurique.

$$2\text{FeSO}^4 = \text{Fe}^2\text{O}^3 + \text{SO}^2 + \text{SO}^3.$$

Il s'altère lentement au contact de l'air humide et se recouvre peu à peu d'une couche ocreuse de sulfate ferrique basique.

On le prépare en attaquant de la ferraille par l'acide sulfurique étendu ou en lessivant la pyrite blanche, oxydée à l'air. Il sert comme désinfectant, pour détruire le sulfhydrate d'ammoniaque qui se forme dans la putréfaction, et, dans l'industrie, pour fabriquer l'encre, pour teindre les étoffes en noir et enfin pour préparer l'acide pyrosulfurique, par la vieille méthode de Nordhausen.

Le sulfate ferrique $\text{Fe}^2(\text{SO}^4)^3$ est un sel blanc, soluble dans l'eau et décomposable par la chaleur en peroxyde de fer et anhydride sulfurique. On le prépare en attaquant l'oxyde ferrique par l'acide sulfurique, à chaud, et on l'emploie pour clarifier les eaux bourbeuses, dont il précipite les impuretés comme le sulfate d'aluminium.

299. Ferrocyanure de potassium FeCy^6K^4. — Ce composé, que l'on nomme vulgairement, dans le commerce, *prussiate jaune de potasse*, est un beau sel jaune, qui cristallise habituellement avec trois molécules d'eau.

Il se décompose par la calcination en fer pulvérulent, cyanogène et cyanure de potassium.

$$\text{FeCy}^6\text{K}^4 = \text{Fe} + 2\text{Cy} + 4\,\text{KCy}.$$

On le prépare en calcinant des matières organiques azotées d'origine animale, telles que les déchets de cuir, de corne, de laine ou de colle forte, avec du carbonate de potassium et du fer métallique; il sert à la fabrication du cyanure de potassium et à celle du *bleu de Prusse*, que l'on obtient en précipitant une dissolution de prussiate jaune par le chlorure ferrique.

$$3FeCy^6K^4 + 2Fe^2Cl^6 = 12KCl + Fe^7Cy^{18}.$$
Bleu de Prusse.

300. Ferricyanure de potassium $Fe^2Cy^{12}K^6$. — C'est un beau sel rouge, à reflets verdâtres, qui est connu sous le nom de *prussiate rouge de potasse;* on le prépare en traitant le ferrocyanure de potassium par le chlore, en présence de l'eau.

$$2FeCy^6K^4 + 2Cl = Fe^2Cy^{12}K^6 + 2KCl.$$

Il sert dans les laboratoires pour reconnaitre les sels ferreux, avec lesquels il donne un précipité de *bleu de France* ou *bleu de Turnbull* Fe^5Cy^{12}.

$$Fe^2Cy^{12}K^6 + 3FeCl^2 = 6KCl + Fe^5Cy^{12}.$$

301. Caractères des sels de fer.

SELS FERREUX.

Hydrogène sulfuré	Rien.
Sulfhyd. d'ammon.	Pr. noir de FeS sol. dans HCl.
Bases alcalines...	Pr. vert de $Fe(OH)^2$ rougissant à l'air.
Carbon. alcalins..	Pr. vert de CO^3Fe rougissant à l'air.
Ferrocyan. de pot.	Pr. blanc bleuissant à l'air.
Ferricyan. de pot.	Pr. bleu de Fe^5Cy^{12}.
Tannin..........	Rien.

SELS FERRIQUES.

Hydrogène sulfuré	Pr. jaune de soufre.
Sulfhyd. d'ammon.	Pr. noir de Fe^5 sol. dans HCl.
Bases alcalines...	Pr. rouge de $Fe^2(OH)^6$.
Carb. alcalins....	Pr. rouge de $Fe^2(OH)^6$.
Ferrocyan. de pot.	Pr. bleu de Fe^7Cy^{18}.
Ferricyan. de pot.	Coloration rouge brun.
Tannin..........	Précipité noir d'encre.

Chrome.

302. Propriétés. — Le chrome est un métal blanc grisâtre, très dur, peu fusible et à peu près inoxydable à la température ordinaire ; à l'état de pureté il ne présente aucun intérêt pratique.

On l'obtient en réduisant l'oxyde de chrome par le charbon, au feu de forge ou mieux au four électrique (Moissan) ; il se réunit alors en lingots compacts et parfaitement fondus.

Dans l'industrie on prépare en grand des fontes chromées en fondant au haut-fourneau du minerai de fer mélangé d'oxyde de chrome. Ces fontes servent à la fabrication de l'*acier chromé*.

303. Oxyde de chrome Cr^2O^3. — L'oxyde de chrome anhydre est une poudre verte, insoluble dans l'eau et indécomposable par la chaleur seule ; on peut l'avoir cristallisé en petits cristaux rhomboédriques isomorphes avec l'alumine.

Il se prépare d'ordinaire en calcinant du bichromate de potassium avec un corps réducteur quelconque, par exemple de l'amidon. Un mélange de bichromate et d'acide borique donne ainsi un oxyde de chrome pulvérulent, d'un beau vert sombre, qui est employé en peinture sous le n... de *vert Guignet*.

On connaît également l'oxyde de chrome à l'état d'hydrate $Cr^2(OH)^6$; c'est alors une substance gélatineuse, verte, qui devient anhydre par la calcination; on l'obtient sous cette forme en précipitant un sel soluble de chrome par une lessive alcaline.

L'oxyde de chrome est une base faible, comparable à l'alumine, dont les sels sont verts ou violets.

304. Anhydride chromique CrO^3. — L'anhydride chromique est un beau corps rouge, cristallisé en longues aiguilles prismatiques et très soluble dans l'eau.

Par la calcination il se décompose en oxygène et en oxyde de chrome.

$$2CrO^3 = Cr^2O^3 + 3O.$$

A froid c'est un oxydant très énergique, qui attaque la plupart des corps combustibles et les porte au maximum d'oxydation ; on s'en sert beaucoup en chimie organique, pour transformer les alcools en aldéhydes ou en acides.

L'acide sulfurique, à chaud, en dégage de l'oxygène.

$$2CrO^3 + 3SO^4H^2 = Cr^2(SO^4)^3 + 3O + 3H^2O.$$

L'acide chlorhydrique donne avec lui du chlorure de chrome et du chlore.

$$2CrO^3 + 12HCl = Cr^2Cl^6 + 6H^2O + 6Cl.$$

L'anhydride chromique s'unit aux bases pour donner des chromates, isomorphes avec les sulfates ; les plus importants de ces sels sont le chromate CrO^4K^2 et le bichromate $Cr^2O^7K^2$ de potassium ; le premier est

jauno, lo second est rouge orangé. Tous deux sont so-
lublos et cristallisent avec facilité; le bichromato de
potassium sert beaucoup dans lo montage des piles à
deux liquides, comme corps *dépolarisant.*

On préparo lo bichromato de potassium en attaquant
lo *fer chromé*, mélange naturel d'oxydo de chrome et
d'oxydo de for, par le salpêtro au rouge; par addition
do potasse on peut lo transformer en chromato jauno.

$$Cr^2O^7K^2 + 2KOH = 2CrO^4K^2 + H^2O.$$

Enfin, l'acido sulfurique concentré en sépare immédiatement l'anhydride chromique.

$$Cr^2O^7K^2 + SO^4H^2 = SO^4K^2 + H^2O + 2CrO^3.$$

305. Alun de chrome $Cr^2K^2(SO^4)^4 + 24H^2O.$ — L'alun
de chromo est un sel violet très foncé, qui cristallise
en octaèdres comme l'alun ordinaire et est isomorpho
avec lui.

Il prend naissanco toutes les fois qu'on traite un
mélange do bichromato de potassium et d'acide sulfurique par un réducteur quelconque; on lo voit notamment se produire dans les piles à bichromato et s'y
déposer peu à peu sous la forme do cristaux, qui
peuvent atteindre d'assez grandes dimensions.

306. Caractères des sels de chrome.

Hydrogène sulfuré .... Rien.
Sulfhydrate d'ammoniaque. Pr. vert, gélatineux, do
$Cr^2(OH)^6$.
Acides vulgaires .... Rien.
Basés alcalines .... Pr. vert do $Cr^2(OH)^6$.
Carbonates alcalins .. .. Pr. vert de $Cr^2(OH)^6$.

Les chromates se reconnaissent à leur couleur jauno

ou rouge, au précipité de jaune de chrome qu'ils donnent avec les sels de plomb, ou encore au moyen de l'acide sulfureux, qui les réduit et les transforme en sulfate de chrome vert.

Manganèse.

307. Propriétés. — Le manganèse est un métal blanc, très dur et difficilement fusible, qui s'oxyde facilement au contact de l'air.

On peut l'obtenir pur en réduisant ses oxydes par le charbon, au four électrique (Moissan); dans l'industrie, on prépare au haut-fourneau des espèces de fontes manganésifères, qui peuvent contenir jusqu'à 80 0/0 de manganèse métallique et qui servent, sous le nom de *ferro-manganèse*, à l'affinage de l'acier.

308. Oxydes de manganèse. — On connaît quatre oxydes de manganèse, qui sont tous insolubles dans l'eau ; ce sont : le protoxyde MnO, le sesquioxyde Mn^2O^3, l'oxyde salin Mn^3O^4 et le bioxyde MnO^2.

Le premier a peu d'importance à l'état libre; il tend d'ailleurs à s'oxyder spontanément pour passer à l'état de bioxyde. C'est une base assez énergique, qui forme avec les acides un grand nombre de sels, tous colorés en rose (sels *manganeux*).

Le sesquioxyde est un produit naturel peu employé, qui donne avec les acides des sels fort instables, connus sous le nom de sels *manganiques*.

L'oxyde salin, ou *oxyde brun* de manganèse, est un corps brun foncé, indécomposable par la chaleur, qui se forme pendant la calcination du bioxyde de manganèse et encore sans usage important.

Le bioxyde ou *peroxyde* de manganèse (*pyrolusite* des minéralogistes) est au contraire un produit fort employé dans les laboratoires et dans l'industrie. On le rencontre dans la nature sous la forme d'aiguilles prismatiques, d'un beau noir et à reflets semi-métalliques, facilement reconnaissables à première vue.

La chaleur en dégage de l'oxygène et le transforme en oxyde salin.

$$3MnO^2 = Mn^3O^4 + 2O.$$

L'acide sulfurique le décompose à chaud, avec dégagement d'oxygène.

$$MnO^2 + SO^4H^2 = SO^4Mn + H^2O + O.$$

L'acide chlorhydrique donne avec lui du chlorure manganeux et du chlore.

$$MnO^2 + 4HCl = MnCl^2 + 2H^2O + 2Cl.$$

Enfin, les alcalis, à chaud et en présence de l'air ou d'un corps oxydant, s'y combinent pour donner un *manganate*.

$$MnO^2 + 2KOH + O = MnO^4K^2 + H^2O.$$

Le bioxyde de manganèse sert à la fabrication du chlore et à celle des manganates alcalins.

309. Acides manganiques. — Théoriquement il en existe deux : l'*acide manganique* proprement dit MnO^4H^2 et l'acide *permanganique* MnO^4H, mais le premier n'existe pas à l'état libre et le second est difficile et même un peu dangereux à préparer, car il est explosif. On ne connait bien que leurs sels, et surtout les manganates de potassium.

Le manganate de potassium MnO^4K^2 est un sel vert, très soluble dans l'eau, qui se transforme en permanganate dès qu'on y ajoute un acide.

Le permanganate MnO^4K est un sel rouge, soluble et très bien cristallisé, qui passe à l'état de manganate quand on le traite par un excès de potasse, surtout en présence d'un corps réducteur.

La facilité avec laquelle ces deux corps se transforment l'un dans l'autre, en changeant de couleur, explique pourquoi on les appelait autrefois *caméléon minéral*.

Le permanganate de potassium est un oxydant énergique, qui attaque tous les corps combustibles, détruit les matières colorantes et brûle un grand nombre de matières organiques.

On s'en sert, dans les laboratoires, pour produire des oxydations et, dans l'industrie, pour le blanchiment des toiles.

On prépare le manganate vert de potassium en chauffant dans un creuset un mélange de potasse et de bioxyde de manganèse, avec un peu de salpêtre ou de chlorate de potassium, pour oxyder la masse.

Le permanganate rouge s'obtient en traitant le sel précédent par une petite quantité d'acide sulfurique.

310. Chlorure de manganèse $MnCl^2$. — C'est un sel rose, bien cristallisé, fusible au rouge et soluble dans l'eau, qui se forme en quantité dans la préparation du chlore par le procédé de Scheele.

Il n'a pas d'usages à l'état de pureté; dans les fabriques de chlore on se sert des liquides qui en renferment pour préparer les *manganites* de calcium, par le procédé Weldon (§ 63).

311. Sulfate de manganèse SO^4Mn. — Sel rose, cristallisant avec 7 molécules d'eau comme le sulfate de magnésium, avec lequel il est isomorphe, et sans usages industriels.

Il forme le résidu de la préparation de l'oxygène par le bioxyde de manganèse et l'acide sulfurique.

312. Caractères des sels de manganèse.

Hydrogène sulfuré........... Rien.

Sulfhydrate d'ammoniaque. Pr. jaune rosé de MnS, sol. dans HCl.

Bases alcalines............. Pr. blanc de $Mn(OH)^2$ noircissant à l'air.

Carbonates alcalins......... Pr. blanc de CO^3Mn brunissant à l'air.

Les manganates ou permanganates se reconnaissent facilement à leur coloration et à leurs propriétés oxydantes.

Nickel.

313. Propriétés. — Le nickel est un beau métal blanc, malléable et ductile, plus tenace et moins fusible encore que le fer, à peu près inaltérable à froid.

Ses propriétés chimiques sont les mêmes que celles du fer, un peu atténuées.

On prépare le nickel en réduisant par le charbon, à haute température, le silicate de nickel ou *garniérite* de la Nouvelle-Calédonie ; il sert à confectionner une foule d'ustensiles d'usage courant et à préparer le *maillechort*.

Tous les sels de nickel sont verts ; le plus important est le sulfate double de nickel et d'ammoniaque, qui sert à faire les bains de nickelage galvanique.

314. Caractères des sels de nickel.

Hydrogène sulfuré.......... Rien.

Sulfhydrate d'ammoniaque. Pr. noir de NiS, insol. dans HCl.

Bases alcalines fixes...... . Pr. vert de $Ni(OH)^2$.

Ammoniaque.................. Pr. vert sol. en bleu dans un excès.

Carbonates alcalins......... Pr. vert de CO^3Ni.

Cobalt.

315. Propriétés. — Le cobalt ressemble au nickel, mais il est cassant et par suite peu malléable et peu ductile; il accompagne d'ordinaire le nickel dans ses minerais et n'a aucun usage à l'état libre.

Ses sels sont roses ou rouges; le chlorure de cobalt devient bleu quand on le chauffe, aussi l'emploie-t-on quelquefois, en dissolution étendue, pour faire des *encres sympathiques*.

L'oxyde de cobalt colore en bleu la plupart des matières vitrifiables, on l'emploie à la fabrication des verres bleus, à celle du *bleu d'azur* et à la décoration de la porcelaine.

316. Caractères des sels de cobalt.

Hydrogène sulfuré..........	Rien.
Sulfhydrate d'ammoniaque.	Pr. noir de CoS, insol. dans HCl.
Bases alcalines fixes.	Pr. bleu de $Co(OH)^2$.
Ammoniaque...............	Pr. bleu, sol. en brun dans un excès.
Carbonates alcalins........	Pr. violacé de CO^3Co.
Azotite de potassium.......	Pr. jaune cristallin (en présence d'acide acétique).

CHAPITRE VI

ANTIMOINE, BISMUTH, ÉTAIN (1)

Antimoine.

317. Propriétés. — L'antimoine est un véritable métalloïde, que certains auteurs rangent parmi les métaux uniquement parce qu'il en possède l'éclat et que ses combinaisons métalliques ressemblent aux alliages. Il devrait, en réalité, prendre place dans la famille de l'azote, à la suite de l'arsenic.

C'est un corps blanc bleuâtre, brillant, cristallin et très fragile, qui se laisse réduire en poudre dans un mortier; il fond à 430 degrés et se volatilise au rouge.

L'antimoine fortement chauffé brûle à l'air en donnant des fumées d'oxyde antimonieux Sb^2O^3; le soufre l'attaque aisément, pour former le sulfure d'antimoine Sb^2S^3; le chlore le transforme, avec incandescence, en trichlorure ou en pentachlorure : il est donc, comme le phosphore, tri et pentavalent.

L'antimoine se mélange en toutes proportions avec les métaux facilement fusibles et généralement en

---

(1) Ces trois corps devraient être rangés parmi les métalloïdes, dont ils se rapprochent par l'ensemble de leurs propriétés chimiques.

augmente la dureté ; le métal des caractères d'imprimerie est un alliage d'antimoine et de plomb.

318. Préparation. — L'antimoine s'extrait de son sulfure naturel Sb^2S^3 (stibine), en chauffant celui-ci avec de la limaille de fer, au rouge.

$$Sb^2S^3 + 3Fe = 3FeS + 2Sb.$$

Il sert à faire les caractères d'imprimerie et la plupart des combinaisons antimoniées que l'on emploie en médecine.

319. Oxydes d'antimoine. — On en connaît deux principaux, qui sont *l'anhydride antimonieux* Sb^2O^3 et *l'anhydride antimonique* Sb^2O^5, correspondant aux anhydrides arsénieux et arsénique.

Le premier se forme directement dans la combustion vive de l'antimoine ; il cristallise par sublimation en belles aiguilles blanches que l'on appelait autrefois *fleurs argentines d'antimoine* ; le second prend naissance dans l'action de l'acide azotique sur l'antimoine pulvérisé.

$$2Sb + 10AzO^3H = 10AzO^2 + 5H^2O + Sb^2O^5.$$

A l'anhydride antimonique correspondent les acides *métaantimonique* SbO^3H et *pyroantimonique* $Sb^2O^7H^4$, comparables aux acides métaarsénique et pyroarsénique.

Le pyroantimoniate de sodium est un des rares sels de sodium qui soient insolubles dans l'eau.

L'anhydride antimonieux se combine avec le bitartrate de potassium (*crème de tartre*) pour donner *l'émétique* ou *tartre stibié* $C^4H^4O^6K(SbO)$ dont on fait un fréquent usage en médecine, comme vomitif.

320. Sulfure d'antimoine Sb^2S^3. — Le sulfure d'antimoine naturel est un corps noir, bien cristallisé en longues aiguilles brillantes, complètement insoluble dans l'eau et facilement fusible ; on l'appelle *stibine* en minéralogie.

Préparé artificiellement, par l'action de l'acide sulfhydrique sur le chlorure d'antimoine, il est rouge orangé et présente même une couleur assez vive, lorsqu'il est mélangé avec l'acide antimonieux, pour servir en peinture : c'est alors le *vermillon d'antimoine*.

Le *kermès* des pharmaciens est un sulfure d'antimoine et de sodium, de couleur brune, que l'on obtient en faisant bouillir du sulfure d'antimoine ordinaire avec une dissolution de carbonate de sodium.

Le sulfure d'antimoine sert à fabriquer l'antimoine et à préparer l'acide sulfhydrique pur dans les laboratoires.

321. Chlorures d'antimoine. — Il existe deux chlorures d'antimoine, correspondant aux chlorures de phosphore ; ce sont le trichlorure $SbCl^3$ et le pentachlorure $SbCl^5$.

Le trichlorure d'antimoine, ou *beurre d'antimoine*, est un corps blanc, fusible et volatil, qui se décompose, en présence d'un excès d'eau, pour donner de l'acide chlorhydrique et un oxychlorure insoluble $SbOCl$ (*poudre d'Algaroth*) ; on le prépare en attaquant le sulfure d'antimoine par l'acide chlorhydrique concentré.

Le pentachlorure est un liquide volatil, fumant à l'air, qui se dissocie par la chaleur en chlore libre et trichlorure d'antimoine ; c'est par suite un chlorurant d'une grande énergie, dont on fait souvent usage en chimie organique. On l'obtient en traitant l'antimoine par le chlore, en excès.

322. Hydrogène antimonié SbH³. — C'est un gaz, très voisin de l'hydrogène arsénié, combustible et décomposable comme lui, par la chaleur, en ses éléments ; aussi donne-t-il exactement les mêmes apparences que l'hydrogène arsénié dans l'appareil de Marsh.

Il se produit dans l'action de l'hydrogène naissant sur les chlorures d'antimoine et se prépare en traitant un antimoniure alcalin par l'eau acidulée d'acide chlorhydrique.

323. Caractères des composés de l'antimoine.

Hydrogène sulfuré.......... Pr. rouge orangé de Sb²S³, insol. dans HCl étendu.

Sulfhydrate d'ammoniaque. Pr. rouge orangé sol. dans un excès.

Bases alcalines............. Pr. blanc d'hydrate.

Carbonates alcalins........ Pr. blanc d'hydrate.

· Bismuth.

324. Propriétés. — Le bismuth est encore un métalloïde de la famille de l'azote, qui vient se ranger régulièrement à la suite de l'antimoine.

C'est un corps blanc rosé, brillant et fragile comme l'antimoine, qui donne par fusion de superbes cristaux rhomboédriques, irisés à la surface de toutes les teintes de l'arc-en-ciel.

Le bismuth s'oxyde quand on le chauffe à l'air, il se combine directement au chlore, au brome et à l'iode. L'acide azotique est le seul acide qui l'attaque vivement à froid : il se forme alors un azotate neutre Bi(AzO³)³, dans lequel le bismuth est évidemment trivalent.

Le bismuth se trouve à l'état libre dans la nature, il suffit généralement de le fondre avec un peu de salpêtre pour l'avoir immédiatement pur.

On l'emploie pour faire des alliages fusibles et pour préparer des combinaisons médicinales.

325. Azotate et sous-azotate de bismuth. — L'azotate neutre de bismuth Bi(AzO³)³ est un sel blanc, cristallisé, qui se forme dans l'action directe de l'acide azotique sur le bismuth.

Il est soluble dans l'eau chargée d'acide azotique, mais il est décomposé par un excès d'eau pure, en donnant un précipité blanc de sous-azotate ou *sous-nitrate* de bismuth AzO⁴Bi + H²O.

Ce sel, qui est comparable aux orthophosphates et dérive d'un acide orthoazotique AzO⁴H³, inconnu à l'état libre, est très employé en médecine comme anti-diarrhéique.

326. Caractères des composés du bismuth.

Hydrogène sulfuré..........	Pr. noir de Bi²S³ insol. dans HCl.
Sulfhydrate d'ammoniaque.	Pr. noir, insol. dans un excès.
Bases alcalines.............	Pr. blanc d'hydrate.
Carbonates alcalins........	Pr. blanc d'hydrate.

Etain.

327. Propriétés. — L'étain est plutôt un métalloïde qu'un véritable métal ; il ne donne, en effet, pas de sels avec les acides.

C'est un corps blanc, d'un éclat comparable à celui de l'argent quand il est fraîchement poli, très malléable et assez peu ductile. On peut en faire, par le battage au marteau, des feuilles de 1/500 de millimètre d'épaisseur.

L'étain a pour densité 7,2 ; il fond à 232 degrés, mais n'est pas sensiblement volatil ; le frottement lui communique une odeur spéciale, dont l'origine n'est pas connue.

L'étain cristallise avec facilité : on peut l'avoir en cristaux bien définis en décomposant une solution de chlorure stanneux par l'électricité ou par l'hydrogène naissant, résultant de l'action de l'acide chlorhydrique sur une baguette d'étain (arbre de Jupiter).

Le *moiré métallique*, qui s'obtient en plongeant une feuille de fer-blanc dans l'eau régale étendue, est la trace des cristaux intérieurs que le décapage superficiel du métal a mis à découvert. C'est enfin à sa texture cristalline que l'étain doit la propriété de faire entendre un bruissement quand on le tord (*cri de l'étain*).

L'étain est inaltérable à froid, mais il s'oxyde rapidement quand on le chauffe à l'air. Le soufre et le chlore l'attaquent à chaud en le transformant en bisulfure SnS^2 (*or mussif*) et en tétrachlorure $SnCl^4$.

L'acide chlorhydrique le dissout à chaud, en dégageant de l'hydrogène.

$$Sn + 2HCl = SnCl^2 + 2H.$$

L'acide azotique fumant n'agit pas à froid, mais l'acide azotique ordinaire l'attaque avec violence, en donnant des vapeurs rutilantes et du bioxyde d'étain, ou plutôt un polymère.

$$Sn + 4AzO^3H = 4AzO^2 + 2H^2O + SnO^2.$$

Cette réaction, toute semblable à celle qui se produit entre l'acide azotique et le charbon, permet de rapprocher l'étain du carbone et du silicium; il est d'ailleurs comme eux nettement quadrivalent.

L'étain forme avec les autres métaux quelques alliages intéressants dont les principaux sont le *bronze* (étain et cuivre), la *poterie d'étain* et la *soudure des plombiers* (étain et plomb).

328. Fabrication. — On retire l'étain de la *cassitérite* ou bioxyde d'étain, qui se trouve particulièrement en Angleterre et aux Indes; en fondant celle-ci avec du charbon dans un petit four à cuve appelé *four à*

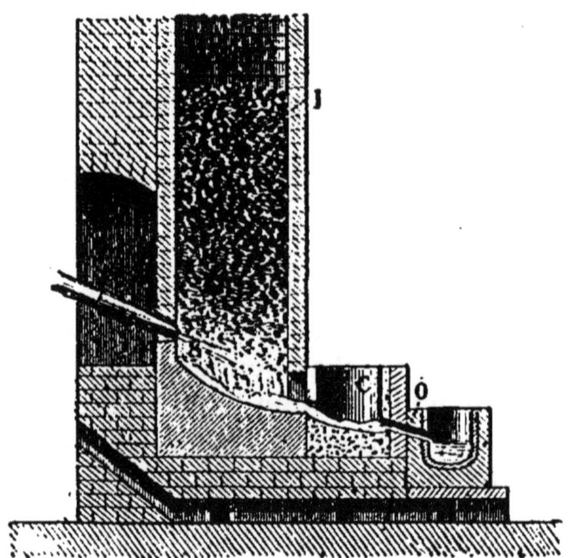

Fig. 64. — Four à manche.

manche (fig. 64), l'étain réduit coule dans deux bassins situés à la base du four, d'où on le puise pour le couler en lingots.

Usages. — L'étain pur sert à fabriquer le *papier d'étain* avec lequel on enveloppe certaines substances alimentaires pour les garantir de l'humidité. On employait beaucoup autrefois le papier d'étain pour faire le *tain* (amalgame d'étain) des glaces ; cette industrie est aujourd'hui presque entièrement remplacée par l'argenture, qui est moins malsaine. L'étain sert encore à étamer le cuivre et le fer (fer-blanc), ainsi qu'à fabriquer différents alliages.

L'étamage des ustensiles de cuisine en cuivre doit être fait avec de l'étain très pur et surtout exempt de plomb, qui est plus vénéneux que le cuivre.

329. Oxydes d'étain. — On connaît deux oxydes d'étain : le protoxyde SnO et le bioxyde ou *anhydride stannique* SnO^2.

Le protoxyde d'étain est brun ou vert olive quand il est anhydre, blanc lorsqu'il est hydraté, toujours insoluble dans l'eau ; on l'obtient en décomposant le chlorure stanneux par une base alcaline, il n'a aucun usage important.

Le bioxyde est blanc, également insoluble dans l'eau, mais soluble dans la potasse ou la soude, avec lesquelles il contracte de véritables combinaisons, qu'on appelle *stannates*. Cette propriété montre que le bioxyde d'étain est un véritable anhydride.

On le prépare le plus souvent par oxydation directe du métal à l'air. L'alliage des potiers d'étain, qui s'oxyde plus vite que l'étain pur, à cause du plomb qu'il renferme, sert fréquemment à cet usage ; le produit que l'on obtient alors est mélangé d'oxyde de plomb, on le désigne dans le commerce sous le nom de *potée d'étain*.

Lorsqu'on attaque de l'étain métallique par l'acide azotique un peu étendu il se forme une poudre blanche insoluble qui présente la même composition élémentaire que le bioxyde d'étain ; on l'appelle *acide métastannique* et on lui assigne la formule Sn^5O^{10}.

Le bioxyde d'étain naturel (*cassitérite*) est souvent très bien cristallisé en prismes quadratiques, surmontés d'un pointement pyramidal à quatre faces ; on s'en sert pour la métallurgie de l'étain. Quant à la potée d'étain, elle est employée surtout à la fabrication de l'émail et au polissage des glaces.

330. Chlorure stanneux $SnCl^2$. — C'est le *sel d'étain* du commerce ; il se présente sous la forme de petits cristaux blancs, qui prennent une odeur particulière quand on les frotte entre les doigts et qui se dissolvent dans l'eau en se décomposant en partie ; pour éviter cette décomposition il convient d'aciduler l'eau, au préalable, avec un peu d'acide chlorhydrique.

Le chlorure stanneux se forme dans l'action de l'acide chlorhydrique bouillant sur l'étain, on s'en sert comme mordant, en teinture, et, dans les laboratoires, comme corps réducteur : il a, en effet, une grande tendance à fixer directement l'oxygène ou le chlore, pour passer à l'état d'oxychlorure ou de tétrachlorure.

331. Chlorure stannique $SnCl^4$. — A l'état anhydre c'est un liquide volatil, d'odeur suffocante, qui répand à l'air d'épaisses fumées blanches : on l'appelait autrefois *liqueur fumante de Libavius*.

Très avide d'eau, le tétrachlorure d'étain donne un hydrate cristallisé qui a pour formule $SnCl^4 + 3H^2O$.

On le prépare en faisant passer un courant de chlore sec sur de l'étain fondu ; les vapeurs qui se dégagent sont condensées dans un réfrigérant (fig. 65).

On l'emploie en teinture comme mordant.

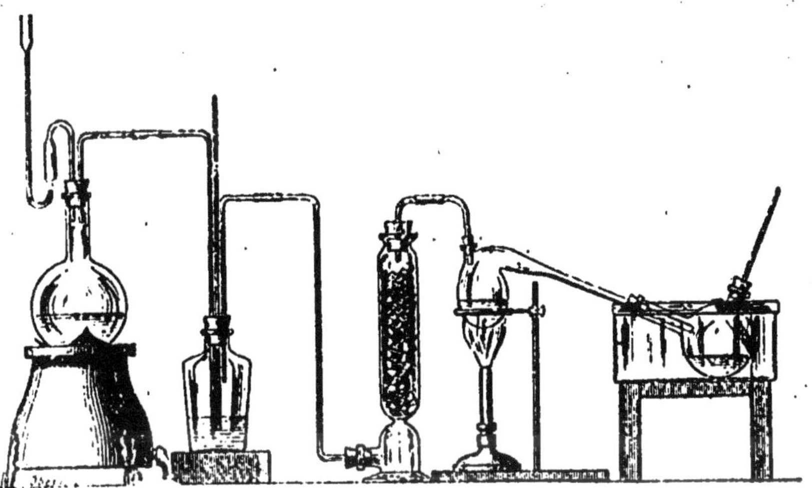

Fig. 65. — Préparation du chlorure stannique.

332. Caractères des composés de l'étain.

COMPOSÉS STANNEUX.

Hydrog. sulfuré...   Pr. brun de SnS insol. dans HCl.
Sulfhydr. d'ammon.   Pr. brun de SnS.
Bases alcalines.... Pr. blanc de $Sn(OH)^2$ sol. excès.
Carbonates alcalins Pr. blanc de $Sn(OH)^2$.

COMPOSÉS STANNIQUES.

Hydrog. sulfuré...   Pr. jaune de SnS^2 insol. dans HCl.
Sulfhydr. d'ammon.   Pr. jaune de SnS^2 sol. excès.
Bases alcalines.... Pr. blanc de SnO^2 sol. excès.
Carbonates alcalins Pr. blanc de SnO^2 hydraté.

Un mélange de chlorure stanneux et de chlorure stannique donne, avec le chlorure d'or, un précipité brun caractéristique (*pourpre de Cassius*).

———

CHAPITRE VII

PLOMB, CUIVRE

Plomb.

333. Propriétés. — Le plomb est un métal gris et remarquablement mou, que l'on peut reconnaître de suite à ce qu'il est rayé par l'ongle ; il fond à 335 degrés et émet des vapeurs au rouge vif. Sa densité est égale à 11,35 ; il est cristallisable.

Le plomb est peu malléable et très peu ductile, c'est le moins tenace de tous les métaux usuels.

Le plomb se ternit à l'air humide et se recouvre peu à peu d'une couche grise de carbonate de plomb hydraté qui préserve le reste du métal de toute altération ultérieure ; à chaud, lorsqu'il est fondu, il s'oxyde rapidement et en totalité, pour donner le *massicot* ou la *litharge* PbO.

Le soufre, le chlore et les autres métalloïdes de la même famille l'attaquent facilement à chaud.

L'acide sulfurique n'a que très peu d'action sur lui, à cause de l'insolubilité complète du sulfate de plomb ; l'acide chlorhydrique n'agit qu'à chaud, en donnant de l'hydrogène et du chlorure de plomb. L'acide azotique est le seul acide qui attaque énergiquement le plomb dès la température ordinaire : il se forme alors de l'azotate de plomb, avec dégagement de vapeurs rutilantes.

$$Pb + 4(AzO^3H) = Pb(AzO^3)^2 + 2AzO^2 + 2H^2O.$$

Les acides faibles, au contact de l'air, peuvent en dissoudre de petites quantités ; aussi ne faut-il jamais conserver les matières alimentaires dans des vases de plomb, ni même dans des ustensiles étamés avec un alliage de plomb.

Le plomb ne décompose pas l'eau, même à haute température, mais les eaux naturelles ont sur lui une influence qu'il est important de connaitre en pratique. A cause de l'oxygène libre et de l'acide carbonique qu'elle renferme, l'eau de la pluie l'attaque sensiblement et arrive à dissoudre, si le contact se prolonge, une dose de plomb qui peut être dangereuse ; l'eau de source, qui est chargée de matières salines, et surtout de sels de calcium, ne possède heureusement pas cette propriété, en sorte qu'on peut impunément la consommer, même après un long séjour dans des réservoirs ou des conduites en plomb.

Le plomb est très vénéneux, ainsi que tous ses composés ; il occasionne des troubles généraux qui se traduisent par ce qu'on appelle vulgairement les *coliques saturnines* ou *coliques de plomb*.

334. Fabrication. — Le plomb s'extrait de la *galène* ou sulfure de plomb PbS : c'est un minéral d'un beau noir, à éclat métallique, et très bien cristallisé en cubes. Pour en retirer le métal on emploie deux méthodes distinctes : la méthode par *réduction* et la méthode par *réaction*.

La première consiste à chauffer la galène avec de la ferraille ou des débris de fonte dans un four à cuve ;

le fer s'emparant du soufre donne du sulfure de fer, et le plomb devenu libre s'écoule par la partie inférieure du four.

Dans le procédé par réaction on commence par griller incomplétement la galène, de manière à la transformer, en partie, en oxyde et en sulfate de plomb,

$$PbS + 3O = SO^2 + PbO,$$
$$PbS + 4O = SO^4Pb,$$

puis on donne un coup de feu, de manière à faire agir la galène non altérée sur ses produits d'oxydation : il se forme alors de l'anhydride sulfureux et du plomb.

$$2PbO + PbS = SO^2 + 3Pb.$$
$$SO^4Pb + PbS = 2SO^2 + 2Pb.$$

Les deux opérations s'effectuent successivement dans le même four à réverbère (fig. 66).

Fig. 66. — Four à réaction pour plomb.

Le plomb que l'on obtient ainsi renferme quelquefois une petite quantité d'argent ; pour en retirer celui-ci on se sert du *patinsonage* ou du procédé Cordurié.

Le patinsonage est fondé sur ce fait que, lorsqu'on laisse refroidir un alliage pauvre de plomb et d'argent, les premières portions de métal qui se solidifient sont formées de plomb pur; en enlevant celles-ci on arrive alors.à accumuler tout l'argent dans une masse de plomb relativement faible et, par conséquent, à avoir un alliage riche, plus facile à traiter.

Le procédé Cordurié consiste à ajouter du zinc au plomb argentifère en fusion; par suite d'un phénomène encore inexpliqué l'argent vient se réunir à la surface du bain métallique, sous forme d'une sorte de crasse qu'on enlève mécaniquement. Ce produit, de même que le plomb riche obtenu par patinsonage, est alors soumis à la *coupellation*, c'est-à-dire à un grillage énergique qui élimine tout le zinc et tout le plomb restants, à l'état d'oxydes, et laisse uniquement l'argent pur.

Usages. — Le plomb en lames sert à couvrir les toitures, à faire des réservoirs et à construire les *chambres de plomb* des usines à acide sulfurique.

Sous forme massive on l'emploie à faire les balles de fusil, l'enveloppe des obus et surtout les tuyaux de conduite pour l'eau et le gaz d'éclairage; à l'état de fils on s'en sert dans le jardinage, pour attacher les plantes grimpantes à leurs tuteurs, enfin on le fait entrer dans la composition de divers alliages, dont les plus importants sont l'alliage des potiers d'étain (étain et plomb) et celui des caractères d'imprimerie (plomb et antimoine).

335. Oxydes de plomb. — On en connait trois, qui sont : le protoxyde PbO, l'oxyde salin Pb^3O^4 et le bioxyde ou plutôt l'*anhydride plombique* PbO^2.

Le protoxyde de plomb est appelé dans le commerce *massicot* lorsqu'il est en poudre amorphe et *litharge* quand il est en paillettes cristallines ; il suffit de fondre le massicot en le portant au rouge pour le changer en litharge.

C'est un corps jaune, à peu près insoluble dans l'eau, mais soluble dans les acides, avec lesquels il donne un grand nombre de sels : c'est donc un oxyde basique.

Le massicot se prépare en chauffant du plomb à l'air, à une température inférieure au point de fusion de la litharge ; celle-ci se forme en abondance dans la coupellation du plomb argentifère.

Le protoxyde de plomb sert à fabriquer le minium et la plupart des sels plombiques.

L'oxyde salin de plomb est le *minium* des peintres ; c'est une poudre dense, d'un rouge orangé très vif, qui se distingue aisément du vermillon parce qu'elle n'est pas volatile.

On le prépare en chauffant du massicot ou de la céruse à l'air, au-dessous de la température rouge.

$$3PbO + O = Pb^3O^4.$$
$$3CO^3Pb + O = 3CO^2 + Pb^3O^4.$$

On s'en sert en peinture et pour fabriquer le cristal.

Le bioxyde de plomb ou *oxyde puce* est une poudre cristalline brune qui se décompose très facilement par la chaleur en oxygène et protoxyde de plomb.

C'est par suite un corps très oxydant, qui peut même déterminer par frottement l'inflammation de certains corps combustibles tels que le soufre ou le phosphore ; on le fait entrer dans la composition de la pâte des allumettes suédoises. C'est lui qui joue le rôle de *dépolarisant* dans les accumulateurs électriques.

Le bioxyde de plomb se combine avec les bases alcalines pour donner des sels qu'on appelle *plom-bates;* c'est donc bien un véritable anhydride.

On prépare le bioxyde de plomb en traitant le minium par l'acide azotique.

$$Pb^3O^4 + 4(AzO^3H) = PbO^2 + 2Pb(AzO^3)^2 + 2H^2O.$$

336. Chlorure de plomb $PbCl^2$. — C'est une poudre cristalline blanche, fusible et presque insoluble dans l'eau, qui se précipite, lorsqu'on traite un sel soluble de plomb par l'acide chlorhydrique ou un chlorure alcalin ; il n'a pas d'usage à l'état pur, mais il donne avec le protoxyde de plomb des oxychlorures jaunes qui servent en peinture sous les noms de jaune de Vérone, jaune de Cassel, jaune de Turner, jaune de Paris, etc.

337. Sulfate de plomb SO^4Pb. — Le sulfate de plomb se trouve tout formé dans la nature ; on l'appelle alors *anglésite*. Préparé artificiellement, par l'action de l'acide sulfurique sur un sel de plomb quelconque, c'est une poudre blanche, très dense et complètement insoluble dans l'eau, qui n'a pas reçu d'emploi.

338. Azotate de plomb $Pb(AzO^3)^2$. — L'azotate de plomb est un beau sel blanc, cristallisé, soluble dans l'eau et décomposable par la chaleur en oxyde de plomb, oxygène et vapeurs rutilantes.

$$Pb(AzO^3)^2 = PbO + 2AzO^2 + O.$$

Il active la combustion du charbon ; la *braise chimique* est de la braise ordinaire imprégnée d'azotate de plomb.

On l'obtient en traitant le plomb ou la litharge par l'acide azotique étendu.

339. Carbonate de plomb CO^3Pb. — Le carbonate de plomb ou *céruse* est une belle matière blanche opaque et complètement insoluble dans l'eau, qui convient donc très bien à la fabrication de la peinture ; elle a le défaut d'être toxique, comme tous les sels de plomb, et de noircir par l'hydrogène sulfuré, qui la transforme en sulfure de plomb : aussi les peintres la remplacent-ils souvent par le *blanc de zinc* ou oxyde de zinc.

La céruse se décompose par la chaleur en anhydride carbonique et massicot, qui lui-même se change en minium, si la température n'est pas trop élevée.

L'acide azotique la dissout entièrement, avec effervescence, quand elle est pure ; c'est un moyen de voir si elle n'a pas été fraudée avec du *blanc fixe* (sulfate de baryum).

La céruse se fabrique encore aujourd'hui par le vieux procédé dit *procédé hollandais*, qui consiste à mettre des feuilles de plomb, roulées sur elles-mêmes, dans des pots cylindro-coniques en terre, renfermant un peu de vinaigre, et à abandonner le tout, sous une couche épaisse de fumier, pendant deux ou trois mois. Dans ces conditions, le métal est rapidement rongé et transformé en céruse, qui s'en détache sans peine : le produit est aussitôt broyé avec de l'huile, de manière à ce qu'il ne s'en dégage pas de poussières, éminemment dangereuses à respirer.

On admet, pour expliquer la formation de la céruse dans ces circonstances, que le plomb, en présence de l'air et des vapeurs d'acide acétique, se change en sous-acétate de plomb, que l'acide carbonique du fumier décompose en carbonate et acétate neutre.

Thénard a essayé, au commencement de ce siècle, d'appliquer cette réaction à une fabrication systématique de la céruse, en faisant passer un courant d'acide carbonique dans une dissolution de sous-acétate de plomb (procédé de Clichy), mais le produit qu'on obtient ainsi est plus cristallin et plus transparent que la céruse hollandaise, ce qui fait qu'il *couvre* moins bien et, par suite, est moins estimé.

Le procédé de Clichy est maintenant presque partout abandonné.

Outre son emploi en peinture, la céruse sert aussi, mélangée avec de l'huile de lin, à faire des mastics.

340. Chromate de plomb CrO^4Pb. — C'est un beau corps jaune, qui est désigné par les peintres sous le nom de *jaune de chrôme ;* on le prépare en précipitant une dissolution d'acétate plombique par le chromate ou le bichromate de potassium.

$$Pb\,(C^2H^3O^2)^2 + CrO^4K^2 = 2C^2H^3O^2K + CrO^4Pb.$$

341. Acétate de plomb $Pb\,(C^2H^3O^2)^2$. — C'est le *sucre de Saturne* des anciens. L'acétate de plomb est un beau sel blanc, cristallisé, soluble dans l'eau, d'une odeur légèrement acétique et d'une saveur sucrée ; on s'en sert pour fabriquer la plupart des autres sels de plomb et on le prépare en dissolvant la litharge dans l'acide acétique brut.

L'acétate de plomb peut dissoudre un excès de litharge et se transformer ainsi en un sel basique $Pb\,(C^2H^3O^2)^2 + 2PbO$ qui est connu sous le nom de *sous-acétate de plomb ;* sa dissolution aqueuse constitue l'*extrait de Saturne* des pharmaciens, qui sert à faire des pansements.

Ces deux sels sont très vénéneux.

342. Caractères des sels de plomb.

Hydrogène sulfuré.......	Pr. noir de PbS.
Sulfhydrate d'ammonia- *que*....................	Pr. noir de PbS insoluble excès.
Ac. sulfurique et sulfates *solubles*	Pr. blanc de SO^{4}Pb.
Ac. chlorhydrique et chlo- *rures solubles*.........	Pr. blanc de PbCl^2.
Bases alcalines...........	Pr. blanc de Pb (OH)^2 sol. excès.
Carbonates alcalins......	Pr. blanc de CO^{3}Pb.

Cuivre.

343. Propriétés. — Le cuivre est un métal d'un beau rouge, très malléable et très ductile, excellent conducteur de la chaleur et de l'électricité, qui fond au rouge vif, vers 1050 degrés ; à l'état liquide il dissout une certaine quantité de gaz qui se dégagent lorsqu'il se solidifie et donnent lieu à des soufflures ; cette propriété s'oppose à ce qu'il puisse être travaillé par moulage.

En revanche, il se laisse marteler aussi bien que les métaux nobles, sans se rompre ni se fissurer.

Le cuivre est le plus tenace des métaux usuels après le fer ; sa densité est égale à 8,95.

Le cuivre ne s'oxyde pas à froid dans l'air sec ; mais il se recouvre peu à peu, dans l'air ordinaire, d'une couche verdâtre que l'on appelle vulgairement *vert-de-gris*, et qui est un carbonate de cuivre hydraté. C'est lui qui forme la *patine* des cuivres et des bronzes anciens ; il empêche, par son imperméabilité, l'accès do l'air et, par conséquent, l'altération des couches métalliques sous-jacentes.

Le cuivre s'oxyde rapidement et totalement au rouge : on le voit alors se recouvrir d'une pellicule noire d'oxyde cuivrique CuO, qui se détache dès qu'elle a atteint une certaine épaisseur, et se renouvelle aussitôt, jusqu'à destruction complète du métal.

Le soufre et les corps halogènes se combinent très facilement au cuivre : il brûle avec incandescence dans la vapeur de soufre et dans le chlore, pour donner le sulfure de cuivre CuS ou le chlorure cuivreux Cu^2Cl^2.

L'eau n'est décomposée par le cuivre dans aucune circonstance ; l'acide azotique seul l'attaque rapidement à froid en donnant, suivant qu'il est concentré ou étendu, du peroxyde ou du bioxyde d'azote.

$$Cu + 4AzO^3H = 2AzO^2 + Cu(AzO^3)^2 + 2H^2O.$$
$$3Cu + 8AzO^3H = 2AzO + 3Cu(AzO^3)^2 + 4H^2O.$$

L'acide chlorhydrique concentré l'attaque lentement à froid, plus vite si l'on chauffe, avec dégagement d'hydrogène ; l'acide sulfurique n'agit que vers 250 degrés, en donnant de l'anhydride sulfureux et du sulfate de cuivre.

$$Cu + 2SO^4H^2 = SO^2 + SO^4Cu + 2H^2O.$$

Les acides faibles, au contact de l'air, peuvent en dissoudre de petites quantités ; c'est pourquoi il ne faut jamais laisser séjourner les boissons ou les aliments dans des vases de cuivre non étamé.

L'ammoniaque, en présence de l'air, attaque également le cuivre : il se forme ainsi un liquide bleu foncé, mélange d'azotite d'ammoniaque et d'azotite de cuivre, qui sert dans les laboratoires, sous le nom de *réactif de Schweitzer*, pour dissoudre la cellulose.

Le cuivre donne avec les autres métaux quelques alliages d'une grande importance pratique, parmi lesquels nous rappellerons le laiton (cuivre et zinc), le bronze ordinaire (cuivre et étain), le bronze d'aluminium (cuivre et aluminium), le maillechort (cuivre, zinc et nickel) et les alliages monétaires ou d'orfèvrerie.

Le *bronze phosphoré* est un métal très dur et très bon conducteur, qui convient parfaitement à la fabrication des coussinets de machines, à celle des câbles électriques et même à la construction des appareils de physique ; on l'obtient en ajoutant un peu de phosphore au bronze ordinaire, pendant sa fusion.

Les alliages de cuivre sont tous très fusibles et se laissent très bien travailler par moulage.

Le cuivre est vénéneux, mais beaucoup moins que le plomb.

344. Fabrication. — Le cuivre existe à l'état métallique dans la nature, notamment sur les bords des grands lacs américains ; le plus souvent on le retire de ses minerais *oxydés*, dont les principaux sont l'*oxydule* ou sous-oxyde Cu^2O, la *malachite* et l'*azurite*, carbonates de cuivre hydratés reconnaissables à leur belle couleur verte ou bleue, ou encore de ses minerais *sulfurés*, parmi lesquels nous citerons la *chalkosine* ou sulfure de cuivre Cu^2S et la *chalkopyrite* ou *pyrite cuivreuse*, qui est un sulfure double de fer et de cuivre, d'une belle couleur jaune d'or, à éclat métallique.

Pour extraire le cuivre de ses minerais oxydés, il suffit de les fondre avec du charbon.

$$2Cu^2O + C = CO^2 + 4Cu.$$
$$2CO^3Cu + C = 3CO^2 + 2Cu.$$

Pour l'extraire de ses minerais sulfurés, qui sont les seuls abondants dans l'Europe occidentale, il faut d'abord éliminer le soufre ; pour cela, on grille et on fond le minerai trois fois de suite, dans des fours à réverbère. Chaque grillage brûle une partie du soufre et oxyde une partie du fer, chaque fusion donne lieu à une scorie ferrugineuse, que l'on rejette, et à un produit plus riche en cuivre que les précédents, qui porte le nom de *matte* ; la troisième matte ou cuivre noir est presque entièrement formée de cuivre, ne renfermant plus qu'un peu de sulfure : on l'affine par un dernier grillage énergique qui fournit un métal légèrement oxydé, le *cuivre rosette*. On refond finalement ce dernier avec du charbon, qui réduit l'oxyde et laisse du cuivre pur.

Le cuivre noir est quelquefois argentifère ; pour en retirer le métal précieux, on y ajoute du plomb argentifère, on moule l'alliage en rondelles minces et on réchauffe doucement celles-ci : il se produit alors une *liquation*, par suite de laquelle tout le plomb se sépare du cuivre, en entrainant avec lui la totalité de l'argent ; on obtient comme résidu du cuivre pur et on traite le plomb argentifère qui s'est écoulé par le patinsonage et la coupellation.

On peut aussi affiner les mattes cuivreuses par insufflation d'air, dans des appareils semblables au convertisseur Bessemer.

Usages. — Le cuivre sert à fabriquer des chaudières, des ustensiles de ménage, des tubes pour conduites de vapeur ou de gaz, des fils conducteurs de l'électricité, etc. On l'emploie aussi pour la fabrication de ses alliages et de la plupart de ses sels : c'est un des métaux les plus utiles qui existent, après le fer.

345. Oxydes de cuivre. — On connait deux oxydes de

cuivre : le sous-oxyde Cu^2O et l'oxyde ordinaire CuO, tous deux insolubles dans l'eau.

Le sous-oxyde de cuivre ou *oxyde cuivreux* est un corps cristallin rouge, que l'on trouve tout formé dans la nature et que l'on prépare artificiellement en chauffant de l'acétate de cuivre avec une solution de glucose, qui agit comme corps réducteur.

On s'en sert dans la fabrication des vitraux.

L'oxyde de cuivre ordinaire, ou *oxyde cuivrique*, est noir à l'état anhydre et bleu à l'état d'hydrate $Cu(OH)^2$; sous cette dernière forme, il est très instable et se déshydrate dès qu'on le chauffe.

L'oxyde de cuivre est très facilement réduit à l'état métallique par l'hydrogène et le carbone ; c'est ce qui le fait employer, de préférence à tout autre corps oxydant, dans l'analyse organique.

C'est une base assez forte, qui donne des sels avec tous les acides.

L'oxyde de cuivre anhydre se prépare en grillant de la tournure de cuivre à l'air ou en calcinant de l'azotate de cuivre.

$$Cu(AzO^3)^2 = 2AzO^2 + O + CuO.$$

On obtient l'hydrate en précipitant un sel cuivrique par une lessive alcaline.

346. Chlorures de cuivre. — Il en existe deux, qui correspondent aux deux oxydes précédents : ce sont le chlorure cuivreux Cu^2Cl^2 et le chlorure cuivrique $CuCl^2$.

Le chlorure cuivreux est un corps gris foncé lorsqu'il est en masse compacte, blanc quand il a été précipité, facilement fusible au rouge sombre, volatil à haute température et complètement insoluble dans l'eau. Il se dissout bien dans l'ammoniaque et dans l'acide chlorhydrique.

Les solutions ammoniacales de chlorure cuivreux absorbent très facilement l'oxygène, l'hydrogène phosphoré, l'oxyde de carbone et l'acétylène; l'oxygène y développe une belle coloration bleue, l'acétylène y produit un précipité rouge caractéristique. A cause de ces propriétés, le chlorure cuivreux est d'un fréquent usage dans l'analyse des gaz.

On le prépare en faisant passer un courant de chlore sec sur du cuivre chauffé au rouge sombre, dans un tube de porcelaine, ou en chauffant de la tournure de cuivre avec de l'oxyde de cuivre et de l'acide chlorhydrique, dans un ballon de verre.

$$Cu + CuO + 2HCl = H^2O + Cu^2Cl^2.$$

Le chlorure cuivrique est un sel brun, qui donne avec l'eau des solutions vertes, renfermant l'hydrate $CuCl^2 + H^2O$.

Il se dissocie par la chaleur en chlore et chlorure cuivreux.

On l'obtient en dissolvant le cuivre dans l'eau régale; il n'a pas d'usage industriel.

347. Sulfate de cuivre SO⁴Cu. — Le sulfate de cuivre (*vitriol bleu* ou *couperose bleue* des anciens) est un corps blanc qui se transforme immédiatement, au contact de l'eau, en un hydrate bleu $SO^4Cu + 5H^2O$.

Cet hydrate, qui constitue le sulfate de cuivre commercial, cristallise en magnifiques cristaux tricliniques, reconnaissables au premier coup d'œil par leur couleur seule. Il possède une saveur styptique des plus désagréables et est un peu vénéneux.

Le sulfate de cuivre se prépare, soit en lessivant la pyrite de cuivre grillée, soit en calcinant à l'air des déchets de cuivre avec du soufre, soit en traitant le cuivre par l'acide sulfurique bouillant. On en obtient de grandes quantités dans l'affinage des métaux précieux, lorsqu'on précipite le sulfate d'argent par le cuivre métallique.

Il sert à la métallurgie de l'argent par le procédé mexicain, à monter les piles de Daniell et de Callaud, à faire les bains de galvanoplastie, à préparer la *bouillie bordelaise* (mélange de sulfate de cuivre, de chaux et de mélasse) avec laquelle on arrose la vigne atteinte du mildew, à *sulfater* les grains de céréales avant les semailles, pour injecter le bois et le préserver de la pourriture ; enfin on l'emploie dans la teinture en noir et dans la fabrication des conserves de légumes verts, pour empêcher leur jaunissement pendant la cuisson.

C'est un antiseptique assez puissant, à cause de ses propriétés vénéneuses.

348. Azotate de cuivre $Cu(AzO^3)^2$. — C'est encore un sel bleu, très soluble dans l'eau, qui se décompose par la chaleur en laissant un résidu d'oxyde de cuivre pur.

On le prépare en traitant le cuivre ou mieux l'oxyde de cuivre par l'acide azotique.

349. Carbonate de cuivre CO^3Cu. — Le carbonate de cuivre est toujours hydraté : c'est alors une matière verte ou bleue, suivant la quantité d'eau qu'elle renferme.

Le carbonate de cuivre est insoluble dans l'eau et très facilement décomposable par la chaleur, en anhydride carbonique et oxyde de cuivre.

On le rencontre tout formé dans la nature : la *malachite* est une belle variété verte de carbonate de cuivre dont il existe d'importants gisements en Sibérie; l'*azurite*, autrefois abondante à Chessy (Rhône), est du carbonate de cuivre bleu foncé, souvent très bien cristallisé en prismes clinorhombiques.

Le carbonate de cuivre artificiel, que l'on obtient en précipitant le sulfate de cuivre par le carbonate de sodium, est employé en peinture sous le nom de *cendres bleues* ou *cendres vertes*.

350. Caractères des sels de cuivre.

Hydrogène sulfuré.........	Pr. noir de CuS insol. dans HCl.
Sulfhydr. d'ammoniaque....	Pr. noir de CuS insol. dans un excès.
Bases alcalines fixes........	Pr. bleu de Cu(OH)² noircissant par l'ébullition.
Ammoniaque ..	Pr. bleu verdâtre sol. en bleu céleste dans un excès.
Carbonates alcalins...... .	Pr. bleu verdâtre de CO³Cu hydraté.
Ferrocyanure de potassium.	Pr. brun de ferrocyanure cuivrique.
Fer...............	Dépôt rouge de cuivre métallique.
Flammes.......	Coloration bleu verdâtre.

CHAPITRE VIII

MÉTAUX NOBLES : MERCURE, ARGENT, OR, PLATINE

Mercure.

351. Propriétés. — Le mercure est liquide à la température ordinaire; son seul état suffit à le caractériser. Sa mobilité et sa belle couleur blanche justifient le nom de *vif-argent* que lui avaient donné les alchimistes.

Le mercure se congèle à 39°,5 au-dessous de zéro; il est sensiblement volatil à froid et bout à 358 degrés sous la pression normale; sa densité, très considérable, est égale à 13,598.

Le mercure pur est inaltérable à froid, mais s'il contient des métaux étrangers en dissolution, il ne tarde pas à se recouvrir d'une pellicule d'oxydes mixtes qui s'attachent à la surface des objets qu'on y plonge; on dit alors que le mercure *fait la queue*. Pour le purifier, on le recouvre d'une couche d'acide azotique étendu qui dissout les impuretés plus rapidement que le mercure; un moyen plus simple encore et surtout plus économique consiste à y faire passer un courant d'air, avec une soufflerie, pendant plusieurs jours : les métaux étrangers s'oxydent alors et viennent former à la surface du bain métallique une sorte de crasse que l'on enlève à l'aide d'un tube ou d'une éprouvette en verre, que l'on promène sur la cuve.

A chaud, vers 350 degrés, le mercure absorbe lentement l'oxygène de l'air et se recouvre de paillettes rouges (*mercure précipité per se*) d'oxyde mercurique, dissociable à une température plus élevée ; c'est cette propriété qui a permis à Lavoisier de faire successivement l'analyse et la synthèse de l'air.

Le soufre et les halogènes s'unissent au mercure dès la température ordinaire ; l'acide azotique l'attaque à froid, comme le cuivre et le plomb, avec effervescence de peroxyde ou de bioxyde d'azote.

L'acide chlorhydrique n'agit que vers 300 degrés, en donnant de l'hydrogène et du chlorure mercureux.

$$2Hg + 2HCl = 2H + Hg^2Cl^2.$$

L'acide sulfurique n'a sur le mercure aucune action à froid, mais vers 250 degrés il donne, comme avec le cuivre, un dégagement d'anhydride sulfureux.

Le mercure s'amalgame directement avec presque tous les métaux ; les seuls qui lui résistent, à froid, sont le platine, le fer, le nickel et l'aluminium.

Le mercure est vénéneux ; son contact prolongé et même le séjour dans les ateliers où l'on s'en sert donnent lieu au bout de quelque temps à une salivation abondante et à des troubles nerveux, surtout à des tremblements, caractéristiques de l'empoisonnement mercuriel.

352. Fabrication. — Le mercure existe en petite quantité dans la nature à l'état libre, mais le plus souvent on l'extrait du *cinabre* ou sulfure mercurique HgS, que l'on trouve en abondance en Espagne, à Almaden, et en Illyrie, à Idria.

Le cinabre est une matière cristalline, d'un beau rouge et très dense, qui se reconnait facilement à ce qu'il se volatilise lorsqu'on le chauffe, sans laisser de résidu; pour en retirer le mercure, il suffit de le griller dans des fours spéciaux et de condenser les vapeurs qui se dégagent dans un réfrigérant.

$$HgS + 2O = Hg + SO^2.$$

Usages. — Le mercure sert surtout à l'extraction des métaux nobles de leurs minerais; dans l'industrie, on s'en sert pour dorer les métaux, pour étamer les glaces et pour fabriquer les différents sels mercuriques; enfin, on l'emploie dans les laboratoires pour recueillir les gaz solubles dans l'eau et pour construire les baromètres, les thermomètres et les manomètres à air comprimé.

353. Oxydes de mercure. — Le mercure, de même que le cuivre, donne avec l'oxygène deux combinaisons différentes : l'oxyde mercureux Hg^2O et l'oxyde mercurique HgO. Tous deux sont basiques, insolubles dans l'eau et décomposables par la chaleur.

L'oxyde mercureux est une poudre noire qui se précipite lorsqu'on décompose par la potasse un quelconque de ses sels; l'oxyde mercurique est jaune quand il a été préparé par voie humide, en traitant un sel mercurique par la potasse, à froid, et rouge quand il a été préparé par voie sèche, en grillant du mercure ou en décomposant l'azotate mercurique par la chaleur.

$$Hg(AzO^3)^2 = 2AzO^2 + O + HgO.$$

L'oxyde jaune de mercure est employé en médecine et, dans les laboratoires, comme oxydant.

L'oxyde rouge a servi à Priestley, en 1774, à préparer l'oxygène pour la première fois.

354. Sulfures de mercure. — On en connait deux, qui ont même structure moléculaire que les oxydes précédents; ce sont le sulfure mercureux Hg^2S et le sulfure mercurique HgS.

Le premier n'a aucun intérêt, le second est un corps noir ou rouge, suivant son état d'agrégation physique, volatil à chaud et complètement insoluble dans l'eau ou les acides vulgaires.

Lorsqu'il est rouge, il possède un très vif éclat, qui le fait employer en peinture sous le nom de *vermillon*.

On prépare le vermillon en triturant du mercure métallique avec du soufre et faisant ensuite digérer le produit avec une solution de persulfure de potassium ou de calcium : il se forme d'abord du sulfure noir, qui devient peu à peu rouge en subissant une transformation moléculaire interne; on arrête l'opération quand le précipité a pris la couleur qu'on désirait obtenir.

Le cinabre est du sulfure mercurique rouge naturel, qu'on emploie surtout à la métallurgie du mercure.

355. Chlorures de mercure. — Ils sont au nombre de deux : le chlorure mercureux ou *calomel* Hg^2Cl^2 et le chlorure mercurique ou *sublimé corrosif* $HgCl^2$.

Le chlorure mercureux est un sel blanc, complètement insoluble dans l'eau, qu'on peut obtenir bien cristallisé par voie de sublimation.

On s'en sert en médecine comme purgatif et on le prépare en traitant le sulfate mercureux par le chlorure de sodium, soit par voie sèche, soit par voie humide; dans le premier cas, on le recueille en faisant passer les vapeurs qui se dégagent de la cornue où l'on chauffe le mélange dans un réfrigérant ; on l'appelle alors *calomel à la vapeur*.

$$SO^4Hg^2 + 2NaCl = SO^4Na^2 + Hg^2Cl^2.$$

Dans tous les cas, il faut avoir soin de le laver avec de grandes quantités d'eau avant de s'en servir, de manière à enlever jusqu'aux dernières traces les petites quantités de chlorure mercurique vénéneux qu'il pourrait contenir ; il est même prudent, lorsqu'on a pris du calomel, de s'abstenir de tout aliment salé, car le chlorure de sodium en excès pourrait le transformer partiellement en sublimé corrosif.

Le chlorure mercurique est un sel blanc, bien cristallisé et volatil comme le calomel, mais soluble dans l'eau et dans l'alcool.

C'est un poison redoutable et un antiseptique des plus puissants, dont on fait un grand usage en médecine : la liqueur de Van Swieten est une dissolution de sublimé à 1 gramme par litre.

On prépare le chlorure mercurique en dissolvant du mercure dans l'eau régale ou en sublimant un mélange de sulfate mercurique et de chlorure de sodium.

$$SO^4Hg + 2NaCl = SO^4Na^2 + HgCl^2.$$

356. Iodures de mercure. — Il existe deux iodures de mercure : l'iodure mercureux Hg^2I^2 et l'iodure mercurique HgI^2. Le premier est vert sombre, le second est d'un très beau rouge à la température ordinaire ; tous deux sont volatils et complètement insolubles dans l'eau.

L'iodure mercureux se prépare en précipitant un

sel mercureux soluble par l'iodure de potassium ; il sert en médecine.

$$Hg^2(AzO^3)^2 + 2KI = 2AzO^3K + Hg^2I^2.$$

L'iodure mercurique s'obtient de la même manière, en partant d'un sel mercurique ; il est très soluble dans l'iodure de potassium, avec lequel il forme une combinaison incolore. Il devient jaune lorsqu'on le chauffe et redevient rouge par refroidissement, surtout si on le frotte avec un corps dur ; ces deux états correspondent à deux formes cristallines différentes, qui ne sont stables qu'entre certaines limites de température.

Les solutions d'iodure mercurique dans l'iodure de potassium servent comme antiseptiques, de même que les solutions de sublimé.

357. Sulfates de mercure. — Aux deux oxydes de mercure correspondent autant de sulfates, qui sont le sulfate mercureux SO^4Hg^2 et le sulfate mercurique SO^4Hg.

Ces deux sels, qui ont beaucoup d'analogies, se distinguent aisément par la potasse caustique qui donne, avec le sulfate mercureux, un précipité noir de sousoxyde Hg^2O, et avec le sulfate mercurique, un précipité jaune d'oxyde ordinaire HgO.

On les emploie indifféremment pour le montage des piles dites de Marié Davy et on les prépare en chauffant du mercure avec de l'acide sulfurique ; suivant que le mercure se trouve en excès ou non, on obtient du sulfate mercureux ou du sulfate mercurique.

358. Azotates de mercure. — Il existe également deux azotates de mercure : l'azotate mercureux $(AzO^3)^2Hg^2$ et l'azotate mercurique $(AzO^3)^2Hg$. Ce sont des sels blancs, solubles dans l'eau et décomposables par la chaleur, que l'on peut distinguer par la potasse caustique, qui donne avec eux les mêmes réactions qu'avec les sulfates de mercure.

Les azotates de mercure se préparent en dissolvant le mercure dans l'acide azotique; ils n'ont aucun usage important.

359. Caractéres des sels de mercure.

Sels mercureux.

Hydrog. sulfuré....	Pr. noir de Hg^2S insol. dans HCl.
Sulfhydr. d'ammon.	Pr. noir insol. excès.
Ac. chlorhydrique..	Pr. blanc de Hg^2Cl^2.
Bases alcalines...:.	Pr. noir de Hg^2O.
Iodure de potass...	Pr. vert jaunâtre de Hg^2I^2.
Cuivre............	Dépôt de mercure métallique.

Sels mercuriques.

Hydrog. sulfuré....	Pr. noir de HgS insol. dans HCl.
Sulfhyd. d'ammon..	Pr. noir insol. excès.
Ac. chlorhydrique..	Rien.
Bases alcalines.....	Pr. jaune de HgO.
Iodure de potass...	Pr. rouge de HgI^2 sol. excès.
Cuivre..	Dépôt de mercure métallique.

Argent.

360. Propriétés. — L'argent est un métal blanc jaunâtre, extrêmement brillant et susceptible d'acquérir le plus vif éclat par le polissage.

C'est, après l'or, le plus malléable et le plus ductile de tous les métaux et l'un de ceux qui conduisent le mieux la chaleur et l'électricité. Par le battage au marteau, on peut le réduire en feuilles de un millième de millimètre d'épaisseur ; on en fait également des fils très fins, qui servent en passementerie et dans le tissage des étoffes précieuses.

L'argent fond à 950 degrés et se volatilise sensiblement au rouge vif ; sa densité est égale à 10,47.

L'argent fondu à l'air dissout une certaine quantité d'oxygène, qui s'en dégage au moment où il commence à se solidifier : on voit alors se produire dans la masse du métal une effervescence qui détermine à sa surface la production d'une masse de petits cratères, projetant des gouttelettes d'argent fondu. Ce phénomène, qui est connu sous le nom de *rochage*, rend le moulage de l'argent pur impossible ; il suffit, d'ailleurs, d'une très petite quantité d'un autre métal pour l'empêcher et les alliages monétaires se laissent mouler avec autant de perfection que les autres alliages du cuivre.

L'argent est inaltérable dans l'air ou dans l'oxygène, sous la pression normale ; l'oxygène comprimé, à chaud, et l'ozone humide, à froid, l'oxydent superficiellement.

Le soufre le noircit, dès la température ordinaire, en le recouvrant d'une couche mince de sulfure d'argent Ag^2S ; l'air chargé d'acide sulfhydrique produit le même effet, en sorte qu'il est impossible de se servir d'argenterie dans les établissements de bains sulfureux.

Le chlore, le brome et l'iode l'attaquent superficiellement, à froid, et profondément, à chaud, en donnant du chlorure, du bromure ou de l'iodure d'argent, sensibles à l'action de la lumière ; les plaques employées dans l'ancien *daguerréotype* se préparaient en soumettant une lame de cuivre argenté à l'action des vapeurs d'iode.

Les acides attaquent l'argent de la même façon que le mercure : l'acide azotique, à froid, donne des vapeurs rutilantes et de l'azotate d'argent.

$$2AzO^3H + Ag = AzO^2 + AzO^3Ag + H^2O.$$

L'acide chlorhydrique gazeux, au rouge sombre, donne de l'hydrogène et du chlorure d'argent, enfin l'acide sulfurique bouillant donne du sulfate d'argent et de l'anhydride sulfureux.

$$2Ag + 2SO^4H^2 = SO^4Ag^2 + SO^2 + 2H^2O.$$

Les alcalis n'ont aucune action sur l'argent, même au rouge.

L'argent s'allie par fusion à presque tous les métaux; on emploie surtout ses alliages avec le cuivre (monnaies, orfèvrerie) et avec l'or *(vermeil)*, parfois on le fait entrer dans la composition du bronze des cloches, dont il augmente la sonorité.

L'amalgame d'argent peut être obtenu cristallisé en mettant du mercure dans une dissolution d'azotate d'argent *(arbre de Diane)*.

Dans toutes ses réactions chimiques, l'argent se comporte comme un métal monovalent, au même titre que le potassium et le sodium.

361. Fabrication. — L'argent se trouve à l'état natif, mélangé d'ordinaire à du sulfure et à du chlorure d'argent, quelquefois à des arséniosulfures ou antimoniosulfures complexes.

Au Mexique, où la rareté du combustible oblige à opérer autant que possible à froid, on extrait l'argent de ses minerais par la méthode suivante, dite de *l'amalgamation américaine.*

Le minerai, finement broyé, est mélangé, sur le sol, avec du sel marin, puis mouillé et additionné successivement de sulfate de cuivre brut *(magistral)* et de mercure, ce dernier par doses progressives. Le mélange, ou *tourte,* est maintenu constamment humide et de temps en temps piétiné par des mules ; au bout de quelques semaines, l'argent du minerai se trouve transformé en amalgame, que l'on sépare facilement du reste du mélange par l'eau, en raison de sa grande densité ; il ne reste plus alors qu'à distiller, dans des cornues en fer, pour éliminer le mercure.

La mise en liberté de l'argent, dans la méthode mexicaine, est due à l'action réductrice du chlorure cuivreux sur le sulfure et le chlorure d'argent ; le chlorure cuivreux provient lui-même de la réaction du sel marin sur le sulfate de cuivre, en présence de mercure.

$$SO^4Cu + 2NaCl = SO^4Na^2 + CuCl^2.$$
$$2CuCl^2 + 2Hg = Cu^2Cl^2 + Hg^2Cl^2.$$
$$Cu^2Cl^2 + Ag^2S = Cu^2S + 2AgCl.$$
$$Cu^2Cl^2 + 2AgCl = 2CuCl^2 + 2Ag.$$

A Freyberg, on commence par griller le minerai avec du sel marin, de manière à faire passer tout le métal précieux à l'état de chlorure, puis on dissout ce dernier dans un excès de sel marin et on précipite par le fer ou le cuivre, qui déplacent l'argent, moins oxydable qu'eux.

En France et dans beaucoup d'autres pays, où l'on ne trouve pas de minerais d'argent, on peut encore fabriquer ce métal au moyen du plomb et du cuivre argentifères, dont nous avons décrit plus haut le traitement.

Quand l'argent est allié d'or, ce qui arrive quelquefois, on le dissout dans l'acide sulfurique bouillant, qui laisse l'or à l'état de pureté, et on précipite l'argent de son sulfate au moyen du cuivre.

Usages. — L'argent est employé surtout comme métal précieux; on s'en sert aussi pour argenter toutes sortes d'objets et pour préparer ses différentes combinaisons salines, dont quelques-unes ont une réelle importance.

362. Argenture. — Pour argenter les corps non conducteurs, entre autres le bois, le papier ou le plâtre, il suffit d'appliquer à leur surface, au moyen d'un vernis spécial, de minces feuilles d'argent battu : c'est un procédé purement mécanique.

Pour argenter le verre, les boules de jardin, les glaces ou les miroirs de télescopes, on emploie un liquide particulier, susceptible de déposer à chaud de l'argent métallique : c'est le plus souvent un mélange d'azotate d'argent avec du tartrate d'ammoniaque ou un sucre réducteur. On verse ce liquide à l'intérieur ou sur la surface de l'objet à argenter et on chauffe doucement : le métal s'applique sur le verre en couche adhérente, dont on peut accroître l'épaisseur en répétant plusieurs fois de suite la même opération.

Enfin, pour argenter les métaux, le cuivre ou le maillechort (fabrication de l'orfèvrerie Ruolz ou Christofle), on emploie la méthode galvanique; les objets, bien décapés, sont mis en communication avec le pôle négatif d'une pile et plongés dans un bain de cyanure d'argent, dissous dans le cyanure de potassium. L'électrode positive étant formée par une plaque d'argent pur, il y a transport de métal qui vient former sur l'électrode négative une couche assez solide pour supporter le polissage et aussi épaisse qu'on le désire.

363. Oxyde d'argent Ag^2O. — L'oxyde d'argent est une poudre brune, presque insoluble dans l'eau et très facilement décomposable par la chaleur, en oxygène et argent métallique.

On l'obtient sous forme d'hydrate $AgOH$ en précipitant l'azotate d'argent par la potasse, à froid : une très légère élévation de température le transforme immédiatement en oxyde anhydre.

L'oxyde d'argent forme la base de tous les sels d'argent; il sert dans les laboratoires pour produire des oxydations ménagées.

364. Chlorure d'argent $AgCl$. — Le chlorure d'argent est un corps blanc, tout à fait insoluble dans l'eau et dans les acides, mais très soluble dans l'ammoniaque, l'hyposulfite de sodium et les cyanures alcalins; il fond au rouge sombre et donne par refroidissement une masse amorphe, jaunâtre, que les anciens chimistes appelaient *argent corné* ou *lune cornée*.

Le chlorure d'argent devient successivement violet et noir à la lumière, par suite d'une légère dissociation; c'est lui qui forme la partie sensible des papiers photographiques ordinaires.

On le prépare par double décomposition, entre l'azotate d'argent et le chlorure de sodium.

$$AzO^3Ag + NaCl = AzO^3Na + AgCl.$$

365. Bromure d'argent $AgBr$. — Ce corps possède à peu près toutes les propriétés physiques et chimiques du chlorure d'argent; il n'en diffère que parce qu'il est très légèrement jaunâtre.

Associé à la gélatine, sous forme d'émulsion, il est extraordinairement sensible à l'action de la lumière : c'est avec lui qu'on fait les photographies dites *instantanées*, dont le temps de pose peut être inférieur à un millième de seconde.

On le prépare de la même manière que le chlorure d'argent, en décomposant l'azotate d'argent par le bromure de potassium.

366. Iodure d'argent AgI. — C'est un corps jaune, insoluble dans l'eau, dans les acides et dans l'ammoniaque, mais soluble encore dans l'hyposulfite et dans le cyanure de potassium.

Il est moins sensible à la lumière que le chlorure et le bromure d'argent ; on le fait néanmoins entrer dans la composition du *collodion* des photographes.

Il se prépare comme les précédents, en précipitant une solution d'azotate d'argent par l'iodure de potassium.

367. Cyanure d'argent AgCy ou AgCAz. — C'est un corps blanc, semblable au chlorure d'argent, très soluble comme lui dans le cyanure de potassium, mais insensible à l'action de la lumière ; on s'en sert pour former les bains d'argenture du procédé Ruolz et on l'obtient en précipitant l'azotate d'argent par la quantité *juste nécessaire* de cyanure de potassium.

368. Azotate d'argent AzO³Ag. — L'azotate ou nitrate d'argent est un beau sel blanc, très bien cristallisé, soluble dans l'eau et fusible un peu au-dessous du rouge, sans décomposition. On profite de cette circonstance pour le mouler en baguettes cylindriques, que les chirurgiens emploient, sous le nom de *pierre infernale*, pour cautériser les chairs.

Au rouge, l'azotate d'argent se décompose en ne laissant comme résidu que de l'argent métallique.

On peut obtenir de l'azotate d'argent pur en dissolvant l'argent *vierge* dans l'acide azotique, mais on préfère ordinairement préparer ce sel avec les vieux bijoux ou les vieilles pièces de monnaie d'argent, qui ont moins de valeur : on obtient alors un mélange d'azotate d'argent et d'azotate de cuivre. Pour les séparer, on calcine doucement le mélange, de manière à détruire tout l'azotate de cuivre sans toucher à l'azotate d'argent, puis on reprend par l'eau qui ne dissout que ce dernier et laisse un résidu d'oxyde de cuivre noir insoluble.

369. Caractères des sels d'argent.

Hydrogène sulfuré........   Pr. noir de Ag^2S insol. dans les acides.

Sulfhydrate d'ammonia-que...................   Pr. noir de Ag^2S insol. dans un excès.

Ac. chlorhydrique et chlo-rures solubles...........   Pr. blanc de $AgCl$ sol. dans AzH^3, insol. dans AzO^3H.

Bases alcalines fixes.....   Pr. brun de $AgOH$.

Ammoniaque............   Pr. brun sol. dans un excès.

Iodure de potassium.....   Pr. jaune de AgI insol. dans AzH^3 et AzO^3H.

Or.

370. Propriétés. — L'or est un métal jaune rougeâtre, doué d'un très vif éclat, que l'on peut reconnaître immédiatement à son poids considérable; il a en effet pour densité 19,26.

L'or est le plus malléable et le plus ductile de tous les métaux : on en fait, par battage au marteau, des feuilles de $\dfrac{1}{10000}$ de millimètre d'épaisseur, qui laissent passer la lumière et paraissent bleu verdâtres par transparence.

L'or est très bon conducteur de la chaleur et de l'électricité; il fond vers 1050 degrés et se volatilise un peu au rouge blanc.

L'or est inoxydable à toute température et sous toutes les pressions; le fluor, le chlore et le brome sont les seuls métalloïdes qui l'attaquent à froid : il se transforme alors en trifluorure, trichlorure ou tribromure d'or.

Aucun acide, pris isolément, n'a d'action sur lui; l'eau régale le dissout, à cause du chlore qu'elle renferme.

L'or s'allie par fusion à presque tous les autres métaux; on n'utilise guère, en pratique, que ses alliages avec le cuivre et l'argent.

L'amalgame d'or sert pour dorer les métaux: les dentistes l'emploient quelquefois pour plomber les dents.

L'or est trivalent dans la plupart de ses composés.

371. Fabrication. — L'or se trouve à l'état natif, sous forme de masses compactes (*pépites*) ou de paillettes, disséminées dans du sable ou des roches siliceuses. On le rencontre surtout en Californie, en Australie et dans le sud de l'Afrique.

Pour l'extraire de ses minerais, on broie ceux-ci avec du mercure, de manière à transformer l'or qui s'y trouve en amalgame, que l'on distille ensuite, ou bien on les traite par le cyanure de potassium, qui dissout le métal précieux, et on précipite la liqueur ainsi obtenue par le zinc.

372. Dorure. — On dore le bois et le plâtre par application, en collant à leur surface des feuilles d'or battu. Pour dorer les métaux, on procède par électrolyse, comme pour l'argenture galvanique, en employant comme bain une dissolution de chlorure d'or dans le cyanure de potassium, ou bien par la méthode dite *dorure au mercure;* dans ce cas, on recouvre les objets d'amalgame d'or et on chauffe au rouge sombre, pour volatiliser le mercure.

La dorure au mercure est une industrie des plus insalubres, à cause des vapeurs de mercure qui se répandent dans l'atmosphère, à toutes les phases de l'opération, et surtout au moment où l'on décompose l'amalgame d'or par la chaleur.

373. Chlorures d'or. — On en connaît deux : le protochlorure $AuCl$ et le trichlorure $AuCl^3$; le dernier seul est intéressant.

Le trichlorure d'or est un sel jaune, très soluble, qui se décompose à 200 degrés en chlore et protochlorure, et au rouge en chlore et or spongieux (mousse d'or).

Il se combine facilement aux chlorures alcalins, pour donner des chlorosels, connus sous le nom de *chloraurates,* dont la formule générale est $AuCl^4M$. Avec un mélange de chlorure stanneux et de chlorure stannique il donne un précipité brun qui sert à la peinture sur porcelaine, sous le nom de *pourpre de Cassius.*

On le prépare en dissolvant l'or métallique dans l'eau régale et on l'emploie en photographie pour *virer* les épreuves positives.

374. Caractères des sels d'or.

Ac. sulfhydrique........	Pr. brun de Au^2S^3.
Sulfhydrate d'ammoniaque......	Pr. brun soluble dans un excès.
Chlorures de potassium et d'ammonium.......................	Rien.
Sulfate ferreux..............	Pr. rouge brun d'or pulvérulent.

Platine.

375. Propriétés. — Le platine est un métal blanc bleuâtre, assez semblable comme aspect à l'aluminium, très malléable et très ductile, fusible seulement au chalumeau oxhydrique, à 1775 degrés, et volatil dans l'arc voltaïque, à 3500 degrés. On se sert, pour fondre de grandes quantités de platine, de fours en chaux dont le dôme est percé d'une ouverture, par laquelle on introduit le bec du chalumeau, et dont le fond est creusé pour recueillir le métal en fusion. M. H. Sainte-Claire-Deville, au cours de ses recherches sur les métaux de la mine de platine, a réussi à fondre de cette manière, en une seule opération, 300 kilogrammes de platine iridié, qui est moins fusible encore que le platine pur.

Le platine est le plus lourd de tous les métaux après l'iridium ; sa densité est égale à 21,5.

Le platine est essentiellement poreux, même lorsqu'il a été fondu ou forgé ; l'hydrogène le traverse avec la plus grande facilité, à chaud, et d'une manière générale il condense, un peu à la manière du charbon, un grand nombre de gaz. Ces gaz occlus dans le platine sont plus actifs qu'à l'état libre, en sorte que ce métal facilite par sa seule présence beaucoup de réactions chimiques : un fil de platine préalablement chauffé reste rouge dans un mélange d'air et de gaz d'éclairage ou de vapeurs d'éther (*lampe sans flamme*), parce qu'il se produit dans ses pores une combustion active qui dégage de la chaleur.

La *mousse* et le *noir de platine*, qui sont du platine très divisé, agissent encore plus énergiquement que le métal compact et peuvent enflammer un jet d'hydrogène s'échappant dans l'air par la haute température qu'ils prennent à son contact.

Le platine est inoxydable comme l'or; le soufre a peu de prise sur lui, mais le phosphore, l'arsenic, le bore et le silicium s'y combinent facilement, à chaud, pour donner des corps beaucoup plus fusibles que le platine pur; il en résulte qu'un creuset de platine se perce si on le chauffe au rouge en présence d'une trace de phosphore ou de silicium.

Aucun acide n'attaque le platine à l'état isolé; l'eau régale seule le dissout, plus lentement que l'or, en le transformant en tétrachlorure de platine.

Le platine n'est pas attaqué par le mercure, mais il peut s'allier avec quelques autres métaux, notamment avec le plomb, l'argent, l'or et l'iridium ; le platine iridié est le plus résistant, au point de vue chimique, des métaux malléables; c'est pour cette raison qu'on l'a choisi pour confectionner le mètre étalon et ses différentes copies.

Le platine est nettement tétravalent.

376. Fabrication. — Le platine se retire d'un minerai particulier qui se trouve sous forme de pépites ou de grains dans les monts Ourals, et qui est un mélange complexe de platine, d'iridium, de rhodium, de palladium, de ruthénium, d'osmium, d'or, de cuivre et même de fer, tous à l'état métallique. Pour cela, on attaque le minerai jusqu'à refus par l'eau régale, de manière à transformer tous ses métaux attaquables en chlorures : il reste seulement un résidu d'*osmiure d'iridium*, absolument insoluble dans l'eau régale. On ajoute alors un excès de sel ammoniac, qui précipite tout le platine à l'état de chloroplatinate d'ammonium, ainsi qu'une partie de l'iridium ; ce précipité donne à la calcination de la mousse de platine, mélangée avec un peu d'iridium, que l'on forge au rouge blanc et que l'on façonne ensuite au marteau, comme le cuivre.

On peut aussi fondre directement le minerai au chalumeau oxhydrique, mais le métal, contenant alors davantage d'iridium, est plus cassant ; en outre, cette fusion dégage des vapeurs abondantes d'acide osmique, provenant de l'oxydation de l'osmium du minerai, qui sont extrêmement dangereuses à respirer et qui attaquent énergiquement les yeux.

Usages. — Le platine sert à fabriquer les appareils à concentrer l'acide sulfurique, ainsi que les capsules, les creusets et tous les ustensiles que l'on emploie dans les laboratoires pour faire des calcinations ou chauffer les acides énergiques.

377. Chlorure de platine $PtCl^4$. — Le chlorure de platine est un sel rouge brun qui se combine aisément avec un excès d'acide chlorhydrique, pour former l'*acide chloroplatinique* $PtCl^6H^2$. Il est très soluble dans l'eau et se dissocie par la chaleur en chlore et mousse de platine.

L'acide chloroplatinique donne avec les bases alcalines des sels caractéristiques ; les chloroplatinates de potassium et d'ammonium sont des précipités jaunes, presque complètement insolubles dans l'eau.

Le chlorure de platine se prépare en traitant le platine par l'eau régale ; il sert en photographie et comme réactif, dans les laboratoires, pour reconnaître les sels de potassium.

378. Caractères des sels de platine.

Ac. sulfhydrique............	Précipité brun, surtout à chaud.
Sulfhydrate d'ammoniaque..	Pr. brun soluble dans un excès.
Chlorure de potassium......	Précipité jaune de chloroplatinate $PtCl^6K^2$.
Chlorhydrate d'ammoniaque.	P. jaune de chloroplatinate $PtCl^6(AzH^4)^2$.
Sulfate ferreux............	Rien.

QUATRIÈME PARTIE

CHIMIE ORGANIQUE

SÉRIE GRASSE

CHAPITRE PREMIER

GÉNÉRALITÉS

379. Définition. — Au commencement de ce siècle, la chimie organique comprenait seulement l'étude des composés que l'on rencontre dans l'organisme des êtres vivants, végétaux ou animaux; à cause de leur origine, ces composés portaient eux-mêmes le nom de *matières organiques* ou *principes immédiats*, et on les considérait comme caractéristiques de la vie, à ce point qu'on croyait leur reproduction impossible, au laboratoire.

Aujourd'hui on appelle matières organiques toutes les combinaisons du carbone, sans exception, et leur étude rentre dans le cadre de la chimie générale, dont elle ne saurait être séparée. Leur synthèse est possible et leurs transformations sont soumises aux mêmes lois que celles des matières minérales.

Les méthodes expérimentales seules devront être

légèrement modifiées, car, par suite de leur composition, les matières organiques sont combustibles et, par conséquent, très altérables; il nous faudra donc, sous peine de les détruire entièrement, ne les soumettre jamais qu'à des actions ménagées et choisir avec soin les réactifs dont nous aurons à faire usage au cours de leur étude.

380. Composition des matières organiques. — Les matières organiques, par définition, renferment toutes du carbone; on y trouve en outre de l'hydrogène, de l'oxygène, de l'azote et, par exception, du chlore, du brome, de l'iode, du soufre ou du phosphore, qui viennent y prendre la place, par voie de substitution, d'une quantité équivalente d'hydrogène, d'oxygène ou d'azote.

Elles sont rarement plus que quaternaires et, par conséquent, présentent une grande uniformité dans leur composition qualitative; c'est ce qui permet d'en faire l'analyse élémentaire, par une seule et même méthode générale, que nous décrirons plus tard, au chapitre réservé à l'analyse chimique.

381. Formules brutes; leur détermination. — De même qu'en chimie minérale, les formules représentatives des corps organiques ont pour objet de donner la composition exacte de leur molécule, mais elles ont ici plus d'importance encore, parce que l'isomérie et la polymérie sont extrêmement fréquentes en chimie organique, et qu'il importe de savoir distinguer les différentes matières qui donnent à l'analyse les mêmes résultats.

Nous indiquerons donc d'abord la marche à suivre pour trouver la formule d'une matière organique, dont la composition élémentaire est supposée connue.

Exemple 1. — Lorsqu'on fait l'analyse de l'*aldéhyde formique*, de l'*acide acétique* et du *glucose*, on trouve que ces trois corps ont exactement la même composition centésimale et qu'ils renferment, pour 100 parties en poids :

$$Carbone\dotfill 40,00$$
$$Hydrogène\dotfill 6,67$$
$$Oxygène\dotfill 53,33$$

Le poids atomique du carbone étant 12, le nombre des atomes de carbone contenus dans 100 parties d'aldéhyde formique, d'acide acétique ou de glucose sera nécessairement $\frac{40}{12} = 3,33$.

Le nombre des atomes d'hydrogène sera de même égal à 6,67 et celui des atomes d'oxygène à $\frac{53,33}{16} = 3,33$.

La formule cherchée pourrait donc s'écrire :

$$C^{333}H^{667}O^{333},$$

mais les trois coefficients qui s'y trouvent sont des multiples exacts de 333, ce qui permet de la réduire à la forme CH^2O, qui est sa plus simple expression, ou à un multiple quelconque $(CH^2O)^n$ de cette forme.

Pour trouver la formule vraie des trois corps précédents, il ne nous reste donc qu'à déterminer le coefficient n; pour cela, il suffit de connaître le poids moléculaire correspondant, car, si nous représentons ce poids moléculaire par M, on doit avoir nécessairement $M = n(12 + 2 + 16)$, d'où l'on tire $n = \frac{M}{30}$.

Dans le cas de l'aldéhyde formique et de l'acide acétique, qui sont volatils, le poids moléculaire se déduira de la densité de la vapeur, en suivant la règle d'Ampère. L'aldéhyde formique ayant pour densité de vapeur 1,04, son poids moléculaire est égal à $1,04 \times 28,88 = 30$. Dès lors $n = 1$ et la véritable formule de l'aldéhyde formique est CH^2O.

La densité de vapeur de l'acide acétique est égale à 2,07; ce corps a donc pour poids moléculaire 60; en conséquence, $n = 2$ et la formule cherchée est $C^2H^4O^2$.

Pour le glucose, qui n'est pas volatil, il est impossible de suivre la règle d'Ampère, mais on peut alors faire usage de la loi de Raoult. On trouve par expérience qu'une solution renfermant 10 grammes de glucose pour 100 grammes d'eau se congèle à $-1°,05$; le poids moléculaire du glucose est alors égal à

$$\frac{19 \times 10}{1,05} = 180.$$

Par suite, $n = 6$, d'où il suit que la formule du glucose devra s'écrire $C^6H^{12}O^6$.

Exemple II. — L'analyse montre que la *nicotine* a pour composition :

Carbone.... 74,07
Hydrogène........................ 8,61
Azote............................ 17,29

Divisant, comme nous l'avons fait ci-dessus, chacun de ces nombres par le poids atomique correspondant, nous trouvons, comme première approximation, $C^{617}H^{861}Az^{123}$, qui se réduit à C^5H^7Az, si l'on divise tout par 123.

D'autre part la nicotine a pour densité de vapeur 5,61; son poids moléculaire est, par conséquent, égal à $5,61 \times 28,88 = 162$, nombre double de celui qu'exprime la formule précédente; on devra donc doubler celle-ci et écrire la nicotine $C^{10}H^{14}Az^2$.

Exemple III. — Le *nitrobenzène* renferme :

Carbone............................ 58,51
Hydrogène......................... 4,06
Oxygène 26,02
Azote.............................. 11,38

et a pour densité de vapeur 4,25.

En suivant toujours la même marche, on trouve comme quotients les nombres 488, 406, 163 et 81, dont le dernier divise tous les autres; on pourra donc représenter le nitrobenzène par la formule $C^6H^5AzO^2$, et comme le poids qu'elle représente se trouve être égal au poids moléculaire calculé $4,25 \times 28,88 = 123$, cette formule est bien celle qui convient au corps en question.

Cas particuliers. — Lorsqu'un corps n'est pas volatil et qu'on ne peut le dissoudre dans aucun liquide facilement congelable, la détermination du poids moléculaire et par suite celle de la formule vraie devient plus difficile; cependant, on y arrive encore quelquefois d'une manière détournée, en cherchant par exemple dans quelles proportions ce corps se combine à un autre de poids moléculaire connu. C'est ainsi que l'on peut trouver la véritable formule de la *quinine*, qui n'est pas soluble dans l'eau et n'est pas volatile.

L'analyse conduit, pour cette substance, à l'expression simplifiée $C^{10}H^{12}AzO$; mais, par expérience, on constate que la quinine s'unit à l'acide chlorhydrique dans le rapport de 100 à 11,26; on doit donc avoir

$$\frac{100}{11,26} = \frac{(C^{10}H^{12}AzO)^n}{HCl} = n\,\frac{120 + 12 + 14 + 16}{35,5 + 1}\text{, d'où l'on}$$

tire $n = 2$.

La formule de la quinine est par suite $C^{20}H^{24}Az^2O^2$.

Quand aucune de ces méthodes n'est applicable et qu'il est impossible de trouver la vraie valeur du poids moléculaire, la formule reste indéterminée; c'est le cas de l'*amidon* et de la *cellulose* $(C^6H^{10}O^5)^n$, qui n'émettent pas de vapeurs, ne se dissolvent dans aucun réactif simple et enfin ne donnent pas de combinaisons définies.

Remarque. — Pour les matières organiques dont le poids moléculaire est connu, les calculs précédents peuvent être effectués en sens inverse : on peut, par exemple, calculer d'abord les poids respectifs de carbone, d'hydrogène, d'oxygène et d'azote qui entrent dans une molécule, puis diviser chacun de ces nombres par le poids atomique des corps simples correspondants; on obtiendra ainsi immédiatement les coefficients qui affectent leur symbole dans la formule cherchée.

Si nous appliquons cette règle au cas du nitrobenzène, déjà cité, il vient :

$$\text{Carbone} \ldots\ldots\ldots \quad \frac{123 \times 58,54}{100} = 72 = C^6.$$

$$\text{Hydrogène} \ldots\ldots \quad \frac{123 \times 4,06}{100} = 5 = H^5.$$

$$\text{Azote} \ldots\ldots\ldots\ldots \quad \frac{123 \times 11,38}{100} = 14 = Az.$$

$$\text{Oxygène} \ldots\ldots\ldots \quad \frac{123 \times 26,02}{100} = 32 = O^2.$$

ce qui est nécessairement conforme au résultat précédemment obtenu.

382. Formules de constitution. — Les formules brutes sont insuffisantes en chimie organique, à cause des isoméries qui s'y rencontrent à chaque instant; aussi a-t-on l'habitude d'y joindre toujours des formules de constitution, qui offrent le double avantage d'expliquer les isoméries et de mettre en évidence les fonctions chimiques du corps qu'elles représentent.

Ces formules de constitution sont, comme toutes les autres, basées sur la valence, c'est-à-dire la capacité de saturation des éléments; on a l'habitude de figurer ces valences par autant de traits, qui relient entre eux les différents corps simples ou les radicaux qui forment la molécule.

Deux atomes de carbone tétravalents peuvent échanger entre eux une, deux ou trois valences; on exprime ce fait en disant qu'ils sont unis par une *liaison simple, double* ou *triple*.

Dans tous les cas, il faut bien se rappeler que l'équilibre moléculaire n'est possible que si toutes ces valences sont saturées, de quelque manière que ce soit, et on doit tenir grand compte de cette remarque dans l'écriture des formules de constitution, qui autrement deviendraient absurdes.

Dans le cas particulier des hydrocarbures. il n'en saurait exister qui renferment un nombre impair d'atomes d'hydrogène, puisque la valence du carbone est paire et qu'il faut nécessairement un nombre pair d'atomes monovalents pour le saturer.

383. Hypothèse du tétraèdre. — On sait par expérience que les quatre valences du carbone sont identiques entre elles; elles doivent donc être disposées symétriquement autour de l'atome de carbone central; en d'autres termes, les points d'attache de cet atome avec les éléments qui le saturent doivent être situés, dans l'espace, sur une même sphère et à égale distance les uns des autres. Or, ces quatre points figurent les

sommets d'un tétraèdre régulier inscrit dans la sphère
en question, d'où l'idée, émise pour la première fois
par MM. Le Bel et Van't Hoff, de représenter géomé-
triquement les corps organiques par un tétraèdre,
dont l'atome de carbone occupe le centre, et aux sommets duquel sont placés les divers éléments qui s'y
trouvent unis.

Cette hypothèse ne préjuge d'ailleurs absolument
rien sur la forme de l'atome de carbone central, qui
peut être quelconque et, en fait, ne saurait être déterminée.

Quand deux atomes de carbone s'unissent en échan-
geant une simple liaison, on suppose que leurs tétraèdres représentatifs ont un sommet commun ; quand,
au contraire, ils sont unis par une double ou une
triple liaison, on admet que les tétraèdres ont une
arête ou une base commune, ce qui naturellement
supprime deux ou trois des valences primitivement
disponibles.

Les schémas suivants, choisis parmi les plus simples,
donnent une idée des formules géométriques qui résultent de l'hypothèse du tétraèdre.

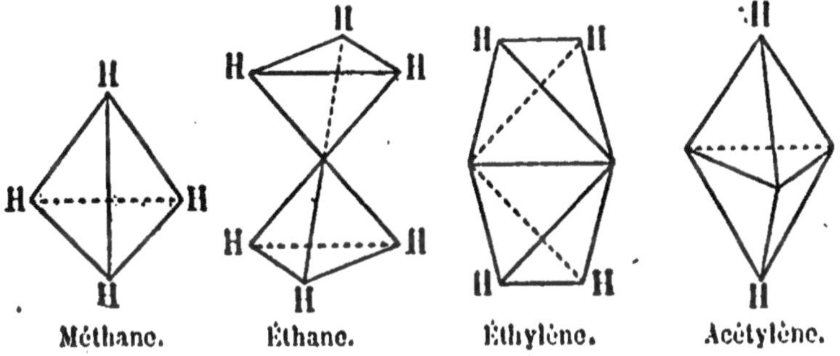

Ces formules ne sont employées que pour rendre
compte de certaines isoméries spéciales qu'il serait

impossible d'expliquer autrement; nous aurons occasion d'y revenir à propos des corps qui possèdent le *pouvoir rotatoire*.

En général on les remplace par leur projection sur un plan, ce qui les ramène aux formules de constitution ordinaires.

Les hydrocarbures dont nous avons donné ci-dessus les formules tétraédriques s'écrivent alors, plus simplement,

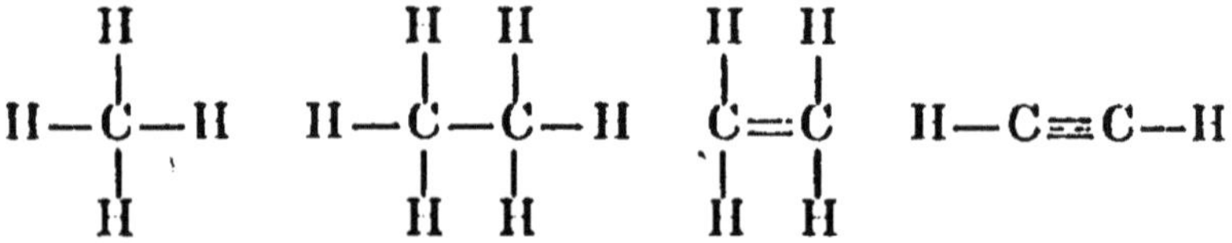

$$
\underset{\text{Méthane.}}{
\begin{array}{c}
\text{H} \\
| \\
\text{H}\!-\!\text{C}\!-\!\text{H} \\
| \\
\text{H}
\end{array}}
\qquad
\underset{\text{Éthane.}}{
\begin{array}{c}
\text{H}\quad\text{H} \\
|\quad\ | \\
\text{H}\!-\!\text{C}\!-\!\text{C}\!-\!\text{H} \\
|\quad\ | \\
\text{H}\quad\text{H}
\end{array}}
\qquad
\underset{\text{Éthylène.}}{
\begin{array}{c}
\text{H}\quad\text{H} \\
|\quad\ | \\
\text{C}\!=\!\text{C} \\
|\quad\ | \\
\text{H}\quad\text{H}
\end{array}}
\qquad
\underset{\text{Acétylène.}}{
\begin{array}{c}
\ \\
\ \\
\text{H}\!-\!\text{C}\!\equiv\!\text{C}\!-\!\text{H} \\
\ \\
\
\end{array}}
$$

384. Méthodes employées pour l'étude de la chimie organique. Classification. — Au point de vue expérimental il n'existe que deux méthodes permettant de déterminer la nature exacte d'une matière organique définie : la méthode *analytique*, qui consiste à dédoubler cette matière en d'autres plus simples, déjà connues, et la méthode *synthétique*, qui consiste à partir des éléments et à les grouper, par une suite de réactions convenablement choisies, en une molécule complexe. Cette méthode, fondée par M. Berthelot, est infiniment plus féconde que l'autre et elle a permis de créer une multitude de matières organiques artificielles, qui n'existent et ne sauraient prendre naissance dans aucun organisme.

Mais, pour l'enseignement, il est préférable de suivre un autre ordre : nous choisirons ici celui-là même que nous avons déjà suivi en chimie minérale, c'est-à-dire l'ordre de la classification en familles naturelles, qui est plus clair et surtout d'une exposition plus rapide.

Nous diviserons d'abord toute la chimie organique en deux parties, la *série grasse* et la *série aromatique*, dont les caractères sont nettement distincts.

La série grasse comprend tous les corps dont la formule de constitution représente une *chaîne ouverte*, c'est-à-dire une suite d'atomes de carbone liés seulement à leurs voisins immédiats ; les corps suivants appartiennent à la série grasse :

$$CH^3 - CO^2H \qquad \begin{matrix} CH^3 \\ {} \\ CH^3 \end{matrix} {>} CH - CH^2 - CH^2OH.$$

Acide acétique. $\qquad\qquad$ Alcool amylique.

On range au contraire dans la série aromatique tous les corps dont la formule de constitution renferme une *chaîne fermée* ou un *noyau cyclique*, c'est-à-dire une suite d'atomes de carbone réunis suivant un contour polygonal ; ce contour est d'ailleurs le plus fréquemment en forme d'hexagone, ainsi que le montrent les formules suivantes.

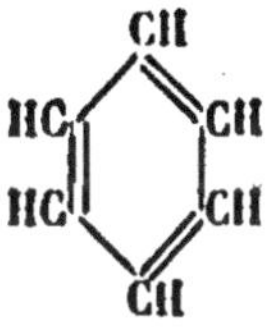

Benzène. 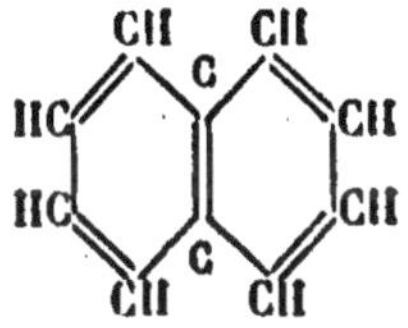 $\qquad\qquad$ Naphtalène. 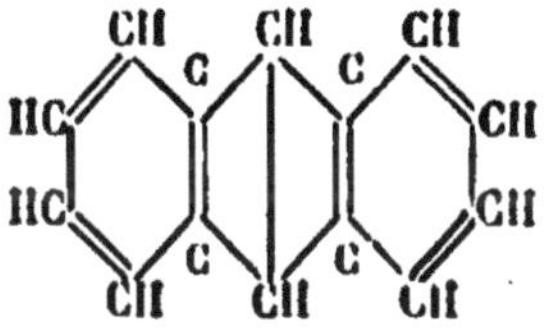 $\qquad\qquad$ Anthracène.

La série grasse et la série aromatique comprennent à leur tour un certain nombre de familles, en général parallèles, qui correspondent à autant de fonctions spéciales ; la plus simple est la fonction *hydrocarbure*, c'est par elle que nous commencerons ; nous examinerons ensuite les corps ternaires hydrocarbonés, puis les combinaisons organiques de l'azote, qui peuvent être ternaires ou quaternaires, suivant les cas.

Les corps ternaires comprennent les *alcools*, les *aldéhydes*, les *acétones*, les *acides*, les *éthers-oxydes* et les *éthers-sels;* les composés organiques azotés se subdivisent enfin en *amines*, *amides* et *nitriles*.

Dans une même famille de corps *homologues*, c'est-à-dire ayant la même fonction chimique, le point d'ébullition s'élève progressivement à mesure que le poids moléculaire devient plus considérable, en sorte qu'un quelconque de ses représentants est toujours moins volatil que celui qui le précède et plus volatil que celui qui vient immédiatement après.

La température de fusion, chez les corps organiques solides régulièrement classés, varie de la même manière et avec la même régularité.

CHAPITRE II

HYDROCARBURES DE LA SÉRIE GRASSE

385. Définition, classification. — On appelle *hydrocarbures de la série grasse* les composés hydrogénés acycliques du carbone ; leur nombre n'a théoriquement pas de limite, à cause de la faculté singulière que possède le carbone de se polymériser jusqu'à l'infini.

On les classe en deux grands groupes, qu'on appelle *hydrocarbures saturés* et *hydrocarbures non saturés* ou *incomplets*.

Les premiers sont ceux dans lesquels toutes les affinités du carbone sont satisfaites ; les autres sont ceux dont la chaîne renferme des liaisons multiples, doubles ou triples. Les hydrocarbures incomplets se subdivisent à leur tour en hydrocarbures *divalents*, *tétravalents*, *hexavalents*, etc., suivant que l'ouverture de leurs liaisons multiples rend deux, quatre ou six valences disponibles sur le carbone.

L'*hexane* normal $CH^3\text{-}CH^2\text{-}CH^2\text{-}CH^2\text{-}CH^2\text{-}CH^3$ est un hydrocarbure saturé parce que chacun des six atomes de carbone qui le composent a ses quatre affinités satisfaites ; l'*hexylène* $CH^3\text{-}CH^2\text{-}CH^2\text{-}CH^2\text{-}CH\!=\!CH^2$, le *diallyle* $CH^2\!=\!CH\text{-}CH^2\text{-}CH^2\text{-}CH\!=\!CH^2$ et le *dipropargyle* $CH\!\equiv\!C\text{-}CH^2\text{-}CH^2\text{-}C\!\equiv\!CH$ sont au contraire des hydrocarbures incomplets, respectivement di, tétra et octovalents.

On dit qu'un hydrocarbure est à *chaîne normale* ou à *chaîne arborescente*, suivant que la ligne qui joint ses atomes de carbone est droite ou bifurquée; l'hexylène, le diallyle et le dipropargyle dont nous venons de donner les formules sont des carbures normaux; le *méthylbutane* $\frac{CH^3}{CH^3}$>CH-CH²-CH³ et le *diméthylpro-*

$$pane\ CH^3-\underset{\underset{CH^3}{|}}{\overset{\overset{CH^3}{|}}{C}}-CH^3\ \text{sont des carbures arborescents.}$$

386. Isomérie. — L'existence de ces chaînes normales ou arborescentes donne lieu à un grand nombre d'isoméries chez les hydrocarbures dont le poids moléculaire est un peu élevé; on conçoit, en effet, que les atomes de carbone qui constituent le noyau de leur molécule, puissent y prendre une foule de positions différentes, dont chacune correspond à un corps distinct et bien défini.

Nous verrons par la suite de nombreux exemples de ce genre d'isomérie, dite de *position*.

Dans tous les cas, il est facile, à l'aide des formules développées, de prévoir le nombre des isomères théoriquement possibles d'un hydrocarbure quelconque.

387. Radicaux alcooliques. — Dans la formule des hydrocarbures, on rencontre à chaque instant les groupes CH^3, C^2H^5, C^3H^7, etc., C^nH^{2n+1}, qui jouent vis-à-vis du reste de la molécule, le rôle d'un corps simple monovalent; on les appelle *radicaux alcooliques* parce qu'on les retrouve dans la molécule de tous les alcools monoatomiques.

Ils sont aussi nombreux que ces derniers et, en conséquence, sont l'objet d'une nomenclature spéciale dont nous aurons souvent occasion de faire usage.

Le tableau suivant donne la liste des dix premiers radicaux alcooliques à chaîne normale, qui sont les plus importants.

CH^3 . .	*Méthyle.*		C^6H^{13}	*Hexyle.*
C^2H^5 .	*Éthyle.*		C^7H^{15}	*Heptyle.*
C^3H^7 .	*Propyle.*		C^8H^{17}	*Octyle.*
C^4H^9 .	*Butyle.*		C^9H^{19}	*Nonyle.*
C^5H^{11} .	*Pentyle* ou *Amyle.*		$C^{10}H^{21}$	*Décyle.*

On voit que, à partir du cinquième terme, la première partie de leurs noms indique le nombre d'atomes de carbone qu'ils renferment; leur commune terminaison *yle* est caractéristique.

Les radicaux alcooliques n'existent pas à l'état libre parce que les valences du carbone n'y sont qu'incomplètement saturées; quand on cherche à les extraire d'une quelconque de leurs combinaisons, ils doublent immédiatement leur molécule et passent ainsi à l'état d'hydrocarbures saturés.

Hydrocarbures saturés ou forméniques C^nH^{2n+2}.

388. Composition, nomenclature. — La formule générale des hydrocarbures saturés découle immédiatement de leur définition; considérons en effet une file de n atomes de carbone, réunis par une seule valence et saturés exactement par la quantité nécessaire d'hydrogène,

$$CH^3-CH^2-CH^2-CH^2-\ldots\ldots\ldots-CH^2-CH^3.$$

On voit que chacun de ces atomes de carbone en prend deux d'hydrogène, sauf les extrêmes qui en fixent trois ; la molécule tout entière renferme donc $C^n H^{2n+2}$, et nous aurons la formule particulière à chacun des termes de la série en remplaçant dans cette expression l'indéterminée n par la suite des nombres entiers successifs.

La valeur de n étant quelconque, il existe théoriquement une infinité d'hydrocarbures de ce genre, tant normaux qu'arborescents ; on forme le nom des premiers de la même manière que celui des radicaux alcooliques, en remplaçant la terminaison *yle* par *ane*. Les autres portent le nom de l'hydrocarbure normal à plus longue chaîne qui existe dans leur molécule ; on indique en préfixe la nature des radicaux alcooliques qui y sont fixés et on précise leur situation par un numéro d'ordre, qui n'est autre que le rang de l'atome de carbone auxquels ils sont unis.

Exemples :

$$\left.\begin{array}{l} CH^3 \\ CH^3 \end{array}\right\rangle CH\text{-}CH^2\text{-}CH^3 \quad\dots\dots\quad \textit{Méthyl-butane.}$$

$$\left.\begin{array}{l} CH^3 \\ CH^3 \end{array}\right\rangle CH\text{-}CH\left\langle\begin{array}{l} CH^2\text{-}CH^3 \\ CH^2\text{-}CH^3 \end{array}\right. \dots \textit{Méthyl 2 éthyl 3 pentane.}$$

Les isoméries sont nombreuses dans la classe des hydrocarbures saturés et on ne compte pas moins de 357 formes possibles du corps $C^{12}H^{26}$.

A titre d'exemple, nous donnons ci-après les formules de structure des isomères du butane, du pentane et de l'hexane.

1. CARBURES C^4H^{10} : DEUX FORMES POSSIBLES.

1. $CH^3\text{-}CH^2\text{-}CH^2\text{-}CH^3$ $\dots\dots\dots$ *Butane normal.*

2. $\left.\begin{array}{l} CH^3 \\ CH^3 \end{array}\right\rangle CH\text{-}CH^3$ $\dots\dots\dots\dots$ *Méthylpropane.*

II. CARBURES C^5H^{12} : TROIS FORMES POSSIBLES.

1. $CH^3-CH^2-CH^2-CH^2-CH^3$..... *Pentane normal.*

2. $\dfrac{CH^3}{CH^3}{>}CH-CH^2-CH^3$............ *Méthyl-butane.*

3. $\dfrac{CH^3}{CH^3}{>}C{<}\dfrac{CH^3}{CH^3}$............... *Diméthylpropane.*

III. CARBURES C^6H^{14} : CINQ FORMES POSSIBLES.

1. $CH^3-CH^2-CH^2-CH^2-CH^2-CH^3$. *Hexane normal.*

2. $\dfrac{CH^3}{CH^3}{>}CH-CH^2-CH^2-CH^3$..... *Méthyl 2 pentane.*

3. $\dfrac{CH^3-CH^2}{CH^3}{>}CH-CH^2-CH^3$ .... *Méthyl 3 pentane.*

4. $\dfrac{CH^3}{CH^3}{>}CH-CH{<}\dfrac{CH^3}{CH^3}$......... *Diméthyl 2.3 butane.*

5. $\dfrac{CH^3}{CH^3}{>}C{<}\dfrac{CH^2-CH^3}{CH^3}$ .... *Diméthyl 2.2 butane.*

Le tableau ci-après donne la liste des dix premiers hydrocarbures saturés, avec le point d'ébullition des produits normaux et le nombre de leurs isomères.

389. Propriétés. — Les hydrocarbures saturés sont des corps gazeux, liquides ou solides, suivant la grandeur de leur poids moléculaire, insolubles dans l'eau, mais solubles les uns dans les autres et, d'une manière générale, solubles dans la plupart des liquides inflammables.

NOMS.	FORMULES.	POINTS D'ÉBULLITION.	NOMBRE D'ISOMÈRES.
Méthane.........	CH^4	— 164°	1
Éthane	C^2H^6	— 90°	1
Propane	C^3H^8	— 17°	1
Butane	C^4H^{10}	+ 1°	2
Pentane	C^5H^{12}	37°	3
Hexane.........	C^6H^{14}	68°	5
Heptane	C^7H^{16}	98°	9
Octane	C^8H^{18}	124°	18
Nonane.........	C^9H^{20}	150°	35
Décane.	$C^{10}H^{22}$	173°	75

Ils sont eux-mêmes éminemment combustibles et brûlent à l'air avec une flamme d'autant plus éclairante qu'ils renferment davantage de carbone; leur combustion complète donne exclusivement de la vapeur d'eau et de l'anhydride carbonique.

Ce sont tous des corps très stables qui résistent à l'action de l'acide sulfurique, de l'acide azotique et du brome, à froid.

Le chlore, sous l'action de la lumière ou à chaud, les modifie par substitution, en déplaçant l'hydrogène; il y a alors dégagement d'acide chlorhydrique, ainsi que le montre l'équation générale suivante :

$$C^nH^{2n+2} + 2pCl = pHCl + C^nH^{2n+2-p}Cl^p.$$

Jamais, enfin, ils ne s'unissent par addition à aucun réactif.

Cet ensemble de caractères permet de reconnaître aisément les hydrocarbures saturés et même de les séparer de leurs mélanges avec les hydrocarbures incomplets.

390. Préparation, état naturel. — Il n'existe pas de méthode générale simple pour préparer les hydrocarbures forméniques, mais on les rencontre en abondance dans le pétrole de Pensylvanie, d'où il est facile de les extraire par distillation fractionnée.

Nous n'étudierons parmi eux que le méthane et le pétrole, ce dernier au point de vue seulement de ses applications pratiques.

Méthane CH⁴.

391. Propriétés. — Le méthane, que l'on appelle aussi *formène, hydrogène protocarboné, gaz des marais* ou *grisou*, est un gaz incolore, inodore et sans saveur, de densité 0,556; il est très peu soluble et très difficile à liquéfier: c'est l'un des anciens gaz permanents de Faraday.

Sous la pression atmosphérique, le formène liquide bout à — 164 degrés; son point critique est situé à — 82 degrés, sous une pression de 55 atmosphères.

On le reconnaît à ce qu'il brûle à l'air avec une flamme pâle, en donnant de l'acide carbonique et de la vapeur d'eau.

$$CH^4 + 4O = CO^2 + 2H^2O.$$

Le méthane donne, avec l'oxygène et même l'air atmosphérique, un mélange violemment explosif; c'est lui qui est cause de ces accidents terribles que les mineurs appellent *coups de grisou.*

Pour éviter autant que possible l'inflammation de ce gaz, dans les mines grisouteuses, on fait usage de lampes particulières, dites *lampes de sûreté*, dans lesquelles l'air extérieur ne peut pénétrer qu'en traversant une toile métallique très fine, qui arrête la flamme au passage.

On attribue actuellement la plupart des coups de grisou à l'emploi des explosifs, dynamite ou autres, avec lesquels on détache les blocs de charbon.

Le meilleur moyen de reconnaître la présence du méthane dans l'air des galeries de mines, consiste à faire parler avec cet air un tuyau sonore, rigoureusement accordé d'avance avec un autre, dans lequel on envoie de l'air pur; la plus petite quantité de grisou, en diminuant la densité du gaz, établit entre les deux tuyaux un désaccord qui se traduit par des battements caractéristiques.

Les oxydants, le brome et l'iode n'ont pas d'action sur le méthane; le chlore l'attaque lentement à froid, sous l'influence de la lumière diffuse, en donnant toute une série de produits de substitution, dont quelques-uns sont fort importants.

$$CH^4 + 2Cl = HCl + CH^3Cl \;(\textit{Chlorure de méthyle.})$$
$$CH^4 + 4Cl = 2HCl + CH^2Cl^2 \;(\textit{Chlorure de méthylène.})$$
$$CH^4 + 6Cl = 3HCl + CHCl^3 \;(\textit{Chloroforme.})$$
$$CH^4 + 8Cl = 4HCl + CCl^4 \;(\textit{Tétrachlorure de carbone.})$$

Le chloroforme ou *trichlorométhane*, en particulier, est un liquide dense, insoluble dans l'eau, qui bout à 61 degrés et se congèle vers — 80 degrés; ses vapeurs, dont l'odeur est assez agréable, déterminent, lorsqu'on les respire en quantité suffisante, une anesthésie complète du système nerveux sensitif.

La potasse alcoolique décompose le chloroforme en donnant un mélange de chlorure et de formiate de potassium.

$$CHCl^3 + 4KOH = 3KCl + CHO^2K + 2H^2O.$$

On le prépare en distillant, dans de grands alambics, un mélange d'alcool et de chlorure de chaux ; il sert comme anesthésique en chirurgie et comme dissolvant dans les laboratoires.

On emploie aussi beaucoup, comme *cicatrisant*, l'iodoforme CHI^3 qui se prépare en traitant l'alcool ou l'acétone par l'iode, en présence d'alcali.

Au rouge ou au soleil le chlore décompose entièrement le méthane, en donnant de l'acide chlorhydrique et un dépôt de noir de fumée.

$$CH^4 + 4Cl = 4HCl + C.$$

392. Préparation. — Le méthane se prépare ordinairement par le procédé de M. Dumas, en chauffant au rouge sombre, dans une cornue de grès ou de fer, un mélange d'acétate de sodium sec et de chaux sodée.

$$C^2H^3O^3Na + NaOH = CO^3Na^2 + CH^4.$$

Le gaz qui se dégage renferme des vapeurs d'acétone et une petite quantité d'hydrocarbures incomplets ; on le purifie en le faisant passer dans des flacons laveurs renfermant de l'acide sulfurique, du brome et de la potasse caustique.

393. Synthèse. — M. Berthelot a effectué la synthèse du méthane en dirigeant sur du cuivre chauffé au rouge, dans un tube de porcelaine, un courant d'acide sulfhydrique saturé de vapeurs de sulfure de carbone.

$$8Cu + 2H^2S + CS^2 = 4Cu^2S + CH^4.$$

Etat naturel. — Le méthane s'échappe en abondance des puits de pétrole nouvellement forés ; il est

alors possible de le recueillir et de l'utiliser, comme
le gaz ordinaire, au chauffage ou à l'éclairage.

Il se dégage spontanément dans les mines de houille,
ainsi que nous l'avons vu plus haut ; il s'en produit
pendant la distillation sèche de tous les charbons naturels, et le gaz d'éclairage en renferme plus de la
moitié de son volume. Enfin, le méthane prend naissance dans l'action de certains ferments anaérobies
sur les substances végétales; c'est pour cela qu'il s'en
dégage de la vase des marais, en même temps que de
l'azote et de l'acide carbonique, et qu'on en trouve
dans l'atmosphère interne d'un tas de fumier.

Le méthane pur n'a aucun usage.

394. Pétrole. — Le pétrole d'Amérique, ainsi que
MM. Pelouze et Cahours l'ont fait voir en 1861, est un
mélange de tous les hydrocarbures saturés à chaîne
normale; il se trouve enfermé, souvent à haute pression, dans des poches souterraines qu'il faut percer
pour en faire sortir le contenu ;'les puits d'exploitation
dégagent d'abord une grande quantité de gaz, qui représentent les premiers termes de la série forménique
(méthane, éthane et propane), puis livrent passage
à une colonne jaillissante de pétrole proprement dit,
qu'on emmagasine dans de vastes réservoirs. Quand
la pression intérieure est devenue trop faible pour
chasser le liquide au dehors, on achève de vider les
poches au moyen de pompes aspirantes et foulantes.

Par une suite de distillations fractionnées il est facile, au laboratoire, d'isoler chacun des hydrocarbures
qui constituent le pétrole brut; dans l'industrie on se
contente de le séparer en un petit nombre de parties
dont les plus importantes sont :

1° L'*éther de pétrole*, qui bout de 30 à 90 degrés et
sert principalement au dégraissage des étoffes. C'est

un liquide extrêmement inflammable, qui ne doit être manié en grand qu'avec les plus grandes précautions;

2° *L'essence minérale:* c'est encore un liquide très inflammable, qui bout de 90 à 125 degrés, et dont on se sert pour l'éclairage, dans des appareils spéciaux;

3° *L'huile de pétrole* (*Oriflamme, Luciline*, etc.) ordinaire pour lampes, qui bout de 150 à 280 degrés et est par conséquent beaucoup moins volatile et moins dangereuse que les produits précédents;

4° *L'huile minérale*, que l'on emploie, pure ou mélangée avec des huiles ordinaires, au graissage des machines;

5° La *vaseline*, matière pâteuse qui remplace la graisse dans une foule de ses applications, surtout en médecine;

6° La *paraffine*, corps solide, facilement fusible et combustible, qui sert comme isolant et aussi à fabriquer les bougies transparentes.

Il ne reste plus dans les chaudières, après que tous ces produits ont successivement distillé, qu'un résidu bitumineux que l'on utilise, sous le nom de *brai*, à la fabrication des briquettes.

A part les applications qui viennent d'être citées, le pétrole brut peut servir au chauffage dans les foyers industriels; à poids égal, il donne en brûlant plus de chaleur que les meilleurs charbons.

Hydrocarbures divalents ou éthyléniques C^nH^{2n}[1].

395. Composition, nomenclature. — Les hydrocarbures divalents sont ceux dont la molécule renferme une

---

[1] On les appelle aussi *oléfines* parce que leur premier terme, l'éthylène, portait autrefois le nom de *gaz oléfiant*.

double liaison; ils diffèrent donc des hydrocarbures saturés parce qu'ils contiennent deux atomes d'hydrogène de moins et en conséquence répondent tous à la formule brute C^nH^{2n}.

Leur formule générale de structure peut s'écrire $R — CH = CH — R'$, si l'on désigne par R et R' deux radicaux alcooliques quelconques.

Les oléfines se présentent sous les trois états, suivant la grandeur de leur poids moléculaire; ils sont tous volatils et très combustibles; leur flamme est plus éclairante que celle des hydrocarbures forméniques parce qu'ils renferment relativement plus de carbone.

Ils sont en général attaqués par les corps oxydants et absorbables par l'acide sulfurique; le chlore et le brome s'y combinent, molécule à molécule, pour donner des produits d'addition saturés.

$$C^nH^{2n} + 2Br = C^nH^{2n}Br^2.$$

Il en est de même avec l'acide bromhydrique et l'acide iodhydrique, qui les changent en bromures ou en iodures de radicaux alcooliques.

$$C^nH^{2n} + HBr = C^nH^{2n+1}Br.$$

A haute température l'acide iodhydrique les transforme en hydrocarbures saturés, avec mise en liberté d'iode.

$$C^nH^{2n} + 2HI = 2I + C^nH^{2n+2}.$$

L'hydrogène, en présence de mousse de platine, produit le même effet, vers le rouge sombre.

Ces combinaisons par addition s'expliquent, dans l'hypothèse du tétraèdre, en admettant que les deux arêtes communes qui figurent la double liaison se séparent, de manière à ne plus conserver qu'un seul point de contact.

Il résulte de là que les deux atomes qui s'ajoutent à la molécule éthylénique sont nécessairement fixés sur deux atomes de carbone voisins et que le bromure d'éthylène ordinaire doit s'écrire, en formule développée, $CH^2Br — CH^2Br$.

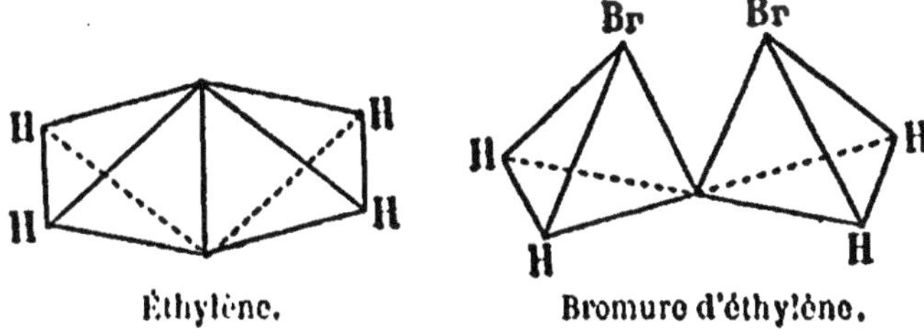

Éthylène.   Bromure d'éthylène.

La facilité avec laquelle se produisent ces combinaisons distingue nettement les oléfines des hydrocarbures saturés.

On forme le nom des oléfines à chaînes normales en ajoutant la terminaison *ène* à celui des radicaux alcooliques correspondant; quelquefois, pour simplifier, on supprime même la syllabe *yl*.

Le premier, c'est-à-dire celui qui répond à $n = 1$, n'existe pas à l'état libre, par la raison bien simple que pour établir une double liaison il faut au moins deux atomes de carbone. On le rencontre néanmoins en combinaison, soit avec des corps simples, soit avec d'autres radicaux, et alors on l'appelle *méthylène*.

Les principaux hydrocarbures divalents à chaîne normale susceptibles d'existence sont donc les suivants :

Éthylène ou *éthène*.............. C^2H^4.

Propylène ou *propène*.......... C^3H^6.

Butylène ou *butène*............. C^4H^8.

Pentylène ou *pentène*.......... C^5H^{10}.

Hexylène ou *hexène*............. C^6H^{12}.

Heptylène ou *heptène*.......... C^7H^{14}.

Octylène ou *octène*............. C^8H^{16}.

Nonylène ou *nonène*............ C^9H^{18}, etc.

A chacun d'eux correspond un certain nombre d'isomères, différant les uns des autres par la place de la double liaison ou par la nature de la chaîne, qui peut être arborescente au lieu d'être linéaire.

Le tableau suivant donne les formules de constitution des trois carbures C^4H^8 et des cinq carbures C^5H^{10} théoriquement possibles.

I. Hydrocarbures C^4H^8.

1. $CH^2 = CH\text{-}CH^2\text{-}CH^3$.......... *Butène 1.*

2. $CH^3\text{-}CH = CH\text{-}CH^3$.......... *Butène 2.*

3. $\dfrac{CH^3}{CH^3} > C = CH^2$.............. *Méthyl propène.*

II. Hydrocarbures C^5H^{10}.

1. $CH^2 = CH\text{-}CH^2\text{-}CH^2\text{-}CH^3$.... *Pentène 1.*

2. $CH^3\text{-}CH = CH\text{-}CH^2\text{-}CH^3$..... *Pentène 2.*

3. $\dfrac{CH^2}{CH^3} > C\text{-}CH^2\text{-}CH^3$ .... *Méthyl 2 butène 1.*

4. $\dfrac{CH^3}{CH^3} > C = CH\text{-}CH^3$ .... *Méthyl 2 butène 2.*

5. $\dfrac{CH^3}{CH^3} > CH\text{-}CH = CH^2$........ *Méthyl 2 butène 3.*

396. Préparation. — Les hydrocarbures divalents peuvent s'obtenir tous par une même méthode générale, qui consiste à chauffer l'alcool monoatomique correspondant avec de l'acide sulfurique ou du chlorure de zinc, qui lui enlèvent les éléments de l'eau.

$$C^nH^{2n+2}O = H^2O + C^nH^{2n}.$$

Ce sont tous des produits artificiels, qui ne se rencontrent jamais à l'état libre dans la nature; nous n'étudierons en détail que le premier d'entre eux, l'éthylène C^2H^4.

Ethylène C^2H^4.

397. Propriétés. — L'éthylène, que l'on appelle aussi *hydrogène bicarboné* ou *gaz oléfiant*, est un gaz incolore, sensiblement inodore et sans saveur, que l'on reconnaît à ce qu'il brûle avec une belle flamme, blanche, non fuligineuse, en donnant de l'acide carbonique et de l'eau.

$$C^2H^4 + 6O = 2CO^2 + 2H^2O.$$

Il a pour densité 0,976 et se liquéfie à 0 degré sous une pression de 40 atmosphères; à l'état liquide il bout à — 102 degrés sous la pression normale et vers —150 degrés dans le vide. MM. Cailletet, Wroblewski et Olszewski l'ont employé comme réfrigérant dans leurs expériences sur la liquéfaction de l'oxygène.

L'éthylène est peu soluble dans l'eau, qui n'en absorbe que le quart de son volume à 0 degré.

Les oxydants l'attaquent en donnant, suivant les cas, de l'acide formique ou de l'acide oxalique.

L'hydrogène, en présence de mousse de platine, ou l'acide iodhydrique, à haute température, le changent en éthane.

$$C^2H^4 + 2H = C^2H^6.$$

Le chlore, le brome, l'iode et leurs hydracides, à basse température, s'y combinent par addition pure et simple.

$$C^2H^4 + 2Cl = C^2H^4Cl^2 \ (\textit{chlorure d'éthylène}).$$
$$C^2H^4 + HI = C^2H^5I \ (\textit{iodure d'éthyle}).$$

Le chlorure d'éthylène ou *dichloréthane* 1.2 est un liquide incolore que l'on appelait autrefois *huile des Hollandais*; c'est la production facile de ce composé qui a valu à l'éthylène son ancien nom de *gaz oléfiant*.

Le chlore, au rouge ou au soleil, décompose complètement l'éthylène, pour donner du charbon et de l'acide chlorhydrique ; la réaction a lieu avec flamme.

$$C^2H^4 + 4Cl = 4HCl + 2C.$$

Enfin l'acide sulfurique absorbe lentement ce gaz, pour former le *bisulfate d'éthyle* ou *acide sulfovinique* $SO^4H(C^2H^5)$ (Berthelot).

398. Préparation. — On prépare l'éthylène en chauffant vers 200 degrés, dans un ballon de verre, un mé-

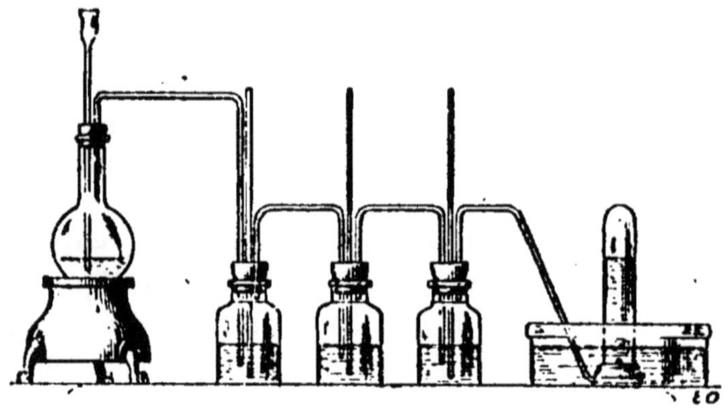

Fig. 67. — Préparation de l'éthylène.

lange d'alcool et d'acide sulfurique, qui joue le rôle de déshydratant (fig. 67).

$$C^2H^6O = H^2O + C^2H^4.$$

Alcool.   Éthylène.

Le gaz qui se dégage entraine avec lui des vapeurs d'éther et renferme souvent un peu d'acide carbonique et d'acide sulfureux ; on le purifie en le faisant passer dans des flacons laveurs à potasse et à acide sulfurique concentré.

399. Synthèse. — M. Berthelot a effectué la synthèse de l'éthylène en chauffant dans une cloche courbe, en présence de mousse de platine, un mélange à volumes égaux d'hydrogène et d'acétylène.

$$C^2H^2 + 2H = C^2H^4.$$

Acétylène.   Éthylène.

L'éthylène pur n'a aucun usage ; il existe en petite quantité dans le gaz de la houille, qui lui doit en partie son pouvoir éclairant.

Hydrocarbures tétravalents C^nH^{2n-2}.

400. Composition, nomenclature. — Les hydrocarbures tétravalents sont ceux qui peuvent s'unir à quatre atomes d'un corps simple monovalent quelconque ; ils renferment quatre atomes d'hydrogène de moins que les hydrocarbures saturés et répondent par suite à la formule générale C^nH^{2n-2}.

On les classe en deux grands groupes : les hydrocarbures *diéthyléniques*, qui sont caractérisés par deux doubles liaisons semblables à celle que nous avons admise plus haut dans la molécule de l'éthylène ordinaire, et les hydrocarbures *acétyléniques*, qui renferment comme l'acétylène une triple liaison entre atomes de carbone voisins.

Les hydrocarbures acétyléniques sont tous compris dans l'expression générale $R - C \equiv C - R'$.

Dans la nomenclature des composés diéthyléniques on exprime cette fonction par le préfixe *diène* ; dans celle des hydrocarbures acétyléniques on adopte la terminaison *ine*.

Tous ces corps sont capables de fixer une ou deux molécules d'halogènes pour donner un dérivé monoéthylénique ou une combinaison saturée.

$$C_nH_{2n-2} + 2Br = C_nH_{2n-2}Br^2.$$
$$C_nH_{2n-2} + 4Br = C_nH_{2n-2}Br^4.$$

Cette dernière réaction est caractéristique.

Les hydrocarbures diéthyléniques sont assez rares et, en général, peu intéressants ; nous signalerons seulement parmi eux le *crotonylène* ou *butadiène* $CH^2 = CH - CH = CH^2$ du gaz portatif et le *diallyle* ou *hexadiène* $CH^2 = CH - CH^2 - CH^2 - CH = CH^3$, qui se forme dans l'action du sodium sur l'*iodure d'allyle* ou *iodopropène* $CH^2 = CH - CH^2I$.

Les hydrocarbures acétyléniques se distinguent de leurs isomères diéthyléniques par la propriété qu'ils possèdent presque tous de précipiter les sels de métaux lourds, entre autres le chlorure cuivreux ammoniacal, le chlorure de mercure ou l'azotate d'argent, en solution alcoolique. Les plus importants d'entre eux sont l'*acétylène* ou *éthine* $CH \equiv CH$ et l'*allylène* ou *propine* $CH^3 - C \equiv CH$; nous n'examinerons ici que le premier.

Acétylène C^2H^2.

401. Propriétés. — L'acétylène est un gaz incolore, d'une odeur forte, un peu alliacée et caractéristique. Sa densité est égale à 0,92 ; l'eau en absorbe à peu près son propre volume, à la température ordinaire, enfin il se liquéfie, à 0 degré, sous une pression de 40 atmosphères environ.

On le reconnait facilement à ce qu'il brûle, dans une éprouvette, avec une flamme éclairante et très fuligineuse, ou mieux encore à ce qu'il donne, avec une solution ammoniacale de chlorure cuivreux, un abondant précipité rouge d'*acétylure de cuivre* C^2H^2,Cu^2O.

L'acétylène est endothermique et se décompose avec explosion sous l'influence d'un autre explosif; ses mélanges avec l'air détonent avec violence au contact d'un corps incandescent ou sous l'effort d'une compression brusque.

A l'extrémité d'un tube très fin ou au sortir d'une fente très étroite, l'acétylène brûle avec une flamme extrêmement brillante, dont le pouvoir éclairant, à volume égal, est environ 15 fois supérieur à celui du gaz ordinaire.

Tous les oxydants l'attaquent; le permanganate de potassium, en particulier, le change en acide oxalique $C^2H^2O^4$.

Le chlore et le brome s'y combinent vivement, par addition, pour donner des dérivés di ou tétrahalogénés.

$$C^2H^2 + 2Br = C^2H^2Br^2 \text{ (\textit{dibromure d'acétylène}).}$$
$$C^2H^2 + 4Br = C^2H^2Br^4 \text{ (\textit{tétrabromure d'acétylène}).}$$

L'iode, en présence des alcalis, donne avec l'acétylène un précipité d'*acétylène diiodé* C^2I^2, qu'un excès d'iode change en *éthylène periodé* C^2I^4 (*diiodoforme* des pharmaciens).

L'hydrogène et l'acide iodhydrique, à chaud, transforment successivement l'acétylène en éthylène C^2H^4 et en éthane C^2H^6.

L'azote s'y combine directement, sous l'influence

des étincelles électriques, pour donner l'acide cyanhydrique CAzH.

Les sels de mercure, d'argent, et même le chlorure
cuivreux, en solution ammoniacale, donnent avec lui
des précipités caractéristiques, que l'on désigne vulgairement sous le nom d'*acétylures*; enfin l'acétylène
se condense, lorsqu'on le chauffe en cloche courbe au
rouge sombre, et se transforme ainsi en une suite de
polymères appartenant tous à la série aromatique, et
parmi lesquels on a pu caractériser le *benzène* C^6H^6,
le *cinnamène* C^8H^4, l'*hydrure de naphtalène* $C^{10}H^{10}$ et
l'*hydrure d'anthracène* $C^{14}H^{14}$ (Berthelot).

Cette action curieuse de la chaleur sur l'acétylène
rend compte de la présence du benzène et de ses dérivés dans le goudron de houille.

402. Préparation. — L'acétylène se prépare en traitant par l'eau froide un carbure alcalino-terreux quel-

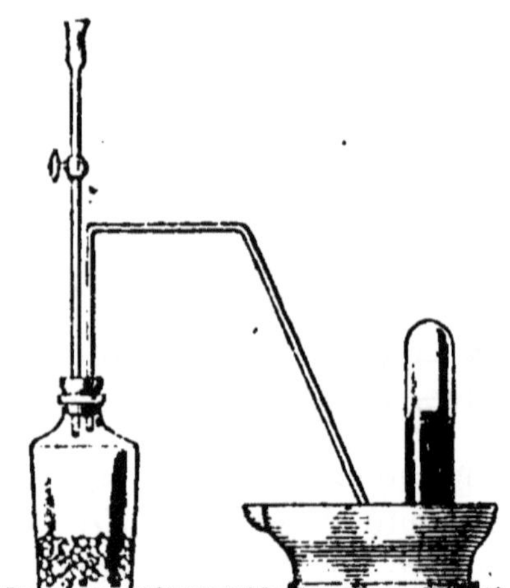

Fig. 68. — Préparation de l'acétylène.

conque, de préférence le carbure de calcium (Ma-
quenne, Moissan).

L'opération s'effectue dans un petit flacon à col droit, muni d'un tube à robinet et d'un tube abducteur débouchant dans la cuve à mercure (fig. 68).

$$CaC^2 + 2H^2O = Ca(OH)^2 + C^2H^2.$$

On peut aussi l'obtenir en profitant de ce qu'il prend naissance dans la combustion incomplète du gaz d'éclairage; on recueille les produits gazeux d'une pareille combustion et on les envoie dans un flacon laveur renfermant une solution ammoniacale de chlorure cuivreux; il se forme ainsi de l'acétylure de cuivre que l'on décompose ensuite par l'acide chlorhydrique étendu et bouillant.

$$C^2H^2,Cu^2O + 2HCl = Cu^2Cl^2 + H^2O + C^2H^2.$$

M. Jungfleisch a construit sur ce principe un appareil qui permet d'obtenir des quantités notables d'acétylène.

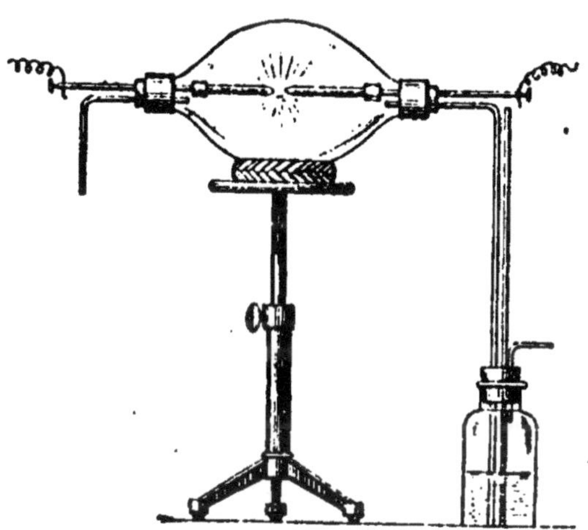

Fig. 69. — Synthèse de l'acétylène.

Il s'en forme enfin dans la distillation de la houille et généralement dans la décomposition pyrogénée de

tous les hydrocarbures; le gaz d'éclairage en renferme des traces.

403. Synthèse. — M. Berthelot a réalisé la synthèse
directe de l'acétylène en faisant jaillir l'arc voltaïque,
entre des électrodes en charbon, dans une atmosphère d'hydrogène (fig. 69).

Usages. — L'acétylène est employé à la fabrication
du diiodoforme ou éthylène periodé; on peut s'en servir également comme gaz d'éclairage de luxe.

Hydrocarbures hexavalents et octovalents.

404. — Ces composés, qui ont pour formules brutes
C^nH^{2n-4} et C^nH^{2n-6}, n'ont aucun intérêt pratique; on
n'en connait d'ailleurs qu'un assez petit nombre, en
général difficiles à obtenir purs.

Les hydrocarbures hexavalents sont *triéthyléniques*
ou *éthyléniques-acétyléniques* suivant la nature de
leurs liaisons internes; les hydrocarbures octovalents
sont *tétréthyléniques, diéthyléniques-acétyléniques,* ou
diacétyléniques. Nous citerons parmi eux seulement
le *valylène* ou *méthyl 2 buténine 1,3*

$$\begin{matrix} CH^2 \\ CH^3 \end{matrix} \!\!>\!\! C - C \equiv CH$$

et le *dipropargyle* ou *hexadiine 1,5* :

$$CH \equiv C - CH^2 - CH^2 - C \equiv CH.$$

Ce dernier corps est intéressant, au point de vue
théorique, parce qu'il est isomère du bénzène C^6H^6.

CHAPITRE III

ALCOOLS DE LA SÉRIE GRASSE

405. Définition, classification des alcools. — On appelle *alcool* tout corps organique oxygéné qui se combine aux acides, avec élimination d'eau, pour donner un *éther ;* un alcool est *monoatomique, diatomique* ou *triatomique,* suivant qu'il peut, au cours de cette combinaison, prendre une, deux ou trois molécules d'acide monobasique. On connaît actuellement des alcools *décaatomiques,* qui s'unissent à dix molécules d'acide.

L'étude approfondie des alcools montre que tous ces corps renferment des groupes *oxhydryles* OH, en nombre égal à leur atomicité ; il en résulte cette autre définition, plus théorique, mais aussi importante que la première :

Un alcool est le produit de la substitution de l'oxhydryle OH à l'hydrogène d'un hydrocarbure quelconque.

Ces deux définitions rappellent à s'y méprendre celle des hydrates métalliques ; les alcools peuvent donc être comparés aux bases de la chimie minérale et représentés par des formules du même ordre : c'est ce que montrent clairement les équations suivantes, où l'on met en regard l'action de l'acide azotique sur des alcools et sur des bases de même atomicité :

$$C^2H^5(OH) + AzO^3H = H^2O + C^2H^5(AzO^3).$$
Alcool.   Azotate d'éthyle.

$$KOH + AzO^3H = H^2O + KAzO^3.$$
Potasse.   Azotate de potassium.

$$C^2H^4(OH)^2 + 2AzO^3H = 2H^2O + C^2H^4(AzO^3)^2.$$
Glycol.   Azotate d'éthylène.

$$Ca(OH)^2 + 2AzO^3H = 2H^2O + Ca(AzO^3)^2.$$
Chaux.   Azotate de calcium.

Dans le premier cas, l'éthyle monovalent joue, dans l'alcool et dans son éther azotique, le même rôle que le potassium dans la potasse ou ses sels ; dans le second, l'éthylène remplace le calcium sans que la structure générale de la molécule en soit modifiée.

La seule différence profonde qu'il y ait à signaler entre les alcools et les bases proprement dites, c'est qu'ils ne donnent qu'un dégagement de chaleur très faible en s'unissant aux acides et qu'ils n'ont pas d'action sur les réactifs colorés : ce ne sont donc, en définitive, que des bases très peu énergiques, dont la fonction ne se révèle que dans des circonstances toutes particulières.

Quoi qu'il en soit, nous avons le droit de les considérer comme résultant de l'union d'un radical quelconque avec l'oxhydryle, et nous pourrons toujours les représenter par les symboles $R(OH)$, $R''(OH)^2$, $R'''(OH)^3$, etc., sous la seule condition que les radicaux R, R'', R''', etc., n'aient pas de propriétés fortement électro-négatives, auquel cas la fonction alcool pourrait être remplacée par une fonction d'acide. Les alcools sont, en un mot, des hydrates de radicaux alcooliques, au même titre que les bases sont des hydrates de métaux.

Dans l'hydrocarbure fondamental d'où dérive un alcool quelconque, l'oxhydryle peut occuper une place également quelconque ; on est convenu d'appeler *alcools primaires* ceux dont l'oxhydryle est situé au bout de la chaine, dans un groupe terminal $CH^2(OH)$; les *alcools secondaires* sont ceux dont l'oxhydryle est situé dans la chaine même, à l'intérieur d'un groupe divalent $CH(OH)$; enfin les *alcools tertiaires* sont ceux dont l'oxhydryle fait partie d'un groupe trivalent $C(OH)$, naturellement situé au point de bifurcation d'une chaine arborescente. Les formules qui suivent donnent des exemples de ces différentes espèces d'alcools :

$$\begin{matrix} CH^2(OH) \\ CH^3 \end{matrix} \Big> CH\text{-}CH^2\text{-}CH^3. \qquad \begin{matrix} CH^3 \\ CH^3 \end{matrix} \Big> CH\text{-}CH(OH)\text{-}CH^3.$$

Alcool amylique primaire.   Alcool amylique secondaire.

$$\begin{matrix} CH^3 \\ CH^3 \end{matrix} \Big> C(OH)\text{-}CH^2\text{-}CH^3.$$

Alcool amylique tertiaire.

Il est facile de distinguer ces corps en examinant leurs produits d'oxydation : les alcools primaires donnent successivement, quand on leur ajoute un ou deux atomes d'oxygène, une aldéhyde et un acide ; les alcools secondaires donnent seulement une acétone, sous l'action d'un atome d'oxygène, et enfin les alcools tertiaires se décomposent entièrement, lorsqu'on les oxyde, sans jamais fournir de dérivés simples.

On donne le plus souvent aux alcools le nom même du radical qu'ils renferment ; il est mieux de leur donner le nom de l'hydrocarbure correspondant, auquel on ajoute la terminaison *ol ;* la position de l'oxhydryle dans la chaine est indiquée, comme d'habitude, par un numéro d'ordre.

Exemples :

$$\begin{matrix} CH^3 \\ CH^3 \end{matrix} \Big> COH-CH^3 \dots\dots\dots\dots$$ *Méthyl 2 propanol 2.*

$CH^2OH-CHOH-CH^2-CH^3 \dots$ *Butane diol 1.2.*

$CH^2OH-CHOH-CHOH-CH^3.$ *Butane triol 1.2.3.*

Il est impossible de fixer plus d'un oxhydryle sur le même atome de carbone : l'atomicité d'un alcool n'est donc jamais supérieure au nombre d'atomes de carbone qu'il renferme; cette remarque est importante pour l'établissement des formules de structure.

406. Propriétés. — Les alcools sont tous des corps liquides ou solides, volatils, généralement solubles dans l'eau, au moins quand leur poids moléculaire n'est pas trop considérable, que l'on reconnait à ce qu'ils s'éthérifient au contact des acides énergiques.

Les alcools monoatomiques ont une saveur forte et brûlante; les autres sont généralement sucrés ; les sucres proprements dits sont d'ailleurs, ainsi que nous le verrons plus loin, des corps à fonction d'alcool.

Les corps oxydants les attaquent en donnant un acide, une acétone ou des produits de décomposition complexes, suivant qu'il s'agit d'un alcool primaire, secondaire ou tertiaire.

Les déshydratants énergiques (acide sulfurique ou chlorure de zinc) les transforment en hydrocarbures incomplets; enfin, dans certaines conditions, ils peuvent, par perte d'eau, se changer en *éthers-oxydes;* c'est ce qui arrive lorsqu'on chauffe vers 120 degrés l'alcool ordinaire avec de l'acide sulfurique concentré.

$$2C^2H^6O = H^2O + (C^2H^5)^2O.$$

Alcool.   Ether.

407. Préparation. — On peut préparer artificiellement la plupart des alcools en décomposant un hydrocarbure chloré ou bromé par la potasse ou le carbonate de potassium. Le potassium prend l'halogène et l'oxhydryle de la potasse se substitue à ce dernier, dans la place même qu'il occupait à l'intérieur de la molécule.

$$CH^3\text{-}CHBr\text{-}CH^3 + KOH = KBr + CH^3\text{-}CHOH\text{-}CH^3.$$

Bromopropane 2.   Propanol 2.

On peut aussi obtenir les alcools par hydrogénation des aldéhydes ou des acétones correspondantes ; celles-ci donnent des alcools secondaires, tandis que les aldéhydes fournissent toujours des alcools primaires.

$$CH^3\text{-}CHO + 2H = CH^3\text{-}CH^2OH$$

Aldéhyde.   Alcool.

$$CH^3\text{-}CO\text{-}CH^3 + 2H = CH^3\text{-}CHOH\text{-}CH^3.$$

Acétone.   Propanol 2.

Les seuls alcools intéressants sont ceux qui dérivent des hydrocarbures forméniques; nous allons étudier les principaux d'entre eux, par ordre d'atomicité croissante.

Alcools monoatomiques $C^nH^{2n+2}O$.

408. Généralités. — Leur formule brute est une simple conséquence de la définition qui en a été donnée plus haut et d'après laquelle tous ces corps dérivent des hydrocarbures saturés, par substitution d'un oxhydryle OH à un atome d'hydrogène ; ils ne se combinent jamais, quand on les éthérifie, qu'à une seule molécule d'acide monobasique, et peuvent être primaires, secondaires ou tertiaires, suivant la position que l'oxhydryle occupe dans leur chaine.

En remplaçant n par les nombres entiers successifs on obtient la série suivante, dont nous ne pouvons citer que les principaux termes :

$$CH^4O\dots\dots\dots \quad \textit{Alcool méthylique.}$$
$$C^2H^6O\dots\dots\dots \quad \textit{Alcool éthylique.}$$
$$C^3H^8O\dots\dots\dots \quad \textit{Alcool propylique.}$$
$$C^4H^{10}O\dots\dots\dots \quad \textit{Alcool butylique.}$$
$$C^5H^{12}O\dots\dots\dots \quad \textit{Alcool amylique.}$$
$$C^6H^{14}O\dots\dots\dots \quad \textit{Alcool hexylique.}$$
$$\dots\dots\dots\dots\dots\dots\dots$$
$$C^{30}H^{62}O\dots\dots\dots \quad \textit{Alcool myricique.}$$

Alcool méthylique CH^4O.

409. Propriétés. — L'alcool méthylique ou *esprit de bois* est un liquide incolore, faiblement odorant, d'une saveur brûlante ressemblant à celle de l'alcool ordinaire, qui bout, sous la pression normale, à 66 degrés.

Il est très combustible et brûle avec une flamme bleuâtre, à peine visible en plein jour.

Les acides s'y combinent pour donner des éthers-sels.

$$CH^4O + AzO^3H = H^2O + CH^3AzO^3.$$

Les oxydants l'attaquent avec énergie et le transforment successivement en *aldéhyde* et en *acide formiques*.

$$CH^4O + O = H^2O + CH^2O \quad (\textit{aldéhyde formique}).$$
$$CH^4O + 2O = H^2O + CH^2O^2 \quad (\textit{acide formique}).$$

Tous ces caractères montrent bien que l'esprit de bois est un alcool monoatomique primaire, de constitution CH^3-OH ou H-CH^2OH.

410. Préparation. — L'alcool méthylique s'extrait des produits liquides de la distillation sèche du bois; pour le séparer de l'acide acétique qui l'y accompagne, on sature ce dernier par la craie, puis on distille à température fixe.

L'esprit de bois du commerce est presque toujours mélangé d'acétone, qui lui communique une mauvaise odeur; pour le purifier, on le transforme en un éther quelconque, que l'on saponifie ensuite par la potasse caustique.

Synthèse. — M. Berthelot a obtenu l'alcool méthylique par synthèse en saponifiant le chlorure de méthyle (dérivé du méthane) par la potasse.

$$CH^3Cl + KOH = KCl + CH^4O.$$
Chlorure de méthyle.

Cette réaction n'est qu'un cas particulier de la méthode générale de synthèse des alcools.

Usages. — L'alcool méthylique sert comme combustible, dans les lampes dites *à alcool;* on l'emploie également dans la fabrication des matières colorantes artificielles et dans celle des vernis.

Alcool éthylique C^2H^6O.

411. Propriétés. — L'alcool éthylique ou alcool ordinaire est un liquide incolore, d'une odeur et d'une saveur caractéristiques, qui bout à 78 degrés et se solidifie à — 130 degrés; il se dissout dans l'eau, comme l'esprit de bois, en toutes proportions.

Sa densité, 0,79, étant inférieure à celle de l'eau, il est facile de déterminer la richesse d'un mélange d'eau et d'alcool par une simple mesure de poids spécifique; on fait usage pour cela, dans le commerce, de l'*alcoomètre* de Gay-Lussac : c'est un aréomètre à poids constant, dont la graduation donne immédiatement, à 15 degrés, la richesse centésimale en alcool du liquide essayé.

L'alcool est très combustible; il brûle à l'air avec une flamme un peu plus éclairante que celle de son homologue inférieur.

Ses propriétés chimiques sont en tous points semblables à celle de l'alcool méthylique; il s'en distingue surtout parce qu'avec l'iode et la potasse il donne de l'iodoforme CHI^3, reconnaissable à sa couleur jaune, à son odeur forte et à la forme hexagonale de ses cristaux.

Les oxydants le changent d'abord en *aldéhyde* C^2H^4O, puis en *acide acétique* $C^2H^4O^2$.

C'est donc bien encore un alcool primaire, dont la formule de constitution doit s'écrire $C^2H^5\text{-}OH$ ou $CH^3\text{-}CH^2OH$, et qui, en conséquence, devrait être appelé *hydrate d'éthyle* ou *éthanol*.

Introduit dans l'organisme, l'alcool produit d'abord une excitation nerveuse, puis une sorte d'anesthésie qui est connue sous le nom d'ivresse. A haute dose, l'alcool est un véritable poison.

412. Préparation. — L'alcool s'extrait des liquides fermentés par distillation; on emploie surtout, comme matières premières de cette fabrication, le jus de betteraves, la mélasse de sucrerie ou encore les grains, voire même la pomme de terre, préalablement saccharifiés par la diastase ou l'acide sulfurique étendu. Sous l'action de la *levûre*, qui est le ferment alcoolique par excellence, le glucose que renferment ces liquides se dédouble rapidement en acide carbonique, qui se dégage, et en alcool ordinaire, qui reste mélangé avec un excès d'eau, quelques traces de ses homologues supérieurs, enfin un peu de glycérine et d'acide succinique.

$$C^6H^{12}O^6 = 2CO^2 + 2C^2H^6O.$$

En pratique, on soumet ces liqueurs fermentées à deux fractionnements successifs : le premier, qui a pour but d'éliminer la plus grande partie de l'eau contenue dans le mélange, donne seulement de l'alcool brut *(flegmes)*, qui a d'ordinaire assez mauvais goût ; le second sépare définitivement l'alcool des impuretés qui l'accompagnaient encore. Il n'y reste plus qu'une petite quantité d'eau, 5 0/0 en moyenne, qu'il est impossible de lui enlever par distillation.

Ces deux opérations s'effectuent dans de grands appareils dont la partie essentielle est une colonne munie de plateaux perforés, que les vapeurs sortant de la chaudière doivent traverser dans toute sa hauteur ; au contact du liquide qui s'accumule à la surface des plateaux, la vapeur d'eau se condense et retombe, de plateau en plateau, jusque dans la chaudière, tandis que la vapeur d'alcool, moins facilement liquéfiable, monte jusqu'au sommet de la colonne, pour se rendre enfin au réfrigérant.

Les liquides fermentés de bon goût ne sont généralement distillés qu'une seule fois : on obtient alors ce qu'on appelle des *eaux-de-vie*, qui ne servent qu'à la consommation et dont la saveur tient à des impuretés d'origine ; l'eau-de-vie ordinaire est obtenue par la distillation du vin : elle renferme environ la moitié de son volume d'alcool pur.

Pour obtenir l'alcool *absolu*, c'est-à-dire l'alcool anhydre, marquant 100 degrés à l'alcoomètre de Gay-Lussac, on déshydrate l'alcool ordinaire du commerce par la chaux vive ou la baryte caustique et l'on distille à nouveau ; on reconnait l'alcool absolu à ce qu'il ne colore pas le sulfate de cuivre anhydre et à ce qu'il dissout légèrement la baryte anhydre.

Synthèse. — On peut effectuer la synthèse de l'alcool en saponifiant l'iodure ou le bisulfate d'éthyle par la potasse bouillante ; ces deux éthers se préparent eux-mêmes par synthèse, en combinant l'éthylène à l'acide iodhydrique ou à l'acide sulfurique (Berthelot).

$$C^2H^5I + KOH = KI + C^2H^6O.$$
Iodure d'éthyle.   Alcool.

$$SO^4HC^2H^5 + KOH = SO^4HK + C^2H^6O.$$
Bisulfate d'éthyle.   Alcool.

Usages. — L'alcool sert surtout à la fabrication des liqueurs ; on l'emploie aussi comme dissolvant, dans une foule de préparations industrielles ou de laboratoire.

Alcools propyliques C^3H^8O.

413. Propriétés, préparation. — Il existe deux alcools propyliques isomères : l'alcool primaire ou *propanol 1* $CH^2OH\text{-}CH^2\text{-}CH^3$ et l'alcool secondaire ou *propanol 2* $CH^3\text{-}CHOH\text{-}CH^3$. Ce sont l'un et l'autre des liquides incolores, bouillant respectivement à 97 degrés et 83 degrés, qui ressemblent par leurs propriétés générales à l'alcool ordinaire ; on les distingue par leurs produits d'oxydation, qui sont, dans le premier cas, de l'aldéhyde ou de l'acide propionique, dans le second de l'acétone.

L'alcool propylique primaire s'extrait par distillation fractionnée des résidus de la fabrication de l'alcool ordinaire ; l'autre se prépare par synthèse, en hydrogénant l'acétone au moyen de l'amalgame de sodium.

$$C^3H^6O + 2H = C^3H^8O.$$

Acétone.   Alc. propylique sec.

Les alcools propyliques n'ont aucun usage, en dehors du laboratoire.

Alcools butyliques $C^4H^{10}O$.

414. Propriétés, préparation. — On connaît quatre alcools butyliques différents, à savoir deux primaires, un secondaire et un tertiaire, dont les formules de structure sont :

1. $CH^2OH-CH^2-CH^2-CH^3$. *Alcool butylique normal ou butanol 1.*

2. $CH^3-CHOH-CH^2-CH^3$.. *Alcool butylique secondaire ou butanol 2.*

3. $\dfrac{CH^2OH}{CH^3}{>}CH-CH^3$ ..... *Alcool butylique ordinaire ou méthylpropanol 1*

4. $\dfrac{CH^3}{CH^3}{>}COH-CH^3$ .... *Alcool butylique tertiaire ou méthylpropanol 2.*

L'alcool butylique ordinaire du commerce présente la structure du méthylpropanol 1 ; c'est donc un alcool primaire, dérivé du méthylpropane. Il bout à 108 degrés et brûle à l'air avec une belle flamme éclairante.

Ses propriétés chimiques sont exactement celles de tous les alcools primaires de la même série.

On l'extrait, comme le précédent, des résidus de la rectification de l'alcool ordinaire.

415. Théorie du carbone asymétrique. Pouvoir rotatoire. — Avant d'aller plus loin il est nécessaire de donner dès maintenant quelques indications sur une propriété que nous allons voir apparaitre chez une foule de matières organiques et qui se trouve en relation directe avec leur structure moléculaire ; cette propriété, que l'on désigne sous le nom d'*activité optique*, consiste en ce que les corps qui la possèdent font tourner d'un certain angle le plan de polarisation de la lumière (1.) Cet angle, dans le cas d'une masse de substance active ayant pour densité 1 et pour épaisseur un décimètre, est sensiblement constant pour un corps donné on l'appelle *pouvoir rotatoire*.

Suivant que ce dernier s'exerce à droite ou à gauche en d'autres termes suivant que la rotation a lieu dans le sens des aiguilles d'une montre ou dans la direction inverse, on dit que le corps actif est *dextrogyre* ou *lévogyre*.

Ces propriétés optiques, qu'il est très facile de reconnaitre au moyen du *polarimètre*, ne se manifestent que chez certaines matières organiques de constitution particulière ; MM. Le Bel et Van't Hoff ont reconnu qu'elles sont exclusivement réservées aux corps

---

(1) On sait que la lumière est le résultat d'un mouvement vibratoire particulier de l'éther ; un rayon lumineux est dit *polarisé* quand toutes ces vibrations s'effectuent dans un même plan, qu'on appelle *plan de polarisation*. On polarise pratiquement la lumière en lui faisant traverser un cristal de calcite ou spath d'Islande.

qui renferment dans leur molécule au moins un atome de carbone *asymétrique*, c'est-à-dire saturé par quatre radicaux différents.

Tous les corps actifs peuvent donc être représentés par la formule générale $R_1-\overset{R_2}{\underset{R_4}{C}}-R_3$, si l'on désigne par R_1, R_2, R_3 et R_4 quatre radicaux monovalents, absolument quelconques d'ailleurs.

Cette relation, qui a été vérifiée sur une foule d'exemples, acquiert encore plus d'importance si on l'interprète dans l'espace, en s'appuyant sur l'hypothèse du tétraèdre.

Considérons, en effet, un atome de carbone asymétrique et son image dans un miroir plan.

Ces deux figures, également dissymétriques, correspondent, d'après ce qui précède, à quelque matière active, mais elles doivent en outre représenter deux corps isomères, car, de quelque façon qu'on les place, il est impossible de les superposer.

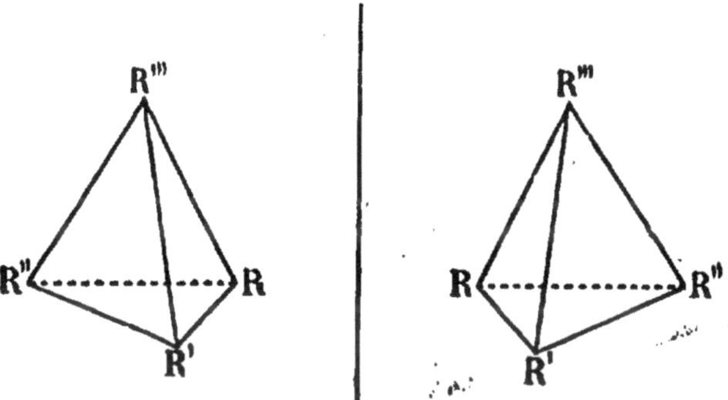

L'observation montre que cette isomérie est encore d'ordre optique et que si l'un de ces deux corps est dextrogyre, l'autre est lévogyre, leurs pouvoirs rotatoires étant d'ailleurs rigoureusement égaux, en valeur absolue. A chaque corps actif correspond donc un isomère également actif, en sens inverse, dont la formule de structure est symétrique de la sienne, par rapport à un plan.

Tous les corps actifs sont capables de se combiner à poids égaux avec leurs isomères optiques ; ils donnent ainsi naissance à des composés en apparence inactifs, qui sont connus sous le nom de *racémiques*. Les racémiques sont toujours dédoublables en leurs composants actifs, ce qui permet de les reconnaitre.

Toutes les fois, enfin, qu'une molécule possède un plan de symétrie, quelque soit du reste le nombre de carbones asymétriques qu'elle renferme, le pouvoir rotatoire disparait : on dit dans ce cas que le corps est inactif par *nature* ou par *constitution*.

$$\text{L'acide tartrique } CO_2H\text{-}\overset{\displaystyle H}{\underset{\displaystyle HO}{C}}\text{-}\overset{\displaystyle OH}{\underset{\displaystyle H}{C}}\text{-}CO_2H \text{ est lévogyre ; son}$$

$$\text{isomère } CO_2H\text{-}\overset{\displaystyle H}{\underset{\displaystyle HO}{C}}\text{-}\overset{\displaystyle H}{\underset{\displaystyle OH}{C}}\text{-}CO_2H \text{ est inactif par constitution.}$$

Alcools amyliques $C_5H_{12}O$.

416. Propriétés, préparation. — La théorie prévoit l'existence de huit alcools monoatomiques répondant à la formule $C_5H_{12}O$; on les connait tous, mais il n'en est que deux d'intéressants, ce sont le *méthyl 2 butanol 1*

$$\begin{matrix} CH_3 \\ CH_3 \end{matrix} \Big\rangle CH\text{-}CH_2\text{-}CH_2OH$$

et le *méthyl 2 butanol 1*

$$\begin{array}{c}CH^3\\CH^2OH\end{array}\!\!> CH\!-\!CH^2\!-\!CH^3,$$

dont le mélange constitue l'alcool amylique ordinaire du commerce.

L'alcool amylique ordinaire est un liquide incolore, d'aspect un peu huileux, ce qui justifie le nom d'*huile de pommes de terre* qu'on lui donnait autrefois, et d'une odeur forte, caractéristique, qui provoque la toux. Il est peu soluble dans l'eau et bout vers 130 degrés ; sa vapeur brûle avec une belle flamme blanche, très éclairante et même un peu fuligineuse.

L'alcool amylique est lévogyre, à cause de la présence d'un atome de carbone asymétrique dans le méthyl 2 butanol 1 qu'il renferme.

Il s'éthérifie aisément, au contact des acides ; il se change par oxydation en *aldéhyde* et en *acide valériques*, en un mot il possède toutes les propriétés des alcools primaires.

On le prépare encore en fractionnant les résidus de la fabrication de l'alcool industriel ; les eaux-de-vie de grains et de pommes de terre en renferment toujours une certaine quantité, qui les rend sensiblement toxiques ; on en trouve même des traces dans les meilleurs cognacs de vin.

Ethal $C^{16}H^{34}O$.   Alcool myricique $C^{30}H^{62}O$.

417. — Ces deux alcools sont des corps solides blancs, cristallisés, facilement fusibles et combustibles à chaud, qui n'ont pas d'usage important. On les rencontre à l'état d'éthers, combinés aux acides palmitique et stéarique, dans le blanc de baleine et dans la cire d'abeilles, d'où on les extrait par saponification.

Alcools monoatomiques non saturés.

413. Tous les hydrocarbures incomplets peuvent donner des alcools, mais en général ces composés n'ont qu'un intérêt théorique ; nous citerons seulement parmi eux *l'alcool allylique* ou *propènol* 3

$$CH^2 = CH - CH^2OH,$$

que l'on prépare en traitant à chaud la glycérine par l'acide oxalique ou l'acide formique.

$$C^3H^8O^3 + C^2H^2O^4 = 2CO^2 + 2H^2O + C^3H^6O.$$
Glycérine.   Ac. oxalique.   Alc. allylique.

Alcools diatomiques. Glycols.

419. Généralités. — On les appelle vulgairement *glycols*, parce qu'ils sont intermédiaires entre les glycérines et les alcools monoatomiques. Ils renferment tous deux oxhydryles et répondent par conséquent à la formule générale $R''(OH)^2$, dans laquelle R'' désigne un radical divalent quelconque.

Avec les acides ils donnent deux espèces distinctes d'éthers, qui renferment une ou deux molécules d'acide ; la production d'éthers à deux molécules d'acide suffit à les caractériser.

Les glycols dérivés des hydrocarbures formèniques ont pour formule $C^nH^{2n}(OH)^2$ ou $C^nH^{2n+2}O^2$; leur nombre est théoriquement plus considérable que celui des alcools monoatomiques correspondants, à cause des isoméries dont ils sont susceptibles. Nous n'étudierons ici que le premier et le plus simple d'entre eux, le glycol ordinaire ou *éthylénique* $C^2H^6O^2$.

Glycol $C^2H^6O^2$.

420. Propriétés, préparation. — Le glycol ou *étha-nediol* CH^2OH-CH^2OH est un liquide, légèrement si-rupeux, soluble dans l'eau en toutes proportions, qui bout sans se décomposer à 198 degrés; il n'a pas d'odeur; sa saveur est nettement sucrée.

Au point de vue chimique il possède toutes les propriétés d'un alcool biprimaire : c'est ainsi que par oxydation il donne deux aldéhydes et deux acides dif-férents, suivant que l'oxydation n'a atteint qu'une seule de ses fonctions alcooliques ou qu'elle les a transformées toutes les deux. L'acide bibasique qui se forme dans l'oxydation ultime du glycol n'est autre que l'acide oxalique.

$$C^2H^6O^2 + 4O = 2H^2O + C^2H^2O^4.$$
Glycol.   Acide oxalique.

Avec les acides, l'acide azotique par exemple, il donne deux espèces d'éthers, comme tous les alcools diatomiques.

$$C^2H^4(OH)^2 + AzO^3H = C^2H^4(OH)(AzO^3) + H^2O.$$
Glycol.   Glycol monoazotique.

$$C^2H^4(OH)^2 + 2AzO^3H = C^2H^4(AzO^3)^2 + 2H^2O.$$
Glycol.   Glycol diazotique.

Le glycol a été découvert par M. Würtz en saponi-fiant le bromure d'éthylène, qui n'est autre que l'éther dibromhydrique du glycol; le meilleur moyen de pré-parer ce corps est de faire bouillir le bromure d'éthylène avec une solution de carbonate neutre de potassium.

$$C^3H^4Br^2 + CO^3K^2 + H^2O = CO^2 + 2KBr + C^2H^6O^2.$$

Le glycol n'a pas d'usage industriel.

Alcools triatomiques. Glycérines.

421. Généralités. — Les alcools triatomiques sont ceux qui renferment trois oxhydryles; leur formule générale peut donc s'écrire $R'''(OH)^3$.

On les appelle vulgairement *glycérines* parce que la glycérine ordinaire en est le terme le plus simple.

Les glycérines donnent avec les acides trois éthers distincts parmi lesquels il en est un qui renferme trois molécules d'acide; cette propriété les différencie nettement de tous les autres alcools polyatomiques.

Il n'y a qu'une seule glycérine intéressante, c'est la première, celle qui dérive du propane C^3H^8, et dont la formule est par conséquent $C^3H^5(OH)^3$.

Glycérine $C^3H^8O^3$.

422. Propriétés. — La glycérine est un liquide visqueux, sans odeur, d'une saveur sucrée, qui se dissout en toutes proportions dans l'eau et l'alcool. Elle se solidifie par refroidissement et ne fond plus alors que vers 15 degrés; à l'état liquide elle a une grande tendance à rester en surfusion.

La glycérine est peu volatile; quand on la chauffe à l'air elle se décompose en eau et *acroléine* ou aldéhyde acrylique, dont l'odeur est insupportable.

$$C^3H^8O^3 = 2H^2O + C^3H^4O.$$

Glycérine.   Acroléine.

Dans le vide elle distille sans décomposition, vers 220 dégrés.

Au point de vue chimique la glycérine doit être envisagée comme un alcool biprimaire-secondaire; c'est ce que montre nettement sa formule développée

$$CH^2OH\text{-}CHOH\text{-}CH^2OH.$$

Avec les acides elle donne trois séries d'éthers, respectivement mono, bi et triacides.

$$C^3H^5(OH)^3 + AzO^3H = H^2O + C^3H^5(OH)^2(AzO^3).$$
$$C^3H^5(OH)^3 + 2AzO^3H = 2H^2O + C^3H^5(OH)(AzO^3)^2.$$
$$C^3H^5(OH)^3 + 3AzO^3H = 3H^2O + C^3H^5(AzO^3)^3.$$

423. Préparation. — La glycérine s'extrait des résidus de la saponification des graisses (Voyez *Acides gras*), où elle se trouve dissoute dans un excès d'eau; on concentre ces liquides par évaporation et on purifie la glycérine en la distillant dans le vide.

Synthèse. — La synthèse de la glycérine a été effectuée par MM. Friedel et Silva en saponifiant par la potasse le propane trichloré.

$$C^3H^5Cl^3 + 3KOH = 3KCl + C^3H^8O^3.$$

Usages. — La glycérine sert surtout à fabriquer la nitroglycérine et par conséquent la dynamite; on l'emploie aussi en médecine, pour assouplir les tissus et empêcher leur dessiccation.

Alcools tétratomiques. Érythrite $C^4H^{10}O^4$.

424. — Les alcools tétratomiques sont peu impor-

23.

tants; il n'en est qu'un de bien connu, c'est l'érythrite $C^4H^6(OH)^4$ ou butanotétrol

$$CH^2OH\text{-}CHOH\text{-}CHOH\text{-}CH^2OH,$$

alcool biprimaire-bisecondaire dérivé du butane normal.

L'érythrite est un corps solide blanc, cristallisé, qui est soluble dans l'eau et possède une saveur franchement sucrée; elle existe à l'état d'éther dans certaines plantes marines et a pu être reproduite synthétiquement par M. Griner, en partant du crotonylène ou *butadiène* $CH^2 = CH\text{-}CH = CH^2$.

L'érythrite possède toutes les propriétés générales des alcools; elle n'a pas d'usage.

Alcools pentatomiques. Arabite et Xylite $C^5H^{12}O^5$.

415. — L'arabite et la xylite sont deux corps isomères, que l'on a obtenus artificiellement en hydrogénant par l'amalgame de sodium *l'arabinose* et la *xylose* $C^5H^{10}O^5$. Ils n'ont d'autre intérêt que d'être les seuls représentants connus de la classe des alcools pentatomiques.

Alcools hexatomiques. Mannite, Sorbite, Dulcite $C^6H^{14}O^6$.

423. — Ces trois corps sont des *hexanchexols*, dont la formule développée est

$$CH^2OH\text{-}CHOH\text{-}CHOH\text{-}CHOH\text{-}CHOH\text{-}CH^2OH.$$

Ils ne diffèrent les uns des autres que par l'arrangement des oxhydryles autour des atomes de carbone asymétriques qui existent dans leur molécule.

427. Mannite. — La mannite est un beau corps cristallisé, soluble dans l'eau et l'alcool, de saveur sucrée, et qui, par oxydation, se change en *mannose*. Elle existe dans la manne du frêne et peut s'en extraire par un simple épuisement à l'alcool; on en trouve aussi dans l'ananas, dans les champignons, dans les olives et dans la choucroûte. Sa synthèse a été effectuée par M. Fischer.

428. Sorbite. — La sorbite est aussi un corps solide, cristallisé, mais beaucoup plus soluble dans l'eau que la mannite; par oxydation elle donne le *glucose* ordinaire. La sorbite existe dans tous les fruits des rosacées; on l'extrait pratiquement des baies de sorbier.

429. Dulcite. — La dulcite, enfin, est une matière blanche, ressemblant à la mannite, qui par oxydation se change en *galactose*. Elle se rencontre dans le fusain et dans la manne de Madagascar.

La mannite, la sorbite et la dulcite se combinent à 6 molécules d'acide, au maximum; les deux premières possèdent le pouvoir rotatoire, la troisième est inactive par constitution.

430. Alcools d'atomicité supérieure. — On connait un certain nombre d'alcools d'atomicité supérieure à 6, entre autres la *perséite* ou sucre d'Avocatier, qui répond à la formule $C^7H^{16}O^7$ et possède la fonction d'alcool heptatomique, mais aucun d'eux n'est assez important pour mériter une description spéciale. Presque tous ont été obtenus synthétiquement par M. Fischer.

CHAPITRE IV

ALDÉHYDES, ACÉTONES ET SUCRES

Aldéhydes.

431. Définition, propriétés. — Les aldéhydes sont des alcools déshydrogénés; on les obtient théoriquement en enlevant 2H au groupe CH^2OH d'un alcool primaire ou en remplaçant 2H par O dans le groupe terminal CH^3 d'un hydrocarbure quelconque.

Les aldéhydes ont donc pour symbole général $R-C\leqslant^H_O$; le groupe CHO, qui ne peut subsister qu'à l'extrémité de la chaîne, puisqu'il est monovalent, et caractéristique de la fonction aldéhyde.

Les aldéhydes se présentent sous les trois états : gazeux, liquide et solide. Ce sont des corps volatils, ayant presque toujours une odeur forte, et remarquables par leurs propriétés réductrices.

Toutes les aldéhydes se changent en acides par fixation d'un atome d'oxygène.

$$R-CHO + O = R-CO^2H.$$

Aldéhyde.   Acide.

Elles réduisent à chaud le nitrate d'argent ammoniacal, en donnant un dépôt miroitant d'argent métallique.

Elles s'unissent au bisulfite de sodium et à la *phényldrazine* $C^6H^8Az^2$ pour donner des combinaisons peu solubles; elles rougissent une solution de *fuchsine* décolorée par l'acide sulfureux, enfin elles se transforment toutes, par hydrogénation, en alcools primaires.

$$R\text{-}CHO + 2H = R\text{-}CH^2OH.$$
Aldéhyde.   Alcool primaire.

Ces réactions, qui sont toutes de la plus grande netteté, permettent de reconnaître immédiatement une aldéhyde quelconque.

432. Préparation, nomenclature. — On peut obtenir pratiquement les aldéhydes en oxydant les alcools primaires par l'acide chromique,

$$R\text{-}CH^2OH + O = H^2O + R\text{-}CHO,$$
Alcool primaire.   Aldéhyde.

ou en distillant un mélange de formiate de calcium avec le sel de calcium de l'acide correspondant à l'aldéhyde cherchée.

$$(CHO^2)^2Ca + (C^2H^3O^2)^2Ca = 2CO^3Ca + 2C^2H^4O.$$
Formiate de calcium.   Acétate de calcium.   Aldéhyde acétique.

Les seules aldéhydes intéressantes sont celles qui dérivent des hydrocarbures saturés; leur formule générale est R-CHO, en désignant par R un radical alcoolique monovalent, ou $C^nH^{2n}O$.

On leur donne d'ordinaire le même nom qu'à l'acide correspondant; on peut aussi leur donner le nom de l'hydrocarbure d'où elles dérivent, en y ajoutant la terminaison *al*.

Exemples :

CH^2O . . . . *Ald. formique* ou *méthanal.*

C^2H^4O . . . . *Ald. acétique* ou *éthanal.*

C^3H^6O . . . . *Ald. propionique* ou *pro-panal.*

C^4H^8O . . . . *Ald. butyrique* ou *butanal.*

$\dfrac{CH^3}{CH^3}{>}CH{-}CH^2{-}CHO.$ *Ald. valérique* ou *méthyl 2 butanal 1.*

Aldéhyde formique CH^2O.

433. Propriétés, préparation. — L'aldéhyde formique H-CHO est un gaz, liquéfiable vers −20°, très soluble dans l'eau, qui se reconnaît très fa…lement à son odeur piquante, presque insupportable; elle se polymérise spontanément et se transforme ainsi en un corps solide $C^3H^6O^3$ qu'on appelle *paraldéhyde formique.*

Elle donne de l'acide formique par oxydation et de l'acool méthylique par hydrogénation.

On prépare industriellement l'aldéhyde formique en oxydant les vapeurs d'esprit de bois par l'oxygène de l'air, en présence d'un corps poreux, mousse de platine ou charbon, chauffé au rouge sombre.

$$CH^4O + O = H^2O + CH^2O.$$

Elle se forme dans les tissus végétaux au moment où la cellule chlorophyllienne décompose l'acide carbonique de l'air et s'y polymérise aussitôt en donnant le *glucose* ordinaire.

$$CO^3H^2 = 2O + CH^2O.$$
$$6CH^2O = C^6H^{12}O^6.$$

L'aldéhyde formique est employée comme antiseptique, sous le nom de *formol*; M. Fischer s'en est servi pour effectuer la synthèse des sucres réducteurs.

Aldéhyde acétique C^2H^4O.

434. Propriétés, préparation. — L'aldéhyde acétique ou aldéhyde ordinaire $CH^3 - CHO$, est un liquide très volatil, qui bout à 21° et se reconnaît à son odeur forte, non désagréable.

Les oxydants la changent en acide acétique; les réducteurs la ramènent à l'état d'alcool ordinaire.

Les acides forts la polymérisent et la transforment en *paraldéhyde* $C^6H^{12}O^3$ qui ne bout plus qu'à 124°.

On prépare l'aldéhyde en oxydant l'alcool ordinaire par l'acide chromique.

$$C^2H^6O + O = H^2O + C^2H^4O.$$

On s'en sert dans les laboratoires et en médecine, surtout à l'état de paraldéhyde.

435. Chloral ou aldéhyde trichlorée $CCl^3 - CHO$. — Le chloral est un liquide volatil, d'odeur suffocante, qui forme avec l'eau un hydrate cristallisé presque inodore. Les alcalis le décomposent en donnant un formiate et du chloroforme.

$$C^2HCl^3O + KOH = CHO^2K + CHCl^3.$$

Le chloral est très employé en médecine comme calmant du système nerveux; on le prépare en traitant l'alcool *absolu* par le chlore.

$$C^2H^6O + 8Cl = 5HCl + C^2HCl^3O.$$

Aldéhydes non saturées.

436. — On appelle ainsi les aldéhydes qui dérivent d'alcools ou d'hydrocarbures incomplets; nous signalerons seulement dans ce groupe *l'acroléine* ou *aldéhyde acrylique (propénal)* $CH^2 = CH - CHO$, qui se forme dans l'oxydation de l'alcool allylique ou dans la pyrogénation de la glycérine.

C'est un liquide très volatil, d'une odeur extraordinairement forte et irritante, qui n'a pas reçu d'application industrielle.

Acétones.

437. Définition, propriétés. — On appelle acétones les produits qui se forment quand on enlève 2H au groupe CHOH d'un alcool secondaire ou qu'on remplace H^2 par O dans un groupe CH^2 d'un hydrocarbure quelconque. Il résulte de là que les acétones ont pour formule générale $R - CO - R'$; le groupe CO qui les caractérise a reçu le nom de *carbonyle;* il ne peut se trouver qu'à l'intérieur de la chaine, puisqu'il est divalent.

Les acétones sont donc, par rapport aux alcools secondaires, ce que les aldéhydes sont par rapport aux alcools primaires; c'est ce qui explique pourquoi on les appelle aussi *aldéhydes secondaires.*

Les acétones ressemblent aux aldéhydes par un grand nombre de leurs propriétés; elles s'unissent comme ces dernières au bisulfite de sodium et à la phénylhydrazine, mais par hydrogénation elles donnent *toujours* un alcool secondaire et par oxydation se décomposent, sans *jamais* fournir un acide unique, renfermant la même quantité de carbone. C'est ce dernier caractère qui distingue surtout les acétones des aldéhydes.

Les acétones sont isomériques des aldéhydes; celles qui dérivent des hydrocarbures saturés ont donc aussi pour formule brute $C^nH^{2n}O$.

On leur donne le nom même de ces hydrocarbures, en y ajoutant le préfixe *one*.

Exemples :

$$CH^3\text{-}CO\text{-}CH^3.$$
Propanone.

$$\begin{matrix} CH^3 \\ CH^3 \end{matrix}\!>\!CH\text{-}CO\text{-}CH^3.$$
Méthyl 2 butanone 3.

438. Préparation. — On prépare les acétones en oxydant un alcool secondaire ou en distillant un sel organique de calcium avec l'acétate du même métal.

$$CH^3\text{-}CHOH\text{-}CH^3 + O = H^2O + CH^3\text{-}CO\text{-}CH^3.$$
$$(C^3H^5O^2)^2Ca + (C^2H^3O^2)^2Ca = 2CO^3Ca + 2C^4H^8O.$$
Propionate de calcium. Acétate de calcium.   Butanone.

Acétone ordinaire C^3H^6O.

439. Propriétés, préparation. — L'acétone ordinaire ou *propanone* est un liquide volatil, bouillant à 56°, qui possède une odeur forte et caractéristique.

L'hydrogène naissant la transforme en alcool propylique secondaire, qui d'ailleurs peut la donner par oxydation.

L'acétone se forme en même temps que l'alcool méthylique dans la distillation sèche du bois et accompagne toujours ce produit dans l'*esprit de bois commercial*; pour l'en extraire, on agite l'esprit de bois avec une solution concentrée de bisulfite de sodium, qui donne avec l'acétone une combinaison cristalline peu soluble; on recueille alors cette combinaison et on la distille avec un excès d'alcali, qui met en liberté l'acétone.

L'acétone sert comme dissolvant dans les laboratoires.

Sucres.

440. Propriétés, classification. — Les sucres proprement dits sont des corps à fonction complexe, renfermant tous plusieurs fonctions d'alcool et presque toujours une fonction d'aldéhyde ou d'acétone. Suivant leur poids moléculaire, on les classe en trois groupes principaux, qui sont:

1° Les *glucoses* ou *sucres réducteurs* $C^6H^{12}O^6$;

2° Les *diglucoses* ou *saccharoses* $C^{12}H^{22}O^{11}$, et

3° Les *triglucoses* $C^{18}H^{32}O^{16}$.

Tous ces corps sont solubles dans l'eau et plus ou moins sucrés; on les distingue les uns des autres en les traitant par un acide fort, étendu d'eau, à l'ébullition : les glucoses ne sont pas altérés, tandis que les saccharoses et les triglucoses se dédoublent, par hydratation, en deux ou trois molécules de glucoses.

$$C^{12}H^{22}O^{11} + H^2O = 2C^6H^{12}O^6.$$
$$C^{18}H^{32}O^{16} + 2H^2O = 3C^6H^{12}O^6.$$

Tous les sucres qui possèdent la fonction d'aldéhyde ou d'acétone sont réducteurs; on emploie souvent pour les reconnaitre un réactif spécial, connu sous le nom de *liqueur cupropotassique* ou *liqueur de Fehling*, qui est un mélange de tartrate de potassium et de tartrate de cuivre, avec excès d'alcali. Ce réactif, qui est d'un beau bleu, donne un précipité rouge d'oxyde cuivreux Cu^2O toutes les fois qu'on le chauffe avec un sucre aldéhydique ou acétonique.

Tous les glucoses et quelques saccharoses réduisent la liqueur de Fehling.

En outre, les sucres réducteurs se combinent à la phénylhydrazine, ainsi que toutes les aldéhydes et les acétones, pour donner un précipité jaune, cristallin, d'aspect caractéristique.

Les sucres donnent des éthers avec les acides, en vertu de leur fonction d'alcool.

La chaleur les décompose et les transforme en produits bruns, amorphes, que l'on appelle communément *caramels*.

Tous sont actifs sur la lumière polarisée.

Glucoses $C^6H^{12}O^6$.

441. — On en connaît actuellement un grand nombre, parmi lesquels nous citerons seulement le *glucose* proprement dit, le *mannose*, le *galactose*, la *sorbine* ou *sorbose* et le *lévulose* ou *fructose*.

Tous ces corps, y compris le mannose, ont pu être obtenus à l'état solide et cristallisé ; ils réduisent la liqueur de Fehling et précipitent à chaud la phényl-hydrazine.

Le glucose, le mannose et le galactose donnent respectivement, par hydrogénation, de la sorbite, de la mannite ou de la dulcite, et par oxydation, des acides isomériques $C^6H^{12}O^7$; ils représentent donc les aldéhydes correspondantes à ces trois alcools et devront s'écrire, abstraction faite de l'orientation dans l'espace de leurs oxhydryles :

$$CH^2OH - CHOH - CHOH - CHOH - CHOH - CHO.$$

Ils sont tous trois dextrogyres.

Le sorbose et le lévulose donnent par hydrogénation

de la sorbite et de la mannite, mais ils ne fournissent pas d'acide à l'oxydation ; ce sont par conséquent des acétones de la forme

$$CH^2OH - CHOH - CHOH - CHOH - CO - CH^2OH.$$

Ils sont tous deux lévogyres.

442. Glucose. — Le glucose ordinaire existe dans tous les végétaux, en particulier dans les fruits, ainsi que dans le miel. On le trouve également dans le foie et, par exception, dans l'urine (*diabète sucré*).

Le glucose fermente activement sous l'action des levures.

On le prépare industriellement en traitant l'amidon ou la fécule, quelquefois même la cellulose, par l'acide sulfurique étendu et bouillant.

$$(C^6H^{10}O^5)^n + n\,H^2O = n\,C^6H^{12}O^6.$$

Amidon. Glucose.

Il sert à édulcorer les liqueurs dites *de fantaisie* et à sucrer les moûts de bière, pour augmenter leur richesse en alcool.

443. Mannose. — Le mannose se prépare en traitant l'*ivoire végétal* par l'acide sulfurique étendu et bouillant ; il est fermentescible comme le glucose ordinaire et difficilement cristallisable.

444. Galactose. — Le galactose n'existe pas tout formé dans la nature, mais on l'obtient facilement en attaquant par l'acide sulfurique étendu le *lactose* ou *sucre de lait*, qui se dédouble, dans ces circonstances, en glucose ordinaire et galactose.

Il ressemble notablement au glucose, mais il est un peu moins sucré que lui et fermente moins facilement.

445. Sorbine ou sorbose. — La sorbine est un beau corps blanc, très bien cristallisé, qui prend naissance dans l'action d'un ferment spécial sur la sorbite ; on l'extrait du jus de sorbier fermenté.

446. Lévulose. — Le lévulose se présente sous la forme de fines aiguilles soyeuses, extrêmement solubles dans l'eau ; sa saveur agréable est presque aussi sucrée que celle du sucre ordinaire ; il fermente aussi aisément que le glucose.

Le lévulose existe à côté du glucose dans presque tous les fruits et se forme en même temps que lui dans l'*intercersion* du sucre ; on le prépare pratiquement en traitant l'*inuline* par l'acide sulfurique étendu, à chaud.

$$(C^6H^{10}O^5)^n + n\,H^2O = n\,C^6H^{12}O^6.$$

Inuline.   Lévulose.

Diglucoses ou saccharoses $C^{12}H^{22}O^{11}$.

447. — Les principaux diglucoses sont le *saccharose* proprement dit ou sucre ordinaire, le *maltose* et le *lactose* ou *sucre de lait*. Tous trois sont solides et cristallisés ; leur dissolutions sont dextrogyres.

On les distingue chimiquement par la nature des produits qu'ils fournissent quand on les fait chauffer avec de l'acide sulfurique étendu. Le saccharose donne ainsi un mélange de *glucose* et de *lévulose*, le maltose seulement du *glucose* ordinaire et le lactose un mélange de *glucose* et de *galactose*.

448. Saccharose. — Le saccharose ou sucre ordinaire est un corps blanc, très soluble, qui cristallise par évaporation lente de ses dissolutions sirupeuses en beaux prismes orthorhombiques (*sucre candi*) ; il fond quand on le chauffe doucement, sans se décomposer, et par refroidissement se solidifie en une masse amorphe qui constitue le *sucre d'orge*.

Sa saveur franche est considérée comme type de la *saveur sucrée*.

Le sucre pur ne réduit pas la liqueur de Fehling et n'est pas attaqué par la potasse, même à 100°; les acides le transforment rapidement en un mélange équimoléculaire de glucose et de lévulose, que l'on appelle *sucre interverti* parce qu'il est lévogyre.

$$C^{12}H^{22}O^{11} + H^2O = C^6H^{12}O^6 + C^6H^{12}O^6.$$
Saccharose. Glucose. Lévulose.

Certains ferments diastasiques, connus sous le nom d'*invertines*, produisent le même effet.

Le sucre fermente activement au contact de la levure, qui le dédouble d'abord en glucose et en lévulose, par l'invertine qu'elle renferme.

Le sucre se rencontre dans un grand nombre de végétaux ; on l'extrait industriellement de la canne à sucre ou de la betterave, qui en renferme de 14 à 20 pour cent de son poids.

Pour fabriquer le sucre on épuise les racines de betteraves, préalablement découpées en *cossettes*, par l'eau chaude (*diffusion*), puis on purifie le liquide brun ainsi obtenu par deux traitements successifs à la chaux et à l'acide carbonique (*double carbonatation*) qui précipitent toute la matière colorante, et on le concentre, jusqu'à cristallisation, en le chauffant sous pression réduite, d'abord dans une série de trois cylindres accouplés qui permettent d'évaporer rapidement de grandes quantités d'eau (*appareil à triple effet*), puis dans la *chaudière à cuire*.

La masse cuite est abandonnée à elle-même pendant plusieurs jours, puis passée à la *turbine*, qui, par l'effet de la force centrifuge, sépare les cristaux de sucre de la mélasse qui les imprègne (*sucre de 1er jet*).

La mélasse concentrée à nouveau peut fournir une nouvelle quantité de sucre brut (*sucres de 2e et 3e jet*); elle est ensuite envoyée aux distilleries pour la fabrication de l'alcool.

Le sucre ainsi obtenu doit être *raffiné*; pour cela on le fait redissoudre dans l'eau, on y ajoute du sang qui précipite toutes ses impuretés, on filtre et on concentre à nouveau; le sirop est alors placé dans des formes coniques où il se solidifie en une masse de petits cristaux indistincts; il ne reste plus qu'à essorer et à sécher ces *pains* pour avoir le sucre commercial, qui est presque absolument pur.

449. Maltose. — Le maltose ou *sucre de malt* se forme dans l'action de la diastase sur l'amidon, en même temps qu'une certaine quantité de dextrine; il fermente assez facilement et c'est lui qui est l'origine de l'alcool que contient la bière. Il cristallise beaucoup moins bien que le sucre ordinaire et réduit la liqueur de Fehling.

450. Lactose. — Le lactose est le sucre du lait des mammifères; c'est un corps bien cristallisé, dont la saveur est beaucoup moins franche et moins agréable que celle du sucre ordinaire.

Le lactose réduit la liqueur de Fehling.

On l'extrait par évaporation du *petit lait*.

Triglucoses $C^{18}H^{32}O^{16}$.

451. On ne connaît que deux triglucoses bien définis: ce sont le *raffinose* et le *mélézitose*, tous deux sans action sur la liqueur de Fehling.

Le premier accompagne le sucre dans la betterave et se trouve quelquefois en proportion notable dans les mélasses de raffinerie ; les acides étendus et chauds le transforment en un mélange de glucose, de galactose et de lévulose.

Le mélézitose se rencontre dans la manne du mélèze et dans la *miellée* du Tilleul ; il donne uniquement du glucose quand on le chauffe avec un acide fort étendu.

Matières amylacées $(C^6H^{10}O^5)^n$.

452. Définition. — On désigne sous le nom de matières amylacées un certain nombre de corps qui touchent de près aux sucres, mais dont la formule n'a pas pu être encore exactement déterminée ; on les appelle aussi quelquefois *hydrates de carbone*, parce que l'hydrogène et l'oxygène s'y trouvent dans les mêmes proportions que dans l'eau.

Les principales matières amylacées sont la *dextrine*, les *gommes*, l'*amidon*, l'*inuline* et la *cellulose*. Les acides étendus les transforment à chaud, comme les polyglucoses, en composés plus simples qui appartiennent généralement à la classe des glucoses.

453. Dextrine. — La dextrine est un corps blanc, amorphe, soluble dans l'eau et insoluble dans l'alcool, qui se change en glucose quand on la fait chauffer avec de l'acide sulfurique étendu.

Elle se forme dans l'action de la diastase sur l'empois d'amidon, à côté du maltose, et se fabrique en torréfiant l'amidon, vers 300 degrés. On s'en sert pour apprêter les tissus et pour faire des colles liquides, aux lieu et place de la gomme arabique.

454. Gommes. — On appelle gommes toutes sortes d'exsudations végétales, dont la composition et les propriétés sont assez variables : certaines gommes, comme par exemple la *gomme arabique* de l'acacia, sont solubles dans l'eau; ce sont les plus estimées. D'autres ne font que se gonfler dans l'eau; c'est le cas de la *gomme adragante* et de la plupart des gommes de pays (gommes de cerisier, de prunier, etc.).

Les gommes fournissent, quand on les hydrate par l'acide sulfurique étendu, un mélange de différents sucres, parmi lesquels on trouve du glucose, du galactose, de l'*arabinose* et quelquefois du *xylose* $C^5H^{10}O^5$. Ce sont, par conséquent, des corps très complexes.

On les emploie comme matières agglutinantes, pour coller le papier et pour fabriquer les pastilles médicinales.

455. Amidon, fécule. — L'amidon est un corps blanc, formé de petits grains arrondis ou de forme polygonale, très facilement reconnaissables au microscope; on lui donne le nom de *fécule* quand il a été extrait de la pomme de terre; les grains de fécule sont de forme ovoïde et toujours beaucoup plus gros que ceux de l'amidon de céréales.

L'amidon se colore en bleu intense par l'iode; la coloration disparaît quand on chauffe et se reproduit par refroidissement.

L'amidon est insoluble dans l'eau et dans tous les réactifs ; l'eau bouillante le gonfle et le transforme en une gelée qu'on appelle *empois* d'amidon.

L'acide sulfurique étendu et bouillant le transforme en glucose; la diastase donne avec lui un mélange de dextrine et de maltose; la chaleur enfin le change en dextrine.

L'amidon s'extrait par lavage de la farine des céréales, où il se trouve mélangé au *gluten*; la fécule se fabrique de même, au moyen de la pulpe de pommes de terre.

On s'en sert surtout pour l'apprêt du linge et la fabrication industrielle du glucose et de la dextrine.

456. Inuline. — L'inuline est une variété d'amidon qui est particulière à certaines espèces végétales; on la rencontre surtout dans les tubercules du dahlia et du topinambour.

L'inuline est entièrement soluble dans l'eau chaude, d'où elle se sépare par refroidissement, et ne se colore pas par l'iode; l'acide sulfurique étendu la transforme intégralement en lévulose.

457. Cellulose. — La cellulose est la matière qui forme l'enveloppe de toutes les cellules ou fibres végétales; elle est incolore et insoluble dans tous les réactifs, sauf un mélange d'azotite de cuivre et d'azotite d'ammoniaque, que l'on connait dans les laboratoires sous le nom de *réactif de Schweitzer* et que l'on prépare en faisant passer un courant d'air sur de la tournure de cuivre, en partie immergée dans l'ammoniaque.

Les acides reprécipitent la cellulose inaltérée de ses solutions dans le réactif de Schweitzer.

L'acide sulfurique la transforme, comme l'amidon, en glucose ordinaire.

La cellulose se trouve à l'état presque pur dans le coton, la fibre rouie du lin et du chanvre, par conséquent dans toutes les étoffes d'origine végétale et dans le papier de chiffons.

Le bois est de la cellulose agglomérée par des gommes ou *matières incrustantes*.

La cellulose fibreuse sert au tissage; sous toutes ses formes, elle peut être employée à la fabrication du *coton-poudre* ou *nitro-cellulose*.

CHAPITRE V

ACIDES DE LA SÉRIE GRASSE

453. Définition, classification. — La définition des acides organiques est identique à celle des acides minéraux. On dit également qu'ils sont *monobasiques*, *bibasiques*, *tribasiques*, etc., lorsqu'ils renferment un, deux ou trois atomes d'hydrogène remplaçables par un métal.

On a remarqué que, chez tous les acides organiques, cette substitution a lieu dans un groupe caractéristique $C{<}^O_{OH}$ ou CO^2H, que l'on appelle *carboxyle*, et qui joue dans leur molécule le rôle de radical monovalent. Le nombre de carboxyles qui se trouvent dans un acide organique quelconque donne donc de suite la mesure de sa basicité.

Remarquons en passant que le carboxyle, étant monovalent, ne peut se rencontrer qu'à l'extrémité d'une chaine.

De là résultent deux autres définitions possibles des acides organiques :

1° *Un acide est le produit de la substitution de* O *à* H^2 *dans le groupe* CH^2OH *d'un alcool primaire quelconque.*

2° *Un acide est le produit de la substitution de*

OH à H *dans le groupe* COH *d'une aldéhyde quel-conque.*

Ce sont, en un mot, les produits d'oxydation ultimes des alcools primaires et des aldéhydes.

On peut leur donner le nom des hydrocarbures d'où ils dérivent, en y ajoutant le préfixe *oïque*.

Les seuls acides organiques importants sont ceux qui dérivent des hydrocarbures saturés; nous étudierons parmi eux d'abord les acides monoatomiques, que l'on appelle vulgairement *acides gras*, parce qu'ils comprennent les acides caractéristiques des graisses.

Acides monobasiques ou acides gras.

459. Généralités. — Les acides gras ont pour formule générale $R-CO^2H$ ou, en bloc, $C^nH^{2n}O^2$; ils forment une longue suite dont nous ne pouvons citer ici que les principaux termes :

CH^2O^2 ..	*Ac. formique.*	$C^6H^{12}O^2$..	*Ac. hexylique.*
$C^2H^4O^2$..	*Ac. acétique.*	....	
$C^3H^6O^2$..	*Ac. propionique.*	$C^{16}H^{32}O^2$.	*Ac. palmitique.*
$C^4H^8O^2$..	*Ac. butyrique.*	$C^{17}H^{34}O^2$.	*Ac. margarique*
$C^5H^{10}O^2$.	*Ac. valérique.*	$C^{18}H^{36}O^2$.	*Ac. stéarique.*

Ils sont tous liquides ou solides, de moins en moins volatils et de moins en moins énergiques à mesure que leur poids moléculaire s'élève.

Sous l'action du chlorure de phosphore ils se transforment en composés chlorés que l'on désigne sous le nom de *chlorures d'acides* et qui répondent à la formule générale $R-COCl$.

$$3C^2H^4O^2 + PCl^3 = PO^3H^3 + 3C^2H^3OCl.$$

Acide acétique.   Chlorure acétique.

Ces chlorures, traités par un sel de l'acide correspondant, se changent à leur tour en *anhydrides*, que l'eau ramène à l'état d'acides vrais.

$$C^2H^3OCl + C^2H^3O^2Na = NaCl + C^4H^6O^3.$$

Chlorure   Acétate   Anhydride
acétique.   de sodium.   acétique.

$$C^4H^6O^3 + H^2O = 2C^2H^4O^2.$$

Anhydride   Acide
acétique.   acétique.

Acide formique CH^2O^2.

460. Propriétés, préparation. — L'acide formique $H\text{-}CO^2H$ est un liquide fumant, d'odeur piquante, qui bout comme l'eau à 100 degrés ; il est fort caustique et attaque l'épiderme comme les acides minéraux. C'est à lui qu'on attribue l'inflammation que détermine la piqûre des orties.

L'acide formique est un acide puissant, qui rougit le tournesol et s'unit à toutes les bases pour former des sels. Ceux-ci répondent aux formules CHO^2M ou $(CHO^2)^2M''$, suivant que leur métal est mono ou divalent.

L'acide formique se décompose en eau et oxyde de carbone quand on le chauffe avec un déshydratant tel que l'acide sulfurique.

$$CH^2O^2 = H^2O + CO.$$

Cette réaction donne un moyen très commode de préparer l'oxyde de carbone pur.

L'acide formique s'extrayait autrefois des fourmis rouges, par distillation ; on le prépare aujourd'hui par la méthode de M. Berthelot, en distillant de l'acide oxalique avec de la glycérine, qui n'agit que par sa présence seule et peut être remplacée par tout autre alcool polyatomique.

$$C^2H^2O^4 = CO^2 + CH^2O^2.$$

Ac. oxalique.   Ac. formique.

M. Berthelot a effectué aussi la synthèse de l'acide formique en chauffant l'oxyde de carbone avec une solution de potasse, vers 150 degrés.

$$CO + KOH = CHO^2K \text{ (\textit{formiate de potassium}).}$$

Acide acétique $C^2H^4O^2$.

461. Propriétés, préparation. — L'acide acétique $CH^3\text{-}CO^2H$ est un liquide d'odeur caractéristique, qui bout à 118 degrés et se solidifie à 17 degrés, lorsqu'il est pur (*acide acétique cristallisable*).

C'est encore un acide fort, passablement caustique, qui, avec les bases, donne des sels de la forme $C^2H^3O^2M$ ou $(C^2H^3O^2)^2M''$.

Parmi les plus employés, nous rappellerons l'acétate de sodium, l'acétate d'ammoniaque, l'acétate de cuivre (*verdet*), et les acétates de plomb (*sel* et *extrait de Saturne*).

L'acide acétique s'extrait du *vinaigre* ou des produits de la distillation du bois. Pour cela, on sature le liquide par de la craie, qui transforme l'acide acétique volatil en acétate de calcium fixe, on évapore, puis on torréfie légèrement le résidu, de manière à détruire les impuretés qui souillent l'acétate, sans décomposer celui-ci; on ajoute enfin de l'acide sulfurique et on distille une dernière fois.

$$(C^2H^3O^2)^2Ca + SO^4H^2 = SO^4Ca + 2C^2H^4O^2.$$

On peut obtenir l'acide acétique par synthèse en oxydant l'alcool ordinaire par l'acide chromique, le chlore en présence de l'eau, ou le *noir de platine*, en présence de l'air.

$$C^2H^6O + 2O = H^2O + C^2H^4O^2.$$

C'est par une réaction de ce genre que le mycoderma aceti attaque l'alcool dans la fabrication du vinaigre.

L'acide acétique sert à faire le vinaigre de qualité inférieure et à fabriquer les acétates métalliques.

Acide propionique $C^3H^6O^2$.

462. Propriétés, préparation. — L'acide propionique $C^2H^5-CO^2H$ est un liquide, bouillant à 140 degrés, qui possède presque toutes les propriétés de l'acide acétique ; il n'a pas d'usage parce qu'il est beaucoup plus difficile à préparer.

On ne peut l'obtenir que par synthèse, en saponifiant par un alcali le cyanure d'éthyle ou *propionitrile* C^2H^5-CAz.

$$C^3H^5Az + KOH + H^2O = AzH^3 + C^3H^5O^2K.$$
Propionitrile.   Propionate de potassium.

On distille ensuite avec de l'acide sulfurique.

$$C^3H^5O^2K + SO^4H^2 = SO^4HK + C^3H^6O^2.$$

Acide butyrique $C^4H^8O^2$.

463. Propriétés, préparation. — Il existe deux acides butyriques isomères : l'acide *butanoïque* ou butyrique ordinaire $CH^3\text{-}CH^2\text{-}CH^2\text{-}CO^2H$ et l'acide *méthylpropa-noïque* $\frac{CH^3}{CH^3}{>}CH\text{-}CO^2H$; nous ne parlerons ici que du premier, qui est seul intéressant.

L'acide butyrique est un liquide incolore, un peu sirupeux, qui bout à 151 degrés et possède une odeur de beurre rance des plus caractéristiques.

Ses propriétés chimiques sont semblables à celles de ses homologues inférieurs.

Pour le préparer on maintient vers 38 degrés, dans de grandes bonbonnes, un mélange de craie et de terre de jardin, en présence d'eau sucrée à 5 pour 100. Au bout de quelques jours il se déclare dans la masse une fermentation active qui transforme le sucre en acide butyrique, avec dégagement d'acide carbonique et d'hydrogène.

$$C^6H^{12}O^6 = 2CO^2 + 4H + C^4H^8O^2.$$

Lorsque l'effervescence est calmée, on évapore le liquide et on distille le butyrate de calcium restant avec de l'acide sulfurique.

L'acide butyrique sert à préparer l'*essence d'ananas* ou *butyrate d'éthyle*. Il existe dans le beurre à l'état de *butyrine* ou éther tributyrique de la glycérine.

Acide valérique $C^5H^{10}O^2$.

464. Propriétés, préparation. — L'acide valérique ou *valérianique* du commerce est un mélange des deux isomères $\frac{CO^2H}{CH^3}{>}CH\text{-}CH^2\text{-}CH^3$ et $\frac{CH^3}{CH^3}{>}CH\text{-}CH^2\text{-}CO^2H$, tous deux dérivés du *méthyl 2 butane*.

C'est un liquide sirupeux, bouillant à 175 degrés,

qui se reconnait immédiatement à son odeur fétide, rappelant celle du fromage.

Il existe dans le fromage et dans la racine de valériane; on le prépare en oxydant l'alcool amylique par l'acide chromique.

$$C^5H^{12}O + 2O = H^2O + C^5H^{10}O^2.$$

L'acide valérique sert à préparer l'*essence de pommes* ou *valérate d'amyle;* on emploie aussi quelques-uns de ses sels ou de ses éthers en medecine.

Acides gras proprement dits.

465. Propriétés. — Les acides gras proprement dits sont l'acide palmitique $C^{16}H^{32}O^2$, l'acide margarique $C^{17}H^{34}O^2$ et l'acide stéarique $C^{18}H^{36}O^2$; ils se rencontrent tous trois dans les graisses animales, ainsi que l'acide *oléique* $C^{18}H^{34}O^2$, à l'état d'éthers de la glycérine.

Ces éthers, ou principes constituants des graisses, sont appelés *palmitine, margarine, stéarine* et *oléine.* Cette dernière seule est liquide à la température ordinaire.

Leurs formules :

Palmitine..........	$C^3H^5(C^{16}H^{31}O^2)^3,$
Margarine........	$C^3H^5(C^{17}H^{33}O^2)^3,$
Stéarine...........	$C^3H^5(C^{18}H^{35}O^2)^3,$
Oléine........ ...	$C^3H^5(C^{18}H^{33}O^2)^3.$

montrent que ces corps sont des éthers saturés, renfermant trois molécules d'acide pour une seule de glycérine.

Les acides gras proprement dits sont des corps solides, fusibles vers 65 degrés, insolubles dans l'eau et solubles dans l'alcool, d'où ils peuvent cristalliser en petites lamelles blanches. Ils sont combustibles et brûlent à l'air avec une flamme éclairante; leurs sels ou *savons* alcalins sont seuls solubles dans l'eau.

466. Préparation. — Pour les fabriquer, on saponifie le suif par la vapeur d'eau, en autoclave, vers 180 degrés, en présence d'une petite quantité de chaux qui favorise l'attaque. La graisse se trouve ainsi dédoublée en glycérine, qui reste dissoute dans l'eau, et en acides qui surnagent.

$$C^3H^5(C^{16}H^{31}O^2)^3 + 3H^2O = C^3H^8O^3 + 3C^{16}H^{32}O^2.$$

Palmitine.   Glycérine.   Ac. palmitique.

On sépare ces derniers par décantation, on les distille dans un courant de vapeur d'eau surchauffée et finalement on les comprime à la presse hydraulique pour en faire écouler l'acide oléique liquide qui les imprègne.

On obtient ainsi un mélange, formé surtout d'acide palmitique et d'acide stéarique, qui peut servir immédiatement à la fabrication des bougies.

Pour fabriquer les savons, c'est-à-dire les sels alcalins des acides gras, il n'est pas nécessaire d'isoler ces acides à l'avance; on saponifie directement les graisses (le plus souvent de l'huile) par une lessive de potasse ou de soude et on sépare le savon de la glycérine qui se produit en même temps par le sel marin, dans lequel il est insoluble.

$$C^3H^5(C^{18}H^{33}O^2)^3 + 3KOH = C^3H^8O^3 + 3C^{18}H^{33}O^2K.$$

Oléine.   Glycér.   Oléate de potassium.

L'acide oléique, dissout dans un alcali, donne immédiatement du savon.

Le savon de potasse reste toujours pâteux (*savon*

noir), le savon de soude est solide et peut être moulé en pains (*savon de Marseille*); on les emploie tous deux pour le dégraissage des étoffes. Le savon de plomb ou *oléate de plomb*, enfin, constitue l'*emplâtre simple* des pharmaciens; il est insoluble dans l'eau et soluble dans l'éther.

Acide lactique $C^3H^6O^3$.

467. Propriétés, préparation. — L'acide lactique est un *acide-alcool* dont on représente la constitution moléculaire par la formule $CH^3\text{-}CHOH\text{-}CO^2H$. Liquide à la température ordinaire, l'acide lactique est un acide fort, qui rougit énergiquement le tournesol et donne des sels monométalliques avec toutes les bases.

On peut l'extraire du lait aigri, dans lequel il prend naissance à la suite d'une fermentation spéciale, en saturant celui-ci par l'oxyde de zinc et concentrant jusqu'à cristallisation le liquide filtré : on obtient ainsi du lactate de zinc que l'on décompose ultérieurement par l'hydrogène sulfuré.

$$Zn(C^3H^5O^3)^2 + H^2S = ZnS + 2C^3H^6O^3.$$

Il est préférable d'ajouter au lait aigri une solution de sucre ou de lactose et d'abandonner le tout à la fermentation spontanée, en présence d'un excès d'oxyde de zinc : il se forme ainsi, dans l'espace de quelques jours, une quantité considérable de lactate, que l'on traite comme ci-dessus.

L'acide lactique se rencontre également dans les muscles : il est alors actif, tandis que celui du lait est sans action sur la lumière polarisée.

Acides bibasiques.

468. Généralités. — Les acides bibasiques sont ceux qui renferment deux carboxyles; ils peuvent tous être représentés par la formule générale $R(CO_2H)_2$, qui devient $C^nH^{2n-2}O^4$ pour ceux qui dérivent des hydrocarbures saturés et qui n'ont pas d'autre fonction que celle d'acides bibasiques.

On en connait un assez grand nombre qui sont à la fois alcools et acides, nous les décrirons à la suite des premiers.

Acide oxalique $C_2H_2O_4$.

469. Propriétés, préparation. — L'acide oxalique $CO_2H\text{-}CO_2H$ est un corps solide blanc, qui cristallise en aiguilles prismatiques renfermant 2 molécules d'eau de cristallisation. Il est très soluble dans l'eau, fortement acide et légèrement vénéneux.

L'acide oxalique, saturé au préalable par une base alcaline, donne avec les sels de calcium un précipité blanc d'oxalate de calcium C_2O_4Ca, insoluble dans l'acide acétique et soluble dans l'acide chlorhydrique. Cette réaction est caractéristique.

L'acide oxalique, ainsi que tous les acides bibasiques, donne avec une même base deux sels différents, un oxalate neutre et un oxalate acide ou *bioxalate*, qui ont pour formules $C_2O_4M_2$ et C_2O_4HM, pour les sels de métaux monovalents.

La chaleur, surtout si l'on opère en présence d'un alcool polyvalent tel que la glycérine, le dédouble en acide carbonique et acide formique.

$$C_2H_2O_4 = CO_2 + CH_2O_2.$$

L'acide sulfurique lui enlève les éléments de l'eau et on dégage un mélange équimoléculaire d'acide carbonique et d'oxyde de carbone.

$$C^2H^2O^4 = H^2O + CO^2 + CO.$$

L'acide oxalique existe dans un grand nombre de plantes, le plus souvent sous la forme d'oxalate de calcium ; l'oseille en renferme de grandes quantités, à l'état de bioxalate de potassium (*sel d'oseille*).

On le prépare en chauffant de la sciure de bois, vers 200 degrés, avec un excès de soude caustique ; il se forme ainsi de l'oxalate de sodium peu soluble, que l'on décompose par l'acide sulfurique.

L'acide oxalique se forme enfin dans un grand nombre d'oxydations ; il suffit de faire bouillir une solution de sucre avec de l'acide azotique pour en avoir des quantités notables.

On l'emploie dans l'impression des étoffes et pour enlever les taches d'encre sur le linge.

Acide succinique $C^4H^6O^4$.

470. Popriétés, préparation. — L'acide succinique $C^2H^4(CO^2H)^2$ est un corps blanc, cristallisé, qui n'a d'importance que par ses produits de transformation.

Le brome le modifie très facilement par substitution et le change d'abord en *acide monobromosuccinique* $C^4H^5BrO^4$, puis en acide *dibromosuccinique* $C^4H^4Br^2O^4$.

L'acide succinique existe tout formé dans l'*ambre* ou *succin ;* on le prépare par synthèse en saponifiant le *cyanure d'éthylène* ou *nitrile succinique* par la potasse caustique.

$$C^2H^4(CAz)^2 + 2KOH + 2H^2O = 2AzH^3 + C^4H^4O^4K^2.$$

Cyanure d'éthylène.　　　　　　　　　　Succinate de potassium.

Il n'a aucun usage industriel.

Acide malique $C^4H^6O^5$.

471. Propriétés, préparation. — L'acide malique a pour formule de constitution $CO^2H-CH^2-CHOH-CO^2H$; il est donc à la fois acide bibasique et alcool secondaire. C'est un corps solide blanc, très soluble dans l'eau et très fortement acide, dont la saveur rappelle celle des pommes vertes. Ses solutions sont actives, à cause du carbone asymétrique que renferme sa molécule.

L'acide malique existe dans un grand nombre de fruits, entre autres les pommes, les groseilles, les cerises et les baies de sorbier ; pour l'en retirer on exprime ces fruits, on porte le jus qui s'en écoule à l'ébullition, pour coaguler les matières albuminoïdes, puis on ajoute un léger excès d'acétate de plomb, qui précipite l'acide malique à l'état de sel de plomb insoluble. On décompose finalement ce sel par l'acide sulfhydrique.

$$C^4H^4O^5Pb + H^2S = PbS + C^4H^6O^5.$$

L'acide malique peut se préparer par synthèse, en traitant l'acide monobromosuccinique par la potasse caustique.

$$C^4H^5BrO^4 + 3KOH = KBr + 2H^2O + C^4H^4O^5K^2.$$

Acide tartrique $C^4H^6O^6$.

472. Propriétés, préparation. — L'acide tartrique $CO^2H-CHOH-CHOH-CO^2H$ est en même temps deux fois acide et deux fois alcool secondaire. C'est un beau corps blanc, très bien cristallisé, qui possède une saveur de fruits verts assez caractéristique.

L'acide tartrique ordinaire du commerce est dextro-gyre, mais on connait son isomère optique lévogyre, ainsi que l'acide *racémique*, inactif par compensation, qui résulte de la combinaison des deux précédents, et l'acide *tartrique inactif* par nature. La dissymétrie de l'acide tartrique est sensible même sur sa molécule cristalline, et on remarque sur les cristaux des acides tartriques droit et gauche des facettes hémièdres non superposables, qui sont entre elles comme un objet et son image dans un miroir plan (Pasteur). Les deux acides actifs et l'acide inactif peuvent être représentés par les formules suivantes, qui rendent bien compte de leurs propriétés (voir *Théorie du carbone asymétrique*).

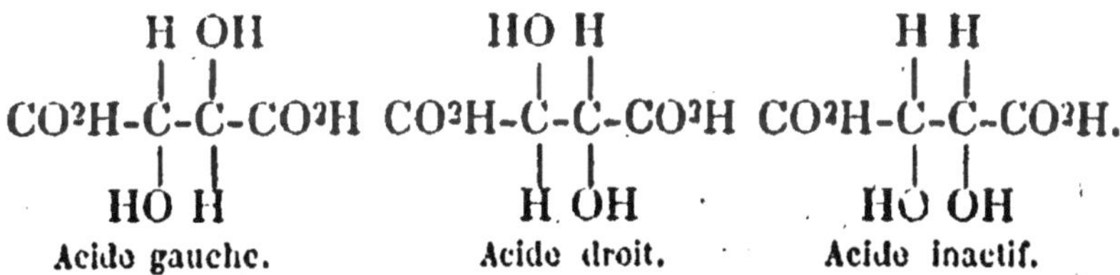

<table>
<tr><td>Acide gauche.</td><td>Acide droit.</td><td>Acide inactif.</td></tr>
</table>

L'acide tartrique donne quelques sels intéressants, parmi lesquels nous citerons la *crème de tartre* ou *bitartrate de potassium* $C^4H^5O^6K$ et le *sel de Seignette* ou *tartrate double de potassium et de sodium* $C^4H^4O^6KNa$.

L'émétique ou *tartre stibié*, qui sert comme vomitif en médecine, est un éther antimonieux de la crème de tartre $C^4H^4O^6K(SbO)$.

L'acide tartrique se retire de la crème de tartre, qui elle-même provient des dépôts qui se forment dans la préparation et la conservation du vin. Pour cela on précipite la crème de tartre, en solution chaude, par la craie et le chlorure de calcium, ce qui donne du tartrate de calcium insoluble, que l'on décompose enfin par l'acide sulfurique.

$$2C^4H^5O^6K + CO^3Ca = C^4H^4O^6K^2 + C^4H^4O^6Ca + H^2O + CO^2$$
$$C^4H^4O^6K^2 + CaCl^2 = 2KCl + C^4H^4O^6Ca.$$
$$C^4H^4O^6Ca + SO^4H^2 = SO^4Ca + C^4H^6O^6.$$

On obtient ainsi de l'acide tartrique droit, que la chaleur transforme en acide tartrique inactif et en acide racémique, d'où l'on peut extraire l'acide tartrique gauche (Pasteur, Jungfleisch).

L'acide racémique a été préparé directement par synthèse, en décomposant l'acide dibromosuccinique par la potasse.

$$C^4H^4Br^2O^4 + 4KOH = 2KBr + 2H^2O + C^4H^4O^6K^2.$$

L'acide tartrique ordinaire sert à aciduler les limonades et à préparer les tartrates.

Acides tribasiques. Acide citrique $C^6H^8O^7$.

473. Propriétés, préparation. — L'acide citrique

$$CO^2H\text{-}CH^2\text{-}C(OH)\text{-}CH^2\text{-}CO^2H$$
$$|$$
$$CO^2H$$

est le seul représentant digne d'intérêt des acides tribasiques ; sa formule montre qu'il est en même temps alcool tertiaire.

L'acide citrique est un corps solide blanc qui ressemble beaucoup, par son aspect et par sa saveur, à l'acide tartrique ; il a les mêmes usages que lui et s'extrait du jus de citron, qui en renferme une grande quantité, en saturant celui-ci par la craie et décomposant ensuite le citrate de calcium précipité par l'acide sulfurique.

CHAPITRE VI

ETHERS

474. Définition, classification. — On comprend sous la dénomination générale d'éthers deux séries de corps absolument différents : les *éthers-oxydes* et les *éthers-sels*.

Les premiers sont les oxydes des radicaux alcooliques ; ils ont pour formule générale R^2O ou $R''O$, parfois même R-O-R' (éthers *mixtes*) et peuvent être comparés aux oxydes métalliques ; les autres sont les combinaisons des alcools avec les acides : ce sont des espèces de sels, dont le métal est remplacé par un radical alcoolique, et auxquels on applique la même nomenclature qu'aux sels véritables.

Ethers-oxydes. Ether ordinaire $C^4H^{10}O$.

475. Propriétés, préparation. — Les éthers-oxydes sont ordinairement des corps très volatils et très combustibles, résistant très bien à l'action des réactifs les plus énergiques ; on les prépare tous par une même méthode générale, qui consiste à déshydrater partiellement l'alcool d'où ils dérivent.

$$2(\text{R-OH}) = H^2O + R^2O.$$

Alcool.   Ether.

Le plus important d'entre eux est l'éther ordinaire ou *éther sulfurique* $(C^2H^5)^2O$; c'est un liquide très léger, qui bout à 31 degrés et possède une odeur caractéristique assez agréable. Ses vapeurs provoquent l'anesthésie comme celles du chloroforme.

Il est éminemment inflammable et doit être toujours manié loin de tout corps en ignition.

Il sert en médecine et dans les laboratoires, comme dissolvant ; on le prépare en distillant un mélange d'alcool et d'acide sulfurique (fig. 70). Il se forme d'abord

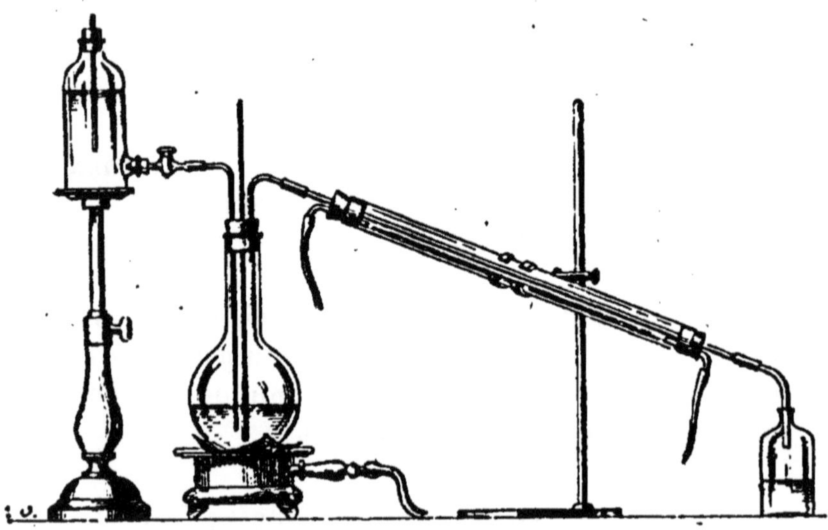

Fig. 70. — Préparation de l'éther.

du bisulfate d'éthyle, qui se décompose ultérieurement, en présence d'un excès d'alcool, en éther et acide sulfurique, incessamment régénéré (Williamson).

$$C^2H^6O + SO^4H^2 = H^2O + SO^4HC^2H^5.$$
$$C^2H^6O + SO^4HC^2H^5 = (C^2H^5)^2O + SO^4H^2.$$

Ethers-sels.

476. Propriétés, préparation. — On connait une quantité d'éthers-sels différents ; ce sont tous des corps volatils, à odeur souvent agréable, et peu solubles dans l'eau.

Les alcalis les décomposent facilement, en s'emparant de leur acide et en mettant en liberté l'alcool qu'ils renferment ; ce dédoublement est connu sous le nom de *saponification*, parce qu'il a lieu dans la fabrication du savon ordinaire.

On les prépare tous en mettant l'alcool et l'acide que l'on veut unir en présence d'un corps déshydratant, qui est le plus souvent l'acide sulfurique. L'opération se fait, suivant les cas, à froid ou à chaud.

Exemple :

$$C^2H^6O + C^2H^4O^3 = H^2O + C^2H^3O^2C^2H^5.$$

Alcool.   Ac. acétique.   Acétate d'éthyle.

On peut les obtenir encore en traitant un alcool par un anhydride ou un chlorure d'acide

$$C^2H^6O + C^2H^3OCl = HCl + C^2H^3O^2C^2H^5.$$

Alcool.   Chl. acétique.   Acétate d'éthyle.

Parmi les éthers-sels nous citerons seulement ceux qui sont susceptibles de quelque application.

477. Chlorure de méthyle ou chlorométhane CH^3Cl. — C'est un gaz incolore, liquéfiable à — 23 degrés, qui brûle à l'air avec une flamme blanche bordée de vert ; il sert à l'état liquide comme réfrigérant, en particulier dans la fabrication de la glace artificielle. Sous l'action d'un courant d'air sec, sa température peut descendre jusqu'à — 50°.

On le prépare dans les laboratoires en chauffant un mélange d'esprit de bois, de sel marin et d'acide sulfurique ; dans l'industrie on le fabrique en distillant le *chlorhydrate de triméthylamine* $(CH^3)^3Az,HCl$.

478. Acétate d'éthyle $C^2H^3O^2C^2H^5$; **acétate d'amyle** $C^2H^3O^2C^5H^{11}$; **butyrate d'éthyle** $C^4H^7O^2C^2H^5$; **valérate d'amyle** $C^5H^9O^2C^5H^{11}$. — Ce sont tous des liquides à odeur agréable de fruits, que l'on emploie pour aromatiser le sucre d'orge dans la fabrication des bonbons anglais ; l'acétate d'amyle, le butyrate d'éthyle et le valérate d'amyle sont connus dans le commerce sous les noms d'*essence de poires, essence d'ananas* et *essence de pommes*. On les prépare tous par la méthode générale indiquée plus haut.

479. Nitro-glycérine $C^3H^5(AzO^3)^3$. — La nitro-glycérine est l'éther trinitrique de la glycérine ; c'est un liquide incolore, peu volatil et complètement insoluble dans l'eau, qui détone avec une violence extrême par le choc ou par l'explosion d'une amorce de fulminate, en dégageant un volume considérable de gaz.

$$2C^3H^5(AzO^3)^3 = 6CO^2 + 5H^2O + 6Az + O.$$

La nitro-glycérine se prépare en traitant, à froid, la glycérine par un mélange d'acide sulfurique et d'acide azotique concentrés ; elle sert à fabriquer la *dynamite*, qui est un mélange de nitro-glycérine et d'un sable particulier, très poreux (*Kieselguhr*).

480. Coton-poudre. — Le coton-poudre est un éther ou un mélange d'éthers nitriques de la cellulose ; on en connaît deux variétés principales : la cellulose mononitrique ou *coton soluble* $C^6H^9O^4(AzO^3)$, qui se dissout entièrement dans l'alcool éthéré, pour donner le *collodion* normal, et la cellulose trinitrique ou *fulmi-coton* $C^6H^7O^2(AzO^3)^3$, qui est insoluble dans tous les réactifs et détone avec violence quand on l'enflamme à l'aide d'une amorce fulminante.

Le coton-poudre se prépare en traitant la cellulose par un mélange d'acide sulfurique et d'acide azotique concentrés ; il sert comme explosif et forme la base des poudres dites sans fumée. La cellulose mononitrique sert aussi à fabriquer le *celluloïde*, mélange de coton-poudre et de camphre qui est très malléable à chaud et peut alors prendre toutes les formes possibles.

481. Graisses. — Les graisses sont des éthers naturels de la glycérine, qui renferment le plus souvent des acides monoatomiques saturés (voir *Acides gras*) ; ce sont des corps liquides ou solides, toujours très fusibles et très combustibles, non volatils, complètement insolubles dans l'eau et l'alcool, solubles, au contraire, dans l'éther, le sulfure de carbone et les hydrocarbures.

Elles servent dans l'alimentation, ainsi que pour le graissage des machines et la fabrication des bougies et du savon.

Les huiles sont des graisses liquides, formées surtout de *trioléine ;* on les classe souvent en huiles *siccatives*, qui se dessèchent à l'air par oxydation, et en huiles *grasses*, qui conservent à peu près indéfiniment leur fluidité à l'air.

Les huiles siccatives, et en particulier l'huile de lin, servent en peinture ; on les associe alors à l'essence de térébenthine.

CHAPITRE VII

MATIÈRES AZOTÉES DE LA SÉRIE GRASSE

482. Classification. — Les matières organiques azotées bien définies peuvent toutes se ramener à trois groupes principaux, qui sont les *amines* ou *ammoniaques composées*, les *amides* et les *nitriles*.

Les *amines* résultent de la substitution d'un ou plusieurs radicaux alcooliques à l'hydrogène de l'ammoniaque ordinaire ; elles sont toutes basiques comme l'ammoniaque elle-même et donnent avec les acides des sels dans lesquels on peut concevoir l'existence d'*ammoniums composés*, dérivés par substitution de l'ammonium ordinaire AzH^4.

La formule générale des amines peut donc s'écrire $RAzH^2$, $\frac{R}{R'}{>}AzH$ ou $\frac{R}{R'}{>}AzR''$, si l'on appelle R, R' et R'' des radicaux alcooliques quelconques, identiques ou différents. Le premier type, qui renferme le reste AzH^2, caractérise les amines *primaires*, le second répond aux amines *secondaires* et le troisième aux amines *tertiaires*.

Les *amides* résultent de la substitution du groupe AzH^2 à l'oxhydryle d'un acide ; leur formule générale est en conséquence $R-COAzH^2$.

Les acides bibasiques peuvent fournir deux amides

différentes dont l'une renferme encore une fonction d'acide ; c'est le cas de l'acide oxalique qui donne d'abord l'acide *oxamique* $CO^2H-COAzH^2$, puis l'*oxamide* $COAzH^2-COAzH^2$.

Enfin les *nitriles* sont les produits de la substitution d'un atome d'azote à trois atomes d'hydrogène, dans le groupe terminal CH^3 d'un hydrocarbure quelconque ; leur formule générale $R-CAz$ permet de les envisager comme des *cyanures* de radicaux alcooliques.

Amines.

483. Propriétés, préparation. — Les amines sont des corps très volatils qui possèdent la plupart des propriétés physiques et chimiques de l'ammoniaque ; elles ont toutes une forte odeur, rappelant quelquefois de très près celle de l'ammoniaque, et donnent avec les acides des sels cristallisables, généralement inodores quelquefois isomorphes avec les sels alcalins.

On forme le nom des amines en énonçant à la suite les uns des autres les radicaux qui s'y trouvent et en ajoutant la terminaison *amine*.

Exemple :

$$(CH^3)(C^2H^5)(C^3H^7)Az.$$
Méthyléthylpropylamine.

On les prépare ordinairement par la méthode d'Hoffmann, qui consiste à traiter l'ammoniaque ou une amine déjà formée par l'iodure du radical qu'on veut faire entrer dans sa molécule. On peut ainsi obtenir successivement toutes les amines, primaires, secondaires ou tertiaires, et même les iodures des ammoniums composés.

$$AzH^3 + CH^3I = (CH^3)AzH^2,HI \dots \text{\textit{Iodhydrate de mé-}}$$
thylamine.
$$(CH^3)AzH^2 + CH^3I = (CH^3)^2AzH,HI \quad \text{\textit{Iodhydrate de di-}}$$
méthylamine.
$$(CH^3)^2AzH + CH^3I = (CH^3)^3Az,HI. \quad \text{\textit{Iodhydrate de tri-}}$$
méthylamine.
$$(CH^3)^3Az + CH^3I = (CH^3)^4AzI \dots \text{\textit{Iodure de tétramé-}}$$
thylammonium.

La triméthylamine $Az(CH^3)^3$ présente seule quelque intérêt pratique; c'est un liquide extrêmement volatil, qui possède une forte odeur de poisson pourri; elle se produit, en effet, dans la putréfaction des matières azotées complexes.

La triméthylamine prend naissance également dans la distillation sèche des vinasses de betteraves, c'est ce qui permet de l'obtenir industriellement en grande quantité. Son chlorhydrate donne, ne se décomposant par la chaleur, du chlorure de méthyle.

Amides.

484. Propriétés, préparation. — Les amides sont des corps neutres, généralement bien cristallisés, que l'on reconnaît à ce qu'ils se transforment, par hydratation, en sels ammoniacaux.

$$R - CO\,AzH^2 + H^2O = R - CO^2AzH^4.$$
Amide.   Sel ammoniacal.

On leur donne habituellement le nom de l'acide d'où ils dérivent, terminé par *amide*.

La potasse donne avec eux un sel de potassium et un dégagement d'ammoniaque.

Les corps très avides d'eau, comme l'anhydride phosphorique, les transforment en nitriles.

$$R—COAzH^2 = H^2O + R—CAz.$$
Amide.   Nitrile.

On prépare les amides en déshydratant les sels ammoniacaux par la chaleur ou en traitant les éthers-sels par l'ammoniaque; l'alcool de l'éther est alors mis en liberté.

$$C^2H^3O^2AzH^4 = H^2O + C^2H^3OAzH^2.$$
Acétate d'ammoniaque.   Acétamide.

$$C^2O^4(C^2H^5)^2 + 2AzH^3 = 2C^2H^6O + C^2O^2(AzH^2)^2.$$
Oxalate d'éthyle.   Oxamide.

485. Urée $CO(AzH^2)^2$. — L'urée est le seul corps intéressant de cette série, elle représente l'amide de l'acide carbonique $CO(OH)^2$ et devrait être appelée *carbamide*.

L'urée est un beau corps blanc, cristallisé en longues aiguilles prismatiques, très solubles dans l'eau et dans l'alcool, qui se changent par hydratation en carbonate d'ammoniaque.

$$CO(AzH^2)^2 + 2H^2O = CO^3(AzH^4)^2.$$

En présence de matières organiques complexes, l'urée est facilement attaquée par un ferment spécial qui produit le même effet; c'est cette réaction qui est cause de l'odeur ammoniacale qui se développe pendant la putréfaction de l'urine.

Les oxydants la décomposent, en donnant de l'acide carbonique, de l'eau et de l'azote.

L'urée existe dans l'urine de l'homme, qui en renferme environ 20 grammes par litre; on la prépare artificiellement par le procédé de Wöhler, qui consistà évaporer jusqu'à sec une dissolution de *cyanate de potassium* et de sulfate d'ammoniaque.

$$2COAzK + SO^4(AzH^4)^2 = SO^4K^2 + 2CO(AzH^2)^2.$$

Cyanate de potassium.   Urée.

On extrait l'urée de son mélange avec le sulfate de potassium au moyen de l'alcool, qui la dissout seule.

486. Acide urique $C^5O^3Az^4H^4$. — L'acide urique est un dérivé complexe de l'urée, qui se trouve en abondance dans les déjections des oiseaux et des serpents, exceptionnellement dans l'urine de l'homme. C'est une poudre blanche, cristalline, à peu près insoluble dans l'eau, que l'on reconnait à ce qu'elle donne avec l'ammoniaque, après oxydation par l'acide nitrique, une coloration rouge intense *(murexide)*.

L'acide urique se dissout dans les alcalis, mais ne doit pas être considéré comme un véritable acide : il n'en possède d'ailleurs aucunement la constitution et ne donne pas avec les bases de véritables sels.

Nitriles.

487. Propriétés, préparation. — Les nitriles sont des corps volatils que l'on reconnait à ce qu'ils se transforment successivement, par hydratation, en amides et en sels ammoniacaux.

$$R\!-\!CAz + H^2O = R\!-\!COAzH^2.$$

Nitrile.   Amide.

$$R\!-\!CAz + 2H^2O = R\!-\!CO^2AzH^4.$$

Nitrile.   Sel ammoniacal.

On profite souvent de cette dernière réaction pour préparer les acides organiques; nous avons eu déjà occasion de l'appliquer à propos de l'acide propionique et de l'acide succinique.

On donne aux nitriles le nom de l'acide qui se forme pendant leur hydratation; on les prépare, soit en déshydratant une amide par l'anhydride phosphorique, soit en traitant un iodure alcoolique par le cyanure de potassium.

$$C^2O^2(AzH^2)^2 = 2H^2O + C^2Az^2.$$

Oxamide.   Cyanogène.

$$C^2H^5I + KCAz = KI + C^2H^5CAz.$$

Iodure d'éthyle.   Nitrile propionique.

Nitrile formique (acide cyanhydrique),
CAzH ou CyH.

488. Propriétés, préparation. — Le nitrile formique, qu'on appelle aussi, improprement, *acide cyanhydrique* ou *acide prussique*, est un liquide très volatil, qui bout à 26 degrés, se congèle à — 15 degrés et possède une forte odeur d'amandes amères. On peut le reconnaître en très petites quantités à ce qu'il se change en *bleu de Prusse* quand on le traite successivement par la potasse et un sel de fer, puis par un excès d'acide chlorhydrique.

Le nitrile formique est le plus rapide et presque le plus violent de tous les poisons connus; il en suffit d'une seule goutte pour tuer un chien en moins d'une minute.

Les acides minéraux étendus le transforment rapidement en formiate d'ammoniaque; les bases donnent avec lui des cyanures, qui se décomposent par l'ébullition en ammoniaque et formiates métalliques.

$$CAzH + KOH = KCAz + H^2O.$$
$$KCAz + 2H^2O = AzH^3 + CHO^2K.$$

Le nitrile formique se décompose spontanément,

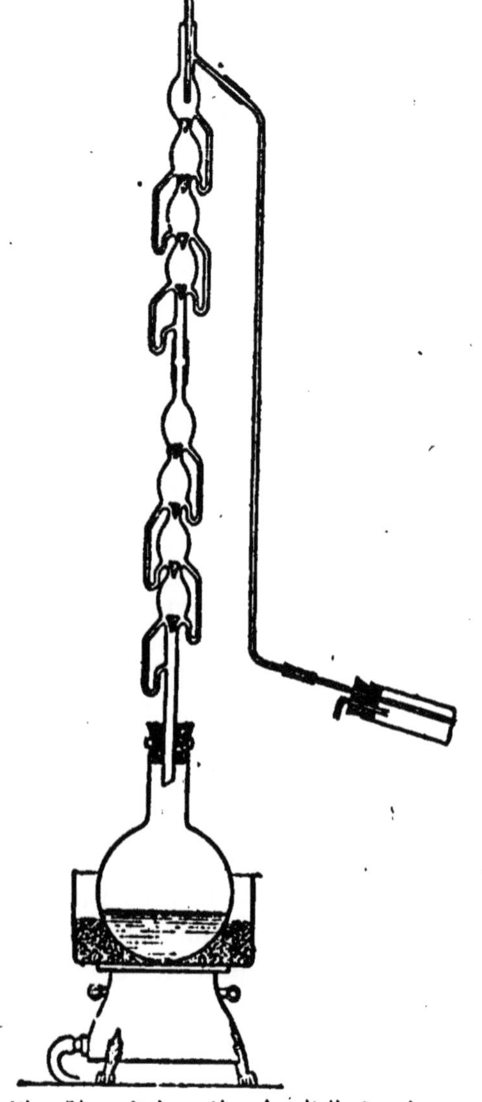

Fig. 71. — Préparation du nitrile formique.

quand il n'est pas pur, en donnant un dépôt volumineux, brun, dont la nature n'est pas connue.

On prépare ce corps en chauffant du cyanure de mercure avec de l'acide chlorhydrique (Gay-Lussac) ou, d'après Wöhler, en distillant du ferrocyanure de potassium avec de l'acide sulfurique étendu (fig. 71).

$$Hg(CAz)^2 + 2HCl = HgCl^2 + 2CAzH.$$
$$2FeCy^6K^4 + 3SO^4H^2 = Fe^2Cy^6K^2 + 3SO^4K^2 + 6HCy.$$

Sa synthèse a été effectuée par M. Berthelot, en faisant passer des étincelles électriques dans un mélange d'acétylène et d'azote.

$$C^2H^2 + 2Az = 2CAzH.$$

Il se produit, en même temps que du glucose et de l'aldéhyde benzoïque, dans l'action d'une diastase particulière, appelée *émulsine*, sur *l'amygdaline* des amandes ; c'est pour cela que les liqueurs fermentées de fruits à noyaux et l'*eau distillée de laurier cerise* en renferment un peu.

Le nitrile formique sert surtout comme réactif dans les laboratoires.

Nitrile oxalique (cyanogène) C^2Az^2 ou Cy^2.

489. Propriétés, préparation. — Le nitrile oxalique CAz-CAz est ordinairement appelé *cyanogène* parce qu'il fait partie du bleu de Prusse ; c'est un gaz incolore, à odeur d'amandes, vénéneux, dont la densité est égale à 1,8, et que l'on reconnait surtout à ce qu'il brûle à l'air avec une flamme pourpre, en donnant de l'acide carbonique et de l'azote.

$$C^2Az^2 + 4O = 2CO^2 + 2Az.$$

Avec la potasse et les sels de fer, il donne la réaction du bleu de Prusse comme le nitrile formique.

Le cyanogène est soluble dans l'eau, qui en absorbe environ quatre fois son volume, ainsi que dans l'alcool; il se liquéfie à —22 degrés et se congèle à —35 degrés.

Vis-à-vis de certains corps simples, il se comporte comme un radical et donne un grand nombre de combinaisons dans lesquelles entre le groupe monovalent CAz; ce groupe, à cause de sa fréquence, est souvent représenté par le symbole abrégé Cy.

C'est ainsi qu'avec l'hydrogène, à chaud, il donne le nitrile formique CAzH et avec les métaux alcalins les cyanures CAzK et CAzNa; par voie indirecte, on peut l'unir aux corps halogènes et avoir ainsi les chlorure, bromure et iodure de cyanogène CAzCl, CAzBr et CAzI.

Par hydratation, il se change successivement en oxamide et en oxalate d'ammoniaque, ce qui établit nettement sa fonction de nitrile.

$$C^2Az^2 + 2H^2O = C^2O^2(AzH^2)^2.$$
$$C^2Az^2 + 4H^2O = C^2O^4(AzH^4)^2.$$

Le cyanogène prend naissance lorsqu'on déshydrate l'oxamide par un excès d'anhydride phosphorique, mais il est préférable, pour l'obtenir pur, de décomposer par la chaleur le cyanure mercurique.

L'opération s'effectue dans une simple cornue de verre peu fusible; le gaz qui se dégage est recueilli sur la cuve à mercure.

$$HgCy^2 = Hg + Cy^2.$$

Il se forme en même temps une substance brune, qui reste au fond de la cornue à la fin de l'opération; ce corps est un polymère $(CAz)^n$ du cyanogène, que l'on désigne sous le nom de *paracyanogène*: il peut lui-même se transformer partiellement en cyanogène gazeux quand on le soumet à une haute température.

Acide cyanique ou carbimide $COAzH$.

490. Propriétés, préparation. — On désigne sous ce nom impropre d'acide cyanique, un liquide très volatil, d'odeur piquante et extrêmement corrosif, qui se forme lorsqu'on distille l'*acide cyanurique* $C^3O^3Az^3H^3$. C'est un corps éminemment instable, qui se transforme spontanément en un polymère solide $(COAzH)^n$, connu sous le nom de *cyamélide*; la cyamélide peut d'ailleurs régénérer l'acide cyanique primitif par simple distillation.

L'hydrogène de l'acide cyanique est remplaçable par un métal; le *cyanate de potassium* $COAzK$ est un sel blanc que l'on prépare en chauffant du ferrocyanure de potassium avec du minium.

L'acide cyanurique, qui sert à préparer les composés précédents, s'obtient lui-même en chauffant l'urée $CO(AzH^2)^2$; c'est un corps blanc, cristallisé et soluble dans l'eau, dont l'hydrogène est encore remplaçable par une quantité équivalente de métal.

Matières albuminoïdes.

491. Propriétés. — On appelle *matières albuminoïdes* ou *matières protéiques*, tous les corps azotés quaternaires qui se rapprochent de l'albumine proprement dite par leur composition ou leurs propriétés.

Ce sont des substances amorphes dont la constitution chimique est fort complexe et dont il est impossible de fixer la formule; on sait seulement, d'après M. Schützenberger, qu'elles appartiennent à la série grasse et qu'elles possèdent plusieurs fonctions d'amides. Les albuminoïdes renferment tous environ 16 0/0 d'azote; ils ont pour caractère commun de donner, avec la potasse et le sulfate de cuivre, une coloration violette (*réaction du biuret*).

Les principaux corps de ce groupe sont *l'albumine*, la *fibrine*, la *caséine*, le *gluten* et la *gélatine*.

492. Albumine. — L'albumine est une matière blanche, entièrement soluble dans l'eau froide, dont les solutions se coagulent par la chaleur, vers 70 degrés, ou par addition d'un acide énergique; cette propriété permet de reconnaitre facilement l'albumine partout où elle se trouve.

On la rencontre dans tous les tissus et dans tous les liquides de l'organisme; le blanc d'œuf est de l'albumine sensiblement pure.

493. Fibrine. — C'est la substance des fibres musculaires et l'une des matières azotées que renferme le sérum du sang; elle peut en être séparée par un simple battage.

À l'état libre, la fibrine est insoluble dans l'eau.

494. Caséine. — La caséine est la matière albuminoïde du lait; elle y reste en dissolution tant que ce liquide conserve son alcalinité naturelle et s'en sépare, sous forme de caillots, dès qu'il devient acide ou qu'on y ajoute certains ferments particuliers (*présure*).

La caséine est la matière première de la fabrication du fromage.

495. Gluten. — On donne le nom de gluten à la matière azotée qui accompagne l'amidon dans les graines de céréales. C'est un corps mou et élastique quand il est frais, dur et cassant quand il a été desséché, complètement insoluble dans l'eau; on le prépare en malaxant une pâte épaisse de farine ordinaire sous un filet d'eau qui entraine l'amidon.

496. Gélatine. — La gélatine est une substance transparente, blanche ou légèrement jaunâtre, qui est soluble dans l'eau et non coagulable par la chaleur; ses solutions chaudes se prennent en gelée par le refroidissement.

On prépare la gélatine en épuisant les os ou les cartilages par l'eau bouillante, dans des chaudières autoclaves; elle sert à fabriquer les gelées alimentaires et la *colle forte*.

Les matières albuminoïdes sont indispensables à la nutrition des animaux; sous l'action de la *pepsine* et des acides qui se trouvent mélangés dans le suc gastrique, elles se dissolvent et se transforment en *peptones*, qui entrent directement dans la circulation. L'*urée* est le produit ultime de leur oxydation dans l'organisme vivant.

Il a été impossible jusqu'à présent d'effectuer la synthèse des albuminoïdes; les plantes seules sont capables de les former de toutes pièces, en partant de matières purement minérales.

SÉRIE AROMATIQUE

CHAPITRE VIII

HYDROCARBURES AROMATIQUES

497. Définition, constitution. — Ainsi que nous l'avons déjà dit, les corps aromatiques renferment tous un *noyau cyclique* ou *chaine fermée*, qui est généralement de forme hexagonale et que l'on appelle, du nom du chimiste qui a pour la première fois proposé cette hypothèse, *hexagone de Kékulé*.

On admet que les six atomes de carbone qui constituent cette chaine sont unis successivement par une simple et une double liaison, d'où il résulte que, sur les 24 valences qu'ils possèdent à l'état libre, il ne leur en reste plus que six pour se combiner à d'autres éléments. Le noyau aromatique C^6 est donc hexavalent, alors que dans la série grasse le même nombre d'atomes de carbone pouvait prendre 14 atomes d'hydrogène.

Cette constitution toute particulière des hydrocarbures aromatiques apparaît avec la plus grande netteté chez le benzène, qui se comporte dans la plupart de ses réactions comme un corps saturé, bien qu'il renferme trois doubles liaisons éthyléniques.

En règle générale, ces liaisons doubles ne s'ouvrent que rarement et difficilement, en sorte que le noyau aromatique n'est guère modifiable que par substitution ; le benzène devient alors le point de départ de la série aromatique tout entière.

498. Isoméries. — Les six sommets de l'hexagone benzénique sont identiques entre eux ; si donc on remplace, dans le benzène C^6H^6, un atome d'hydrogène par un radical quelconque, on aura toujours le même dérivé monosubstitué, quelle que soit la position qu'occupe ce radical dans la molécule. Mais si l'on veut y faire entrer deux radicaux, identiques ou différents, peu importe, il est facile de voir qu'on pourra le faire de trois manières différentes, répondant à autant de formes non superposables et par conséquent isomériques.

On a coutume d'appeler *dérivé ortho* celui dans lequel les deux radicaux substituants sont voisins ; quand, au contraire, ils sont séparés par un ou deux groupes CH, on a un *dérivé méta* ou un *dérivé para*.

Ces dénominations, qui s'emploient le plus souvent en préfixes, peuvent d'ailleurs être remplacées par les numéros d'ordre des atomes de carbone auxquels les radicaux sont unis.

Exemples :

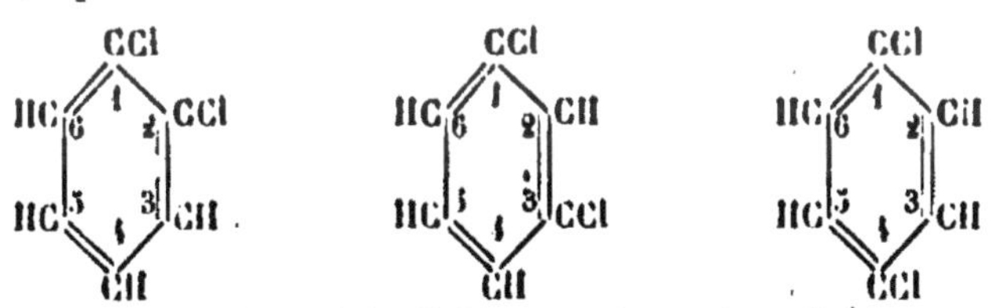

Orthodichlorobenzène   Métadichlorobenzène   Paradichlorobenzène
ou dichlorobenzène 1.2.   ou dichlorobenzène 1.3.   ou dichlorobenzène 1.4.

On verrait de même qu'il peut y avoir trois dérivés tri ou tétrasubstitués du benzène. Si l'on remarque enfin qu'il est capable de fournir un dérivé pentasubstitué et un autre hexasubstitué on peut dire, d'une manière générale, qu'un même corps, introduit par voie de substitution dans l'hexagone benzénique, donne naissance à 12 composés différents, qui sont :

1 dérivé monosubstitué C^6H^5R.
3 dérivés bisubstitués $C^6H^4R^2$ (1.2; 1. 3 et 1.4).
3 dérivés trisubstitués $C^6H^3R^3$ (1.2.3; 1.2.4 et 1.3.5).
3 dérivés tétrasubstitués $C^6H^2R^4$ (1.2.3.4; 1.2.3.5 et 1.2.4.5).
1 dérivé pentasubstitué C^6HR^5 et enfin
1 dérivé hexasubstitué C^6R^6.

Dans les cas simples tous ces dérivés sont connus, ce qui justifie l'exactitude des spéculations fondées sur la formule hexagonale des corps aromatiques.

Il existe une infinité d'hydrocarbures aromatiques ; le plus simple de tous est le *benzène* C^6H^6, dont tous les autres dérivent par voie de substitution. La plupart d'entre eux se rencontrent dans le goudron de houille, mélangés avec un grand nombre d'autres produits ; pour les en extraire on partage d'abord le goudron brut, par distillation, en deux parties inégalement volatiles, que l'on appelle *huiles légères* et *huiles lourdes*, puis on fractionne ces deux liquides à température fixe.

Nous n'examinerons ici que les hydrocarbures aromatiques les plus importants.

Benzène ou Benzine C^6H^6.

499. Propriétés. — Le benzène est un liquide incolore, d'odeur caractéristique, qui bout à 80 degrés et se congèle à 0 degrés ; il est insoluble dans l'eau, mais se mélange en toute proportion avec l'alcool, l'éther et les autres hydrocarbures. Sa densité est égale à 0,9.

Le benzène est très combustible ; il brûle à l'air avec une flamme blanche et fuligineuse.

Le chlore l'attaque par substitution en donnant toute une série de dérivés chlorés C^6H^5Cl, $C^6H^4Cl^2$, $C^6H^3Cl^3$, etc., C^6Cl^6 ; au soleil, à froid, il le transforme en un produit d'addition, l'hexachlorure de benzène $C^6H^6Cl^6$, qui est solide et cristallisé.

L'acide sulfurique fumant donne avec lui une combinaison particulière $C^6H^5(SO^3H)$ que l'on appelle *acide benzène sulfonique* ; l'acide azotique le change en dérivés *nitrés*, qui sont connus sous le nom de *nitrobenzènes*.

$$C^6H^6 + AzO^3H = H^2O + C^6H^5(AzO^2) \ldots \quad \textit{nitrobenzène}$$
$$C^6H^6 + 2AzO^3H = 2H^2O + C^6H^4(AzO^2)^2 \quad \textit{dinitrobenzène.}$$
$$C^6H^6 + 3AzO^3H = 3H^2O + C^6H^3(AzO^2)^3 \quad \textit{trinitrobenzène.}$$

Le nitrobenzène $C^6H^5(AzO^2)$ est un liquide jaunâtre plus dense que l'eau, qui bout à 210 degrés et possède une forte odeur d'amandes amères ; on le prépare en traitant le benzène, à froid, par un mélange d'acide sulfurique et d'acide azotique concentrés et on s'en sert pour préparer l'*aniline* $C^6H^5(AzH^2)$. On l'emploie aussi en parfumerie, sous le nom d'*essence de mirbane*, pour remplacer l'*essence d'amandes amères* ou *aldéhyde benzoïque* C^6H^5CHO.

Remarque. — Le reste C^6H^5, qui fonctionne comme radical monovalent dans un grand nombre de dérivés du benzène, est souvent appelé *phényle*. Le benzène monochloré C^6H^5Cl est alors du *chlorure de phényle*.

500. Préparation. — Le benzène se retire par distillation fractionnée des huiles légères de goudron.

Synthèse. — M. Berthelot a réalisé la synthèse du benzène en chauffant l'acétylène au rouge sombre, dans une cloche courbe (fig. 72).

$$3C^2H^2 = C^6H^6.$$

Cette réaction explique la formation du benzène, dans les cornues à gaz.

Fig. 72. — Synthèse du benzène.

Usages. — Le benzène sert dans l'industrie à fabriquer le nitrobenzène et le phénol; on l'utilise aussi fréquemment, à l'état pur ou mélangé d'alcool, pour dégraisser les étoffes.

Toluène C^7H^8.

501. Propriétés, préparation. — Le toluène ou *méthylbenzène* C^6H^5-CH^3 est un liquide d'odeur désagréable, qui bout à 111 degrés et possède presque exactement les mêmes propriétés que le benzène.

L'acide azotique mélangé d'acide sulfurique le transforme en *nitrotoluène* $C^6H^4(CH^3)(AzO^2)$, qui est la matière première de la fabrication de la *toluidine* C^7H^7 (AzH^2).

Le nitrotoluène étant un dérivé bisubstitué du benzène existe sous les trois formes isomériques *ortho*, *méta* et *para;* les variétés ortho et para sont celles qui se forment le plus facilement.

Le chlore, à chaud ou au soleil, transforme le toluène en *chlorométhylbenzène* $CH^2Cl\text{-}C^6H^5$; en présence d'iode il entre dans le noyau et donne le méthylchlorobenzène $CH^3\text{-}C^6H^4Cl$, isomère du précédent.

Le toluène s'extrait, comme le benzène, des huiles légères de goudron ; il sert, dans l'industrie, à la fabrication de la toluidine et à celle de l'aldéhyde benzoïque.

Xylènes C^8H^{10}.

502. Propriétés, préparation. — Les xylènes sont les diméthylbenzènes $C^6H^4(CH^3)^2$, isomériques de l'éthylbenzène $C^6H^5(C^2H^5)$; ils sont au nombre de trois, correspondant aux positions ortho, méta et para.

Les xylènes sont des liquides incolores, bouillant vers 140 degrés, qui ressemblent au toluène par la plupart de leurs propriétés chimiques; ils se trouvent comme lui dans le goudron de gaz et servent à préparer les *nitroxylènes* dont on fait usage dans la fabrication des matières colorantes artificielles.

Cymène $C^{10}H^{14}$.

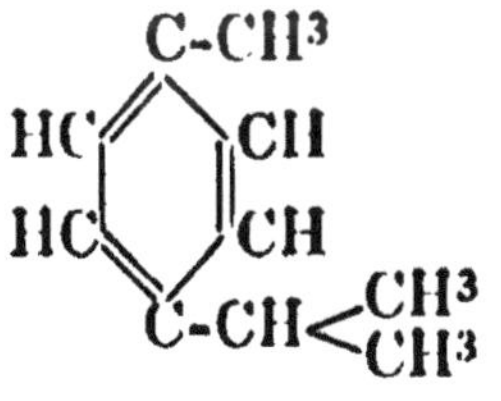

503. Propriétés, préparation. — Le cymène est le *paraméthyl-méthoéthylbenzène,*

par conséquent un dérivé bisubstitué du benzène, iso-mérique des *méthylpropylbenzènes*, des *diméthyl-éthylbenzènes*, des *tétraméthylbenzènes* et des *butyl-benzènes*.

C'est encore un liquide, d'odeur particulière, qui bout à 175° et est sensiblement moins stable que les hydrocarbures précédents; les oxydants énergiques transforment ses chaines latérales $\left(CH^3 \text{ et } CH{<}^{CH^3}_{CH^3} \right)$ en carboxyles et donnent ainsi naissance à l'acide *paraphtalique* ou *téréphtalique* $C^6H^4(CO^2H)^2$.

Le cymène existe dans un grand nombre d'essences végétales odorantes, où il se trouve mélangé avec des hydrocarbures terpéniques (essences de *cumin*, de *thym*, d'*eucalyptus*, etc.); on le prépare ordinaire-ment en déshydratant le camphre par l'anhydride phosphorique.

$$C^{10}H^{16}O = H^2O + C^{10}H^{14}.$$

Camphre.   **Cymène.**

Naphtalène ou naphtaline $C^{10}H^8$.

501. Propriétés, préparation. — On attribue générale-ment au naphtalène la formule de constitution sui-vante

qui en fait un dérivé bisubstitué ortho du benzène.

C'est un corps solide blanc, qui possède une odeur pénétrante et désagréable, absolument caractéristique ; il fond à 80 degrés et bout à 218 degrés ; on peut l'obtenir très bien cristallisé, par voie de sublimation, en belles lamelles brillantes.

Le naphtalène brûle à l'air avec une flamme extrêmement fuligineuse ; sa vapeur, très riche en charbon, augmente beaucoup le pouvoir éclairant du gaz de houille ordinaire (becs à l'*albo-carbon*).

Le naphtalène se comporte vis-à-vis des réactifs comme un hydrocarbure saturé, c'est-à-dire qu'il est modifiable surtout par substitution ; le chlore donne avec lui les *naphtalènes chlorés* $C^{10}H^7Cl$, $C^{10}H^6Cl^2$, $C^{10}H^5Cl^3$, etc., $C^{10}Cl^8$, qui présentent de nombreux cas d'isomérie, à cause des différentes positions que le chlore peut occuper dans la molécule de l'hydrocarbure primitif.

Le brome fournit de même des dérivés bromés, avec dégagement d'acide bromhydrique ; l'acide nitrique donne les *nitronaphtalènes* $C^{10}H^7(AzO^2)$, $C^{10}H^6(AzO^2)^2$, $C^{10}H^5(AzO^2)^3$ et $C^{10}H^4(AzO^2)^4$; l'acide sulfurique fumant transforme le naphtalène en acides *naphtalènesulfoniques* $C^{10}H^7(SO^3H)$, qui servent à la préparation des *naphtols ;* enfin les oxydants énergiques détruisent une partie de sa molécule en donnant l'acide *orthophtalique* $C^6H^4(CO^2H)^2$, isomère de l'acide téréphtalique du cymène.

Le naphtalène s'extrait par distillation des huiles lourdes de goudron ; il sert à fabriquer les naphtols l'acide phtalique et un certain nombre de matières colorantes artificielles.

Anthracène $C^{14}H^{10}$.

505. Propriétés, préparation. — L'anthracène est un

dérivé complexe du benzène que l'on représente ordinairement par la formule

$$\text{(formule développée de l'anthracène)}$$

C'est un corps solide, cristallisé en petites lamelles légères, qui fond à 213 degrés et bout à 360 degrés ; il possède encore les caractères d'un hydrocarbure saturé et donne, comme le benzène et le naphtalène, un grand nombre de dérivés chlorés ou bromés. Une de ses réactions les plus nettes est sa transformation en *anthraquinone* $C^{14}H^8O^2$ sous l'influence des corps oxydants, comme, par exemple, l'acide azotique ou l'acide chromique.

L'anthracène se retire des huiles lourdes de goudron et sert dans l'industrie pour la fabrication de l'*alizarine* artificielle.

Triphénylméthane $C^{19}H^{16}$.

506. Propriétés, préparation. — Dans le reste CH^3 du toluène on peut faire entrer, par voie de substitution, encore un ou deux groupes phényle C^6H^5. On obtient ainsi le *diphénylméthane* $CH^2(C^6H^5)^2$ et le *triphénylméthane* $CH(C^6H^5)^3$.

Ce dernier, qui constitue le noyau des couleurs dites d'*aniline*, est un corps blanc, bien cristallisé, qui fond à 92° et bout à 358°.

On l'obtient aisément par la méthode de MM. Friedel et Crafts, en traitant le benzène par le chloroforme, en présence du chlorure d'aluminium.

$$3C^6H^6 + CHCl^3 = 3HCl + CH(C^6H^5)^3.$$

Hydrures aromatiques.

507. Généralités. — On appelle ainsi les produits qui se forment lorsqu'on ajoute de l'hydrogène aux hydrocarbures aromatiques normaux ; cette addition ne pouvant se faire que grâce à l'ouverture des doubles liaisons qui existent dans l'hexagone benzénique, les corps dont il s'agit ne possèdent plus les trois liaisons éthyléniques qui caractérisent les dérivés immédiats du benzène : les *dihydrures* en renferment encore deux, les *tétrahydrures* n'en montrent qu'une seule et enfin les *hexahydrures*, qui représentent la limite extrême de l'hydrogénation possible du benzène, n'offrent jamais que des liaisons simples, comme celles qui caractérisent les hydrocarbures saturés de la série grasse.

Ce sont les plus stables de tous, et en cela ils sont absolument comparables aux carbures forméniques.

Les dihydrures et les tétrahydrures sont en général peu stables et montrent une grande tendance à passer, soit à l'état d'hexahydrures, soit à l'état d'hydrocarbures aromatiques proprement dits.

508. Hexahydrures. — Les hexahydrures aromatiques dérivés du benzène ou de ses homologues, toluène, xylène et autres, répondent à la formule générale C^nH^{2n} ; ils sont donc isomères des hydrocarbures éthyléniques de la série grasse. On les en distingue pratiquement parce qu'ils sont incapables de s'unir directement au brome.

L'acide sulfurique et l'acide azotique sont sans action sur eux, à froid ; le chlore seul les attaque, par voie de substitution.

Ces corps se rencontrent dans le pétrole de Russie,

d'où on peut les extraire par distillation fractionnée ;
ils servent, comme les hydrocarbures du pétrole amé-
ricain, à l'éclairage et au chauffage.

509. Tétrahydrures. — Les tétrahydrures aromatiques sont peu nombreux et encore mal connus ; l'acide
sulfurique les attaque avec facilité et les transforme
partiellement en hexahydrures plus stables.

510. Dihydrures. Terpènes $C^{10}H^{16}$. — Il existe théoriquement autant de dihydrures qu'il y a d'hydrocarbures aromatiques vrais, sans compter les isoméries
qui tiennent à la place de la double liaison que l'addition d'hydrogène a fait disparaitre.

Les seuls intéressants sont les dihydrures de
cymène ou · *terpènes* $C^{10}H^{16}$, dont la formule peut
s'écrire

$$
\begin{array}{c}
\text{C-CH}^3 \\
\text{HC} \diagup \diagdown \text{CH} \\
\text{H}^2\text{C} \diagdown \diagup \text{CH} \\
\text{CH-CH} < {\text{CH}^3 \atop \text{CH}^3}
\end{array}
$$

sans rien préjuger, bien entendu, sur la position des
liaisons éthyléniques qui restent dans leur molécule.
C'est d'ailleurs cette position même qui est cause de
leur isomérie.

Les terpènes peuvent se classer grossièrement en
trois groupes : les hydrocarbures *térébéniques* ou *téré-
benthènes*, qui se combinent à une seule molécule
d'acide chlorhydrique, pour former des monochlorhy-
drates $C^{10}H^{16},HCl$, les hydrocarbures *terpiléniques* ou
citrènes, qui s'unissent à deux molécules d'acide
chlorhydrique pour donner des dichlorhydrates
$C^{10}H^{16},2HCl$ et enfin les hydrocarbures *camphéniques*

ou *camphènes*, qui sont solides et cristallisés à la température ordinaire et ne prennent qu'un seul HCl.

Tous ces corps sont actifs sur la lumière polarisée ; ils sont volatils et possèdent une odeur forte, caractéristique et souvent agréable.

Les oxydants les transforment en cymène $C^{10}H^{14}$, ce qui montre leurs relations étroites avec la série aromatique ; l'acide sulfurique les change en polymères moins volatils.

Les terpènes forment la partie principale des essences que l'on extrait des plantes odoriférantes par distillation. Le plus commun de tous est le *térébenthène* ou essence de térébenthine ordinaire, liquide incolore, qui bout à 155 degrés et se reconnaît immédiatement à son odeur particulière. Son chlorhydrate $C^{10}H^{16}$,HCl est un corps solide blanc, qui possède une forte odeur de camphre et a reçu, à cause de cette propriété, le nom de *camphre artificiel*.

L'essence de térébenthine sert comme dissolvant, dans la fabrication des vernis et des peintures à l'huile ; on l'obtient en distillant la résine du pin, qui se sépare ainsi en essence volatile et en *colophane* fixe.

Résines.

511. — Les résines sont des produits d'altération des hydrures aromatiques, qui accompagnent ordinairement ceux-ci chez les plantes qui en contiennent ; elles sont amorphes, insolubles dans l'eau, solubles dans l'alcool et tous les hydrocarbures.

On les emploie surtout à la fabrication des vernis (*copal*, *gomme-laque*) ; les plus importantes d'entre elles sont le *caoutchouc* et la *gutta-percha*, qui, par leur élasticité, leur imperméabilité et leur résistance aux réactifs, se prêtent aux usages les plus variés. La gutta-percha sert notamment à isoler les câbles électriques et à faire les moules de la galvanoplastie.

Le caoutchouc *vulcanisé* est du caoutchouc additionné de soufre, qui augmente encore son élasticité; le *caoutchouc durci* ou *ébonite* est du caoutchouc très fortement vulcanisé, il constitue l'un des meilleurs isolants que l'on connaisse.

Gaz de l'éclairage.

512. — Le gaz de l'éclairage se fabrique en distillant la houille grasse dans des cornues en terre réfractaire, chauffées au rouge sombre; il s'en dégage un volume considérable de gaz et de vapeurs que l'on envoie d'abord dans le *barillet*, long cylindre horizontal, à moitié rempli d'eau, où se condense la partie la moins volatile du goudron, puis dans un réfrigérant formé de grands tubes en U renversés (*jeu d'orgue*), dont les branches débouchent dans une caisse à eau, enfin dans les appareils d'*épuration chimique*, qui sont destinés à retenir les produits sulfurés, acide sulfhydrique et sulfure d'ammonium, que renferme toujours le gaz brut. Ces appareils contiennent un mélange de sulfate de calcium et d'oxyde ferrique (*mélange de Laming*), qui retient la totalité du soufre en se changeant en sulfure de fer.

$$Fe^2O^3 + 3H^2S = 2FeS + S + 3H^2O.$$
$$Fe^2O^3 + 3(AzH^4)^2S = 2FeS + S + 3H^2O + 6AzH^3.$$

Des caisses d'épuration le gaz se rend directement au gazomètre, qui l'emmagasine (fig. 73).

On obtient ainsi, pour 100 kilogrammes de houille, environ 28 mètres cubes de gaz et 75 kilogrammes de coke, auxquels il faut joindre un certain volume d'*eaux ammoniacales*, provenant du réfrigérant, et 5 à 6 kilogrammes de goudron.

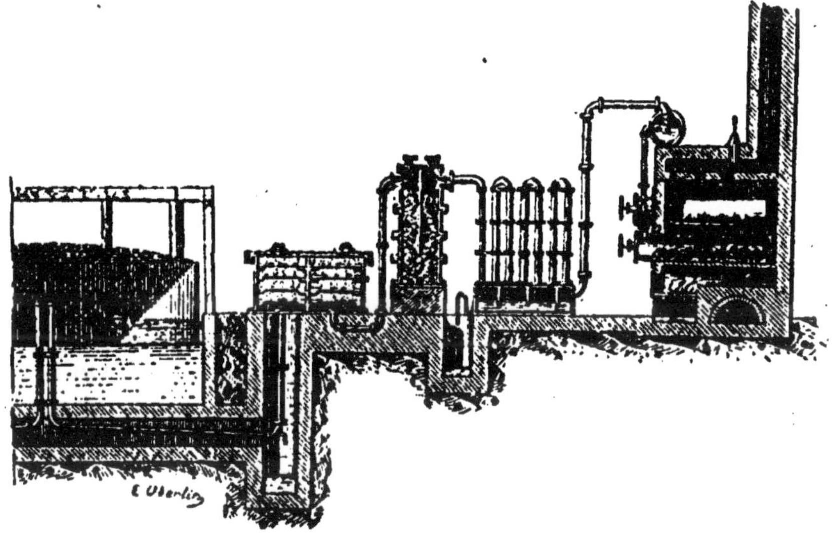

Fig. 73. — Fabrication du gaz d'éclairage.

Le gaz tel qu'on le brûle est un mélange d'hydrogène, de méthane, d'éthylène, d'acétylène, d'oxyde de carbone, d'azote et de vapeur d'hydrocarbures aromatiques, parmi lesquels dominent le benzène, le toluène et le naphtalène. Ce sont ces derniers qui lui communiquent son odeur et la plus grande partie de son pouvoir éclairant.

Les eaux ammoniacales servent à la fabrication industrielle de l'ammoniaque ; quant au goudron, c'est un mélange complexe d'une foule de composés aromatiques, appartenant surtout à la famille des hydrocarbures et à celle des *phénols*.

CHAPITRE IX

ALCOOLS AROMATIQUES

Phénols.

513. Généralités. — On rencontre dans la série aromatique beaucoup de corps qui possèdent les propriétés générales des alcools, et, de même que dans la série grasse, on peut les classer en alcools primaires, secondaires ou tertiaires, suivant que leur oxhydryle fait partie d'un groupe CH^2OH, $CHOH$ ou COH. Il y a donc à ce point de vue parallélisme complet entre les deux séries, cependant il faut bien remarquer que, à cause de la structure particulière de l'hexagone benzénique, le groupement COH, caractéristique des alcools tertiaires, peut seul pénétrer dans le noyau, par substitution de l'oxhydryle OH à l'hydrogène d'un de ses chaînons CH.

Les corps aromatiques qui renferment ainsi une ou plusieurs fonctions d'alcool tertiaire dans le noyau sont désignés sous le nom de *phénols*.

Les alcools aromatiques proprement dits, c'est-à-dire ceux qui renferment les groupements CH^2OH ou $CHOH$ en chaîne latérale, sont fort peu intéressants, nous citerons seulement parmi eux l'*alcool benzylique* $C^6H^5\text{-}CH^2OH$, qui résulte de l'hydrogénation de l'aldéhyde benzoïque.

Les phénols présentent au contraire une grande importance pratique ; ce sont généralement des corps solides, solubles dans l'eau et dans l'alcool, qui possèdent quelquefois une odeur forte, caractéristique, et donnent généralement avec les sels ferriques une coloration intense, bleue, verte ou noire.

Les phénols sont capables, comme tous les alcools, de s'unir aux acides pour former des éthers, mais ils peuvent aussi se combiner aux bases, à la manière d'acides faibles, pour donner des dérivés métalliques, comparables jusqu'à un certain point aux sels. C'est à cause de cette propriété que l'on range les phénols dans une classe à part, qui n'a pas de représentant dans la série grasse.

On connaît des phénols monovalents, divalents, trivalents, tétravalents, pentavalents et même hexavalents ; nous n'étudierons ici que ceux qui ont reçu des applications pratiques.

Phénol C^6H^6O.

514. Propriétés, préparation. — Le phénol ordinaire $C^6H^5(OH)$ ou

$$\begin{array}{c} COH \\ HC \quad CH \\ HC \quad CH \\ CH \end{array}$$

est un corps solide blanc, cristallisé, qui fond à 42 degrés et bout à 181 degrés, sans décomposition ; il est peu soluble dans l'eau, mais se dissout dans l'alcool en toutes proportions ; l'*acide phénique* des pharmaciens est une dissolution alcoolique de phénol ordinaire.

On le reconnaît sans peine à son odeur et à la coloration violette qu'il donne avec le chlorure ferrique.

Le phénol donne avec les bases alcalines des dérivés métalliques, de la forme $C^6H^5(OM)$, que l'on appelle improprement *phénates*.

Les réactifs énergiques l'attaquent comme le benzène lui-même, en donnant une foule de dérivés par substitution.

C'est un antiseptique puissant qui est très employé en médecine, à l'état de dissolution étendue (*eau phéniquée*).

On peut l'extraire du goudron de houille qui en renferme une certaine quantité; pour cela on agite les huiles lourdes avec une lessive de soude, qui transforme le phénol en phénate soluble, et on décompose celui-ci par l'acide chlorhydrique; le phénol brut qui se précipite est purifié par distillation et fractionnement.

On l'obtient plus pur en décomposant l'*acide benzène sulfonique* par la soude, à chaud.

$$C^6H^5(SO^3H) + 2NaOH = SO^3Na^2 + C^6H^5(OH) + H^2O.$$

Le phénol sert principalement à la fabrication de l'*acide picrique*, de l'*acide salicylique* et de certaines matières colorantes artificielles.

515. Acide picrique ou trinitrophénol $C^6H^2(OH)(AzO^2)^3$.
— L'acide picrique est un beau corps jaune, très bien cristallisé, d'une saveur extrêmement amère, qui est soluble dans l'eau et dans l'alcool; ses dissolutions teignent directement en jaune la laine et la soie.

Il donne, avec les bases alcalines, des dérivés métalliques qui détonent avec violence par la chaleur; le picrate de potassium $C^6H^2(OK)(AzO^2)^3$, entre autres, est un explosif comparable par son énergie à la dynamite.

L'acide picrique se prépare en traitant le phénol, à

chaud, par un mélange d'acide azotique et d'acide sulfurique; il sert en teinture et dans la fabrication des
matières explosives.

Thymol $C^{10}H^{14}O$.

516. Propriétés. — Le thymol ou *acide thymique* est
un phénol monovalent correspondant au cymène $C^{10}H^{14}$,

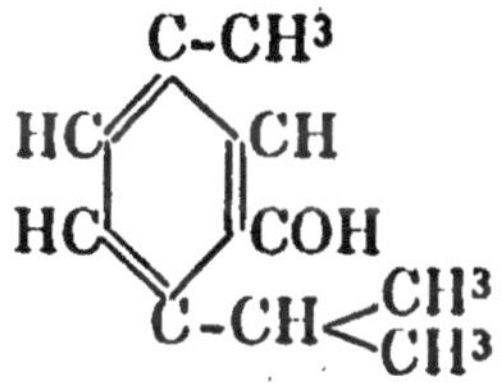

C'est un corps solide blanc, très bien cristallisé, qui
possède une odeur aromatique assez agréable et sert
en médecine aux mêmes usages que le phénol ordinaire.

On l'extrait de l'essence de thym, dont il forme une
partie importante.

Naphtols $C^{10}H^8O$.

517. Propriétés, préparation. — Les naphtols sont
les phénols monoatomiques du naphtalène; on en connaît deux formes isomériques, que l'on distingue par
les symboles α et β.

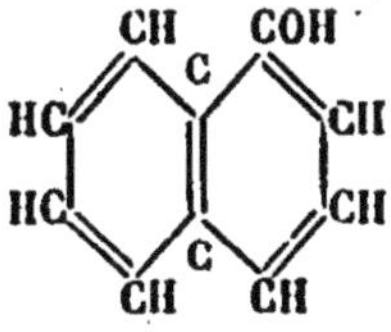

α naphtol. 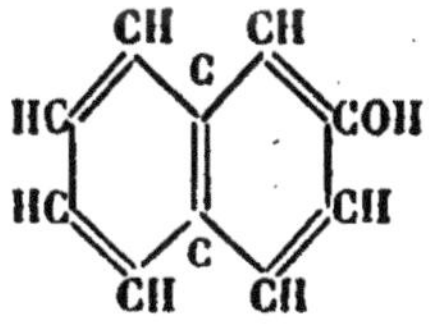   β naphtol.

Ce sont des corps blancs, d'odeur désagréable, que l'on obtient en décomposant par la soude les *acides* α ou β *naphtalène-sulfoniques.*

$$C^{10}H^7(SO^3H) + 2NaOH = SO^3Na^2 + C^{10}H^7(\quad) + H^2O.$$

Le naphtol α donne avec l'acide azotique un dérivé dinitré $C^{10}H^5(OH)(AzO^2)^2$ qui est employé comme matière colorante sous le nom de *jaune de Martius;* le naphtol β sert comme antiseptique en médecine.

Phénols diatomiques. Phènediols $C^6H^6O^2$.

518. Les phénols diatomiques dérivés du benzène existent sous les trois formes isomériques ortho, méta et para, que l'on appelle respectivement *pyrocatéchine, résorcine* et *hydroquinone.*

519. Pyrocatéchine. —La pyrocatéchine $C^6H^4(OH)^2$ 1.2 est un corps blanc, cristallisé, qui donne avec le chlorure ferrique une coloration verte, devenant violette par addition de soude; on la prépare en traitant l'*acide orthophénol sulfonique* $C^6H^4(OH)(SO^3H)$ 1.2 par la potasse, à 300 degrés, et on l'emploie à la fabrication du *guaïacol* ou éther monométhylique de la pyrocatéchine $C^6H^4(OH)(OCH^3)$. Le guaïacol lui-même sert en médecine comme antiseptique interne; il existe dans la *créosote* du goudron de bois.

520. Résorcine. — La résorcine $C^6H^4(OH)^2$ 1.3 est un corps blanc, cristallisé, très soluble dans l'eau, qui se colore en violet sombre au contact du chlorure ferrique; on la prépare en décomposant l'*acide méta-phénolsulfonique* $C^6H^4(OH)(SO^3H)$ 1.3 par la potasse, à chaud, et on s'en sert dans la fabrication des matières colorantes artificielles.

521. Hydroquinone. — L'hydroquinone $C^6H^4(OH)^2$ 1.4 est encore une matière blanche, soluble dans l'eau, qui se distingue de ses isomères parce que le chlorure ferrique la transforme immédiatement, par déshydrogénation, en *quinone* $C^6H^4O^2$.

L'hydroquinone est employée comme révélateur en photographie ; on l'obtient en réduisant la quinone par l'acide sulfureux.

$$C^6H^4O^2 + SO^2 + 2H^2O = SO^4H^2 + C^6H^6O^2.$$
Quinone.   Hydroquinone.

Orcine $C^7H^8O^2$.

522. Propriétés. — L'orcine ou *méthylphénediol* 1.3.5

$$
\begin{array}{c}
\text{C--CH}^3 \\
\text{HC} \quad\quad \text{CH} \\
\text{HOC} \quad\quad \text{COH} \\
\text{CH}
\end{array}
$$

est l'homologue supérieur de la résorcine, c'est-à-dire qu'elle dérive du toluène au même titre que la résorcine dérive du benzène.

C'est un corps blanc, cristallisé, qui est très altérable et se colore en rouge ou en violet au contact de tous les oxydants.

L'ammoniaque, en présence de l'air, la transforme en *orcéine* $C^7H^7AzO^3$, qui est l'un des principes colorants de l'*orseille* commerciale.

L'orcine s'extrait de certaines espèces de lichens ;

on peut aussi la préparer par synthèse, en partant du toluène.

Phénols triatomiques. Phénetriols $C^6H^6O^3$.

523. — Le benzène donne trois phénols triatomiques isomères $C^6H^3(OH)^3$, différant les uns des autres par la position des oxhydryles dans la chaine; ce sont le *pyrogallol* 1.2.3, l'*oxyhydroquinone* 1.2.4 et la *phloroglucine* 1.3.5; nous ne nous occuperons ici que du premier, qui est seul intéressant.

524. Pyrogallol. — Le pyrogallol ou *acide pyrogallique* est un corps solide blanc, qui cristallise en aiguilles très fines, extrêmement légères et fort solubles dans l'eau; il se colore en bleu par le chlorure ferrique et s'oxyde avec rapidité au contact des alcalis, en développant une coloration brune intense.

Cette propriété est mise à profit dans l'analyse des gaz, pour reconnaitre et doser l'oxygène.

Le pyrogallol se prépare en décomposant l'*acide gallique* par la chaleur.

$$C^6H^2(OH)^3(CO^2H) = CO^2 + C^6H^3(OH)^3.$$
Acide gallique.　　　　　　　　Pyrogallol.

On l'emploie en photographie, comme révélateur, et dans les laboratoires, comme réactif.

Aurine $C^{19}H^{14}O^3$.

525. Propriétés, préparation. — On appelle aurine l'anhydride d'un alcool triphénol dérivé lui-même du *triphénylméthane* $CH(C^6H^5)^3$; ces relations sont nettement indiquées par les formules suivantes, dans lesquelles toutes les substitutions, à l'intérieur des noyaux benzéniques, sont situées en para.

$$HC \begin{cases} C^6H^5 \\ C^6H^5 \\ C^6H^5 \end{cases} \qquad (OH)C \begin{cases} C^6H^4(OH) \\ C^6H^4(OH) \\ C^6H^4(OH) \end{cases} \qquad C \begin{cases} C^6H^4(OH) \\ C^6H^4(OH) \\ O-C^6H^4 \end{cases}$$

Triphénylméthane.   Aurine hydratée.   Aurine anhydre.

L'aurine est une matière colorante jaune qui se dissout en rouge vif dans les alcalis; par elle-même elle n'a que peu d'importance, mais elle se rattache intimement, par sa structure moléculaire, aux couleurs d'aniline, qui dérivent comme elle du triphénylméthane, et notamment à la *pararosaniline*.

On obtient l'aurine en traitant le phénol par l'acide oxalique, en présence d'acide sulfurique, qui joue le rôle de déshydratant.

$$3C^6H^6O + C^2H^2O^4 = C^{19}H^{14}O^3 + 3H^2O + CO.$$

Phénol.   Acide oxalique.   Aurine.

L'homologue supérieur de l'aurine $C^{20}H^{16}O^3$ est connu sous le nom d'*acide rosolique;* c'est un corps qui ressemble beaucoup à l'aurine elle-même et touche de près à la *rosaniline* ordinaire.

CHAPITRE X

ALDÉHYDES ET ACÉTONES AROMATIQUES

526. Généralités. — Ainsi que dans la série grasse, les aldéhydes aromatiques sont caractérisées, dans leur formule de structure, par la présence d'un groupe CHO monovalent, situé toujours en chaîne latérale. Il suit de là que la plus simple de toutes les aldéhydes aromatiques ne peut renfermer moins de 7 atomes de carbone.

Leurs propriétés sont en tout semblables à celles des aldéhydes grasses et on peut les reconnaître aux mêmes réactions.

— Les acétones aromatiques sont, de même encore que dans la série grasse, des corps renfermant un ou plusieurs groupes carbonyles CO, unis à deux restes monovalents. L'introduction d'un pareil groupe dans une chaîne latérale ne change évidemment en rien la nature du noyau benzénique, et il est clair que la *diphénylcétone* ou *diphénylméthanone* C^6H^5-CO-C^6H^5 est comparable à l'acétone ordinaire CH^3-CO-CH^3; mais sa pénétration dans le noyau même, en réduisant à deux le nombre des doubles liaisons qui existent normalement dans l'hexagone benzénique, détermine une modification profonde de la molécule tout entière, qui vient ainsi se rapprocher des hydrures dont nous avons parlé plus haut.

Les acétones aromatiques à un seul carbonyle sont rares : nous ne citerons parmi elles que le camphre, qui en est le meilleur représentant. Le plus souvent elles renferment deux groupes CO, situés en para, et portent alors le nom générique de *quinones*.

Aldéhyde benzoïque $C^6H^5(CHO)$.

527. Propriétés, préparation. — L'aldéhyde benzoïque ou *essence d'amandes amères* est un liquide jaunâtre, d'apparence huileuse, qui bout à 180 degrés et possède une odeur fort agréable d'amandes amères.

Tous les oxydants et même le contact prolongé de l'air la transforment en *acide benzoïque* $C^6H^5(CO^2H)$.

L'aldéhyde benzoïque sert en parfumerie et dans la fabrication des couleurs artificielles; on la prépare industriellement en oxydant le *chlorométhylbenzène* $CH^2Cl - C^6H^5$ par l'azotate de plomb.

Elle prend naissance dans la fermentation des amandes ou des feuilles de laurier, par l'action d'une diastase particulière (*émulsine* ou *synaptase*) sur l'*amygdaline* que renferment ces organes; il se forme en même temps du glucose et un peu de nitrile formique.

Aldéhyde salicylique $C^6H^4(OH)(CHO)1.2$.

528. Propriétés. — L'aldéhyde salicylique n'est autre chose que l'*essence de reine des prés ;* c'est un liquide d'odeur agréable, qui bout à 196° et se transforme par oxydation en *acide salicylique*.

27.

Vanilline $C^6H^3(OH)(OCH^3)(CHO)$.

529. Propriétés, préparation. — La vanilline, ou prin-cipe odorant de la vanille, est, comme le montre la formule précédente, à la fois phénol, éther-oxyde et aldéhyde.

Elle se présente sous la forme d'aiguilles blanches, solubles dans l'alcool et l'éther, et possède une odeur extrêmement forte et persistante de vanille.

On peut l'extraire de la vanille naturelle ou la pré-parer par synthèse, en oxydant la *coniférine* ou l'*eugénol* par l'acide chromique.

Camphre $C^{10}H^{16}O$.

530. Propriétés, préparation. — Le camphre est une acétone aromatique, dérivée du camphène, à laquelle on attribue la formule de constitution suivante :

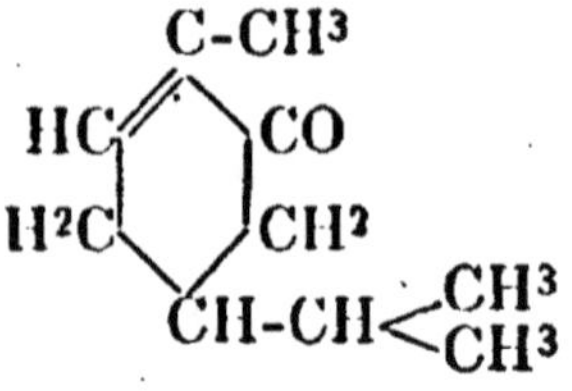

$$
\begin{array}{c}
\text{C-CH}^3 \\
\text{HC} \diagup \quad \diagdown \text{CO} \\
\text{H}^2\text{C} \diagdown \quad \diagup \text{CH}^2 \\
\text{CH-CH} <^{\text{CH}^3}_{\text{CH}^3}
\end{array}
$$

C'est un corps solide blanc, d'odeur caractéristique, facilement soluble dans l'alcool, qui se volatilise déjà à la température ordinaire et se laisse très facilement sublimer.

Les réducteurs le changent en *alcool campholique* ou *bornéol* $C^{10}H^{18}O$ et les oxydants en *acide campho-rique* $C^{10}H^{16}O^4$.

Le camphre est actif et, suivant son origine, dévie à droite ou à gauche le plan de polarisation de la lumière.

On l'extrait par distillation du *Laurus camphora* ou de la *matricaire*; dans le premier cas, on obtient un produit dextrogyre, c'est le camphre ordinaire; dans le second, on obtient un produit lévogyre, isomérique du précédent.

Le camphre sert comme antiseptique en médecine.

Quinone C⁶H⁴O²

531. Propriétés, préparation. — La quinone ordinaire ou *benzoquinone* est la *paradicétone* correspondante au dihydrure de benzène C^6H^8; on la représente par la formule de structure:

$$
\begin{array}{c}
CO \\
HC\diagup\diagdown CH \\
HC\diagdown\diagup CH \\
CO
\end{array}
$$

C'est un corps jaune, très volatil, qui cristallise par sublimation en belles aiguilles allongées, et qui se reconnait surtout à son odeur forte, irritante et caractéristique.

La quinone est immédiatement réduite à l'état d'*hydroquinone* ou *phène-diol* 1.4 par tous les réducteurs et notamment par l'acide sulfureux; on la prépare en attaquant un sel d'aniline, à froid, par l'acide chromique étendu et on s'en sert pour préparer l'hydroquinone commerciale.

Anthraquinone $C^{14}H^8O^2$.

532. Propriétés, préparation. — L'anthraquinone est une dicétone dérivée de l'anthracène, qui répond à la formule de structure suivante :

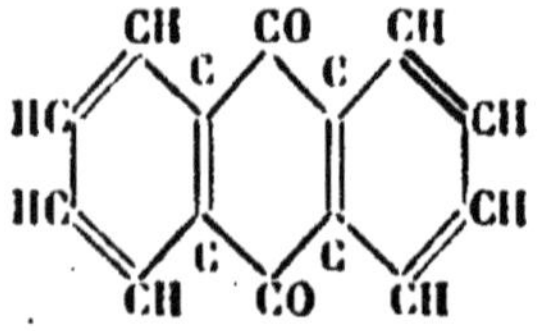

C'est un corps jaune, cristallisable, inodore et insoluble dans l'eau, qui sert à la fabrication de l'*alizarine* artificielle ; les réducteurs énergiques la transforment aisément en anthracène $C^{14}H^{10}$.

On prépare l'anthraquinone en oxydant l'anthracène par l'acide chromique.

Alizarine $C^{14}H^8O^4$.

533. Propriétés, préparation. — L'alizarine est la matière colorante de la garance ; au point de vue chimique, elle doit être considérée comme un diphénol dérivé de l'anthraquinone.

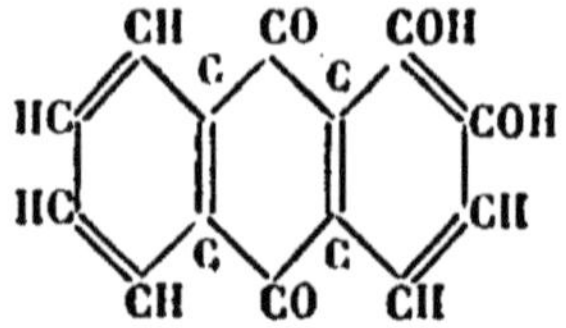

L'alizarine est une belle matière de couleur orangée, cristallisable par sublimation, qui se fixe aisément sur les étoffes et donne en teinture, suivant l'espèce de mordant employé, des nuances orangées, rouges ou violettes, très vives et remarquablement solides.

On prépare l'alizarine en décomposant par la soude en fusion l'*acide anthraquinone disulfonique*

$$C^{14}H^6O^2(SO^3H)^2,$$

que l'on obtient lui-même en traitant l'anthraqui-none par l'acide sulfurique.

$$C^{14}H^6O^2(SO^3H)^2 + 4NaOH =$$
$$2SO^3Na^2 + C^{14}H^8O^4 + 2H^2O.$$

On peut aussi l'extraire de la racine de garance, qui était autrefois l'une des plantes tinctoriales les plus employées.

CHAPITRE XI

ACIDES AROMATIQUES.

534. Généralités. — La constitution des acides aromatiques est absolument la même que celle des acides gras ; comme ceux-ci, ils renferment un ou plusieurs groupes carboxyles CO_2H, dont le nombre mesure leur basicité. Ces carboxyles étant monovalents ne peuvent, bien entendu, se trouver qu'à l'extrémité de chaînes latérales, sans jamais pénétrer dans l'intérieur du noyau benzénique.

Acide benzoïque $C_7H_6O_2$.

535. Propriétés, préparation. — L'acide benzoïque $C_6H_5 - CO_2H$ est un corps blanc, peu soluble dans l'eau, fusible à 121°, volatil et cristallisable par sublimation, qui possède une odeur spéciale, caractéristique.

Il donne avec les bases des sels monométalliques, dont quelques-uns sont employés en médecine ; la chaux le transforme, par distillation sèche, en benzène pur.

$$C_7H_6O_2 + CaO = CO_3Ca + C_6H_6.$$

On prépare l'acide benzoïque en hydratant, par la chaux éteinte, *l'acide hippurique*, qui se trouve dans l'urine des herbivores, ou mieux en oxydant par l'acide azotique le *chlorométhylbenzène.*

$$C^6H^5\text{-}CO\text{-}AzH\text{-}CH^2\text{-}CO^2H + H^2O =$$
Acide hippurique.

$$C^6H^5\text{-}CO^2H + AzH^2\text{-}CH^2\text{-}CO^2H.$$
Ac. benzoïque.   Glycocolle.

$$C^6H^5\text{-}CH^2Cl + 5AzO^3H =$$
$$C^6H^5\text{-}CO^2H + 5AzO^2 + Cl + 3H^2O.$$

On peut aussi l'extraire du benjoin, par sublimation.

Acide salicylique $C^7H^6O^3$.

536. Propriétés, préparation. — L'acide salicylique est l'orthophénol $C^6H^4(OH)(CO^2H)\,1.2$ correspondant à l'acide benzoïque ; c'est un corps blanc, cristallisé en longues aiguilles, fines, très légères et peu solubles dans l'eau ; ses dissolutions donnent avec le chlorure ferrique une coloration violette intense, absolument caractéristique.

L'acide salicylique est très employé comme antiseptique, ainsi que le salicylate de bismuth et sa combinaison avec le phénol ordinaire, le salicylate de phényle ou *salol* $C^6H^1(OH)(CO^2C^6H^5)$; quelques-uns de ses sels, entre autres le salicylate de sodium, servent comme médicaments internes dans le traitement des affections rhumatismales ; le salicylate de méthyle, ou *essence de Wintergreen* $C^6H^4(OH)(CO^2CH^3)$, est enfin utilisé en parfumerie, à cause de son odeur agréable.

On prépare l'acide salicylique en traitant le *phénol sodé* ou *phénate de sodium* par l'acide carbonique, à haute température et sous pression : il se forme du salicylate de sodium, que l'on décompose ultérieurement par l'acide sulfurique.

$$C^6H^5(ONa) + CO^2 = C^6H^4(OH)(CO^2Na).$$
Phénol sodé.   Salicylate de sodium.

Acide gallique $C^7H^6O^5$.

537. Propriétés, préparation. — L'acide gallique est un triphénol acide monobasique $C^6H^2(CO^2H)(OH)^3$ 1.3.4.5 dérivé du benzène ; il cristallise en fines aiguilles blanches, solubles dans l'eau et décomposables par la chaleur en pyrogallol et acide carbonique.

$$C^7H^6O^5 = CO^2 + C^6H^6O^3.$$

Il donne avec le chlorure ferrique une coloration bleue intense.

L'acide gallique est un antiseptique puissant, qui joue un rôle considérable dans le *tannage* des cuirs. On l'obtient en hydratant le *tannin* par l'acide sulfurique étendu.

$$C^{14}H^{10}O^9 + H^2O = 2C^7H^6O^5,$$
Tannin.   Ac. gallique.

Il existe à côté du tannin dans un grand nombre de végétaux.

Tannin $C^{14}H^{10}O^9$.

538. Propriétés, préparation. — Le tannin est un produit de condensation de l'acide gallique ; il se présente sous la forme d'écailles jaunâtres, très légères, solubles dans l'eau et dans l'alcool.

Ses solutions se colorent en noir (*encre*) par addition de chlorure ferrique ; les acides étendus le transforment, par hydratation, en acide gallique.

Le tannin est fortement antiseptique ; c'est lui qui constitue la partie active du *tan* qui sert à rendre les peaux imputrescibles.

Le tannin est très répandu dans le règne végétal ; l'écorce de chêne, le bois de châtaignier qui servent au tannage en renferment des quantités considérables. On le prépare ordinairement au moyen de la *noix de galle,* que l'on épuise par l'éther aqueux; le liquide se sépare de lui-même en deux couches superposées, dont l'inférieure est une dissolution de tannin sensiblement pur.

Le tannin sert en médecine et, à l'état brut, pour fabriquer l'encre et tanner les peaux.

Acide phtalique $C^8H^6O^4$.

539. Propriétés, préparation. — L'acide phtalique est un acide bibasique $C^6H^4(CO^2H)^2$ 1,2, par conséquent un dérivé ortho du benzène; il se déshydrate très facilement et donne alors un anhydride $C^6H^4\big\langle{CO \atop CO}\big\rangle O$, qui cristallise en magnifiques aiguilles blanches.

Ce corps a la propriété de s'unir aux phénols pour donner des matières colorantes, de constitution assez complexe, qui sont connues sous le nom de *phtaléines* et dérivent comme les couleurs d'aniline du triphénylméthane.

La phtaléine du phénol ordinaire,

$$(OH)C^6H^4 \quad C^6H^4(OH)$$
$$C^6H^4\big\langle{C \atop CO}\big\rangle O$$

presque incolore par elle-même, devient rouge vif au contact d'une trace d'alcali; elle peut ainsi remplacer le tournesol pour reconnaître les acides et les bases.

La phtaléine de la résorcine, ou *fluorescéine,* est une substance jaunâtre qui possède, en dissolution, une magnifique fluorescence verte; son dérivé tétrabromé, l'*éosine* du commerce, est employé comme matière colorante rouge.

L'acide phtalique se prépare en oxydant la naphtaline par l'acide azotique.

CHAPITRE XII

AMINES AROMATIQUES.

540. Généralités. — Comme dans la série grasse, les corps aromatiques azotés simples dérivent des hydrocarbures par substitution des restes AzH^2, AzH ou Az à un, deux ou trois atomes d'hydrogène ; les amines aromatiques, en particulier, sont encore des substances basiques, qui présentent la même structure fondamentale que les amines grasses. Un grand nombre de ces corps forment la base de matières colorantes importantes ; nous examinerons rapidement celles que l'industrie utilise en plus grande quantité.

Aniline C^6H^7Az.

541. Propriétés, préparation. — L'aniline ou *phénylamine* $C^6H^5(AzH^2)$ est un liquide incolore, d'odeur faiblement vineuse, qui bout à 182 degrés et est presque insoluble dans l'eau ; elle donne des fumées blanches dans une atmosphère chargée d'acide chlorhydrique et s'unit à tous les acides pour former des sels bien définis.

Les oxydants, le chlorure de chaux par exemple, donnent avec une trace d'aniline une coloration violette intense ; les iodu.os alcooliques la transforment en amines secondaires ou tertiaires, parmi lesquelles nous citerons la *méthylaniline* $C^6H^5\text{-}AzH\text{-}CH^3$ et la *diméthylaniline* $C^6H^5\text{-}Az(CH^3)^2$.

L'aniline sert à fabriquer les matières colorantes dérivées du triphénylméthane ; on l'obtient pratiquement en distillant du nitrobenzène avec un mélange de fer et d'acide chlorhydrique, c'est-à-dire en présence d'hydrogène naissant.

$$C^6H^5(AzO^2) + 6H = 2H^2O + C^6H^5(AzH^2).$$

L'aniline se rencontre en petite quantité dans le goudron de houille, d'où on peut l'extraire par agitation avec un acide et décomposition ultérieure, par la soude, du sel d'aniline formé.

Toluidine C^7H^9Az.

542. Propriétés, préparation. — La toluidine est l'homologue supérieur de l'aniline, c'est-à-dire la *méthophénylamine* $CH^3\text{-}C^6H^4\text{-}AzH^2$. Comme tous les dérivés bisubstitués du benzène, elle existe sous les trois formes isomériques ortho, méta et para.

Les deux premières variétés sont liquides et ressemblent beaucoup à l'aniline : la paratoluidine est solide et cristallisée.

Les toluidines servent comme l'aniline à la fabrication des couleurs dérivées du triphénylméthane ; on les obtient de la même manière, en traitant les nitrotoluènes ortho, méta ou para par l'hydrogène naissant.

$$C^7H^7(AzO^2) + 6H = 2H^2O + C^7H^9Az.$$

Nitrotoluène. Toluidine.

Diphénylamine $C^{12}H^{11}Az$.

543. Propriétés, préparation. — La diphénylamine est l'amine secondaire du benzène $AzH(C^6H^5)^2$; c'est un corps blanc, cristallisé, qui fond à 51 degrés et bout à 310 degrés. Elle possède les propriétés d'une base faible et se colore en bleu foncé par oxydation, lorsque, par exemple, on la traite par un mélange d'acide sulfurique et d'acide azotique.

La diphénylamine sert comme les bases précédentes à la fabrication des couleurs artificielles, on la prépare en chauffant du chlorhydrate d'aniline avec un excès d'aniline.

$$C^6H^5(AzH^2)HCl + C^6H^5(AzH^2) = (C^6H^5)^2AzH + AzH^4Cl.$$

Pararosaniline $C^{19}H^{19}Az^3O$.

544. Propriétés, préparation. — La pararosaniline est une triamino alcool, qui dérive du triphénylméthane ou de l'aurine dont nous avons parlé plus haut; sa formule développée montre nettement les relations qui existent entre ces trois corps.

$$CH(C^6H^5)^3 \qquad C(OH)(C^6H^4OH)^3 \qquad C(OH)(C^6H^4AzH^2)^3$$

Triphénylméthane.   Aurine.   Pararosaniline.

La rosaniline est un corps blanc, cristallisé, qui s'unit aux acides pour former des combinaisons rouges que l'on croit être des éthers; ces combinaisons se fixent très facilement sur les fibres textiles et servent, à cause de cette propriété, en teinture.

Le chlorhydrate de pararosaniline $CCl(C^6H^4AzH^2)^3$, en particulier, est une matière colorante superbe, identique comme aspect à la fuchsine ordinaire.

L'introduction de radicaux organiques dans le

groupe AzH^2 de la pararosaniline modifie la coloration de ses dérivés acides en la faisant virer au violet et au bleu. Le *violet de méthyle* du commerce est le chlorhydrate de pararosaniline hexàméthylée ; le *bleu de diphénylamine* a pour base la pararosaniline triphénylée et se prépare en chauffant la diphénylamine avec de l'acide oxalique.

$$3AzH(C^6H^5)^2 + C^2H^2O^4 =$$
$$\text{Diphénylamine.}$$

$$C(OH)(C^6H^4\text{-}AzH\text{-}C^6H^5)^3 + CO + 2H^2O.$$
$$\text{Base du bleu de diphénylamine.}$$

Quant à la pararosaniline elle-même, elle se forme en même temps que la rosaniline ordinaire, lorsqu'on oxyde un mélange d'aniline et de toluidine par l'acide arsénique.

$$2C^6H^7Az + C^7H^9Az + 3O = 2H^2O + C^{19}H^{19}Az^3O.$$

Rosaniline $C^{20}H^{21}Az^3O$.

545. Propriétés, préparation. — La rosaniline ordinaire est l'homologue supérieur de la pararosaniline, c'est-à-dire une *méthylpararosaniline*

$$C(OH)\!\!\begin{cases} C^6H^4AzH^2 \\ C^6H^4AzH^2 \\ C^6H^3(CH^3)AzH^2. \end{cases}$$

C'est un corps blanc, cristallisé, qui rougit par les acides et possède toutes les propriétés chimiques et tinctoriales de la pararosaniline ; son chlorhydrate $C^{20}H^{20}Az^3Cl$ est une magnifique substance colorante rouge, très soluble dans l'alcool, qui est connue dans le commerce sous le nom de *fuchsine*.

Comme dans le cas précédent l'introduction de radicaux organiques dans les groupes AzH^2 de la fuchsine fait virer sa couleur au bleu : le *violet Hoffman* a pour base la triéthylrosaniline $C^{20}H^{17}Az^3(OH)(C^2H^5)^3$, enfin le *violet impérial rouge*, le *violet impérial bleu* et le *bleu de Lyon* dérivent des rosanilines mono, di ou triphénylées, dont les formules sont respectivement.

$$C^{20}H^{19}Az^3(OH)(C^6H^5), \qquad C^{20}H^{18}Az^3(OH)(C^6H^5)^2$$

Base du violet rouge.   Base du violet bleu.

$$\text{et } C^{20}H^{17}Az^3(OH)(C^6H^5)^3.$$

Base du bleu.

Pour préparer industriellement la rosaniline, on oxyde un mélange d'aniline et de toluidine par l'acide arsénique, à chaud; on obtient ainsi l'arséniate de rosaniline, qu'on décompose ensuite par un alcali, si l'on veut avoir la rosaniline libre, et qu'il suffit de dissoudre dans l'acide chlorhydrique pour le transformer en fuchsine.

$$C^6H^7Az + 2C^7H^9Az + 3O = 2H^2O + C^{20}H^{21}Az^3O.$$

Les violets et le bleu d'aniline se préparent en traitant la fuchsine par un excès d'aniline, en présence d'un acide organique quelconque, par exemple d'acide acétique.

Vert malachite.

546. Propriétés, préparation. — Le vert malachite est encore un dérivé du triphénylméthane, dont la base présente la constitution suivante.

$$C(OH){<}\!\!\begin{array}{l} C^6H^5 \\ C^6H^4Az(CH^3)^2 \\ C^6H^4Az(CH^3)^2 \end{array}$$

C'est une belle matière colorante vert bleuâtre, que l'on prépare en chauffant la *diméthylaniline* C^6H^5Az

(CH³)² avec du *trichlorométhylbenzène* CCl³-C⁶H⁵ et du chlorure de zinc.

Noir d'aniline.

547. Propriétés. — Le noir d'aniline est une matière de constitution assez mal connue, absolument insoluble, qui se forme toutes les fois que l'on oxyde énergiquement l'aniline; il est facile de le développer sur la fibre même des étoffes et on obtient ainsi une teinture extrêmement solide.

Indigotine C¹⁶H¹⁰Az²O².

548. Propriétés, préparation. — L'indigotine, ou matière colorante de l'indigo, est une substance fort complexe, qui a pour formule de constitution

$$C^6H^4 \diagdown \begin{matrix} CO \\ AzH \end{matrix} \diagup C = C \diagdown \begin{matrix} CO \\ AzH \end{matrix} \diagup C^6H^4.$$

C'est un corps bleu foncé, qui prend quand on le frotte un éclat cuivré, et que l'on peut obtenir sous la forme d'aiguilles cristallines par sublimation.

L'indigotine est insoluble dans l'eau, mais elle se dissout aisément dans l'acide pyrosulfurique, et sous cette forme peut servir directement à la teinture.

Les réducteurs, par exemple l'hydrosulfite de sodium ou un mélange de sulfate ferreux et de chaux, la transforment en *indigo blanc* C¹⁶H¹²Az²O², qui est soluble dans les lessives alcalines et redevient bleu à l'air, par oxydation; on profite de cette propriété en teinture pour monter les *cuves d'indigo*.

L'indigo s'extrait de plantes exotiques, notamment de l'*indigofera tinctoria*, où il se développe à la suite d'une fermentation particulière.

On a réussi à effectuer la synthèse de l'indigotine par différentes méthodes, mais aucune d'elles n'a pu être encore appliquée dans l'ndustrie de la teinture, par raison d'économie.

Alcaloïdes.

549. Propriétés, préparation. — On désigne sous le nom *d'alcaloïdes* toute une série de matières organiques azotées complexes, de structure moléculaire généralement inconnue, qui possèdent une fonction basique bien déterminée et donnent des sels avec les acides.

La plupart des alcaloïdes sont quaternaires, quelques-uns seulement sont ternaires, comme les ammoniaques composées ; c'est le cas de la *nicotine* et de la *conicine*, qui sont liquides à la température ordinaire.

Les alcaloïdes sont, en général, insolubles ou peu solubles dans l'eau, solubles, au contraire, dans l'alcool, l'éther, le chloroforme et presque tous les hydrocarbures ; leurs sels sont solubles et actifs sur la lumière polarisée, ils possèdent généralement une saveur amère caractéristique.

Les alcaloïdes sont précipités de leurs solutions salines par un grand nombre de réactifs, dont les plus employés sont le *tannin*, le *periodure* ou l'*iodomercurate de potassium*, l'*acide phospho-molybdique*, etc.

Ils exercent presque tous des actions violentes sur l'organisme animal et quelques-uns d'entre eux sont des poisons redoutables ; leur influence est presque toujours localisée et on les emploie fréquemment en médecine pour réagir dans un sens déterminé, que l'observation a appris à connaître.

Les alcaloïdes se rencontrent dans un grand nombre de végétaux, en combinaison avec des acides organiques; pour les en extraire on traite la plante ou l'organe de plante qui les renferme par la chaux, puis on agite avec un dissolvant approprié, éther ou chloroforme, qui s'empare de l'alcaloïde, et on évapore la dissolution. On peut aussi épuiser la plante par l'acide chlorhydrique étendu, qui dissout l'alcaloïde, et précipiter ensuite celui-ci par une base alcaline.

Il nous est impossible de décrire ici les alcaloïdes en détail, nous donnerons seulement la liste des principaux d'entre eux, avec leur origine et leur formule brute.

Opium......	*Morphine*........	$C^{17}H^{19}AzO^3$.
	Codéine	$C^{18}H^{21}AzO^3$.
	Thébaïne	$C^{18}H^{21}AzO^3$.
	Papavérine........	$C^{12}H^{21}AzO^4$.
	Narcéine	$C^{23}H^{29}AzO^9$.
	Narcotine..........	$C^{22}H^{23}AzO^7$.
Quinquinas.	*Quinine*..........	$C^{20}H^{24}Az^2O^2$.
	Cinchonine	$C^{19}H^{22}Az^2O$.
Strychnées..	*Strychnine*........	$C^{21}H^{22}Az^2O^2$.
	Brucine..........	$C^{23}H^{26}Az^2O^4$.
Belladone ..	*Atropine*.........	$C^{17}H^{23}AzO^3$.
Aconit	*Aconitine*..........	$C^{33}H^{43}AzO^{12}$.
Tabac.......	*Nicotine*...	$C^{10}H^{14}Az^2$.
Ciguë.......	*Conicine*..........	$C^8H^{15}Az$.

La morphine et la codéine sont très employées comme soporifiques; la quinine est le meilleur fébrifuge que l'on connaisse; l'atropine rend de grands services dans le traitement des maladies des yeux; l'aconitine, malgré ses propriétés vénéneuses, sert au traitement des affections rhumatismales ou des organes respiratoires; la strychnine et la brucine sont enfin des poisons convulsivants, que l'on utilise à la destruction des animaux nuisibles.

CHAPITRE XIII

FERMENTATIONS. LIQUIDES ORGANIQUES

Fermentations.

550. Définition. — On appelle fermentation, toute action chimique qui a pour cause le développement d'un microorganisme (*ferment figuré*) ou la présence d'un principe soluble (*diastase* ou *ferment soluble*) élaboré par un microorganisme dans un milieu fermentescible.

La nature de ces actions chimiques varie nécessairement avec celle de l'organisme ou de la diastase qui les détermine; nous ne parlerons ici que des plus nettes et en particulier de celles qui s'accomplissent dans l'organisme vivant ou qui ont reçu quelque application dans l'industrie.

Diastases.

551. — Les diastases sont des composés de nature albuminoïde qui, par leur seul contact, sont capables de produire une transformation chimique définie des corps qui sont sensibles à leur influence; cette transformation est le plus souvent un dédoublement par fixation des éléments de l'eau. Les principales diastases sont l'*invertine*, la *diastase* proprement dite ou *amylase*, l'*émulsine* ou *synaptase*, la *pepsine*, etc.

552. Invertine. — L'invertine a pour caractère essentiel de transformer le sucre ordinaire en *sucre interverti*, c'est-à-dire en un mélange de glucose et de lévulose; elle existe chez un grand nombre de végétaux: l'*aspergillus niger* et la *levure* en secrètent des quantités considérables; c'est la présence de l'invertine dans la levure qui permet à celle-ci de faire fermenter le sucre ordinaire.

553. Amylase. — L'amylase a pour effet de transformer l'empois d'amidon en dextrine et maltose; c'est elle qui solubilise l'amidon dans les graines, au cours de la germination, c'est elle également qui donne naissance aux sucres fermentescibles que renferme le *malt*. La salive renferme une espèce particulière de diastase qui porte le nom de ptyaline.

554. Émulsine. — L'émulsine est la diastase des amandes; son action se porte de préférence sur l'*amygdaline*, principe cristallisable également propre aux amandes, qu'elle dédouble en glucose, aldéhyde benzoïque et nitrile formique.

555. Pepsine. — La pepsine est le ferment soluble du suc gastrique; elle a pour propriété de dissoudre les albuminoïdes en liqueur acide, et de les transformer en *peptones* assimilables; c'est, par conséquent, le principe actif de la digestion stomacale.

Ferments organisés.

556. Généralités. — Les ferments proprement dits sont des organismes infiniment petits qui, néanmoins, présentent au microscope des formes bien déterminées et qui appartiennent tantôt au règne végétal, tantôt au règne animal. Leurs germes sont très disséminés dans la nature et c'est leur apport par l'air, toujours en mouvement, qui est cause de l'altération, en apparence spontanée, des matières fermentescibles.

M. Pasteur a démontré expérimentalement que tout liquide organique, si altérable qu'il soit, se conserve indéfiniment en l'absence de ces germes, sans subir d'autres modifications que celles qui peuvent résulter de sa combustion lente.

C'est sur ce principe qu'est fondée la fabrication des conserves alimentaires et, d'une manière générale, la *stérilisation* des substances putrescibles ; on réalise cette stérilisation en chauffant la matière à une température de 120 degrés qui détruit tous les germes présents, ou bien, s'il s'agit d'un liquide, en le filtrant à travers une cloison à pores très fins, en biscuit de porcelaine, qui les élimine mécaniquement *(bougie Chamberland)*.

Tous les ferments organisés secrètent des diastases que l'on retrouve en dissolution dans le liquide où ils vivent ; quelques-unes de ces diastases sont extrêmement vénéneuses, ce sont les *toxines*, auxquelles il faut rapporter la plupart des accidents consécutifs à toute invasion microbienne de l'organisme humain.

On dit qu'un ferment est *aérobie* ou *anaérobie*, suivant qu'il est capable de se développer au contact de l'air ou seulement à l'abri de ce contact, les organismes de la putréfaction sont généralement anaérobies et, en conséquence, ne peuvent subsister, en présence de l'air, qu'à l'état de germes ou *spores*.

557. Fermentation alcoolique. — La fermentation alcoolique est déterminée par le développement d'organismes, que l'on désigne sous le nom de *levures* et dont la forme globulaire est assez variable ; elle a pour résultat un dédoublement du glucose en alcool et acide carbonique, accompagnés toujours d'une faible proportion de glycérine et d'acide succinique.

$$C^6H^{12}O^6 = 2CO^2 + 2C^2H^6O.$$

Toutes les levures secrètent une invertine qui leur donne la faculté de faire entrer le sucre ordinaire en fermentation aussi bien que le glucose ; chacune d'elles élabore en outre quelques principes indéterminés qui donnent au liquide, après la fermentation, une saveur particulière et caractéristique.

Le bouquet des vins et de la bière parait être en grande partie dû à l'espèce de levure qui a déterminé leur fermentation ; aussi y a-t-il grand avantage à employer dans la fabrication des liqueurs fermentées un ferment d'origine connue et autant que possible pur de tout autre organisme.

558. Fermentation acétique. — La fermentation acétique, qui a pour résultat de transformer l'alcool en acide acétique, par oxydation pure et simple, est l'œuvre d'un organisme spécial, essentiellement aérobie, qui offre l'apparence de globules très petits et que M. Pasteur a appelé *mycoderma aceti*.

Cet organisme se développe à la surface des liquides alcooliques et y forme une sorte de voile que l'on désigne vulgairement sous le nom de *mère du vinaigre*.

Pour fabriquer le vinaigre, il suffit d'ensemencer du vin, largement exposé à l'air, avec du mycoderma aceti, que l'on a bien soin de ne jamais immerger.

Le vin en fermentation acétique est souvent envahi par un autre organisme, ressemblant un peu à la levure, que l'on appelle *mycoderma vini* ou *fleur du vin* et qui brûle en totalité l'alcool, en formant de l'eau et de l'acide carbonique.

559. Fermentation lactique. — La fermentation lactique, qui se déclare avec une extrême facilité dans le lait ordinaire, a pour résultat une transformation du lactose en acide lactique, qui, à son tour, en donnant au lait une réaction acide, en détermine la coagulation.

Elle est causée par le développement d'un organisme assez analogue comme forme au mycoderma aceti, mais qui se développe au sein même du liquide.

560. Fermentation butyrique. — La fermentation butyrique, qui succède assez fréquemment à la précédente, est déterminée par un gros *bacille* anaérobie, qui transforme le glucose ou le sucre en acide butyrique, avec dégagement d'hydrogène et d'acide carbonique.

$$C^6H^{12}O^6 = C^4H^8O^2 + 2CO^2 + 4H.$$

On l'utilise dans les laboratoires à la préparation de l'acide butyrique.

Lait.

561. — Le lait normal est un mélange de tous les principes minéraux et organiques qui sont indispensables à la nutrition. L'analyse montre qu'il renferme de l'albumine, de la caséine, du lactose, une matière grasse particulière, connue sous le nom de *beurre*, du phosphate de chaux et des sels alcalins, qui lui donnent une réaction légèrement basique.

Le beurre, insoluble dans l'eau, comme toutes les

matières grasses, se trouve dans le lait à l'état de globules extrêmement petits, qui se soudent entre eux et
se prennent en masse par une agitation prolongée
(*barattage*). C'est un mélange extrêmement complexe
d'éthers de la glycérine, qui renferme presque tous les
acides monoatomiques de la série grasse, à partir de
l'acide butyrique.

La caséine reste en dissolution dans le lait tant qu'il
conserve sa réaction normale; elle se coagule dès
qu'il devient acide ou qu'on y ajoute de la *présure*
(extrait de *caillette* de veau): le liquide surnageant
(*petit lait*) ne renferme plus alors que du lactose et
des matières salines.

La proportion des éléments constitutifs du lait varie
sensiblement avec son origine; le tableau suivant
donne la composition moyenne du lait fourni par différentes espèces animales.

	EAU.	CASÉINE.	BEURRE.	LACTOSE.	SELS.
Vache..........	87,2	3,6	3,6	4,0	0,7
Chèvre........	87,6	3,7	4,2	4,0	0,5
Anesse........	90,7	1,7	1,5	5,8	0,3
Femme........	87,4	2,3	3,8	6,2	0,3

Sang.

562. — Le sang est constitué par un liquide incolore
(*sérum*) dans lequel flottent une multitude de *globules*,
dont la forme et les dimensions varient avec chaque
espèce animale.

Le plus grand nombre de ces globules sont colorés

en rouge par une substance particulière qui a reçu le nom d'*hémoglobine*; on les appelle *globules rouges* ou *hématies*; d'autres sont incolores, ce sont les *globules blancs* ou *leucocytes*.

Chez l'homme, un millimètre cube de sang renferme en moyenne 5,000,000 de globules rouges et 5,000 globules blancs.

Le sérum renferme, en dissolution, des sels, entre autres du chlorure de sodium, et une certaine quantité de fibrine, qui se sépare du sang lorsqu'on l'agite fortement ou lorsqu'on le laisse se coaguler à l'air : la fibrine entraine alors avec elle les globules sanguins.

La matière colorante du sang ou hémoglobine est capable de s'unir à l'oxygène pour donner l'*oxyhémoglobine*, dont la couleur est plus claire que celle de l'hémoglobine primitive; c'est à cette propriété qu'est due la différence de coloration que l'on observe entre le sang artériel, qui est chargé d'oxygène, et le sang veineux, qui ne contient plus guère que de l'acide carbonique.

L'hémoglobine est également susceptible de se combiner à l'oxyde de carbone, avec plus d'affinité même que pour l'oxygène : aussi le sang s'empare-t-il immédiatement des moindres traces d'oxyde de carbone qui se trouvent dans l'air. L'hémoglobine *oxycarbonée* est naturellement incapable de remplir dans l'organisme les mêmes fonctions que l'oxyhémoglobine ordinaire; c'est pour cela que l'oxyde de carbone est si dangereux à respirer, même en proportion très faible, et que son action est surtout funeste pour les animaux qui, comme les oiseaux, ont une respiration très active.

TABLE DES MATIÈRES

PREMIÈRE PARTIE

GÉNÉRALITÉS ET LOIS

CHAPITRE PREMIER.

CHAPITRE II.

CHAPITRE III.

CHAPITRE IV.

DEUXIÈME PARTIE

HYDROGÈNE ET MÉTALLOIDES

CHAPITRE PREMIER.

CHAPITRE II.

CHAPITRE III.

CHAPITRE IV.

CHAPITRE V.

TROISIÈME PARTIE

MÉTAUX

CHAPITRE PREMIER.

CHAPITRE II.

QUATRIÈME PARTIE

CHIMIE ORGANIQUE

CHAPITRE PREMIER.

CHAPITRE II.

CHAPITRE III.

CHAPITRE IX.

CHAPITRE X.

CHAPITRE XI.

CHAPITRE XII.

CHAPITRE XIII.

Paris. — Imp. PAUL DUPONT, 4, rue du Bouloi (Cl.) 489.8.96.

www.ingramcontent.com/pod-product-compliance
Ingram Content Group UK Ltd.
Pitfield, Milton Keynes, MK11 3LW, UK
UKHW020609230726
13926UKWH00005B/2299